普通高等教育“十一五”国家级规划教材

（高职高专教材）

HUAGONG FANGZHEN

SHIXUN YU ZHIDAO

化工仿真

——实训与指导

第三版

杨百梅　刁　香　赵世霞　主编

许重华　主审

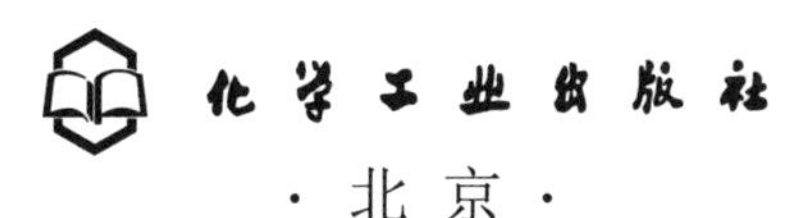

化学工业出版社

·北京·

内 容 提 要

本书根据东方化工仿真公司所提供的最新版本的化工仿真软件进行编写，本次修订是在原有14个单元操作的基础上，删去了压缩机单元和锅炉单元，增加了多效蒸发单元、双塔精馏单元；典型化工产品生产的全流程仿真项目增加了聚氯乙烯生产工艺仿真项目。同时通过二维码引入关键设备的动画，立体形象展现设备的结构和工作原理，方便学生学习。本书内容涵盖了有机化工、高分子化工和精细化工生产领域，所设计的操作步骤更加接近真实操作环境，有利于帮助学生完成虚拟和真实生产之间的衔接和过渡。

本书可作为高职高专化工生产技术、高分子化工、精细化工等专业教材，也可作为从事化工生产的技术人员和职工培训的参考用书。

图书在版编目（CIP）数据

化工仿真：实训与指导/杨百梅，刁香，赵世霞主编. —3版. —北京：化学工业出版社，2020.2（2024.6重印）

ISBN 978-7-122-35856-1

Ⅰ.①化… Ⅱ.①杨… ②刁… ③赵… Ⅲ.①化学工业-计算机仿真-高等职业教育-教材 Ⅳ.①TQ015.9

中国版本图书馆CIP数据核字（2019）第278240号

责任编辑：张双进　　装帧设计：王晓宇

责任校对：栾尚元

出版发行：化学工业出版社（北京市东城区青年湖南街13号　邮政编码100011）

印　　装：大厂聚鑫印刷有限责任公司

787mm×1092mm　1/16　印张21½　字数526千字　2024年6月北京第3版第5次印刷

购书咨询：010-64518888　　售后服务：010-64518899

网　　址：http://www.cip.com.cn

凡购买本书，如有缺损质量问题，本社销售中心负责调换。

定　　价：56.00元

前言

《化工仿真——实训与指导》第二版自2010年出版以来，受到广大读者的一致好评，并被评为普通高等教育“十一五”国家级规划教材。10年间，仿真软件多次升级，导致第二版教材中的操作规程和软件不一致，亟待更新。本次修订更加注重培养学生规范操作、安全生产和节能环保等职业素质。

本次修订内容主要有以下几个方面：

① 通过二维码引入关键设备的动画，立体形象展现设备的结构和工作原理，有助于学生更好地理解和掌握。

② 删去了压缩机单元和锅炉单元。

③ 增加了多效蒸发单元、双塔精馏单元和聚氯乙烯生产工艺仿真项目。

④ 本教材所涉及仿真操作，均按照2019年9月北京东方仿真软件技术有限公司新升级的仿真软件进行了修订，有利于指导学生操作。

⑤ 本教材所设计操作步骤更加接近真实操作环境，有助于帮助学生完成虚拟和真实生产之间的衔接和过渡。

淄博职业学院杨百梅、张淑新、刁香、赵世霞、巩玉红和中国环境监测总站的张霞参加本次修订。张淑新修订第一篇；刁香修订第二篇的第8～14章、第17～22章和第三篇的第25章；赵世霞编写第15章、第16章和第三篇的第26章，修订第24章；巩玉红修订第23章、27章；张霞编写第三篇的第28章。全书由刁香、赵世霞统一定稿。

本书由北京东方仿真软件技术有限公司总经理许重华主审，并提出了很多宝贵意见，在此深表敬意和感谢。

修订过程中，得到了化学工业出版社有限公司和北京东方仿真软件技术有限公司的大力支持和协助，在此表示衷心感谢。

限于编者的水平，修订版仍难免存在不妥之处，敬请有关专家、教师和广大读者批评指正。

编者

2019年10月

第一版前言

随着现代化工生产技术的飞速发展，生产装置大型化、生产过程连续化和自动化程度越来越高，生产工艺过程复杂，工艺条件要求严格，常伴有高温、高压、易燃及原料、产品强烈的腐蚀性等不安全因素。学生按照常规方式到实习基地进行实训操作受到很大的局限性。而化工仿真实训，利用计算机模拟真实的操作控制环境，为实习受训人员提供安全、经济的离线训练条件，具有很强的实践性和可操作性。因此，为适应社会发展需求，培养石油化工领域应用型高等技术人才，我们根据北京东方仿真控制技术有限公司推出的化工单元操作和化工生产过程仿真软件，编写了本教程。

本书介绍了过程系统仿真、化工仿真系统学员站的使用方法及 TDC3000 培训系统的操作方法。为使学生能巩固已学的化工理论知识，并能用相关知识来指导自己的操作，提高其分析问题、解决问题的能力，在编写各化工仿真培训单元或过程使用方法时，我们都安排了工作原理简述和工艺流程简介，并配有带控制点的工艺流程图，仿 DCS 图，仿现场图和思考题，力求浅显、易懂，便于学习操作。选用的单元有离心泵、换热器、液位控制、加热炉、脱丁烷塔、吸收与解吸、压缩机、锅炉、固定床反应器、流化床反应器共 10 个单元。本书适用于学生在校学习，也可用于职工培训。

本书第二篇 8 ~ 12 章由杨百梅编写，第一篇 3 ~ 7 章、第二篇 17 ~ 18 章由丁金城编写，第二篇 13 ~ 14 章由于乃臣编写，第二篇 15 ~ 19 章由董云会编写，第一篇 1 ~ 2 章由赵增典编写，第二篇 19 章由尹德成编写。全书由杨百梅统稿。

本书由山东理工大学化工学院院长于先进博士主审，并提出了很多宝贵建议，在此深表敬意和感谢。

因编者水平有限，编写时间仓促，错漏之处在所难免，请读者批评、指正。

编者

2004 年 3 月

第二版前言

为满足化工技术类各专业的实训教学、生产实习、精品课程建设以及各类技能大赛、职业培训和职业技能鉴定等的需求，进一步适应教、学、做一体，工作过程导向课程和项目教学的需要，更加完善教材内容，特对《化工仿真》第一版进行修订，推出第二版。

本次修订参考了多种化工仿真实训教材，征求了读者的使用意见，总结了作者的教学经验，根据东方化工仿真公司所提供最新版本的化工仿真软件进行编写。尤其在内容上，较之第一版做了大幅度的增加。

本次修订内容主要有以下几个方面。

① 根据升级后的东方仿真软件版本，我们重新编写了第一篇基础知识部分。同时，考虑到网络教育的发展前景，对北京东方仿真软件技术公司的在线培训系统的使用做了简要说明。

② 增加了真空系统、催化剂萃取控制和二氧化碳压缩机工段 3 个单元操作。

③ 增加了 5 个典型化工产品生产的全流程仿真项目：聚丙烯生产、均苯四甲酸二酐生产、乙醛氧化制醋酸生产、甲醇生产、丙烯酸甲酯生产，涵盖了有机化工、高分子化工和精细化工生产领域。

④ 本教材所设计操作步骤更加接近真实操作环境，有利于帮助学生完成虚拟和真实生产之间的衔接和过渡。

⑤ 在文字叙述方面，修订了个别语言表达及内容上的不妥，使语言更加严谨规范。

淄博职业学院杨百梅、张淑新、刁香、巩玉红和赵世霞参加本次修订。张淑新编写第一篇；刁香修订了第 8～18 章，编写第 19、20、21、22 和 25 章；巩玉红编写第 23、26 和 27 章；赵世霞编写第 24 章。全书由杨百梅、张淑新、刁香统一定稿。

本书由山东理工大学化工学院院长于先进博士，北京东方仿真控制有限公司尉明春担任主审，并提出了很多宝贵意见，在此深表敬意和感谢。

修订过程中，得到淄博职业学院院长杨百梅教授的悉心指导和全力支持，北京东方仿真软件技术有限公司赵婧萍、覃扬、于延申提供了大量宝贵资料和宝贵意见，在此表示衷心的感谢。

限于编者的水平，修订版仍难免存在疏漏和不妥之处，敬请有关专家、教师和广大读者批评指正。

编者

2010 年 1 月

目 录

第一篇 基础知识

第二篇 化工单元操作

《化工仿真——实训与指导》（第三版）二维码资源目录

序号	二维码编码	资源名称	资源类型	页码
1	8.1	离心泵（单吸）原理展示	动画	044
2	8.2	调节阀结构展示	动画	045
3	8.3	调节阀原理展示	动画	045
4	9.1	闸阀结构展示	动画	053
5	9.2	闸阀原理展示	动画	053
6	10.1	U 型管式换热器原理展示	动画	060
7	10.2	弹簧式安全阀结构展示	动画	061
8	10.3	弹簧式安全阀原理展示	动画	061
9	12.1	釜式反应器结构展示	动画	080
10	12.2	釜式反应器原理展示	动画	080
11	13.1	板式塔（普通浮阀塔）结构展示	动画	087
12	13.2	板式塔（普通浮阀塔）原理展示	动画	087
13	14.1	填料塔结构展示	动画	099
14	14.2	填料塔原理展示	动画	099
15	18.1	流化床反应器结构展示	动画	142
16	18.2	流化床反应器原理展示	动画	142
17	20.1	四通阀（焦化）结构展示	动画	163
18	20.2	四通阀（焦化）原理展示	动画	163
19	25.1	止逆阀结构展示	动画	234
20	25.2	止逆阀原理展示	动画	234
21	26.1	固定床反应器结构展示	动画	260
22	26.2	固定床反应器原理展示	动画	260

第一篇　基础知识

1 化工仿真概述

化学工业是我国主要支柱产业之一，属于高度自动化、技术密集型行业。化工生产装置大型化、生产过程连续化和过程控制自动化是现代化工生产的特点。化工物料的易燃、易爆和有毒、有腐蚀性是化工生产的特殊性。为保证化工生产安全、稳定、长周期、满负荷、最优化的进行，化工行业对操作人员的岗位技能水平要求越来越高。常规的实习实训已经不能满足行业和企业要求，现代化工仿真技术成为当前职业教育教学和企业员工培训的强有力工具。许多职业院校将化工仿真实训与现场实习结合进行，作为训练学生综合职业技能的重要教学环节，有些企业已将仿真培训列为考核操作工人取得上岗资格的必要手段。

1.1 化工仿真系统

1.1.1 系统仿真简介

仿真是一种模仿行为，是将所研究的对象用其他手段进行模仿的一种技术。

过程系统仿真是指过程系统的数字仿真，是描述过程系统动态特性的数字模型，它能在仿真机上再现生产过程系统的实时特性，以达到在该仿真系统上进行实验和研究的目的。各工业过程系统有许多共同点和规律，例如化工过程系统，就是由一系列单元操作装置通过管道组合而成的复杂系统。

系统仿真是 20 世纪 40 年代末以来伴随着计算机技术的发展而逐步形成的一门新兴学科。最初，仿真技术主要用于航空、航天、原子反应堆等价格昂贵、周期长、危险性大、实际系统试验难以实现的少数领域，后来逐步发展到电力、石油、化工、冶金、机械等一些主要工业部门，并进一步扩大到社会系统、经济系统、交通运输系统、生态系统等一些非工程系统领域。可以说，现代系统仿真技术和综合性仿真系统已经成为任何复杂系统，特别是高技术产业不可缺少的分析、研究、设计、评价、决策和训练的重要手段。

化工仿真是仿真技术应用的一个重要分支，主要是对集散控制系统化工过程操作的仿真，用于化工生产装置操作人员开车、停车、事故处理等过程的操作方法和操作技能的培训与训练。

1.1.2 化工仿真系统的建立

化工仿真系统的建立必须以实际生产过程为基础。通过建立生产装置中各种过程单元的动态特征模型及各种设备的特征，模拟生产的动态过程特性，创造与真实装置非常相似的操作环境，其中各种画面的布置、颜色、数值信息动态显示、状态信息动态指示、操作方式等方面与真实装置的操作环境相同，使学员进入准工作状态。

1.1.2.1 实际化工生产过程

实际化工生产过程首先是由操作人员根据自己的工艺理论知识和装置的操作规程，在控制室和装置现场进行操作。然后，将操作信息传送到生产现场，在生产装置内完成生产过程中的物理变化和化学变化，同时一些主要生产工艺指标经测量单元、变送器等反馈至控制室。控制室操作人员通过观察、分析反馈来的生产信息，判断装置的生产状况，进行进一步的操作，使控制室和生产现场形成一个闭合回路，逐渐使装置达到满负荷平稳生产状态。

实际化工生产过程包括控制室、生产装置、操作人员、干扰和事故四个要素，如图1-1所示。

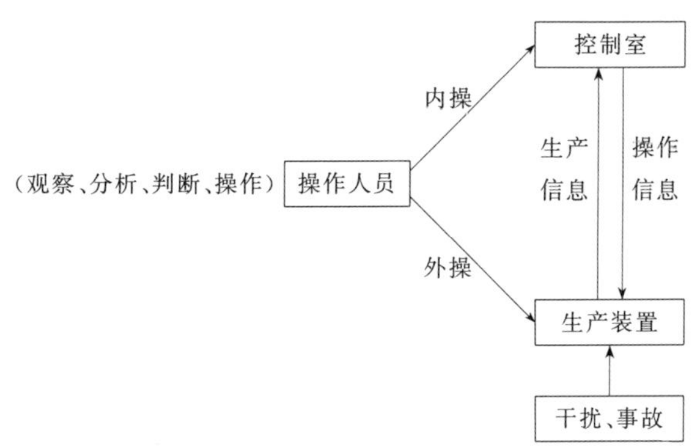

图1-1 实际化工生产过程示意简图

控制室和生产装置是生产的硬件环境，在生产装置建成后，工艺和设备基本不变。操作人员分为内操和外操：内操在控制室内通过DCS对装置进行操作和过程控制，是化工生产的主要操作人员；外操在生产现场进行诸如生产准备性操作、非连续性操作、一些机泵的就地操作和现场巡检。

干扰是指生产环境、公用工程等外界因素变化对生产过程的影响，如环境温度的变化等。事故是指生产装置的意外故障或因操作人员的误操作所造成的生产工艺指标超标的事件。干扰和事故是生产中的不定因素，对生产有很大的负面影响。操作人员对干扰和事故的应变能力和处理能力是影响生产的主要因素。

1.1.2.2 仿真实训过程

仿真实训是在仿控制室（包括图形化现场操作界面）进行操作，操作信息通过网络送到工艺仿真软件。软件完成实际生产过程中物理变化和化学变化的模拟运算，一些主要的工艺指标（仿生产信息）经网络系统反馈到仿控制室。观察、分析反馈回来的仿生产信息，判断系统运行状况，进行进一步的操作。在仿控制室和工艺仿真软件间形成一个闭合回路，逐渐操作、调整到满负荷平稳运行状态。仿真实训过程中的干扰和事故由教师通过仿真软件上的人/机界面进行设置。

1.1.2.3 实际生产过程与仿真过程的比较

仿真实训系统中的“仿控制室”是一个广义地扩大了的控制室，不仅包括实际DCS中的操作画面和控制功能，还包括现场操作画面。因为仿真实训系统中不存在真实的生产装置现场，所以将现场操作放到仿控制室中。由于现场操作一般为生产准备性操作、间歇性操作、动力设备的就地操作等非连续控制过程，通常并不是主要实训内容。因此，把现场操作放到仿控制室并不影响实训效果。

1.2 化工仿真实训操作过程

学员通过仿真实训，能够积累较多的化工过程操作经验，并能提高理论联系实际和分析问题解决问题的综合能力。

1.2.1 仿真实训前的准备

仿真实训之前，学员应该有一定理论知识的准备，需要掌握相关专业知识，如化工单元操作技术、化工生产技术、化学反应工程等。为使仿真实训取得更好的效果，仿真实训前应到工厂进行认识实习，了解各种化工单元设备的空间几何形状和结构特点、工艺过程的组成、控制系统的组成、管道走向、阀门的大小和位置等，建立起一个完整的、真实的化工过程的概念；熟悉单元设备工作原理及操作要点、工艺流程、控制系统及开停车规程，包括设备位号、检测控制点位号、正常工况的工艺参数范围、控制系统的原理、阀门及操作要点的作用等知识。

1.2.2 仿真实训操作

在具有一定理论知识、经过下厂认识实习、熟悉流程和开停车规程的基础上，可以进入仿真实训阶段，进行典型单元操作和典型化工产品生产过程的开车、停车、正常操作、事故判断和排除练习。通过反复多次的操作，训练对动态过程的综合分析能力，各变量之间的协调控制（包括手动和自控）能力，掌握时机、利用时机的能力等。

实训过程中，学员必须注意力集中，反应迅速。首次仿真开车，难免出现顾此失彼的情况，教师应帮助和指导学生及时分析所出现问题的原因，总结经验教训，体会开车技巧，提高仿真实训效率。

通过仿真实训，学生了解生产中事故产生的原因、危险如何扩散、会造成什么后果、如何排除以及最佳排除方案是什么，通过事故排除训练可以使安全教育具体化、实用化。

除了以上所进行的各种基本教学内容和素质训练外，还可以锻炼学生的创新能力。例如，借助于仿真实习形象、直观、高效的特点，学生可以自己设计、试验最优开车方案，探索最优操作条件和最优控制方案，分析现有工艺流程的缺点和不足，提出技术改造方案，并通过仿真试验进行可行性论证等。

1.2.3 仿真实训报告

仿真实训完成后，学员必须做出详细的仿真实训报告。

1.3 化工仿真实训操作要点

（1）熟悉工艺流程、主要设备和控制系统　动手操作前，首先要读懂带指示仪表和控制点的工艺流程图。确认主要设备及其空间位置、阀门的位置、检测点和控制点的位置，清楚物料流走向，记住开车达到正常设计工况的各重要参数，如压力、流量、液位、温度等。

仿真操作过程中，主要操作设备包括所有控制室和现场的手动设备和自动执行机构，主要有控制室的调节器、遥控阀、电开关、事故联锁开关和现场的快开阀门、手动可调阀门、调节阀、电开关等。

自动控制系统在化工过程中起到维持平稳生产、提高产品质量、确保安全生产的重要作用，了解自动控制系统的作用原理及使用方法，才能进行正确操作。

本书中主要设备、调节器、显示仪表的位号、显示变量和正常值等都以表格的形式列出。

（2）熟悉操作规程　仿真操作规程通常包括冷态开车操作规程、正常停车操作规程、正常操作规程、紧急停车操作规程和事故处理方法。学员应在训练前预习操作规程，了解每一步操作的作用。

（3）了解物料的性质和变化　了解物料的性质和过程中所发生的物理变化及化学变化，对于深入理解操作规程、安全运行化工装置和正确处理事故都有重要意义。

（4）调整好开车负荷，先低后升　无论动设备还是静设备，无论单个设备还是整个流程，都有一条开车基本安全规则：先低负荷开车达正常工况，然后缓慢提升负荷。

（5）分清调整变量和被调变量　调整变量是指调节器的输出所作用的变量，被调变量是指调节器的输入或设置调节器所要达到的目的。如在离心泵单元中，通过调整调节阀的开度控制泵的出口流量，则调整变量是泵出口流量管线上调节阀的开度，被调变量是泵的出口流量。

（6）操作时避免大起大落　大型化工装置的流量、液位、压力、温度或组成等变化，都呈现较大的惯性和滞后性。由于系统的惯性和滞后性，调整阀门后，不会立刻出现明显效果。如果急于求成，继续对阀门进行大幅度操作，将会使系统难于稳定在预期的工况。

正确的操作是每进行一次阀门操作，先适当观察一段时间，权衡被调变量与预期值的差距再进行下一步操作。越接近预期值，操作量应越小。这种方法看似缓慢，其实是稳定工况的最佳途径。

（7）分清操作步骤的顺序关系　操作步骤之间有一定的顺序关系，操作过程中要考虑生产安全和工艺过程的自身规律。有些操作如果不按顺序进行会引发事故，所以不能随意更改，必须严格按顺序操作。有些操作步骤之间没有顺序关系，可以更改前后顺序。明确操作步骤顺序关系的前提是熟悉工艺流程，了解每一步操作的作用。

（8）了解变量的上下限　装置开车前，先了解变量的上下限。在仪表上下限以内，变量的报警分为高限和高高限、低限和低低限。若超高限或低限先警告一次提醒注意，超过高高限或低低限则必须立即处理。

除报警限外，还要了解在正常工况时各变量允许波动的上下范围，这个范围比报警限要小。有些变量的变化对产品质量非常敏感，要严格限制。各调节阀的阀位与变量的上下限密切相关。当正常工况时，阀位通常设计在50%～60%，尤其要避开阀门开度在10%以下和90%以上的非线性区。

（9）自动控制系统有问题立即改为手动　当自动控制系统有问题时，立即切换为手动是一条操作经验。但需要说明控制系统的故障不一定出现在调节器本身，也可能出现在检测仪表或执行机构或信号线路方面。切换为手动包括直接到现场手动调整调节阀或旁路阀。

（10）热态停车原则　热态停车是指不把系统停至开车前的状态（冷态）而进行局部停车操作，即有些事故状态并不一定要将全部系统都停下，可以局部停车，将事故排除后能尽快恢复正常。这是某些事故状态下的一种合理处理方法。

热态停车的原则是：处理事故所消耗的能量及原料最少，对产品的影响最小，恢复正常生产的时间最短。在满足事故处理的前提下，局部停车的部位越少越好。

（11）出现事故要准确判断根源　排除事故的基本原则是找到根源，如果事故原因不明确，则不能解决事故发生的根本问题。

（12）谨慎投联锁系统操作　联锁保护控制系统是在事故状态下自动进行热态停车的自动化装置。而联锁动作的触发条件是确保系统处于正常工况的逻辑关系，因此只有当系统处于联锁保护的条件之内并保持稳定后才能投联锁（开车过程的工况处于非正常状态）。操作人员必须从原理上清楚联锁系统的功能、作用、动作机理和联锁条件，才能正确投用联锁系统。

2

化工仿真教学系统的运行

2.1 STS 软件运行环境

① 核心处理器 P4 1.6G 以上微机。

② 至少 1M 内存（RAM），推荐使用 1G 内存。

③ 至少 10G 硬盘。

④ 显示器分辨率 1024×768。

⑤ 标准打印机和光驱。

⑥ 标准鼠标和键盘。

⑦ WINDOWS XP 以上操作系统。

⑧ TCP/IP 网络通信协议。

2.2 程序激活

2.2.1 教师站激活

基于 PISP. NET 开发的系列仿真实验\实习软件，目前主要激活方式为：离线激活。

2.2.1.1 基本要求

① 有一台可以连接 internet 外网的教师机。

② 通信正常的局域网（带有工作组或域）。

2.2.1.2 激活步骤（加密锁激活方式）

① 在教师机上安装东方专业通用教师站软件后，在该机器 U 口插上东方提供的加密狗（锁），并确认系统找到加密狗（锁）。

② 点击“开始”—“程序”—“东方仿真”—“加密锁管理工具”。弹出如图 2-1 所示的窗口。激活状态显示了你所使用的加密锁的相关信息。

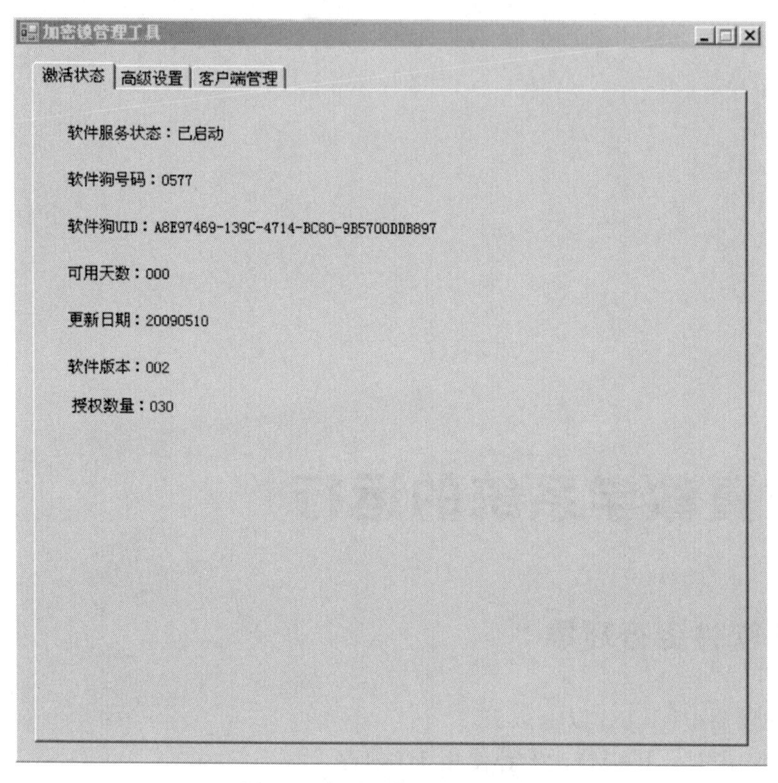

图 2-1　加密锁管理工具界面

③ 在弹出的窗口中，点击“高级设置”，点击“激活加密锁”。激活成功后。会显示如图 2-2 所示的信息提示画面。

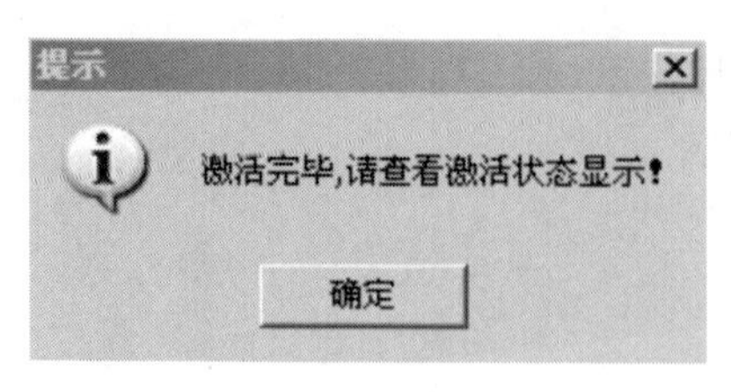

图 2-2　提示界面

2.2.1.3　激活状态察看

打开教师站软件，弹出如图 2-3 所示的窗体，点击“帮助”，进入“关于”即可查看教师站是否激活成功。

2.2.2　学员站激活

2.2.2.1　激活方法

教师站激活后，启动学员站，并在“连接信息”下的“教师指令站地址”处填入教师机的 IP 地址或教师机的机器号，在教师站打开并插有加密狗（锁）的情况下，启动学员站即

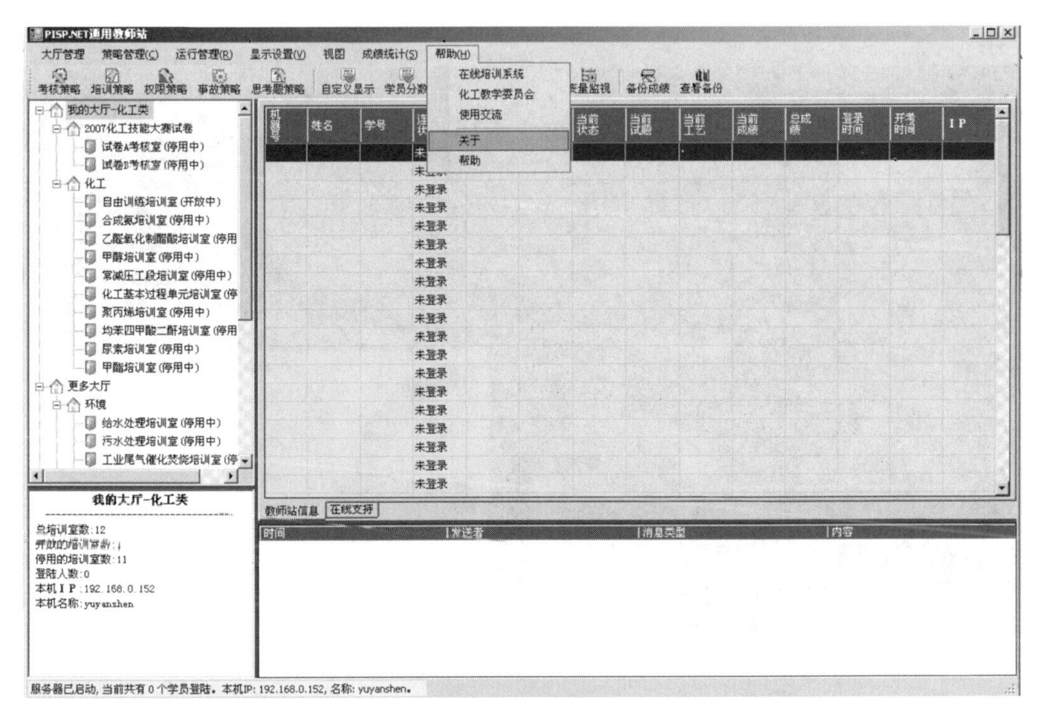

图 2-3 教师站界面

可自动激活。如图 2-4 所示。

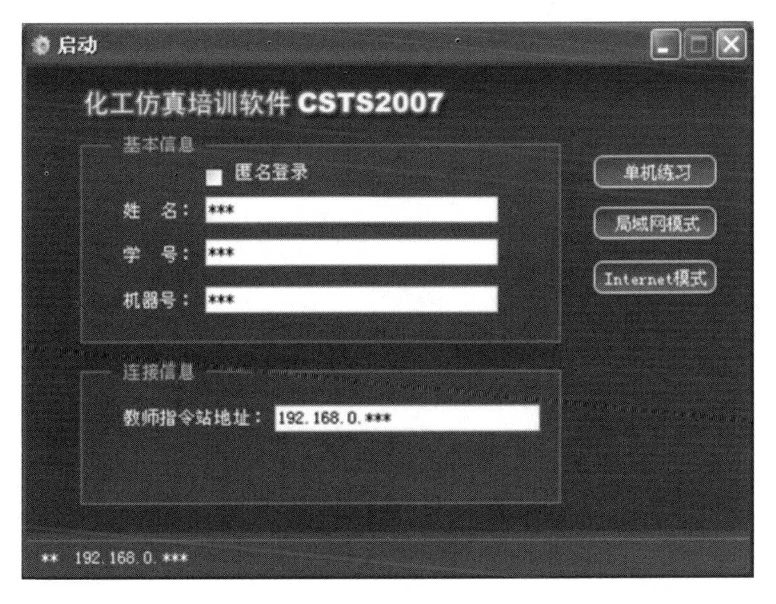

图 2-4 学员站启动界面

2.2.2.2 激活状态查看

运行学员站，点击“帮助”，进入“关于”，即可查看学员站的激活状态。如图 2-5 所示。

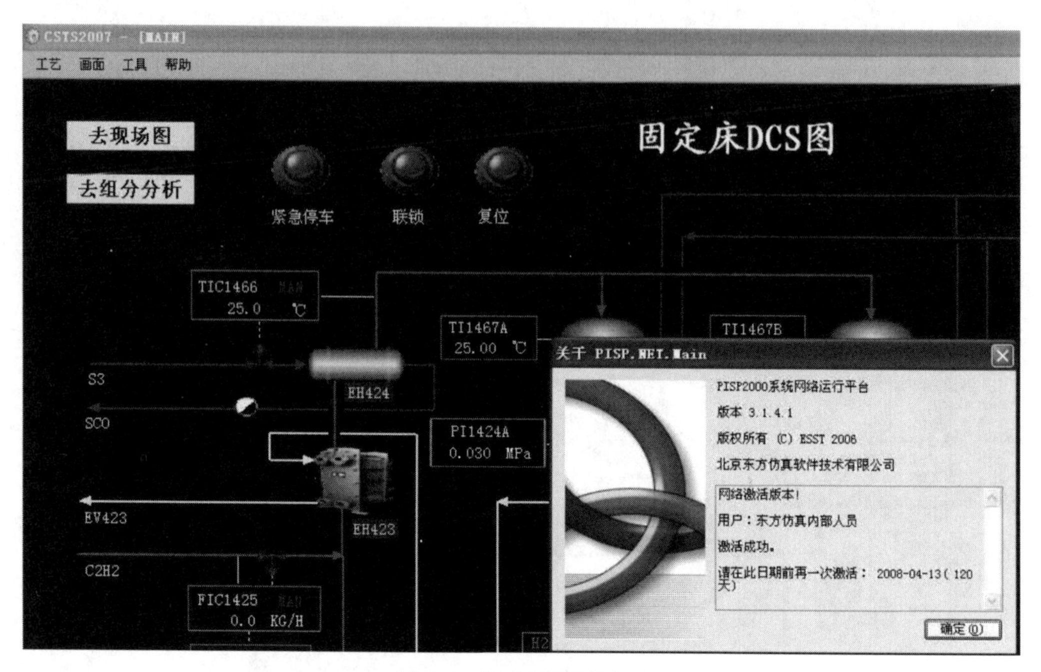
CSTS2007 - [MAIN]
工艺 画面 工具 帮助
去现场图
去组分分析
固定床DCS图
紧急停车
联锁
复位
TIC1466
25.0 ℃
TI1467A
25.00 ℃
TI1467B
S3
EH424
SCO
PI1424A
0.030 MPa
EV423
EH423
C2H2
FIC1425
0.0 KG/H
关于 PISP.NET.Main
PISP2000系统网络运行平台
版本 3.1.4.1
版权所有 (C) ESST 2006
北京东方仿真软件技术有限公司
网络激活版本!
用户：东方仿真内部人员
激活成功。
请在此日期前再一次激活： 2008-04-13(120天)
确定(O)

图 2-5 学员站激活界面

3

STS 仿真系统教师站

3.1 教师站功能简介

3.1.1 功能菜单

教师站的功能菜单包括有大厅管理、策略管理、运行管理、显示设置、视图、成绩统计以及帮助七个功能菜单，如下为教师站的功能菜单。

大厅管理　策略管理(C)　运行管理(R)　显示设置(V)　视图　成绩统计(S)　帮助(H)

3.1.2 快捷菜单

功能菜单的下面一列为快捷菜单，其中很多菜单都在功能菜单中能够找到，比如功能菜单中的“策略管理”中包括有考核策略、培训策略、权限策略、事故策略、思考题策略等，这些菜单都在快捷菜单栏中能够找到，快捷菜单栏为用户提供更加方便快捷的操作。如下为快捷菜单栏。

3.1.3 菜单介绍

3.1.3.1 考核策略

用于组建新试卷、编辑已有试卷内容。试卷内容分为一道或者多道工艺题和思考题。在组建试卷的过程中工艺题可以自由选择考核的内容（开车、停车、事故处理等项目），设置该题的考试时间、DCS 类型选择、时标、该题分数在整个试卷中所占比重。界面如图 3-1 所示。

3.1.3.2 培训策略

用于教师组建、编辑培训方案。让学员按照培训章程练习仿真软件工艺内容。培训方案

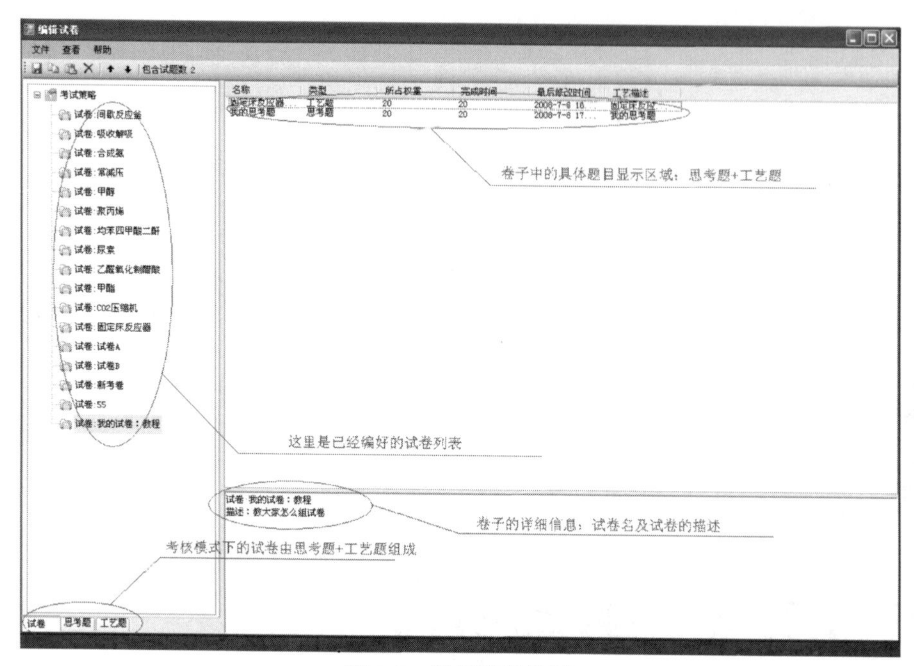

图 3-1　编辑试卷界面

只能组建仿真软件工艺内容，可以选择培训内容（开车、停车、事故处理等项目），设置时标、DCS 类型。界面如图 3-2 所示。

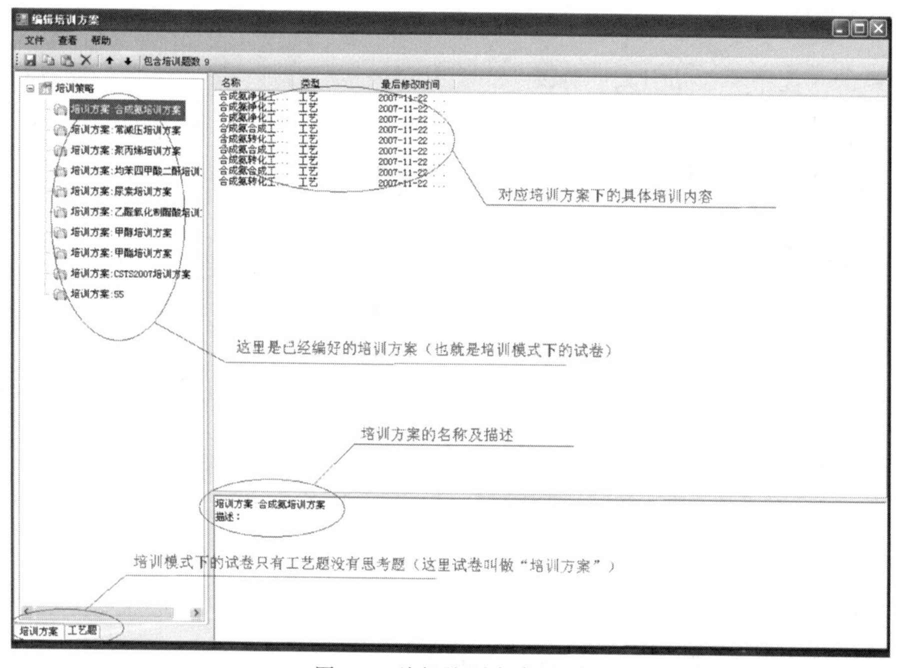

图 3-2　编辑培训方案界面

3.1.3.3　权限策略

用于设置开、闭卷考试、培训、联合操作的权限。点击“修改”按钮可以修改已有权限策略。

闭卷考核：屏蔽评分系统、时标调整、DCS 类型选择，不可以调整工艺和培训项目。

开卷考核：开放评分系统，屏蔽时标调整、DCS 类型选择，不可以调整工艺和培训项目。

自由培训：开放软件所有功能，学员按照教师要求练习仿真软件。

联合操作：多人分组操作同一个仿真软件。

界面如图 3-3、图 3-4 所示。

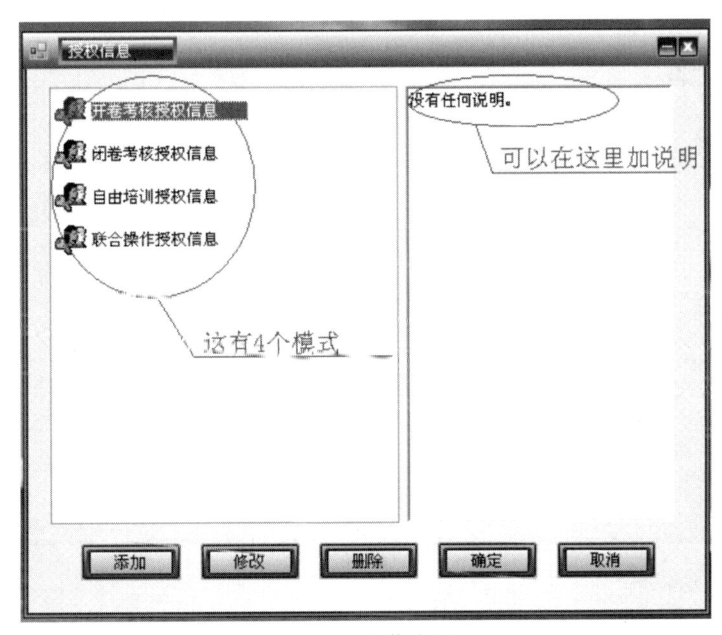

图 3-3 授权信息界面

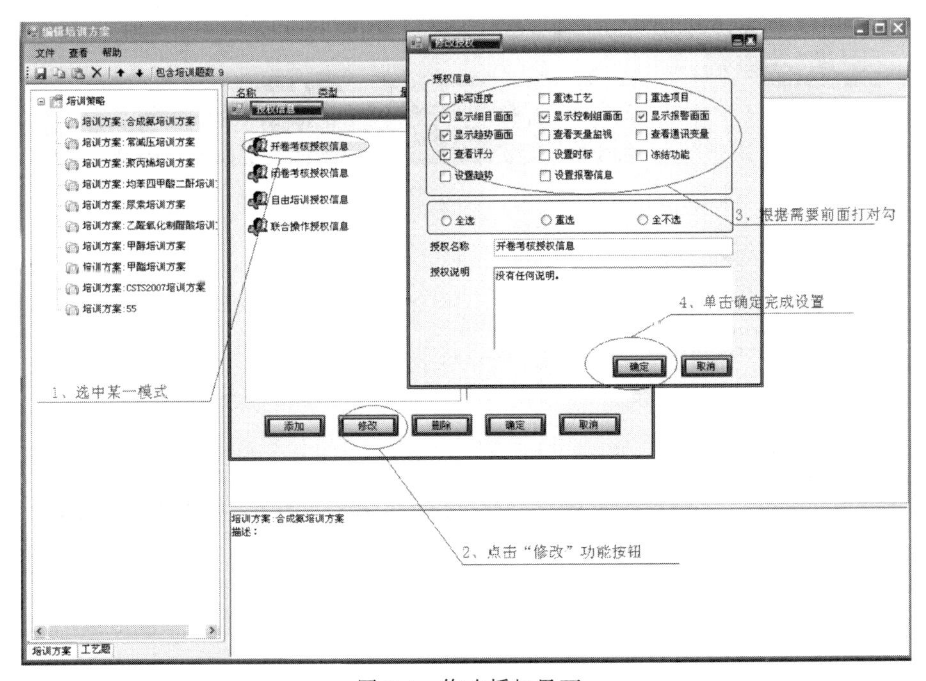

图 3-4 修改授权界面

3.1.3.4 事故策略

事故策略主要是针对练习或考核中在工艺题中增加事故，用以提高学生遇到问题时的分析问题、解决问题的能力。界面如图 3-5 所示。

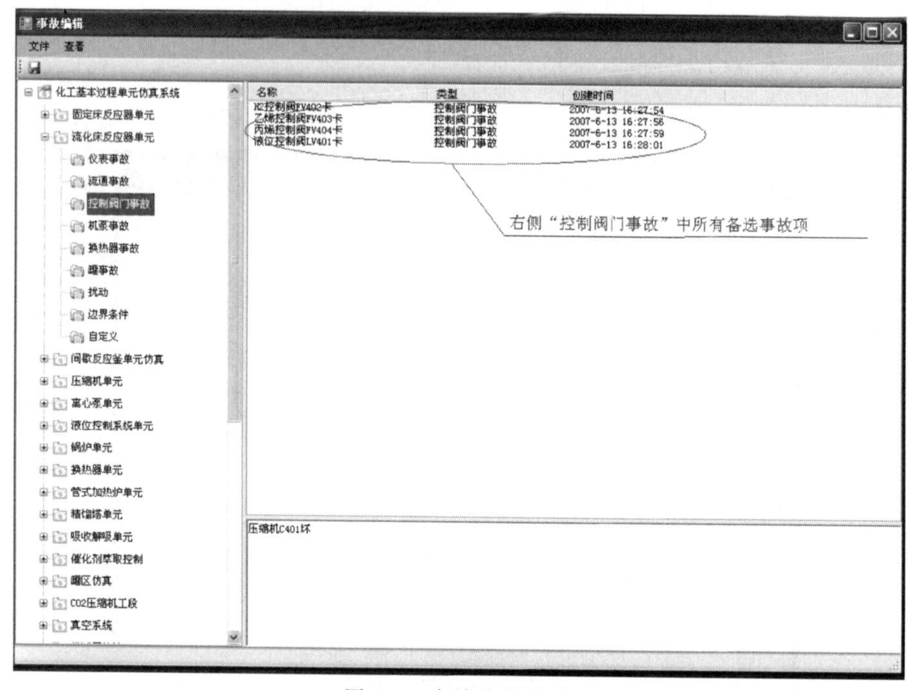

图 3-5 事故编辑界面

还可以临时下发事故：点击运行管理，在下拉菜单中单击“临时故障设置”弹出事故设置界面，如图 3-6～图 3-8 所示。

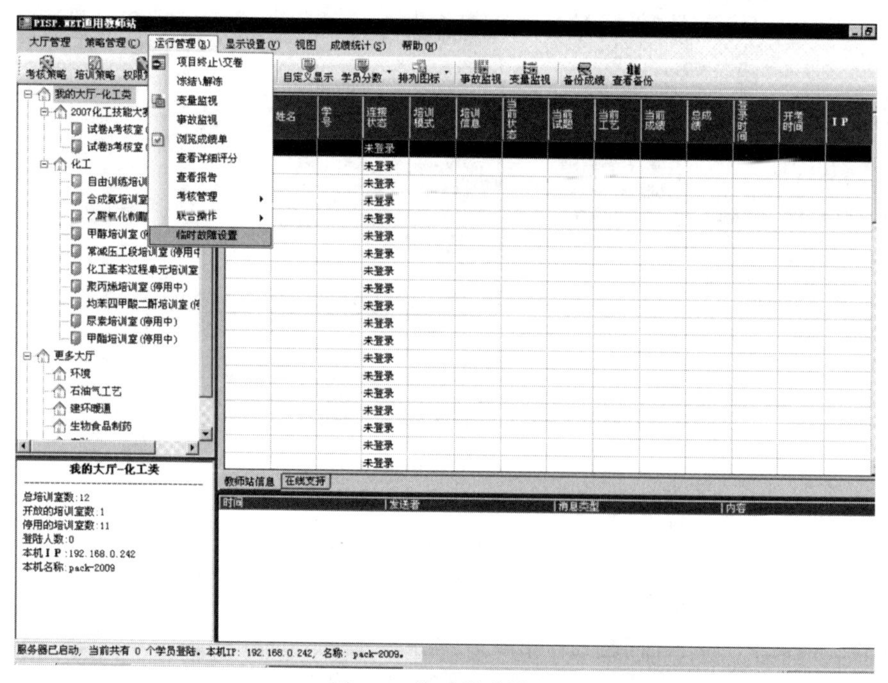

图 3-6 临时故障设置

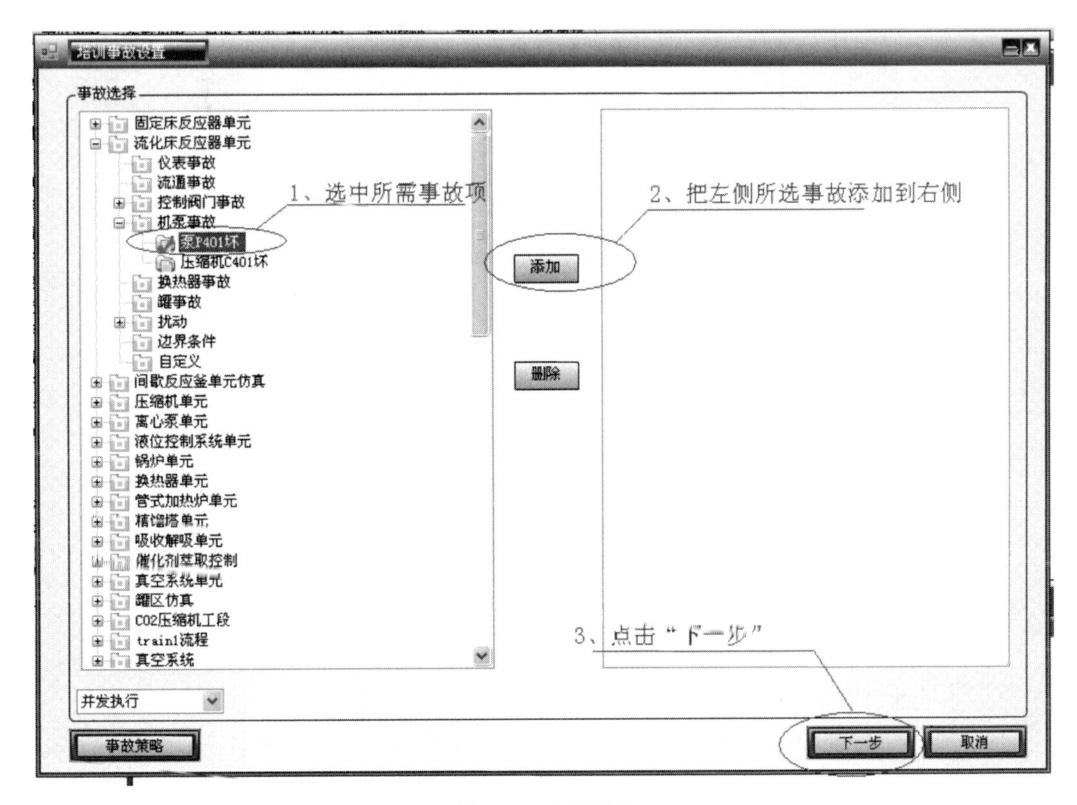

图 3-7　选择事故

图 3-8　选择学员

3.1.3.5　思考题策略

编辑、修改、添加思考题。界面如图 3-9 所示。

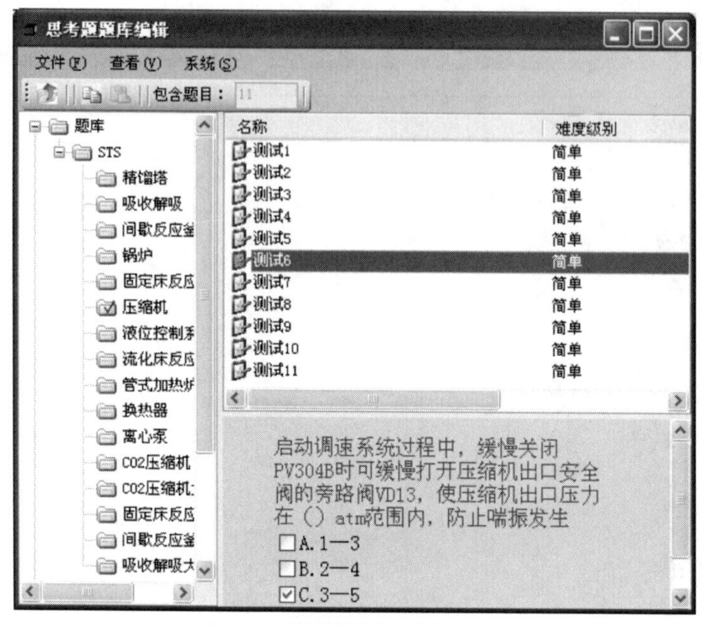

图 3-9 思考题题库编辑界面

3.1.3.6 自定义显示

设置学员站在教师站上面显示的信息。界面如图 3-10 所示。

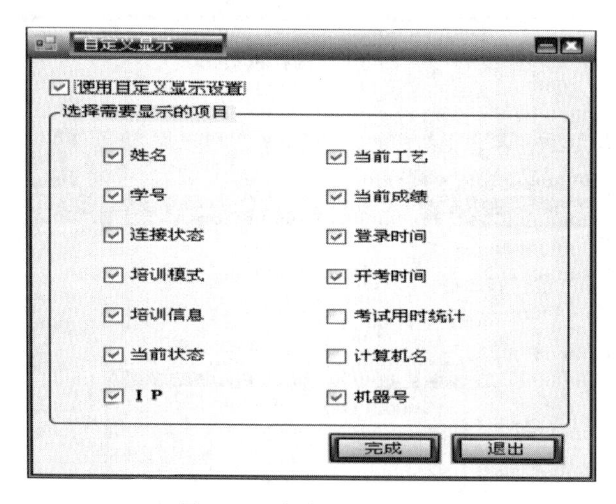

图 3-10 自定义显示界面

3.1.3.7 学员分数

在考试过程中查看学生的分数。

3.1.3.8 事故监视

在正常工况随机事故中，查看教师站下发给某个学员的临时事故的名称、时间和数量。如图 3-11 所示。

3.1.3.9 变量监视

教师能实时查看学员操作的工艺指标，监视学生的操作。如图 3-12 所示。

3.1.3.10 备份成绩

备份培训时或者考核时学员的成绩。

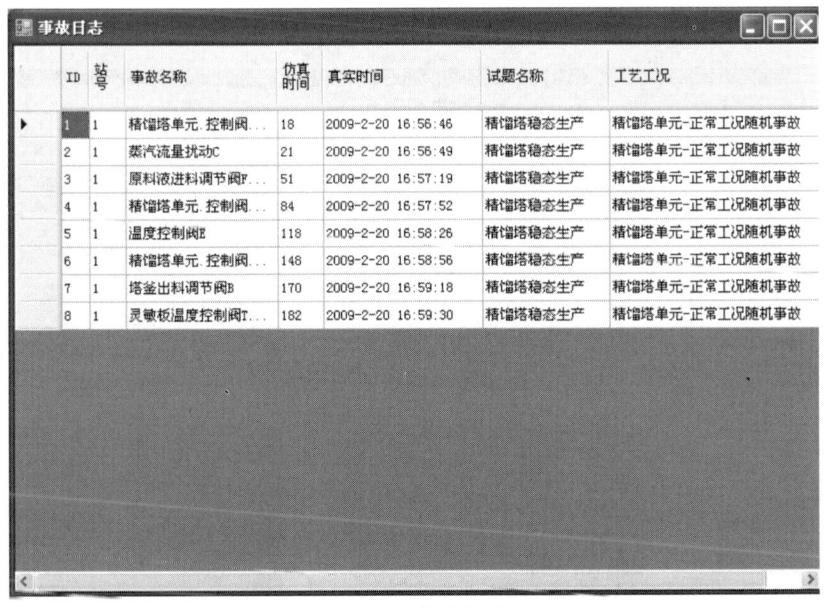

事故日志

ID	站号	事故名称	仿真时间	真实时间	试题名称	工艺工况
1	1	精馏塔单元.控制阀...	18	2009-2-20 16:56:46	精馏塔稳态生产	精馏塔单元-正常工况随机事故
2	1	蒸汽流量扰动C	21	2009-2-20 16:56:49	精馏塔稳态生产	精馏塔单元-正常工况随机事故
3	1	原料液进料调节阀F...	51	2009-2-20 16:57:19	精馏塔稳态生产	精馏塔单元-正常工况随机事故
4	1	精馏塔单元.控制阀...	84	2009-2-20 16:57:52	精馏塔稳态生产	精馏塔单元-正常工况随机事故
5	1	温度控制阀E	118	2009-2-20 16:58:26	精馏塔稳态生产	精馏塔单元-正常工况随机事故
6	1	精馏塔单元.控制阀...	148	2009-2-20 16:58:56	精馏塔稳态生产	精馏塔单元-正常工况随机事故
7	1	塔釜出料调节阀B	170	2009-2-20 16:59:18	精馏塔稳态生产	精馏塔单元-正常工况随机事故
8	1	灵敏板温度控制阀T...	182	2009-2-20 16:59:30	精馏塔稳态生产	精馏塔单元-正常工况随机事故

图3-11 事故监视界面

变量建立

ID	点名	描述	当前点值	当前变量值	点值上限
1	FI101	T-101 FEED	5.391177	5.399910	10.000000
2	FI102	E-101 FEED	5.643541	5.645072	10.000000
3	FI103	T-101 REFLUX	0.000000	0.000000	20.000000
4	FI104	T-101 BOTTO...	6.972379	6.932700	20.000000
5	FI105	T-102 FEED	6.972379	6.932700	20.000000
6	FI106	T-102 REFLUX	0.000000	0.000000	20.000000
7	FI107	T-102 TO D-101 FLOW	…88665	13.783978	100.000000
8	FI108	E-105 SL FLOW	0.000000	0.000000	10.000000
9	TI101	T-101 TOP T...	42.000000	42.000000	50.000000
10	TI102	T-101 BOTTO...	40.540127	40.536510	50.000000
11	TI103	E-102 TO D-...	20.000000	63.072369	20.000000

图3-12 变量监视界面

3.1.3.11 查看备份

查看备份的成绩

3.2 教师站网络连接和设置

教师站和学员站的连接使用TCP/IP协议，当教师站启动时，在局域网中广播自己的位置及其他设定的信息。学员站根据这些信息连接教师站。

3.2.1 启动教师站软件

教师站安装完毕，在桌面生成快捷方式。点击图标，启动教师站软件，出现

如图 3-13 所示的界面。

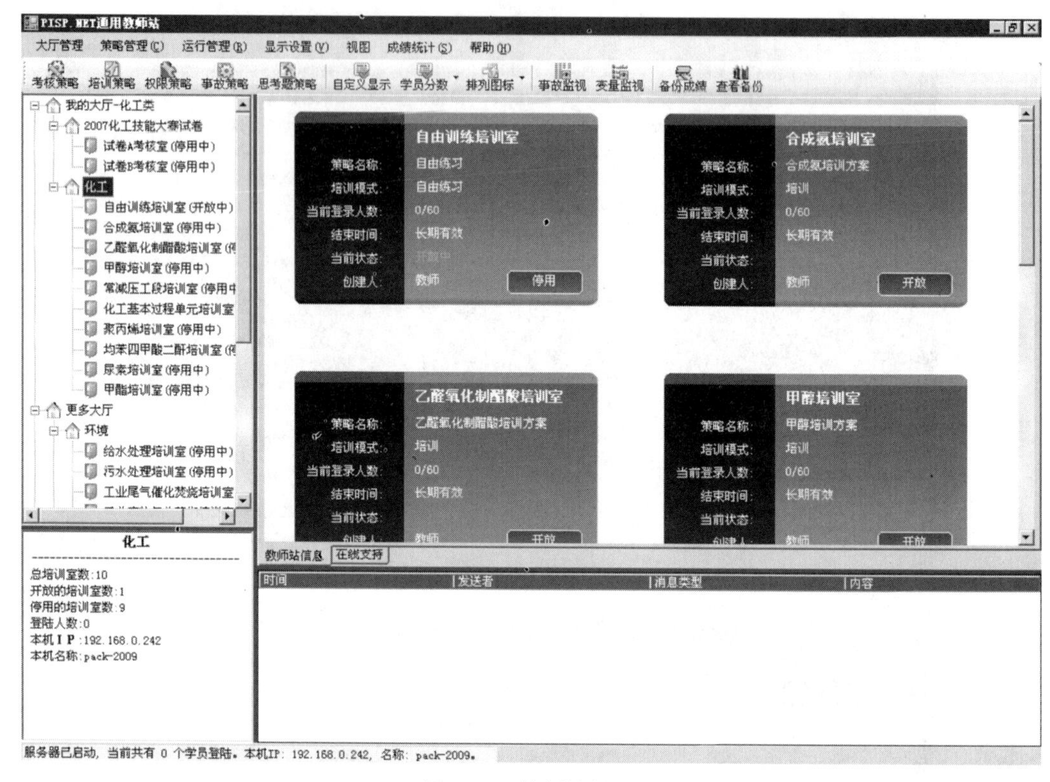

图 3-13 教师站界面

3.2.2 教师站设置

(1) 点击“显示设置——学员设置”，界面如图 3-14 所示，设置教师站的服务器名称和所能连接的最大学员站数；点击“完成”按钮，重启教师站后该设置生效。

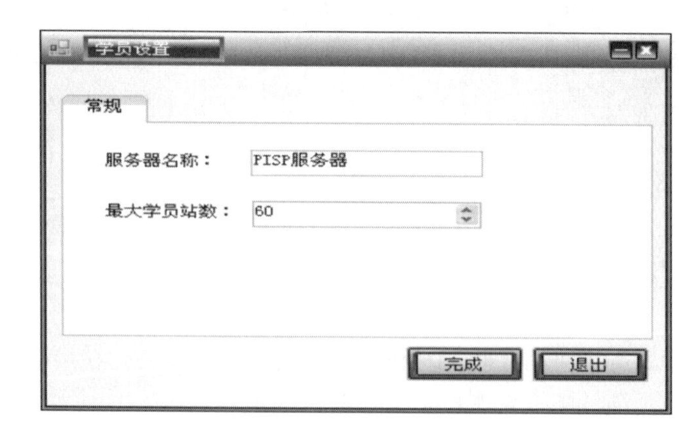

图 3-14 学员设置界面

(2) 点击“显示设置——字体及颜色设置”，界面如图 3-15 所示，设置教师站的字体及颜色显示风格；设置完成后点击“完成”按钮。

(3) 点击颜色框，界面如图 3-16 所示，可使处于不同状态学员的字体显示颜色，设置

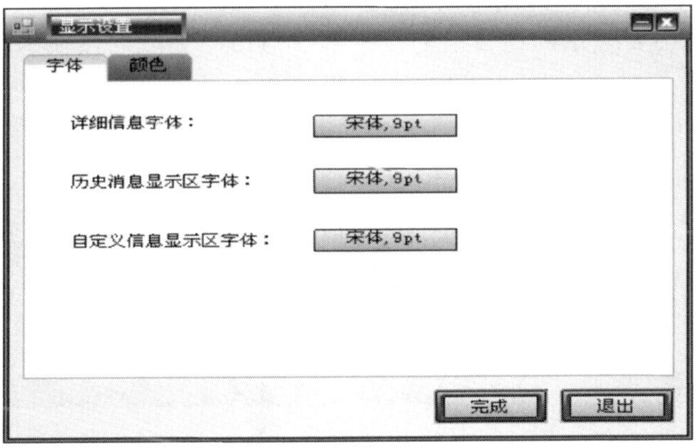

图 3-15 字体及颜色设置界面

完毕后，点击“完成”按钮即可。

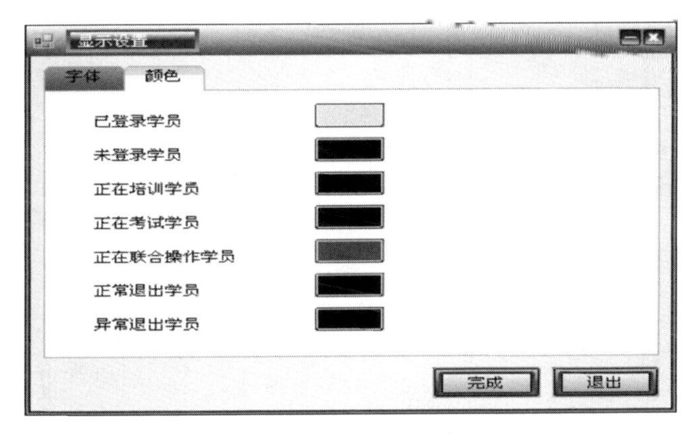

图 3-16 学员状态字体及颜色设置界面

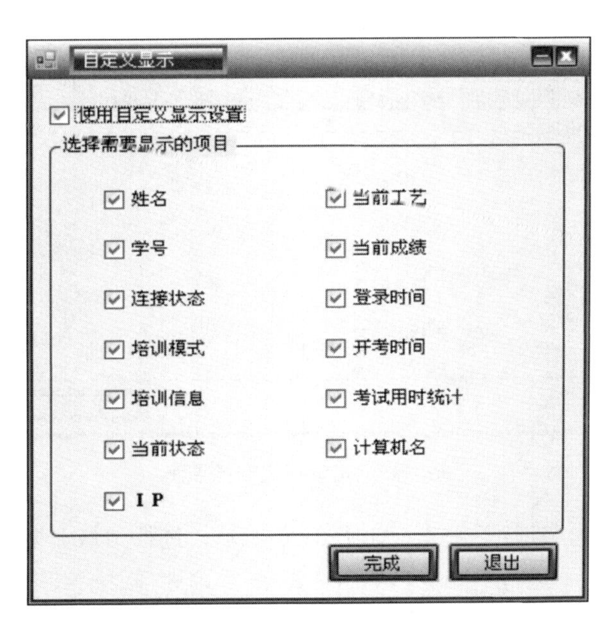

图 3-17 学员信息显示设置界面

(4) 点击“显示设置——自定义显示”,界面如图 3-17 所示,可以设置在教师站中显示的学员信息项目。选中要显示的项目前的复选框,点击“完成”按钮即可。

教师站设置完毕。

3.2.3 培训室设置

(1) 右键点击“化工”房间,点击“添加培训室”,弹出如图 3-18 所示的对话框,在培训室对话框中可以更改培训室名称、启用时间、结束时间、人数上限、培训策略、权限及填写创建者名称和培训室描述。

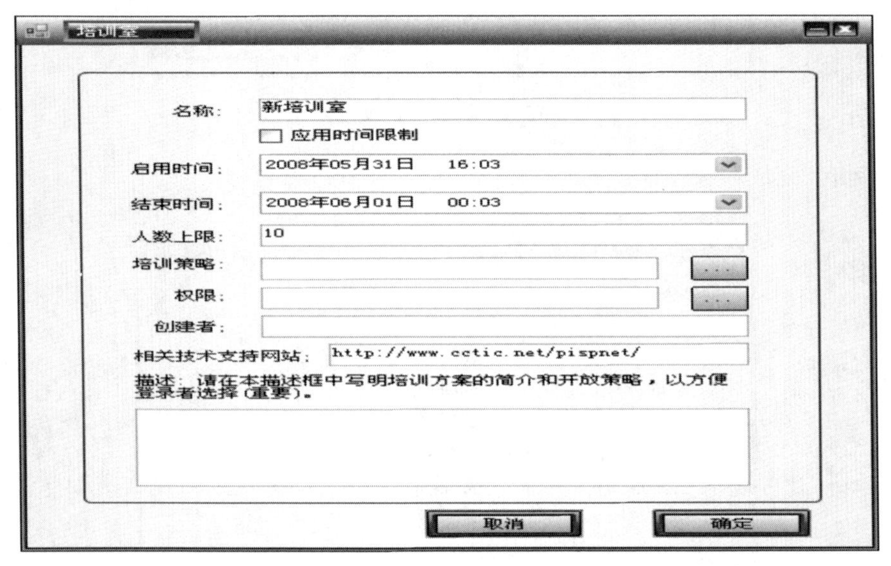

图 3-18 培训室界面

(2) 选择“培训策略”后的修改按钮,进入培训模式选择,界面如图 3-19 所示,可以选择“培训”“考核”“联合操作”“自由练习”等模式。

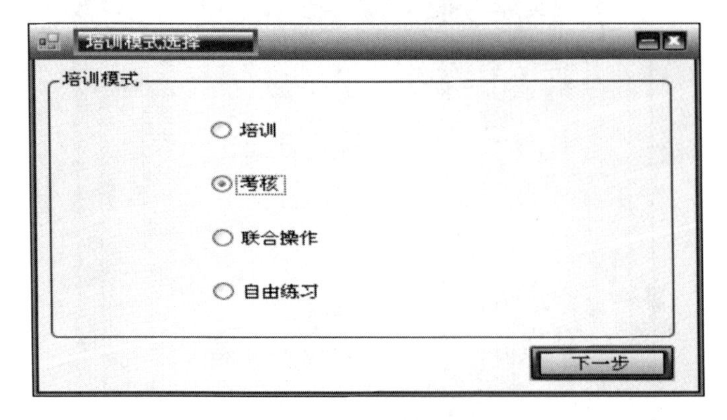

图 3-19 培训模式选择界面

(3) 选择完模式后,进行下一步,如图 3-20 所示,进行“培训策略”选择。

(4) 选择完策略后,进行下一步,如图 3-21 所示,进行“权限选择”。

(5) 选择完权限后,点击“确定”按钮,完成培训室的设置。

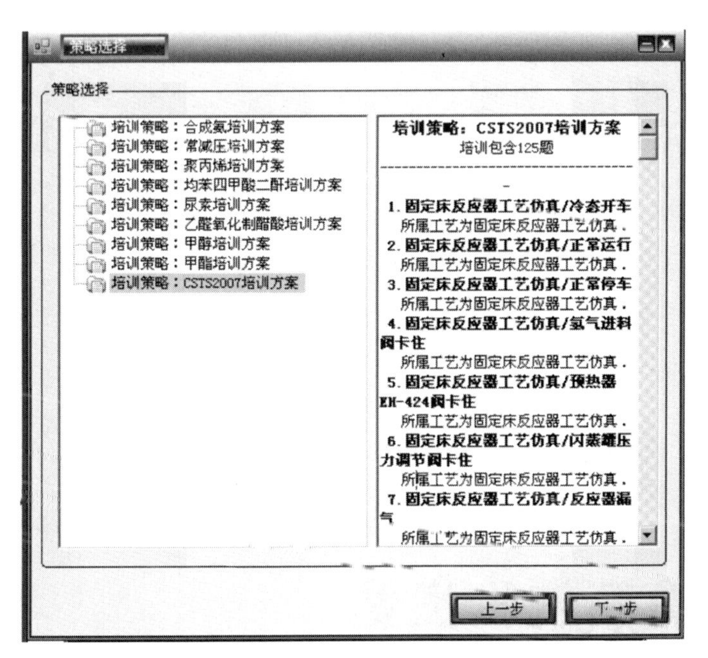

图 3-20 策略选择界面

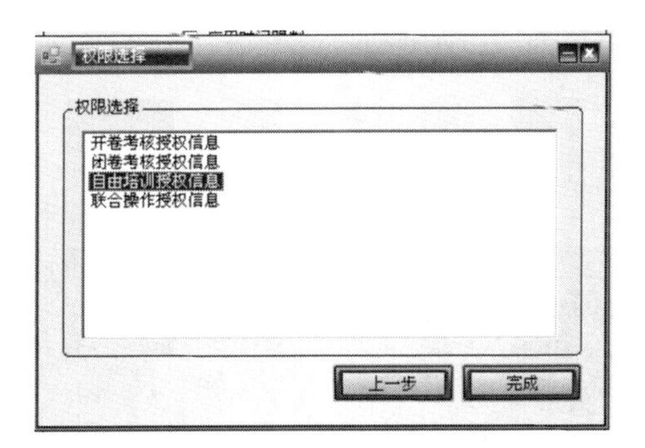

图 3-21 权限选择界面

4

STS 仿真系统学员站

4.1 仿真软件的启动

4.1.1 启动学员站

点击“化工仿真培训软件 CSTS 2007”图标，系统自动进入如图 4-1 所示的启动界面。

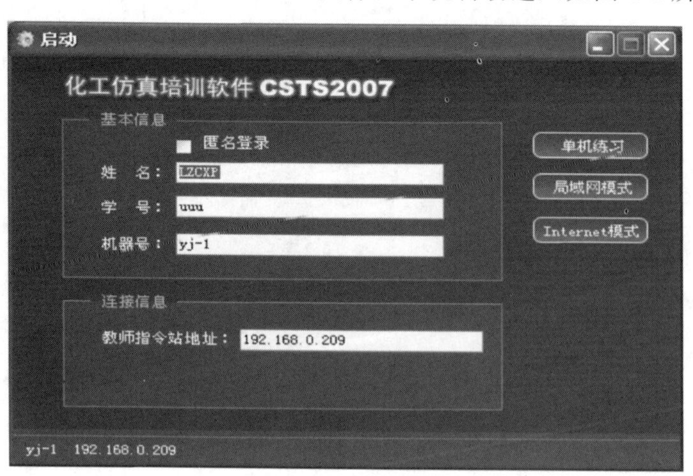

图 4-1 学员站启动界面

4.1.2 运行方式的选择

操作者可通过如图 4-1 所示的界面选择系统运行方式，包括单机练习、局域网模式和 Internet 模式。单机练习是在没有连接教师站的情况下运行系统；局域网模式是指学生站与教师站连接，老师可以通过教师站软件实时监控学员的成绩，规定学生的培训内容，组织考试，汇总学生成绩等；考试必须在局域网模式下运行软件；建议平时练习也通过局域网模式。

4.1.3 工艺选择

点击图 4-2 中方框“培训工艺”，在列表中选择“培训工艺”。学员可以选择的工艺由教师站授权决定。

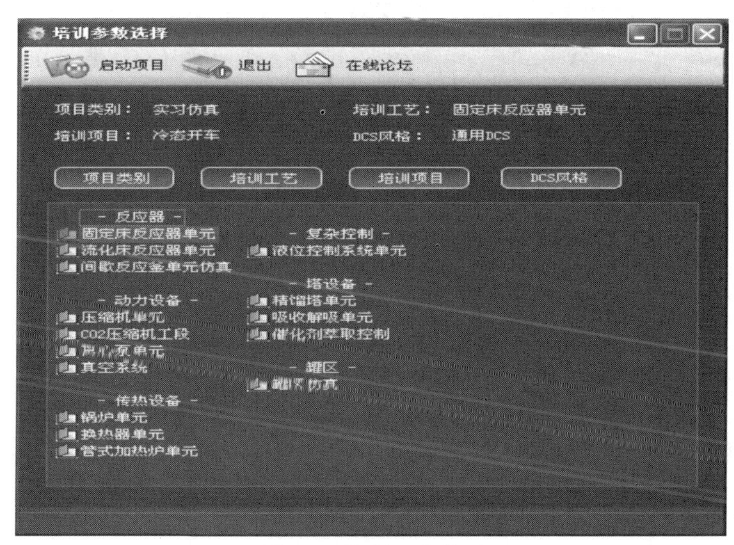

图 4-2 培训工艺界面

4.1.4 培训项目选择

如图 4-3 所示，在“培训项目”列表里面选择所要运行的项目。

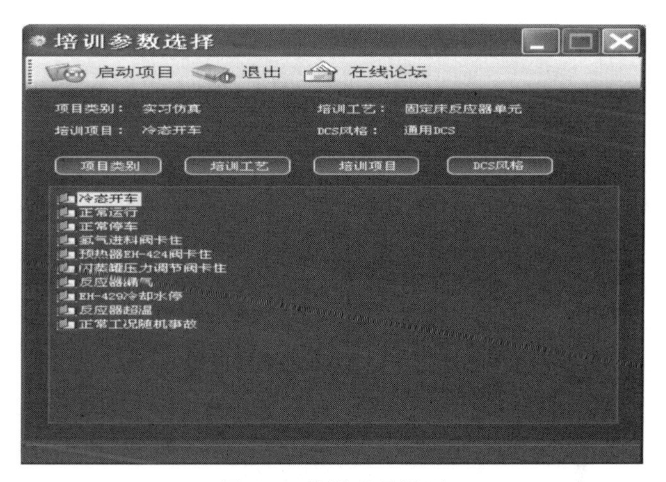

图 4-3 培训项目界面

4.1.5 DCS 类型选择

点击“DCS 风格”，可以选择仿真风格。界面如图 4-4 所示。

通用 DCS：仿国内大多数 DCS 厂商界面；TDC3000：仿美国 Honeywell 公司的操作界面；IA 系统：仿 foxboro 公司的操作界面；CS3000：仿日本横河公司的操作界面。

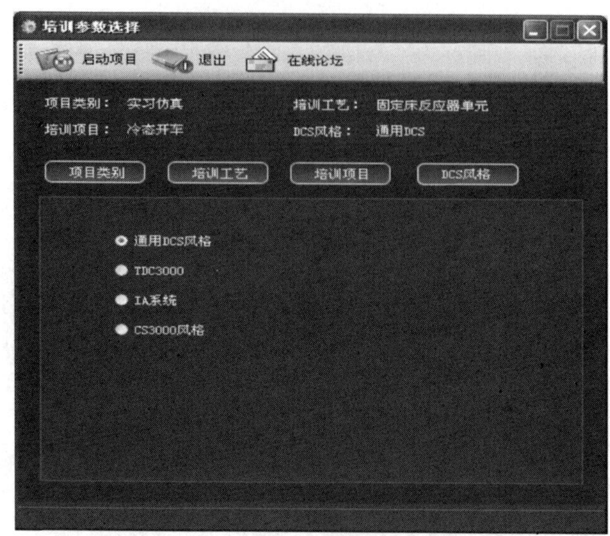

图 4-4　DCS 风格选择界面

4.1.6　启动项目

点击“启动项目”，进入工艺操作界面，同时操作质量评分系统打开。

4.1.7　退出系统

点击菜单中的“退出”，系统退回到启动画面。

4.2　菜单介绍

流程图画面菜单中有“工艺”“画面”“工具”和“帮助”四项。

4.2.1　工艺菜单

工艺菜单包括当前信息总览、重做当前任务、培训项目选择、切换工艺内容、进度存盘、进度重演、系统冻结、系统退出，如图 4-5 所示。

4.2.1.1　当前信息总览

显示当前培训项目信息，如图 4-6 所示。

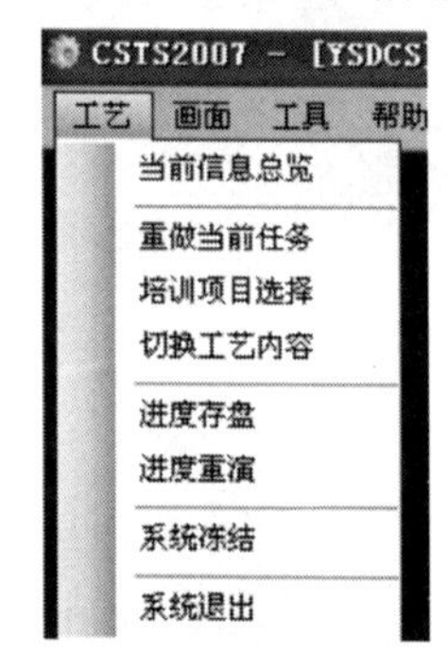

图 4-5　工艺菜单

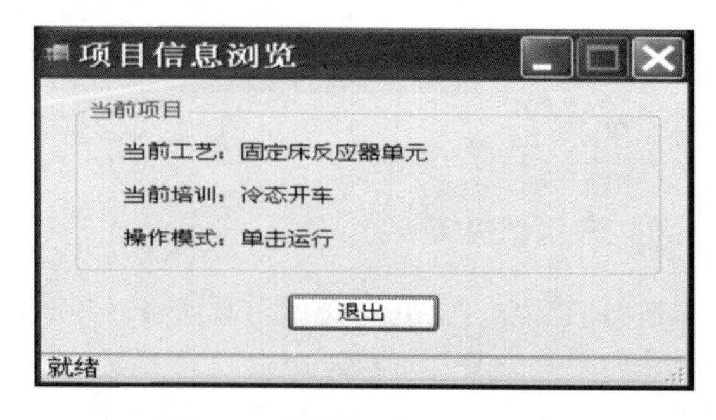

图 4-6　当前项目信息浏览界面

4.2.1.2 重做当前任务

系统进行初始化，重新启动当前培训项目。

4.2.1.3 培训项目选择

可重新选择工况、重新设置时标，所有的相关信息都将被重新设置。出现如图 4-7 所示的提示界面。

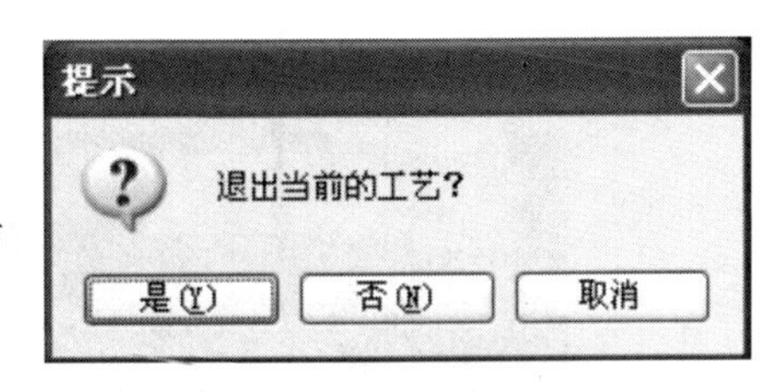

图 4-7 培训项目选择界面

4.2.1.4 切换工艺内容

重新选择运行工艺，操作步骤同培训项目选择。

4.2.1.5 进度存盘

保存当前进度，以便下次调用可直接从当前进度运行，界面如图 4-8 所示。

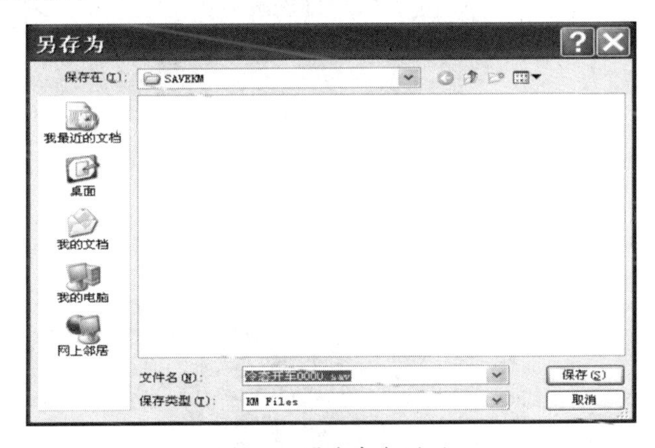

图 4-8 进度存盘画面

4.2.1.6 进度重演

读取所保存的快门文件（*.sav），恢复以前所存储的工艺状态。

4.2.1.7 冻结

工艺仿真模型处于“冻结”状态时，不进行工艺模型的计算；相应地，仿 DCS 软件也处于“冻结”状态，不接受任何工艺操作（即任何工艺操作视为无效）。而其他操作，如画面切换等，不受程序冻结的影响。程序冻结相当于暂停，所不同的是，它只是不允许进行工艺操作，而其他操作并不受影响。教师统一讲解可利用该功能，既不会因停止工艺操作而使工艺指标失控，又不影响翻看其他画面。

4.2.1.8 系统退出

退出程序。

4.2.2 画面菜单

“画面”菜单包括程序中的所有画面：流程图画面、控制组画面、趋势画面和报警画面。选择菜单项或按相应的快捷键，可以切换到相应的画面，如图 4-9 所示。

4.2.3 工具菜单

如图 4-10 所示，“工具”菜单中包括变量监视和仿真时钟设置两项。设置菜单可以用来对变量监视、仿真时钟进行设置。

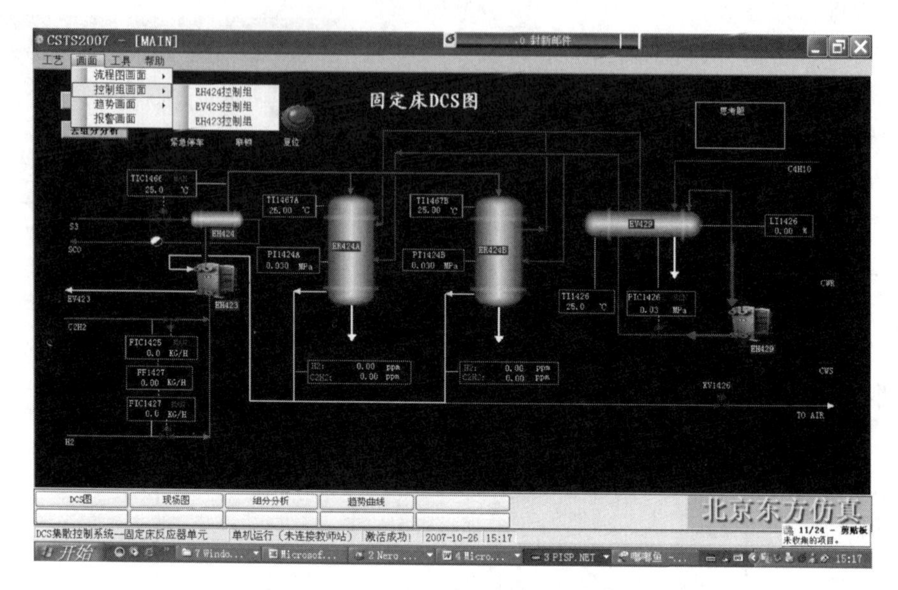

图 4-9　画面菜单

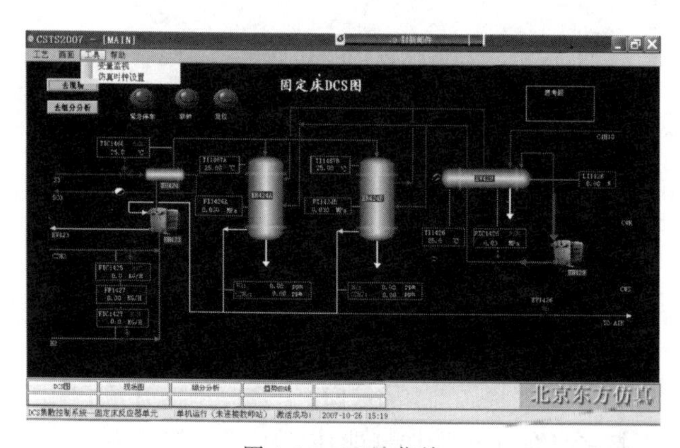

图 4-10　工具菜单

4.2.3.1　变量监视

“变量监视”可实时监视变量的当前值，察看变量所对应的流程图中的数据点以及对数据点的描述和数据点的上下限，如图 4-11 所示。

4.2.3.2　仿真时钟设置

仿真时钟设置即“时标设置”，设置仿真程序运行的时标。选择该项会弹出设置时标对话框，如图 4-12 所示。时标以百分制表示，默认为 100%，选择不同的时标可加快或减慢系统运行的速度。系统运行的速度与时标成正比。

4.2.4　帮助菜单

帮助主题：打开仿真系统平台操作手册。

产品反馈：提出对产品的修正意见。

关于：显示软件的版本信息、用户名称和激活信息。

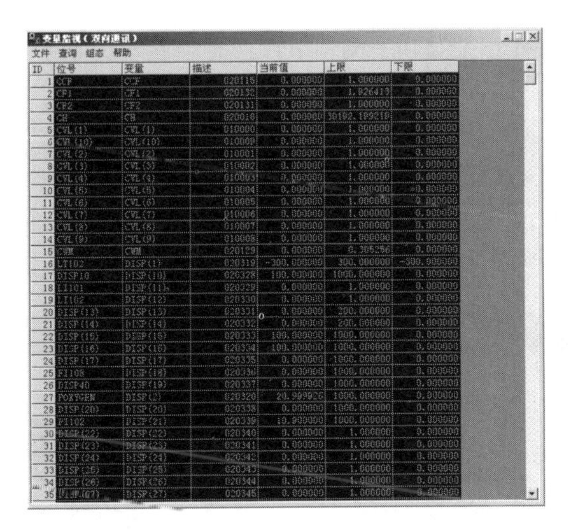

图 4-11　变量监视画面

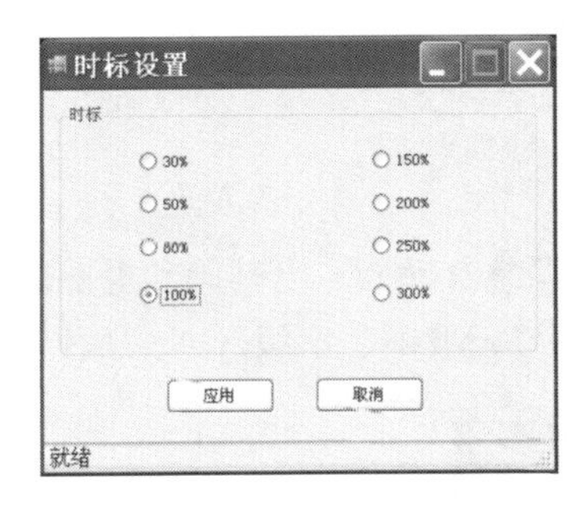

图 4-12　仿真时钟设置

4.3　画面介绍

4.3.1　流程图画面

流程图画面主要有 DCS 图、现场图，有些工艺会有组分分析图、公用工程图、联锁图等。

DCS 图画面和工厂 DCS 控制室中的实际操作画面一致。在 DCS 图中显示所有工艺参数，包括温度、压力、流量和液位，同时在 DCS 图中只能操作自控阀门，而不能操作手动阀门。

现场图是仿真软件独有的，是把在现场操作的设备虚拟在一张流程图上。在现场图中只可以操作手动阀门，而不能操作自控阀门。

流程图画面是主要的操作界面，包括流程图，显示区域和可操作区域。在流程图操作画面中当鼠标光标移到可操作的区域上面时会变成一个手的形状，表示可以操作。鼠标单击时会根据所操作的区域，弹出相应的对话框。如点击按钮 TO DCS 可以切换到 DCS 图，但是对于不同风格的操作系统弹出的对话框也不同。

4.3.1.1 现场图

现场图中的阀门主要有开关阀和手动调节阀两种，在阀门调节对话框的左上角标有阀门位号和说明。

开关阀：此类阀门只有“开”和“关”两种状态。直接点击“打开”和“关闭”即可实现阀门的开关闭合。如图 4-13 所示。

手动操作阀：此类阀门通过手动输入 0～100 的数字调节阀门的开度，实现阀门开关大小的调节。或者点击“开大”和“关小”按钮以 5%的进度调节。如图 4-14 所示。

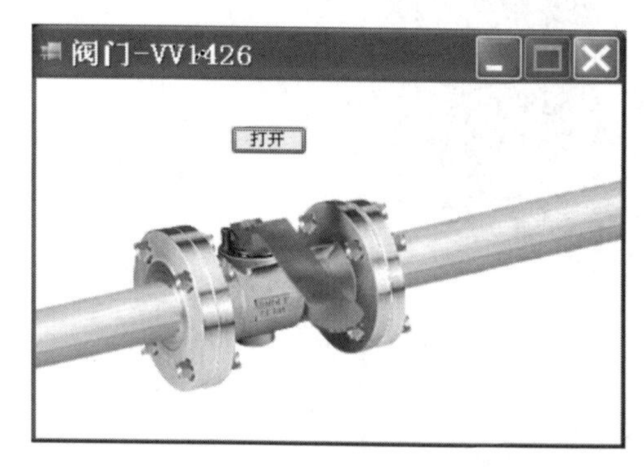

图 4-13 开关阀

图 4-14 手动操作阀

4.3.1.2 DCS 图

在 DCS 图中通过 PID 控制器调整气动阀、电动阀和电磁阀等自动阀门的开关闭合。在 PID 控制器中可以实现自动/AUT、手动/MAN、串级/CAS 三种控制模式的切换，如图 4-15 所示。

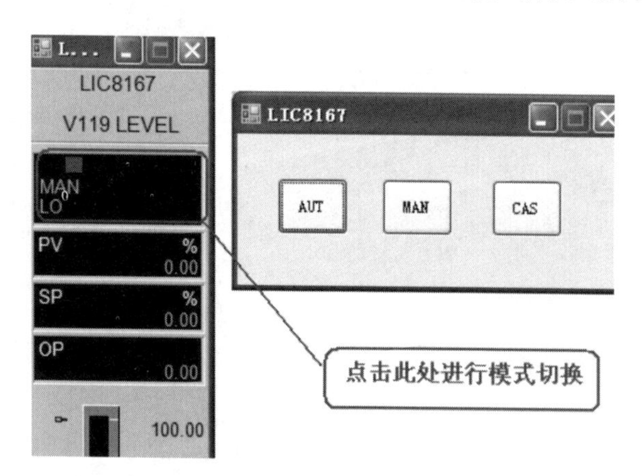

图 4-15 控制面板

AUT：计算机自动控制。

MAN：计算机手动控制。

CAS：串级控制，两只调节器串联起来工作，其中一个调节器的输出作为另一个调节器的给定值。

PV 值：实际测量值，有传感器测得。

SP 值：设定值，计算机根据 SP 值和 PV 值之间的偏差，自动调节阀门的开度；在自动/AUT 模式下可以调节此参数。

OP值：计算机手动设定值，输入0～100的数据调节阀门的开度，在手动/MAN模式下调节此参数。

4.3.2 控制组画面

控制组画面包括流程中所有的控制仪表和显示仪表，如图4-16所示。

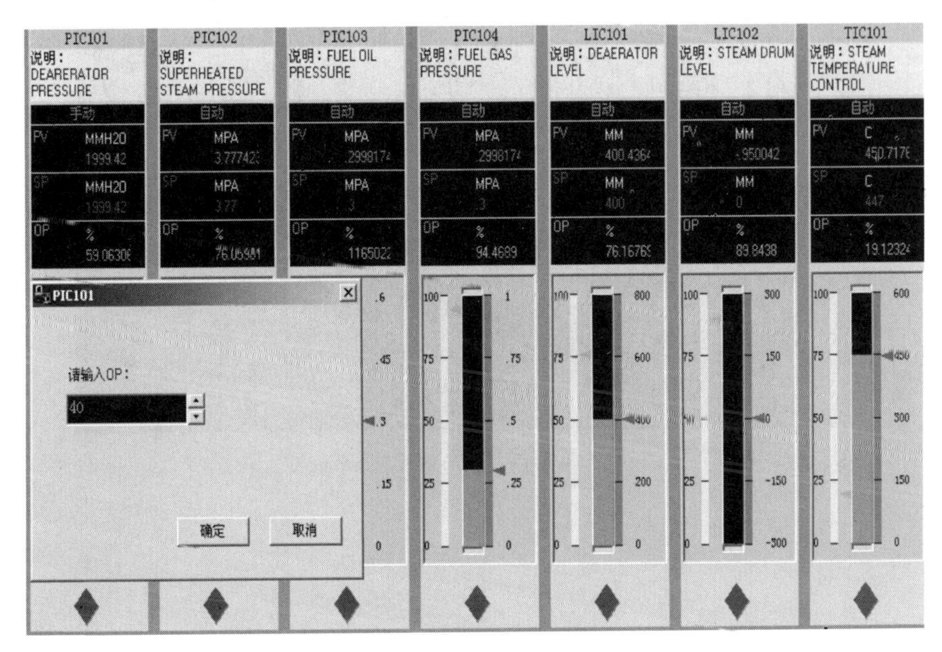

图4-16 DCS控制组画面

4.3.3 报警画面

选择“报警”菜单中的“显示报警列表”，将弹出报警列表窗口。如图4-17所示。

CSTS2007 - [报警]

工艺 画面 工具 帮助

09-1-19	16:13:03	PIC8241	PVLO	15.00
09-1-19	16:13:03	PIC8241	PVLL	14.50
09-1-19	16:13:03	TIC8111	PVLO	50.00
09-1-19	16:13:03	TIC8111	PVLL	45.00
09-1-19	16:13:03	LIC8101	PVLO	10.00
09-1-19	16:13:03	LIC8101	PVLL	5.00

图4-17 报警列表

4.3.4 趋势画面（通用DCS）

在“趋势”菜单中选择某一菜单项，会弹出如图4-18所示的趋势图，该画面一共可同时显示8个点的当前值和历史趋势。在趋势画面中可以用鼠标点击相应的变量的位号，查看该变量趋势曲线，同时有一个绿色箭头进行指示。也可以通过上部的快捷图标栏调节横、纵坐标的比例；还可以用鼠标拖动白色的标尺，查看详细历史数据。

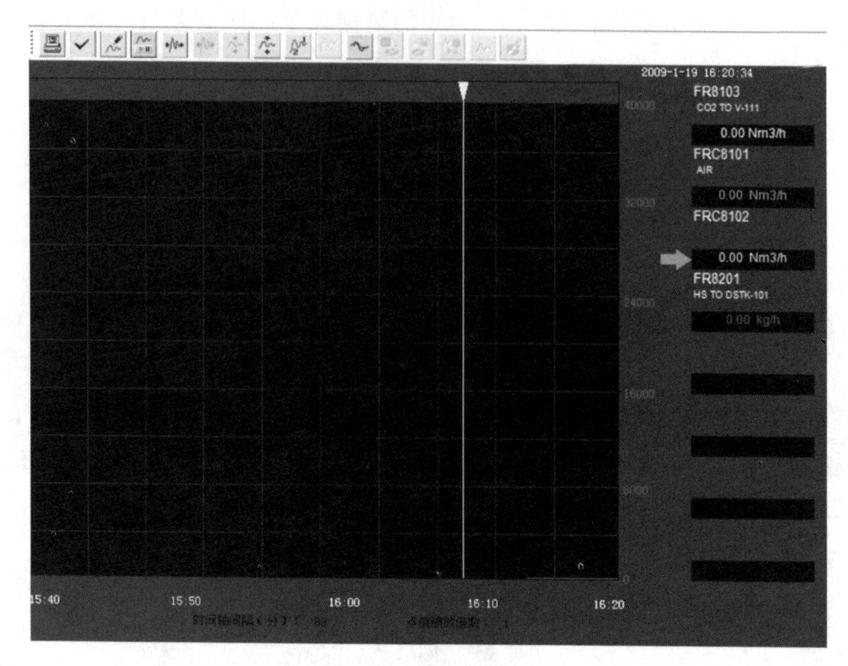
2009-1-19 16:20:34
FR8103
CO2 TO V-111
0.00 Nm3/h
FRC8101
AIR
0.00 Nm3/h
FRC8102
0.00 Nm3/h
FR8201
HS TO DSTK-101
0.00 kg/h
15:40
15:50
16:00
16:10
16:20

图 4-18 趋势图画面

5 STS仿真评分系统

启动软件系统进入操作平台，同时也就启动了过程仿真系统平台 PISP-2000 评分系统。操作装置评分系统界面如图 5-1 所示：

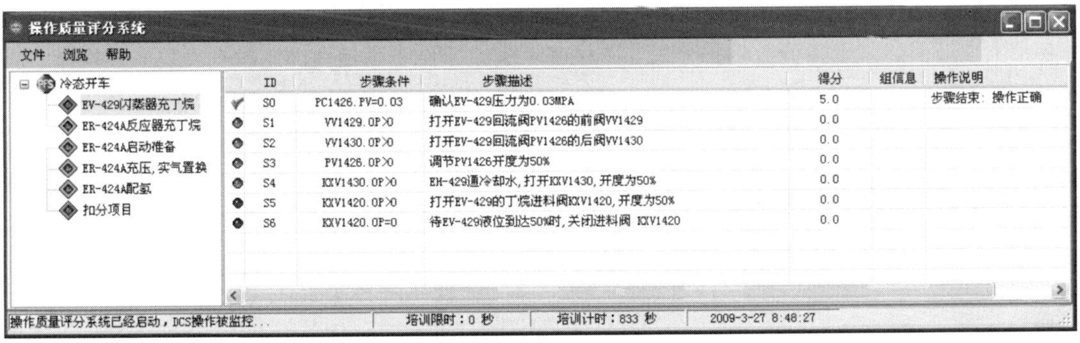

操作质量评分系统

文件 浏览 帮助

冷态开车
- EV-429闪蒸器充丁烷
- ER-424A反应器充丁烷
- ER-424A启动准备
- ER-424A充压，实气置换
- ER-424A配氢
- 扣分项目

ID	步骤条件	步骤描述	得分	组信息	操作说明
S0	PC1426.PV=0.03	确认EV-429压力为0.03MPA	5.0		步骤结束：操作正确
S1	VV1429.OP>0	打开EV-429回流阀PV1426的前阀VV1429	0.0		
S2	VV1430.OP>0	打开EV-429回流阀PV1426的后阀VV1430	0.0		
S3	PV1426.OP>0	调节PV1426开度为50%	0.0		
S4	KXV1430.OP>0	EH-429通冷却水，打开KXV1430，开度为50%	0.0		
S5	KXV1420.OP>0	打开EV-429的丁烷进料阀KXV1420，开度为50%	0.0		
S6	KXV1420.OP=0	待EV-429液位到达50%时，关闭进料阀 KXV1420	0.0		

操作质量评分系统已经启动，DCS操作被监控... 培训限时：0 秒 培训计时：833 秒 2009-3-27 8:48:27

图 5-1 操作装置评分系统界面

过程仿真系统平台 PISP-2000 评分系统是智能操作指导、诊断、评测软件，它通过对用户的操作过程进行跟踪，在线为用户提供下列功能。

5.1 操作状态指示

该功能对当前操作步骤和操作质量所进行的状态以不同的图标表示出来。如图 5-2 所示。

5.1.1 操作步骤状态图标及提示

图标●（红色）：为普通步骤，表示本步还没有开始操作，即还没有满足此步的起始条件。

图标●（绿色）：表示本步已经开始操作，但还没有操作完。即已满足此步的起始条件，

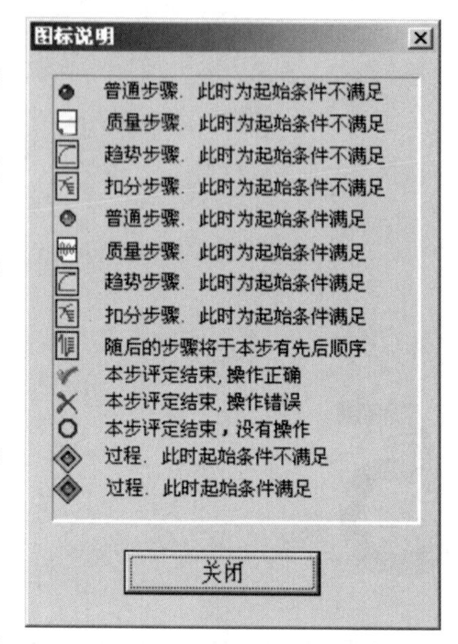

图 5-2 评分系统图标说明

但此操作步骤还没有完成。

图标（绿色）：表示本步操作已经结束，并且操作完全正确（得分等于100%）。

图标（红色）：表示本步操作已经结束，但操作不正确（得分为0）。

图标（蓝色）：表示过程终止条件已满足，本步操作无论是否完成都被强迫结束。

图标（红色）：表示此过程的起始条件没有满足，该过程不参与评分。

图标（绿色）：表示此过程的起始条件满足，开始对过程中的步骤进行评分。

5.1.2 操作质量图标及提示

图标（红色）：表示这条质量指标还没有开始评判，即起始条件未满足。

图标（红色）：表示起始条件满足，本步骤已经开始参与评分，若本步评分没有终止条件，则会一直处于评分状态。

图标（蓝色）：表示过程终止条件已满足，本步操作无论是否完成都被强迫结束。

图标（红色）：在PISP-2000的评分系统中包括了扣分步骤，主要是当操作严重不当，可能引起重大事故时，从已得分数中扣分，此图标表示起始条件不满足，即还没有出现失误操作。

图标（蓝色）：表示起始条件满足，已经出现严重失误的操作，开始扣分。

5.2 操作方法指导

该功能可在线地给出操作步骤的指导说明，对操作步骤的具体实现方法给出一个文字性的操作说明，如图5-3所示。

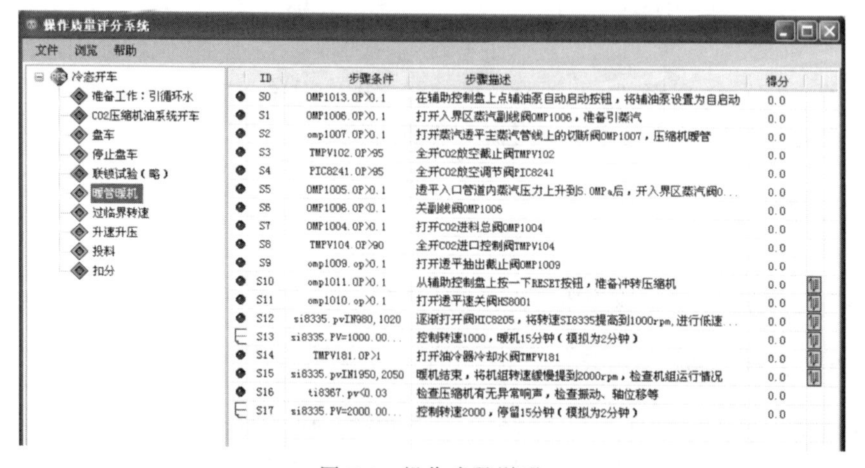

图 5-3 操作步骤说明

对于操作质量可给出关于这条质量指标的目标值、上下允许范围、上下评定范围，当鼠标移到质量步骤一栏，所在栏都会变蓝，双击即可出现所需要的详细信息对话框，如图 5-4 所示。

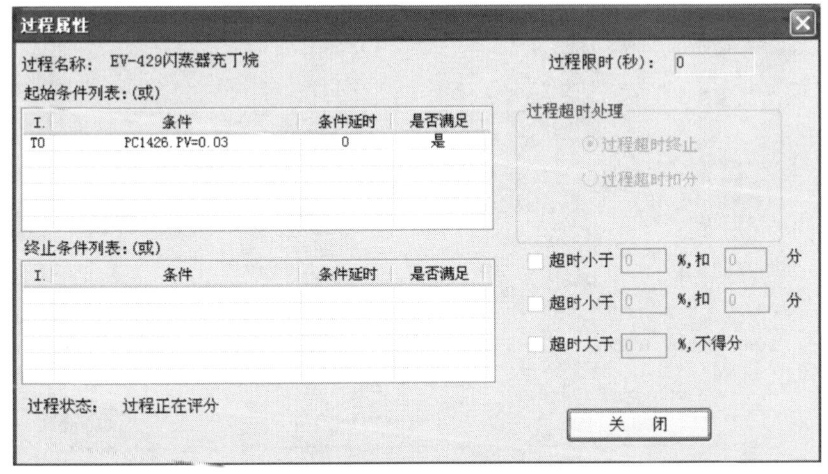

图 5-4　详细信息

质量评分从起始条件满足后，开始评分，如果没有终止条件，评分贯穿整个操作过程。控制指标越接近标准值的时间越长，得分越高。

5.3　操作诊断及诊断结果指示

该功能实时对操作过程进行跟踪检查，并根据组态结果对其进行诊断，将操作错误的操作过程或操作动作一一说明，以便对这些错误操作查找原因并及时纠正或在今后的训练中进行改正及重点训练，如图 5-5 所示。

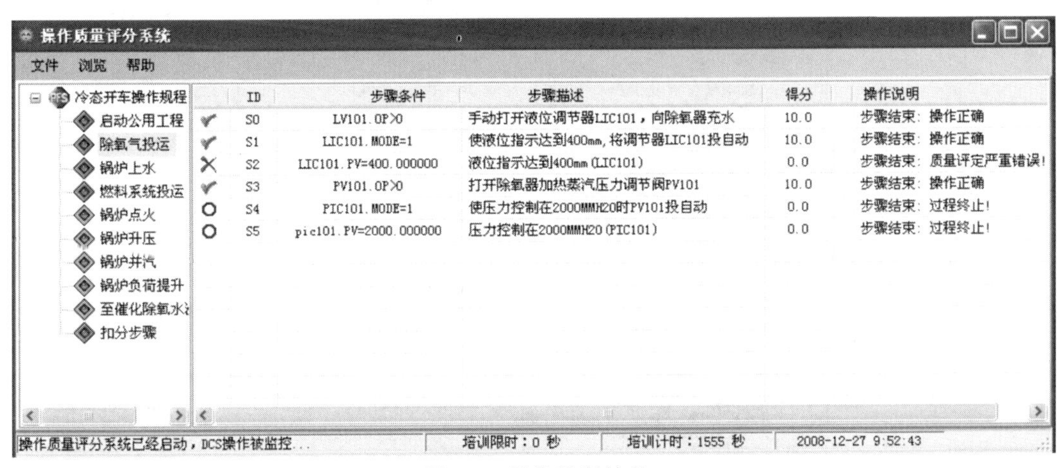

图 5-5　操作诊断结果

5.4　其他辅助功能

PISP-2000 评分系统除以上功能外，还具有其他的一些辅助功能。

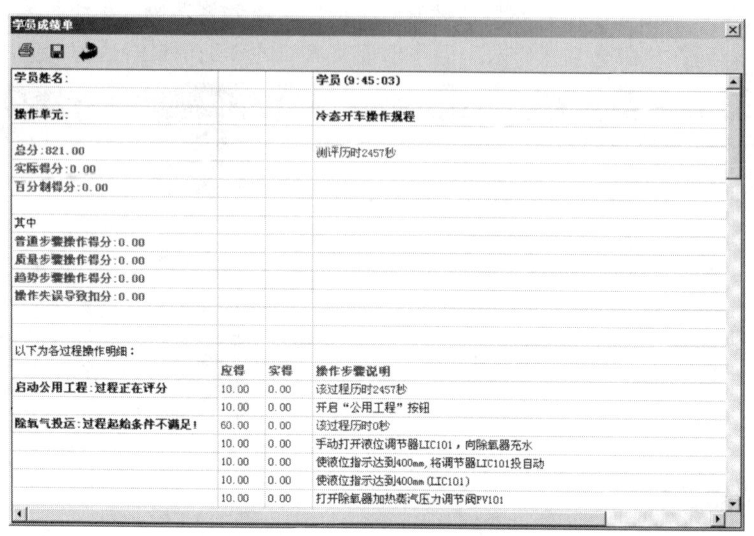

图 5-6　学员成绩单

① 学员最后的成绩可以生成成绩列表，成绩列表可以保存也可以打印。如图 5-5 所示，点击“浏览”菜单中的“成绩”就会弹出如图 5-6 所示的对话框，此对话框包括学员资料、总成绩、各项分步成绩及操作步骤得分的详细说明。

② 单击“文件”菜单下面的“打开”可以打开以前保存过的成绩单；“保存”菜单可以保存新的成绩单覆盖原来旧的成绩单；“另存为”则不会覆盖原来保存过的成绩单。

③ 如图 5-7 所示，单击“光标说明”可弹出如图 5-2 所示的对话框，查看相关的光标说明，帮助操作者进行操作。

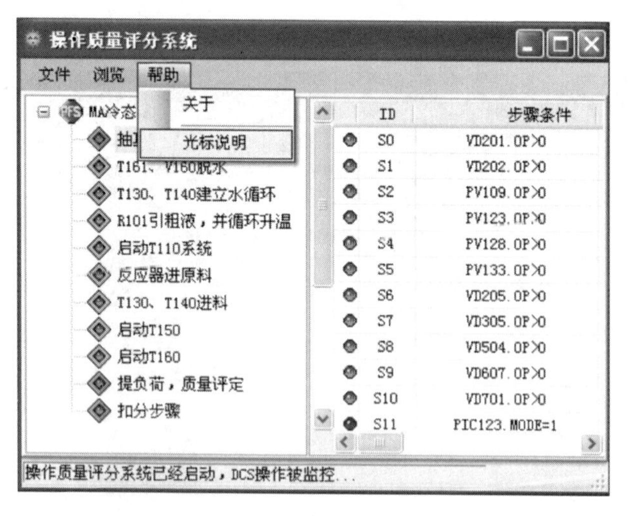

图 5-7　帮助菜单

6

TDC3000 系统

6.1 TDC3000 键盘布置图

TDC3000 有新旧两种键盘，在 TDC3000 仿真系统中这两种键盘都可以支持。

6.1.1 TDC3000 老键盘布置图

TDC3000 老键盘布置图如图 6-1 所示。

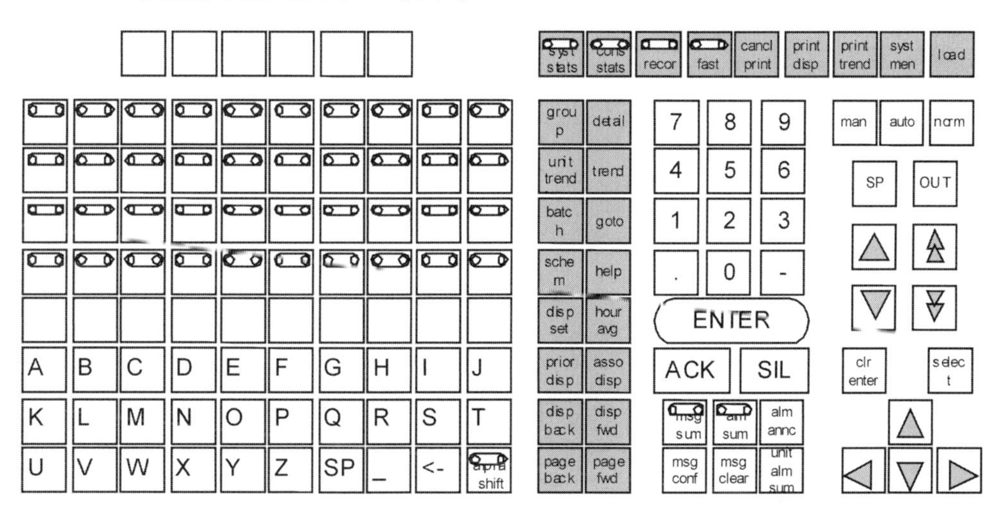

图 6-1 TDC3000 老键盘布置图

6.1.2 TDC3000 新键盘布置图

TDC3000 新键盘布置图如图 6-2 所示。

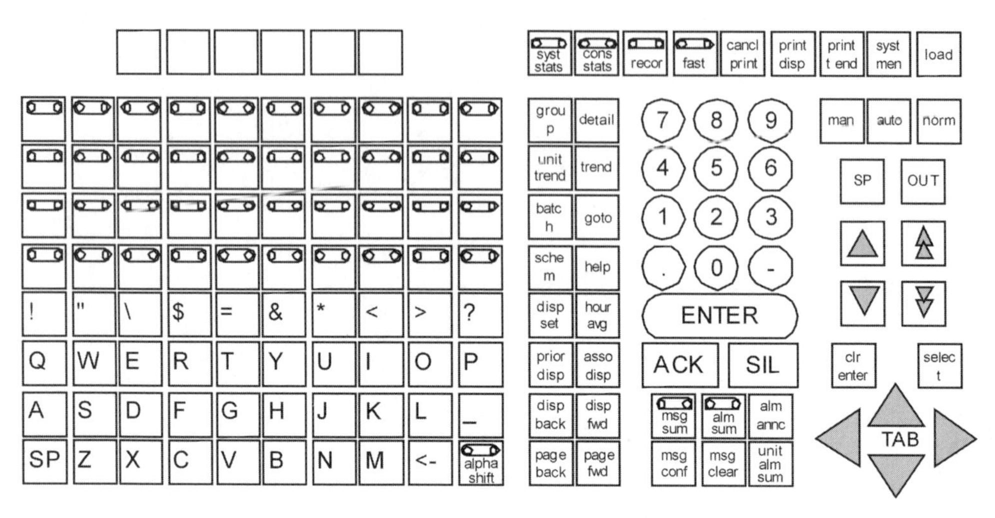

图 6-2　TDC3000 新键盘布置图

6.2　按键作用说明

按键作用的说明见表 6-1。

表 6-1　TDC3000 键盘按键作用说明

类型	按键名	作　用　说　明
可组态功能键		上排定义键 0～5 号 6 个，带指示灯定义键 6～45 号 40 个，共 46 个。按用户要求定义功能，每键上还有红黄两个报警指示灯；紧急报警时红灯闪烁，高级报警时黄灯闪烁
字符键	SP	用来输入一个空格
	←	退格键
	alpha shift	字符键与功能键切换键。alpha shift 灯亮时用于输入字符，灯灭时字符键变为功能键，与可组态的功能键一样
画面调用键	group	组画面显示键。按此键，屏幕上提示 enter group number，用户输入组号，按 Enter 键确认后，调出该控制组画面
	detail	细目画面显示键。按此键，屏幕上提示 enter point ID，用户输入点名，按 Enter 键确认后，调出该点的细目画面
	unit trend	单元趋势显示键。按此键，屏幕上提示 enter unit ID，用户输入单元号，按 Enter 键确认后，调出该单元的单元趋势画面
	trend	趋势键。此键只在控制组画面和趋势组画面中有效，按下此键控制组画面显示切换成相应的趋势组画面。如果在控制组画面中在按此键之前没有点被选中，则出现的趋势图中包括了该控制组中所有可趋势点的趋势曲线。如果在按此键之前，已有一个点被选中，则出现的趋势组画面中只有该点的趋势曲线。在趋势组画面中选中一个点后，按此键可在增加该点趋势曲线和取消该点趋势曲线两种状态中切换
	batch	未定义
	goto	在组显示画面里选择点键。此键在控制组画面中用于选择仪表。按下此键后，屏幕上提示 enter slot number，要求输入 1～8 点中的某一编号，也可以直接用鼠标在组显示画面中选择点。用户输入仪表位置号，按 Enter 键确认后，系统选中该仪表
	schem	流程图画面调用键。按此键，屏幕提示 enter schem name，用户输入流程图名，按 Enter 键确认后，调出该流程图画面

续表

类型	按键名	作 用 说 明
画面调用键	help	帮助键。按此键，调出当前画面的帮助画面，由组态时决定
	disp set	画面显示设置键(预留功能)
	hour avg	小时平均值调用键。在组画面中按此键，调出各点最近 10h 的小时平均值。
	prior disp	前一幅画面显示键。按此键，调用当前画面的前一文件画面显示
	asso disp	相关画面显示键。调用当前画面的相关画面显示，但必须在画面组态中定义相关画面
	disp back	后一幅画面显示键。按此键调出当前所在控制组画面的上一幅控制组画面，如果当前控制组为第一组，则按此键无效
	disp fwd	前一幅画面显示键。按此键调出当前所在控制组画面的下一幅控制组画面，如果当前控制组为最后一组，则按此键无效
	page back	按此键调出具有多页显示画面的下一页。在细目画面、单元趋势画面、单元和区域报警信息画面中才有效
	page fwd	按此键调出具有多页显示画面的上一页。在细目画面、单元趋势画面、单元和区域报警信息画面中才有效
输入确认键	ENTER	用于输入方式下
输入清除键	clr enter	用于清除在没有按 Enter 键之前，任何输入的不需要的数字及符号
报警管理功能键	ACK	报警确认键。当有工艺过程或系统状态报警时，相应键上的灯闪烁，并有音响报警。按 ACK 键后，键盘上所有报警均被确认，报警灯由闪烁变常亮，并关闭音响报警。若报警出现后未按 ACK 键而报警自动消除，再按 ACK 键，报警灯由闪烁变不亮
	SIL	报警抑制键(或消音键)。按 SAL 键后，可抑制该 console 内所有的音响报警，再按一次取消抑制功能，该键为复位式
	msg sum	信息摘要键。可调用信息摘要画面显示，无论何时有报警信息，该键上的红灯闪烁请求操作员确认
	alm sum	报警摘要画面显示键。调用区域报警画面显示。键上两指示灯的功能与带指示灯用户定义键相同
	alm annc	报警面板显示键。调用报警面板画面显示
	msg conf	信息确认键。在操作信息画面中确认操作信息
	msg clear	信息清除键。在操作信息画面中清除报警信息
	unit alm sum	单元报警摘要显示键。按此键，屏幕上提示 enter unit ID，用户输入单元号，按 Enter 键确认后，调出该单元的单元报警画面

续表

类型	按键名	作用说明
回路操作键	man	手动方式控制键。按此键,将选中的回路操作状态设为手动,操作员直接控制输出
	auto	自动方式控制键。按此键,将选中的回路操作状态设为自动,操作员能改变设定值
	norm	将当前回路操作状态设为正常的操作状态
	SP	调出设定值输入框
	OUT	调出输出值输入框
	△	将正在修改的值增加 0.2%
	▽	将正在修改的值减少 0.2%
	△ △	将正在修改的值增加 4%
	▽ ▽	将正在修改的值减少 4%
	◁△▽▷	TAB 光标移动键。在画面中按这些键可以使光标在画面中的各触摸区之间移动
	select	选择键。选择光标当前所在的触摸区上的功能

6.3 TDC3000 画面中的光标形式

在 TDC3000 系统中将可操作的区域称为“触摸区”或“target 区”。在本书中统一称为“触摸区”。

在 TDC3000 中根据鼠标所在位置的不同有以下三种不同的光标形式。

① 鼠标停放在触摸区，光标形状为⊕。此时按鼠标左键或键盘上的 select 键，系统根据所在触摸区的不同类型，进行不同的处理，如弹出输入框或切换到另一幅画面等。

② 当屏幕上弹出输入框，且鼠标停放在此输入框中时，光标形状为▯。

③ 当鼠标停放在画面中其他不可操作区时，光标形状为⌂。

7 在线仿真培训系统

7.1 在线仿真系统简介

东方仿真在线技能培训系统（简称 SimNet 系统）是东方仿真软件技术有限公司推出的集理论学习、和在线仿真等多种功能于一体的新一代学习交流平台。

学员只需一个账号、一台上网电脑，就可以在自己电脑或者网吧进行仿真实训，方便了学员的学习。

东方仿真在线培训系统重新拓展了教室概念，在互联网上建立的是网络培训班；在线培训系统不受地域限制，可以进行远程教学，尤其方便于学员分散在全国各地的网络教育和没有固定时间的工业用户；在线仿真培训系统也为院校组织各种临时培训班以及为工厂企业进行培训活动提供了方便。

7.2 SimNet 学员端的使用

7.2.1 用户登录

打开网址：www. simnet. net. cn 将会看到如图 7-1 所示的登录窗口。

7.2.2 学员界面

登录后能进入到如图 7-2 所示的学员界面。学员可以查看并学习培训教师安排的理论和仿真培训课程，查询之前的考试成绩、公告以及个人信息，还可下载客户端和修改登录密码。

7.2.2.1 客户端下载

点击“客户端下载”按钮，进入客户端下载界面。客户端程序下载完毕，依次安装所有程序。界面如图 7-3 所示。

log on
登录
登录名:
密 码:
登录方式: 昵称 用户名
验证码:
KTPi
看不清图片 不分大小写
服务器选择: 北方网通 南方电信
根据您的地区不同请选择不同的服务器登录
登录 游客登录
游客只需输入验证码

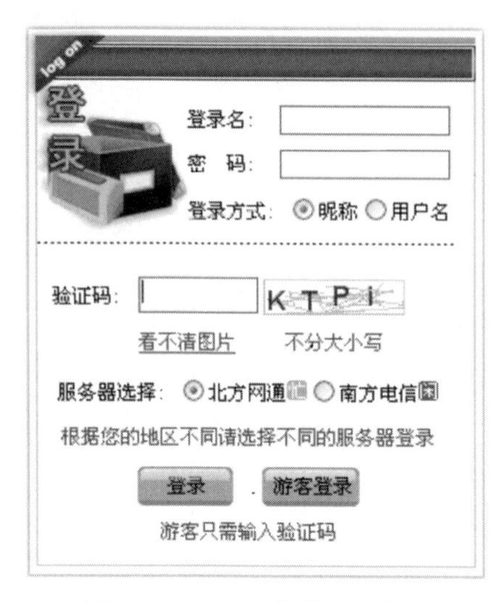

图 7-1 SimNet 学员登录窗口

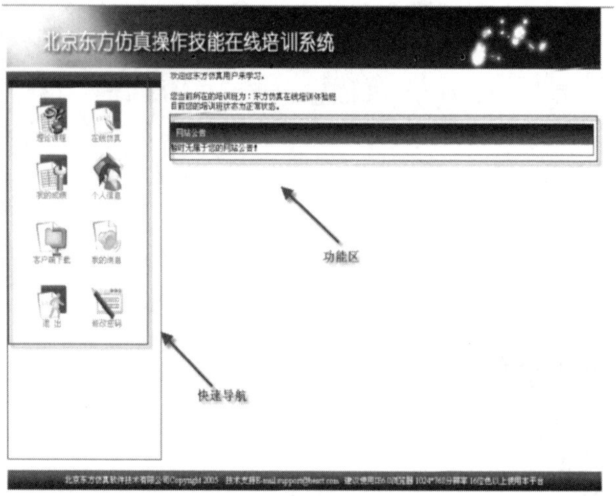
北京东方仿真操作技能在线培训系统
功能区
快速导航

图 7-2 在线培训系统学员界面

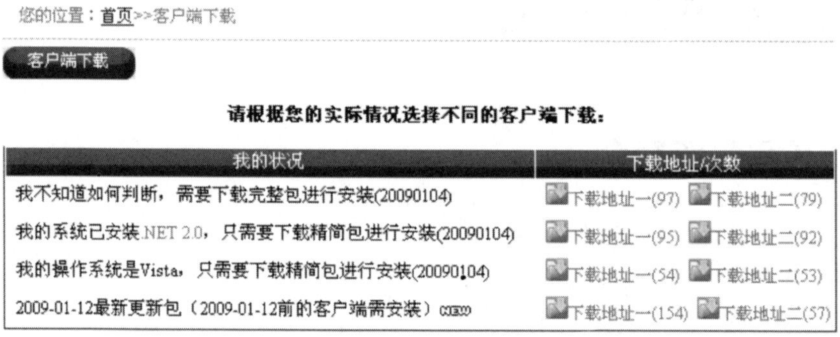
您的位置：首页>>客户端下载
客户端下载
请根据您的实际情况选择不同的客户端下载：
我的状况
下载地址/次数
我不知道如何判断，需要下载完整包进行安装(20090104)
下载地址一(97) 下载地址二(79)
我的系统已安装.NET 2.0，只需要下载精简包进行安装(20090104)
下载地址一(95) 下载地址二(92)
我的操作系统是Vista，只需要下载精简包进行安装(20090104)
下载地址一(54) 下载地址二(53)
2009-01-12最新更新包（2009-01-12前的客户端需安装）
下载地址一(154) 下载地址二(57)

图 7-3 客户端下载界面

7.2.2.2 理论课程

学员通过此功能浏览要学习的课程，并根据名称查询课程，点击“学习”按钮则可对课程进行学习，界面如图 7-4 所示。

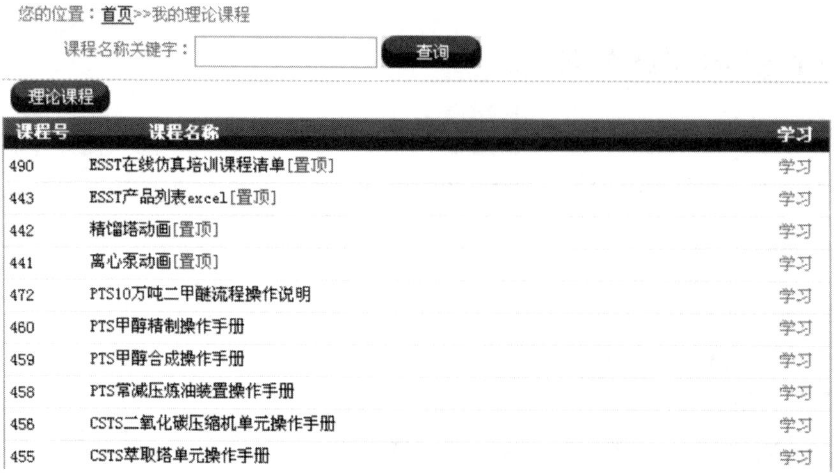
您的位置：首页>>我的理论课程
课程名称关键字：
查询
理论课程
课程号 课程名称 学习
490 ESST在线仿真培训课程清单[置顶] 学习
443 ESST产品列表excel[置顶] 学习
442 精馏塔动画[置顶] 学习
441 离心泵动画[置顶] 学习
472 PTS10万吨二甲醚流程操作说明 学习
460 PTS甲醇精制操作手册 学习
459 PTS甲醇合成操作手册 学习
458 PTS常减压炼油装置操作手册 学习
456 CSTS二氧化碳压缩机单元操作手册 学习
455 CSTS萃取塔单元操作手册 学习

图 7-4 理论课程学习界面

7.2.2.3 在线仿真

① 如图7-5，点击“学习”则可启动仿真软件，对课程进行学习，还可查看未考试课程的详细信息。

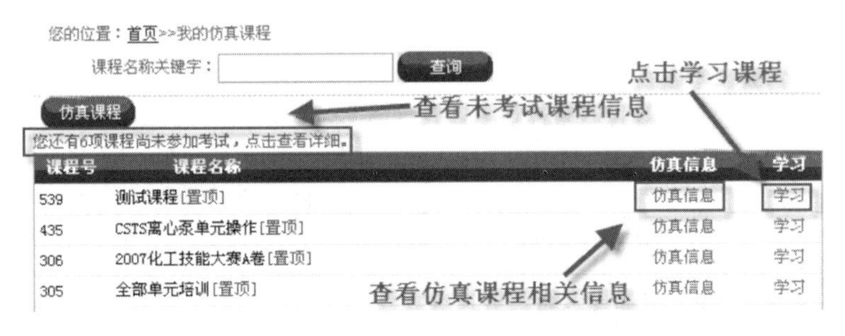

图7-5 仿真课程学习界面

② 仿真软件启动之后，自动连接到东方仿真服务器，下载相应的单元软件工艺包(1.5M左右)；工艺包只需要下载一次，下次学习时，无需下载。界面如图7-6所示。

③ 工艺包下载完毕，自动安装，并进入“工艺选择”画面。界面如图7-7所示。

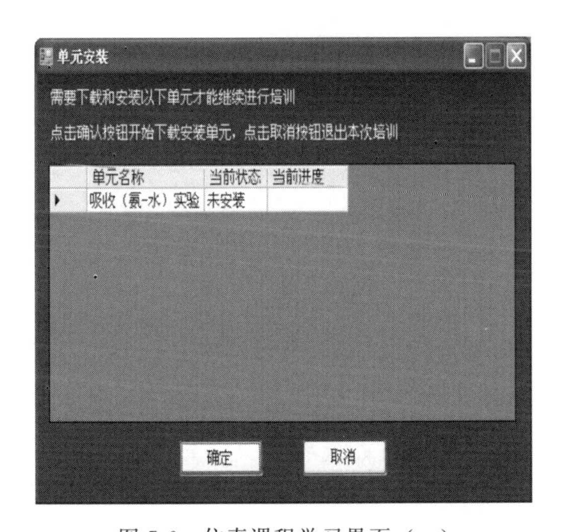

图7-6 仿真课程学习界面（一）

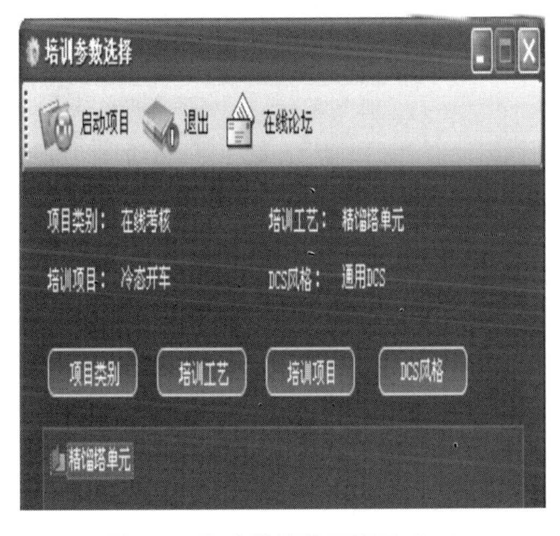

图7-7 仿真课程学习界面（二）

④ 点击“培训项目”按钮（如图），选择需要培训的项目，然后点击“启动项目”按钮，进入软件操作界面。界面如图7-8、图7-9所示。

7.2.2.4 我的成绩

学员可通过此功能浏览仿真考试成绩，并能根据名称和时间段查询成绩，点击成绩单可以浏览详细成绩，界面如图7-10、图7-11所示（其中红色为未通过考试课程）。

7.2.2.5 个人信息

学员可通过此功能浏览个人信息。

7.2.2.6 我的消息

学员可通过此功能浏览管理员或教师发送的消息。

7.2.2.7 修改密码

学员可通过此功能修改登录密码。

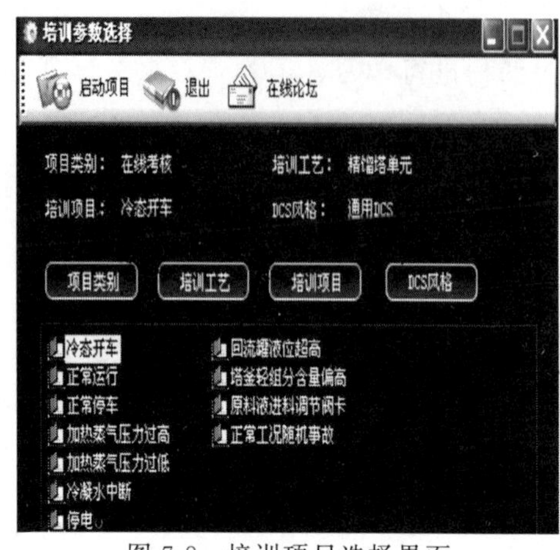

图 7-8 培训项目选择界面

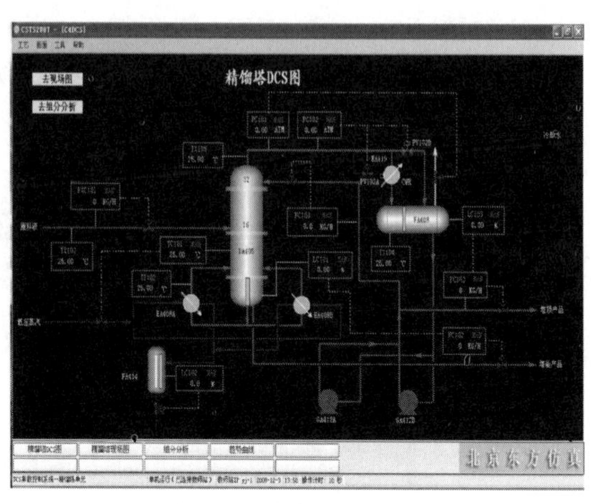

图 7-9 软件操作界面

您的位置：首页>>我的成绩

我的成绩

起始时间： 结束时间：

仿真课程名称： 查询

您还有6项课程尚未参加考试，点击查看详细。 ← 未考试的课程信息

考试日期	课程名称	平均分	最高分	考试次数	详细
2008-8-13	CSTS精馏塔单元操作	167	720	30	查看
2008-8-13	2007化工技能大赛A卷	21	96	59	查看
2008-8-13	CSTS离心泵单元操作	42	78	2	查看
2008-8-13	离心泵单元P101A泵气缚	44	49	3	查看
2008-8-13	2007化工技能大赛B卷	5	5	1	查看
2008-8-13	全部单元培训	0	0	3	查看
2008-8-13	离心泵单元正常运行	0	0	1	查看
2008-8-13	真空系统4.喷射泵大气腿未正常工作	0	0	1	查看
2008-8-13	精馏塔单元正常运行	0	0	3	查看

首页 上一页 下一页 尾页　　总1页 当前第1页 共有记录9条　详细成绩单

图 7-10 成绩查看界面

您的位置：首页>>我的成绩>>>详细成绩单

详细成绩单

精馏塔单元正常运行

日期	分数	操作
2008-7-17	0	成绩单
2008-7-17	0	成绩单
2008-7-18	0	成绩单

操作次数：3　最高分：0　平均分：0

图 7-11 详细成绩单界面

7.2.2.8 退出

点击左侧快速导航栏退出图标，即可退出本系统。

第二篇　化工单元操作

8

离心泵单元

8.1 实训目的

通过离心泵单元仿真实训，学生能够：

① 理解离心泵的工作原理，工艺流程；

② 掌握该系统的工艺参数调节方法及控制；

③ 熟练进行离心泵单元的冷态开车及正常停车操作，能对正常工况进行维护，能正确分析并排除操作过程中出现的典型事故。

8.2 工作原理

8.1 动画 离心泵（单吸）原理展示

启动灌满了被输送液体的离心泵后，在电动机的作用下，泵轴带动叶轮一起旋转，叶轮的叶片推动其间的液体转动，在离心力的作用下，液体被甩向叶轮边缘并获得动能；在导轮的引领下沿流通截面积逐渐扩大的泵壳流向排出管，液体流速逐渐降低，而静压能增大。排出管的增压液体经管路即可送往各目的地。与此同时，叶轮中心处因液体被甩出而形成一定的真空，因贮槽液面上方压强大于叶轮中心处，在压差的作用下，液体不断地从吸入管进入泵内，以填补被排出液体的位置。因此，只要叶轮不断旋转，液体便不断地被吸入和排出。由此可见，离心泵之所以能够输送液体，主要是依靠高速旋转的叶轮。

离心泵的操作中有两种现象是应该避免的：气缚和汽蚀。

8.3 工艺流程

本工艺为单独培训离心泵而设计，其工艺流程如下。

来自某一设备约 40℃的带压液体经调节阀 LV101 进入带压罐 V101，罐液位由液位控制器 LIC101 通过调节 V101 的进料量来控制；罐内压力由 PIC101 分程控制，PV101A、PV101B 分别调节入 V101 和出 V101 的氮气量，从而保持罐压恒定在 5.0atm（表）（1atm=101325Pa，无特殊说明，均指表压，后同）。罐内液体由泵 P101A（B）抽出，泵出口流量在流量调节器 FIC101 的控制下输送到其他设备。离心泵单元带控制点的工艺流程如图 8-1 所示。

8.2 动画　调节阀结构展示

8.3 动画　调节阀原理展示

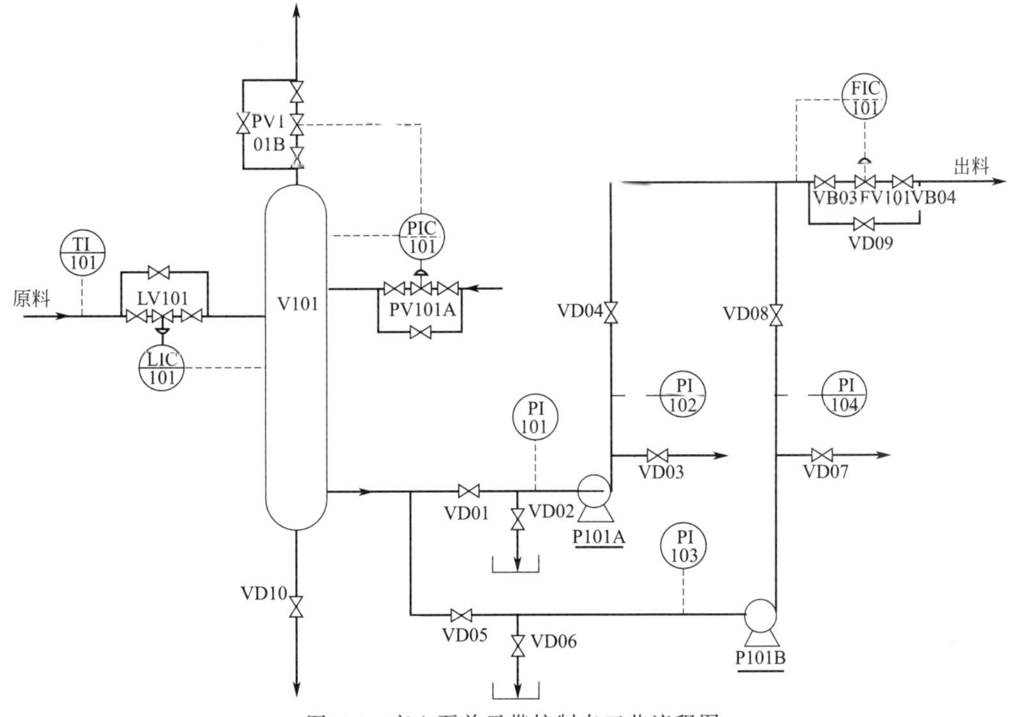

图 8-1　离心泵单元带控制点工艺流程图

本单元现场图中现场阀旁边的实心红色圆点代表高点排气和低点排液的指示标志，当完成高点排气和低点排液时实心红色圆点变为绿色。

8.4 主要设备

离心泵单元主要设备见表 8-1。

表 8-1　离心泵单元主要设备

设备位号	设备名称
V101	离心泵前带压液体贮罐
P101A	离心泵 A
P101B	备用离心泵 B

8.5 调节器、显示仪表及现场阀说明

8.5.1 调节器

离心泵单元调节器见表8-2。

表 8-2 离心泵单元调节器

位号	被控调节阀位号	正常值	单位	正常工况
PIC101	PV101A	5.0	atm	自动
	PV101B			
LIC101	LV101	50	%	自动
FIC101	FV101	20000	kg/h	自动

8.5.2 显示仪表

离心泵单元显示仪表见表8-3。

表 8-3 离心泵单元显示仪表

位号	显示变量	正常值	单位
PI101	P101A入口处压力	4.0	atm
PI102	P101A出口处压力	12.0	atm
PI103	P101B入口处压力	4.0	atm
PI104	P101B出口处压力	12.0	atm
TI101	V101进料温度	40.0	℃

8.5.3 现场阀

离心泵单元现场阀见表8-4。

表 8-4 离心泵单元现场阀

位号	名称	位号	名称
VD01	P101A泵入口阀	VD07	P101B泵排空阀
VD02	P101A泵前泄液阀	VD08	P101B泵出口阀
VD03	P101A泵排空阀	VD09	调节阀FV101的旁通阀
VD04	P101A泵出口阀	VD10	V101罐泄液阀
VD05	P101B泵入口阀	VB03	调节阀FV101前阀
VD06	P101B泵前泄液阀	VB04	调节阀FV101后阀

8.6 流程图画面

本工艺单元流程图画，如图8-2、图8-3所示。

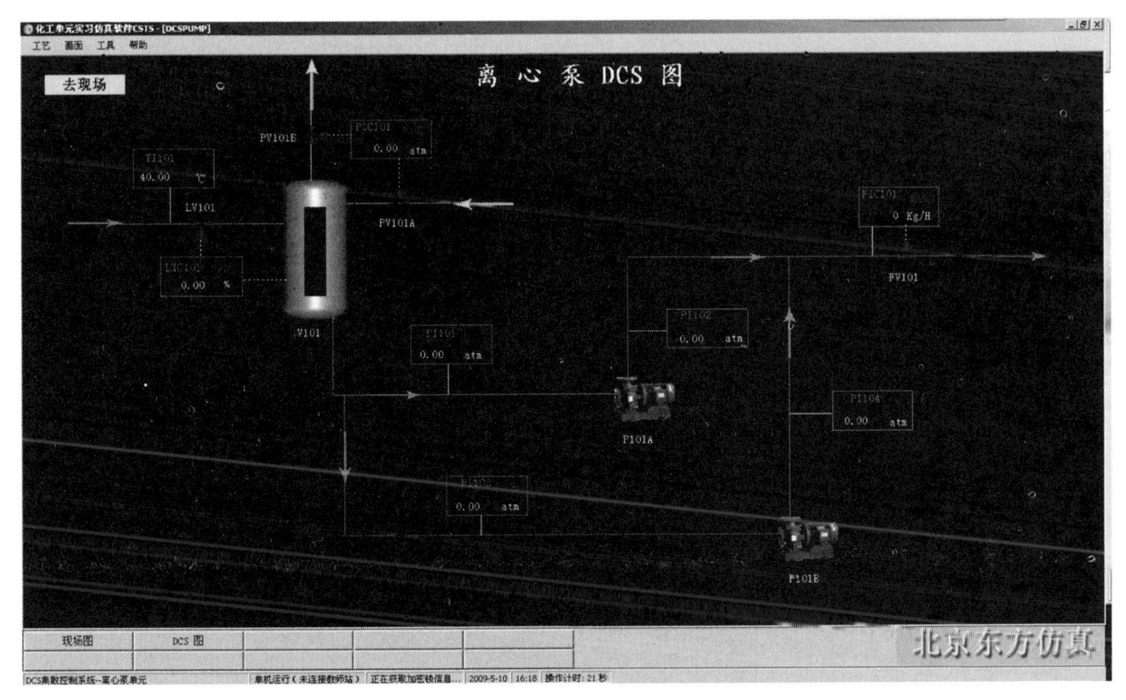

图 8-2 离心泵单元仿 DCS 图

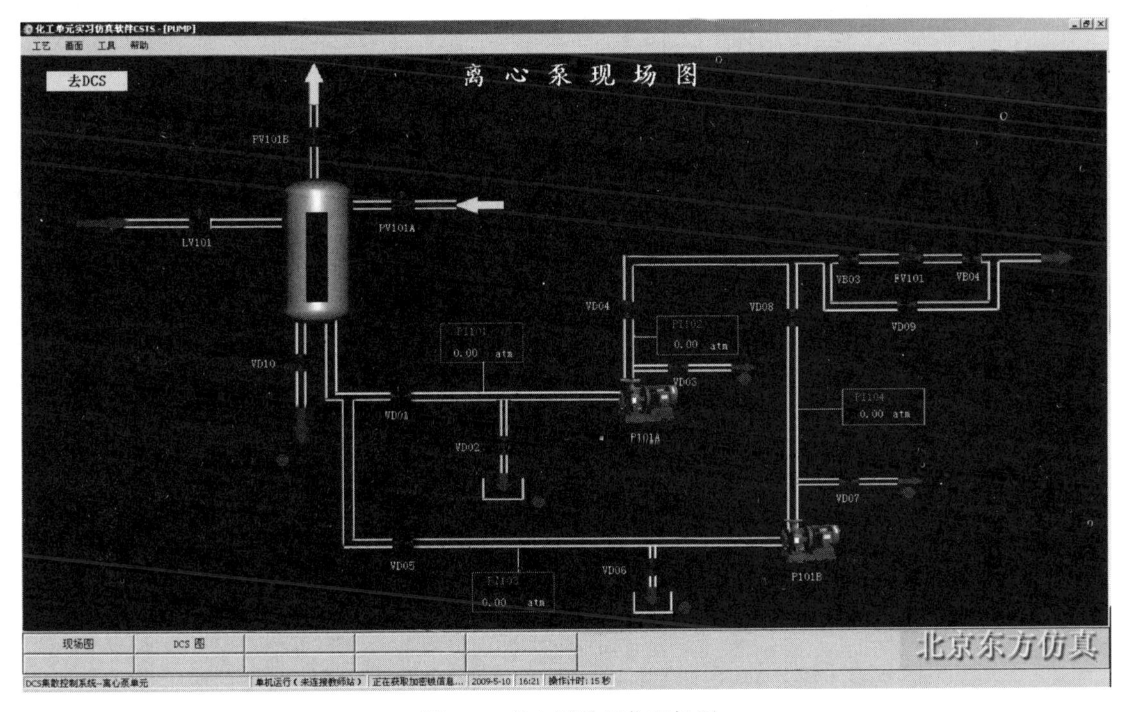

图 8-3 离心泵单元仿现场图

8.7 操作规程

8.7.1 开车操作规程

8.7.1.1 准备工作

① 盘车。

② 核对吸入条件。

③ 调整填料或机械密封装置。

④ 确认所有调节器设置为手动，调节阀、现场阀处于关闭状态。

8.7.1.2 V101 罐的操作

① 打开 LIC101 调节阀，开度约为 50%，向 V101 罐充液。

② 待 V101 罐液位大于 5%后，缓慢打开分程压力调节阀 PV101A 向 V101 罐充压。

③ 当 LIC101 达到 50%时，LIC101 投自动，设定 50%。

④ 当压力升高到 5.0atm 时，PIC101 投自动，设定 5.0 atm。

8.7.1.3 启动泵前准备工作

（1）灌泵　待 V101 罐充压充到正常值 5.0atm 后，打开 P101A 泵入口阀 VD01，向离心泵充液。观察 VD01 出口标志变为绿色后，说明灌泵完毕。

（2）排气

① 打开 P101A 泵排空阀 VD03 排放泵内不凝性气体。

② 观察 P101A 泵排空阀 VD03 的出口，当有液体溢出时，显示标志变为绿色，标志着 P101A 泵已无不凝性气体，关闭 P101A 泵排空阀 VD03，启动离心泵的准备工作已经就绪。

8.7.1.4 启动离心泵

① 启动离心泵。启动 P101A（或 B）泵。

② 待 PI102 指示值比 PI102 大 2.0 倍后，打开泵出口阀 VD04。

8.7.1.5 出料

① 打开 FIC101 调节阀的前阀、后阀 VB03、VB04。

② 逐渐开大调节阀 FIC101 的开度，使 PI101、PI102 趋于正常值。

③ 调整操作参数。微调 FV101 调节阀，使流量控制 20000kg/h 时投自动，设定值为 20000kg/h。

8.7.2 正常操作规程

8.7.2.1 正常工况操作参数

① P101A 泵出口压力（PI102）：12.0atm。

② V101 罐液位 LIC101：50.0%。

③ V101 罐内压力 PIC101：5.0atm。

④ 泵出口流量 FIC101：20000kg/h。

8.7.2.2 负荷调整

可任意改变泵、按键的开关状态，手操阀的开度及液位调节阀、流量调节阀、分程压力调节阀的开度，观察其现象。同时可修改如下参数。

P101A 泵功率　　正常值：15kW　　修改范围：10～20

FIC101 量程　　正常值：20t/h　　修改范围：10～40

8.7.3 停车操作规程

(1) V101 罐停进料　LIC101 置手动，并手动关闭调节阀 LV101，停 V101 罐进料。

(2) 停泵

① 待罐 V101 液位小于 10%时，关闭 P101A（或 B）泵的出口阀 VD04（或 VD08）。

② 停 P101A 泵。

③ 关闭 P101A 泵入口阀 VD01。

④ FIC101 置手动并关闭调节阀 FV101 及其前、后阀（VB03、VB04）。

(3) P101A 泵泄液　打开 P101A 泵泄液阀 VD02，观察 P101A 泵泄液阀 VD02 的出口，当不再有液体泄出时，显示标志变为红色，关闭 P101A 泵泄液阀 VD02。

(4) V101 罐泄压、泄液

① 待 V101 罐液位小于 10%时，打开 V101 罐泄液阀 VD10。

② 待 V101 罐液位小于 5%时，打开 PIC101 泄压阀。

③ 观察 V101 罐泄液阀 VD10 的出口，当不再有液体泄出时，显示标志变为红色，待 V101 罐液体排净后，关闭泄液阀 VD10。

8.7.4 仪表及报警

离心泵单元仪表及报警见表 8-5。

表 8-5　离心泵单元仪表及报警

位号	说　明	类型	正常值	量程上限	量程下限	工程单位	高报	低报	高高报	低低报
FIC101	离心泵出口流量	PID	20000.0	40000.0	0.0	kg/h				
LIC101	V101 液位控制系统	PID	50.0	100.0	0.0	%	80.0	20.0		
PIC101	V101 压力控制系统	PID	5.0	10.0	0.0	atm		2.0		
PI101	泵 P101A 入口压力	AI	4.0	20.0	0.0	atm				
PI102	泵 P101A 出口压力	AI	12.0	30.0	0.0	atm	13.0			
PI103	泵 P101B 入口压力	AI		20.0	0.0	atm				
PI104	泵 P101B 出口压力	AI		30.0	0.0	atm	13.0			
TI101	进料温度	AI	50.0	100.0	0.0	℃				

8.7.5 事故设置及处理

8.7.5.1 P101A 泵坏

(1) 主要现象

① P101A 泵出口压力急剧下降。

② FIC101 流量急剧减小到零。

(2) 事故处理　按泵的操作步骤切换备用泵 P101B 泵。

① 关闭 P101A 泵出口阀 VD04。

② 关闭 P101A 泵。

③ 关闭 P101A 泵入口阀 VD01。

④ 打开 P101B 泵入口阀 VD05。

⑤ 打开排空阀 VD07。

⑥ 待不凝气体排除完后，关闭排空阀 VD07。

⑦ 启动 P101B 泵。

⑧ 待 P101B 泵后压大于前压的 2 倍时打开 P101B 泵后阀 VD08。

8.7.5.2 FIC101 阀卡

(1) 主要现象

① FIC101 流量减小。

② P101A 泵出口压力升高。

(2) 事故处理

① 打开 FV101 旁通阀 VD09。

② 调节 VD09 使其流量达到正常。

③ 关闭调节阀 FIC101。

8.7.5.3 P101A 泵入口管线堵

(1) 主要现象

① P101A 泵入口、出口压力急剧下降。

② FIC101 流量急剧减小到零。

(2) 事故处理 按泵的操作步骤切换备用泵 P101B 泵。

① 关闭 P101A 泵出口阀 VD04。

② 关闭 P101A 泵。

③ 关闭 P101A 泵入口阀 VD01。

④ 打开 P101B 泵入口阀 VD05。

⑤ 打开排空阀 VD07。

⑥ 待不凝气体排除完后，关闭 VD07。

⑦ 启动 P101B 泵。

⑧ 待 P101B 泵后压大于泵前压的 2 倍时打开 P101B 泵出口阀 VD08。

8.7.5.4 P101A 泵汽蚀

(1) 主要现象

① P101A 泵入口压力、出口压力上下波动。

② P101A 泵出口流量波动（大部分时间达不到正常值）。

(2) 事故处理

① 不严重的汽蚀可通过提高入口压力解决。

② 严重的汽蚀按泵的操作步骤切换备用泵 P101B 泵。

8.7.5.5 P101A 泵气缚

(1) 主要现象

① P101A 泵出口压力急剧下降。

② FIC101 流量急剧下降。

（2）事故处理　按泵的操作步骤停 P101A 泵，然后排气，最后再按泵的操作步骤开 P101A 泵。

思　考　题

1. 请简述离心泵的工作原理和结构。

2. 请举例说出除离心泵以外你所知道的其他类型的泵。

3. 什么叫汽蚀现象？汽蚀现象有什么破坏作用？

4. 发生汽蚀现象的原因有哪些？如何防止汽蚀现象的发生？

5. 为什么启动前一定要将离心泵灌满被输送液体？

6. 离心泵在启动和停止运行时泵的出口阀应处于什么状态？为什么？

7. P101A 泵和 P101B 泵在进行切换时，应如何调节其出口阀 VD04 和 VD08，为什么要这样做？

8. 一台离心泵在正常运行一段时间后，流量开始下降，可能会有哪些原因导致？

9. 离心泵出口压力过高或过低应如何调节？

10. 离心泵入口压力过高或过低应如何调节？

11. 若两台性能相同的离心泵串联操作，其输送流量和扬程较单台离心泵相比有什么变化？若两台性能相同的离心泵并联操作，其输送流量和扬程较单台离心泵相比有什么变化？

12. 什么是盘车？

液位控制单元

9.1 实训目的

通过液位控制单元仿真实训，学生能够：

① 理解液位控制的工作原理，工艺流程；

② 掌握该系统的工艺参数调节方法及控制；

③ 熟练进行液位控制单元的冷态开车及正常停车操作，能对正常工况进行维护，能正确分析并排除操作过程中出现的典型事故。

9.2 工作原理

多级液位控制和原料的比例混合，是化工生产中经常遇到的问题。要做到平稳准确地控制，除了按流程中主物料流向逐渐建立液位外，还应准确分析流程，找出主副控制变量，选择合理的自动控制方案，并进行正确的控制操作。随着生产过程自动化水平的日益提高，控制系统的类型越来越多，复杂程度的差异也越来越大。本仿真培训单元流程中有 1 个贮罐，2 个贮槽，通过简单控制回路和分程、串级、比值等复杂控制回路，对其进行液位控制。目的在于经过培训掌握多级液位控制和常用的复杂控制系统。

工业上为了保持两种或两种以上物料的比例为一定值的调节叫比值调节。对于比值调节系统，首先是要明确那种物料是主物料，而另一种物料按主物料来配比。如图 9-1 所示，FFIC104 为一比值调节器。根据 FIC1103 的流量，按一定的比例，相适应调整 FI103 的流量。

9.3 工艺流程

本流程为液位控制系统，通过对 3 个罐的液位及压力的调节，使学员掌握简单回路及复杂回路的控制及相互关系。

缓冲罐 V101 仅一股来料，8atm 压力的液体通过调节阀 FIC101 向罐 V101 充液，此罐压力由调节阀 PIC101 分程控制，缓冲罐压力高于分程点（5.0atm）时，PV101B 自动打开泄压，压力低于分程点时，PV101B 自动关闭，PV101A 自动打开给罐充压，使 V101 压力控制在 5atm。缓冲罐 V101 液位调节器 LIC101 和流量调节阀 FIC102 串级调节，一般液位正常控制在 50%左右，自 V101 底抽出液体通过 P101A 泵或 P101B（备用泵）打入罐 V102，该泵出口压力一般控制在 9atm，FIC102 流量正常控制在 20000kg/h。

罐 V102 有两股来料，一股为 V101 通过 FIC102 与 LIC101 串级调节后来的流量；另一股为 8atm 压力的液体通过调节阀 LIC102 进入罐 V102，一般 V102 液位控制在 50%左右，V102 底液抽出通过调节阀 FIC103 进入 V103，正常工况时 FIC103 的流量控制在 30000kg/h。

罐 V103 也有两股进料，一股来自 V102 的底抽出量，另一股为 8atm 压力的液体通过 FIC103 与 FI103 比值调节进入 V103，比值系数为 2∶1，V103 底液通过 LIC103 调节阀输出，正常时罐 V103 液位控制在 50%左右。液位控制单元带控制点工艺流程如图 9-1 所示。

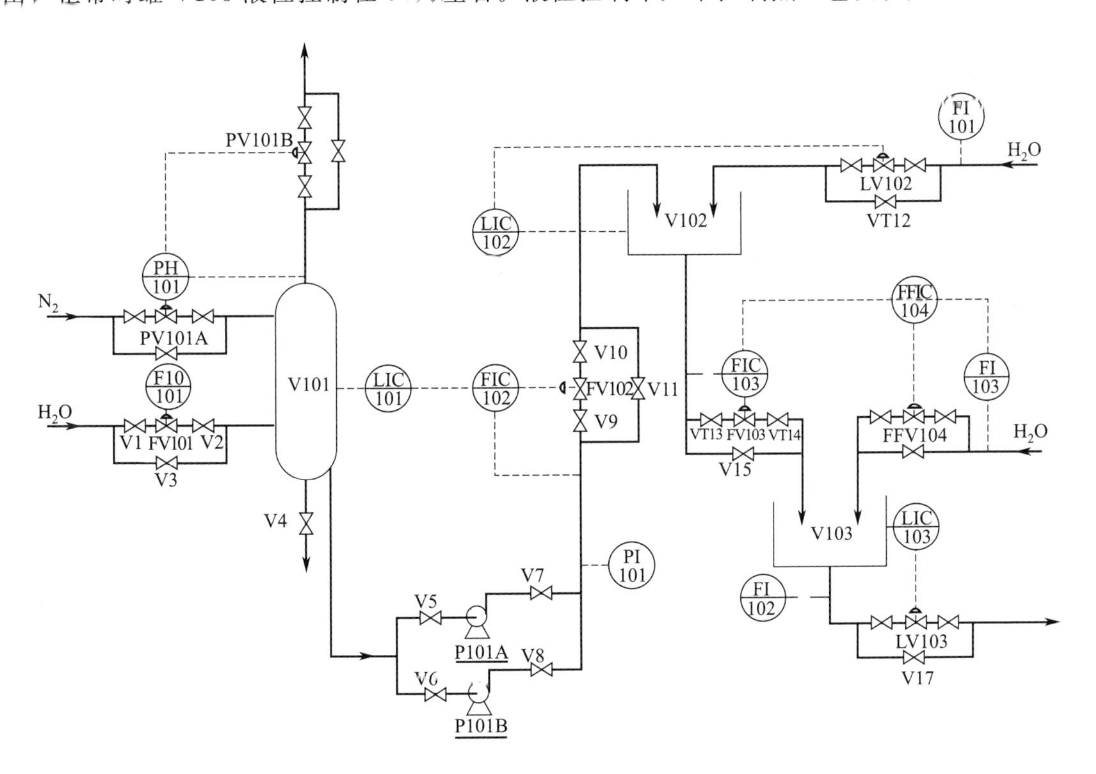

图 9-1　液位控制单元带控制点工艺流程图

9.1 动画　闸阀结构展示

9.2 动画　闸阀原理展示

9.4 主要设备

液位控制单元主要设备见表 9-1。

表 9-1 液位控制单元主要设备

设备位号	设 备 名 称	设备位号	设 备 名 称
V101	原料缓冲罐	P101A	缓冲罐 V101 底抽出离心泵 A
V102	恒压中间罐	P101B	原料缓冲罐 V101 底抽出备用离心泵 B
V103	恒压产品罐		

9.5 调节器、显示仪表及现场阀说明

9.5.1 调节器

液位控制单元调节器见表 9-2。

9.5.2 显示仪表

液位控制单元显示仪表见表 9-3。

9.5.3 现场阀

液位控制单元现场阀见表 9-4。

表 9-2 液位控制单元调节器

位号	被控调节阀位号	正常值	单位	正常工况
FIC101	FV101	20000	kg/h	投自动
FIC102	FV102	20000	kg/h	投串级，与 LIC101 构成串级控制回路
FIC103	FV103	30000	kg/h	投自动，与 FFIC104 构成比值控制回路
FFIC104	FFV104	15000	kg/h	投串级，与 FIC103 构成比值控制回路
LIC101	FV101	50	%	投自动，与 FIC102 构成串级控制回路
LIC102	LV102	50	%	投自动
LIC103	LV103	50	%	投自动
PIC101	PV101A	0.5	atm	投自动，分程控制
	PV101B			

表 9-3 液位控制单元显示仪表

位号	显 示 变 量	正常值	单位
PI101	P101A(B)出口压力	9	atm
FI101	进 V102 外来料流量	20000	kg/h

续表

位号	显示变量	正常值	单位
FI102	出 V103 液体流量	45000	kg/h
FI103	进 V103 外来料液量	15000	kg/h

表 9-4 液位控制单元现场阀

位号	名称	位号	名称
V1	FV101 前阀	V9	FV102 前阀
V2	FV101 后阀	V10	FV102 后阀
V3	FV101 旁通阀	V11	FV102 旁通阀
V4	V101 排凝阀	V12	进 V102 外来料调节阀 LV102 的旁通阀
V5	P101A 前阀	V13	FV103 前阀
V6	P101B 前阀	V14	FV103 后阀
V7	P101A 后阀	V15	FV103 旁通阀
V8	P101B 后阀	V16	V103 出料调节阀 LV103 的旁通阀

9.6 流程图画面

本工艺单元流程图画面，如图 9-2、图 9-3 所示。

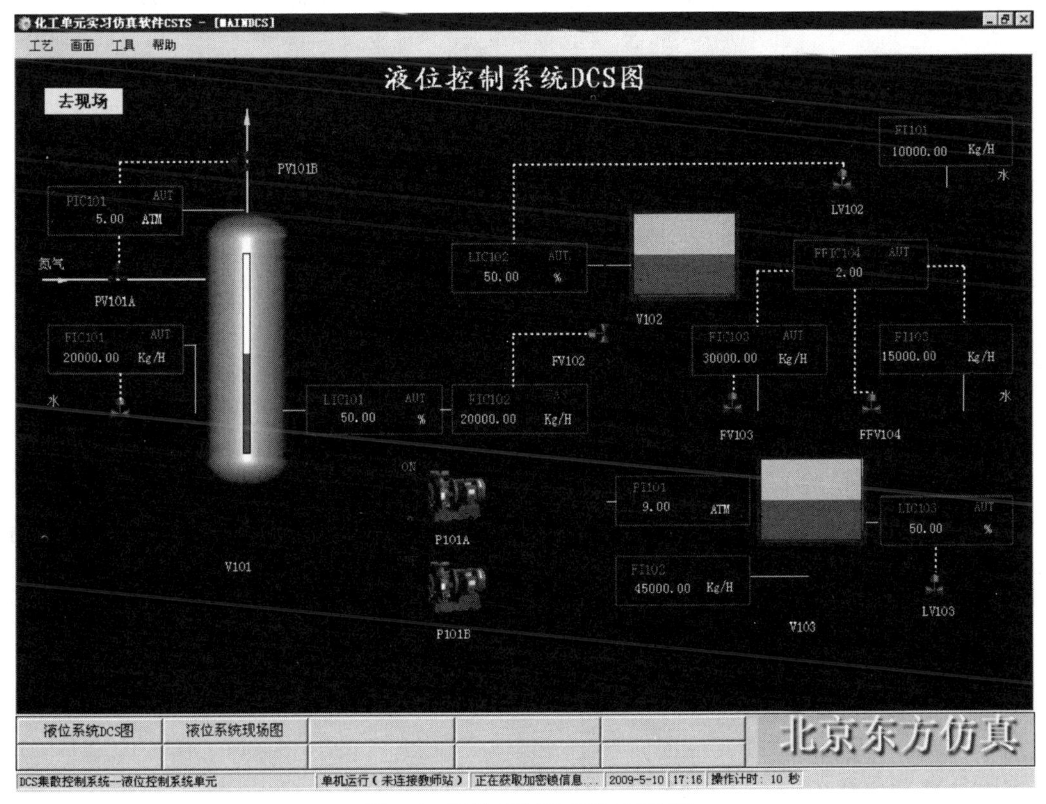

图 9-2 液位控制单元仿 DCS 图

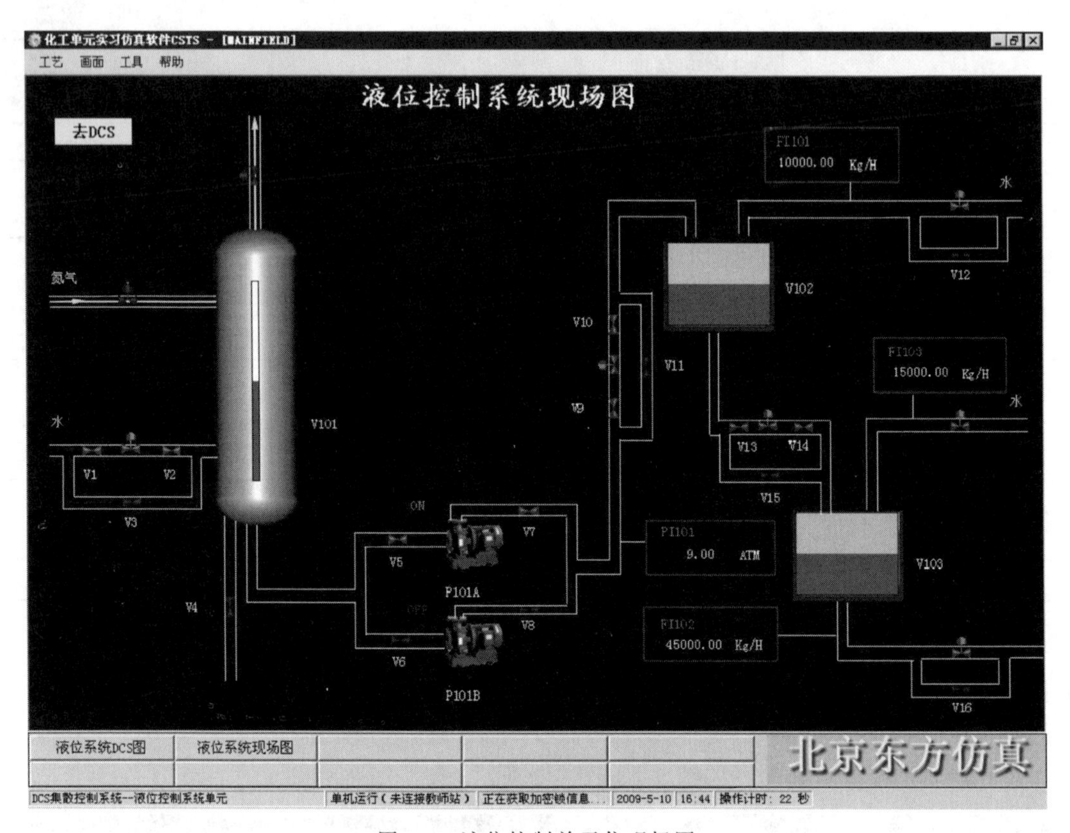

图 9-3 液位控制单元仿现场图

9.7 操作规程

9.7.1 冷态开车规程

装置的开工状态为 V102 和 V103 两罐已充压完毕，保压在 2.0atm，缓冲罐 V101 压力为常压状态，所有可操作阀均处于关闭状态。

9.7.1.1 缓冲罐 V101 充压及液位建立

（1）确认事项 V101 压力为常压。

（2）V101 充压及液位建立

① 在现场图上，全开 V101 进料调节器 FIC101 的前后手阀 V1 和 V2。

② 在 DCS 图上，打开调节阀 FIC101，阀位一般在 50%左右开度，给缓冲罐 V101 充液。

③ 待 V101 见液位后再启动压力调节阀 PIC101，阀位先开至 20%充压。

④ 待压力达 5atm 左右时，PIC101 投自动，设定值为 5atm。

9.7.1.2 中间罐 V-102 液位建立

（1）确认事项

① V101 液位达 40%以上，将 FIC101 投自动，设定值为 20000kg/h。

② V101 压力达 5.0atm 左右。

（2）V102 液位建立

① 在现场图上，全开泵 P101A 的前手阀 V5 为 100%。

② 启动 P101A 泵。

③ 全开 P101A 泵的后手阀 V7。

④ 当泵出口压力达 10.0atm 时打开流量调节器 FIC102 前后手阀 V9 及 V10 为 100%。

⑤ 打开出口调节阀 FIC102，手动调节 FV102 开度，使泵出口压力控制在 9.0atm 左右，V101 液位控制在 50%左右。

⑥ 打开液位调节阀 LV102 至 50%开度。

⑦ 操作平稳后，将 LIC101 投自动，设定值为 50%。

⑧ 操作平稳后调节阀 FIC102 投入自动，设定值为 20000kg/h，与 LIC101 串级调节 V101 液位，将 FIC102 投串级。

⑨ V102 液位达 50%左右，LIC102 投自动，设定值为 50%。

9.7.1.3 产品罐 V103 建立液位

（1）确认事项 V102 液位达 50%左右。

（2）V103 建立液位

① 在现场图上，全开流量调节器 FIC103 的前后手阀 V13 及 V14。

② 在 DCS 图上，打开 FIC103 及 FFIC104，阀位开度均为 50%，使流经 FV103 的物料量为 30000kg/h，使 FI103 显示值为 15000kg/h。

③ 将 FIC103 投自动，设定值为 30000kg/h。

④ 将 FFIC104 投自动，设定值为 2。

⑤ 当 V103 液位达 50%时，打开液位调节阀 LIC103 开度为 50%。

⑥ LIC103 调节平稳后投自动，设定值为 50%。

⑦ 将 FFIC104 投串级。

9.7.2 正常操作规程

正常工况下的工艺参数如下。

① FIC101 投自动，设定值为 20000.0kg/h。

② PIC101 投自动（分程控制），设定值为 5.0atm。

③ LIC101 投自动，设定值为 50%。

④ FIC102 投串级（与 LIC101 串级）。

⑤ FIC103 投自动，设定值为 30000.0kg/h。

⑥ FFIC104 投串级（与 FIC103 比值控制），比值系统为常数 2.0。

⑦ LIC102 投自动，设定值为 50%。

⑧ LIC103 投自动，设定值为 50%。

⑨ 泵 P101A（或 1B）出口压力 PI101 正常值为 9.0atm。

⑩ V102 外进料流量 FI101 正常值为 20000.0kg/h。

⑪ V103 产品输出量 FI102 的流量正常值为 45000.0kg/h。

9.7.3 停车操作规程

9.7.3.1 正常停车

（1）停原料缓冲罐 V101

① 将调节阀 FIC101 改为手动操作，关闭 FIC101，再关闭现场手阀 V1 及 V2。

② 将调节阀 LIC102 改为手动操作，关闭 LIC102，使 V-102 外进料流量 FI101 为 0.0kg/h。

③ 将调节阀 FFIC104 改为手动操作，关闭 FFIC104。

（2）将调节器改手动控制

① 将调节器 LIC101 改手动调节，FIC102 解除串级改手动控制。

② 手动调节 FIC102，维持泵 P101A 出口压力为 9atm，使 V101 液位缓慢降低。

③ 将调节器 FIC103 改手动调节，维持 V102 液位缓慢降低。

④ 将调节器 LIC103 改手动调节，维持 V103 液位缓慢降低。

（3）V101 泄压及排放

① 罐 V101 液位下降至 10%时，关 V7，停泵 P101A，再关入口阀 V5，泄压后再关 FV102。

② 打开排凝阀 V4，关 FIC102 手阀 V9 及 V10。

③ 罐 V101 液位降到 3%时，PIC101 置手动调节，打开 PV101 为 100%放空。

④ 当罐 V102 液位为 0.0 时，关调节阀 FIC103 及现场前后手阀 V13 及 V14

⑤ 当罐 V103 液位为 0.0 时，关调节阀 LIC103

9.7.3.2 紧急停车

紧急停车操作规程同正常停车操作规程。

9.7.4 仪表及报警

液位控制单元仪表及报警见表 9-5。

9.7.5 事故设置及处理

9.7.5.1 P101A 泵坏

（1）主要现象　画面 P101A 泵显示为开，但泵出口压力急剧下降。

（2）事故处理　先关小出口调节阀开度，启动备用 P101B 泵，调节出口压力，压力达 9.0atm（表）时，关 P101A 泵，完成切换。

表 9-5　液位控制单元仪表及报警

位号	说　明	类型	正常值	量程高限	量程低限	工程单位	高报	低报	高高报	低低报
FIC101	V101 进料流量	PID	20000.0	40000.0	0.0	kg/h				
FIC102	V101 出料流量	PID	20000.0	40000.0	0.0	kg/h				
FIC103	V102 出料流量	PID	30000.0	60000.0	0.0	kg/h				
FIC104	V103 进料流量	PID	15000.0	30000.0	0.0	kg/h				
LIC101	V101 液位	PID	50.0	100.0	0.0	%				

续表

位号	说 明	类型	正常值	量程高限	量程低限	工程单位	高报	低报	高高报	低低报
LIC102	V102 液位	PID	50.0	100.0	0.0	%				
LIC103	V103 液位	PID	50.0	100.0	0.0	%				
PIC101	V101 压力	PID	5.0	10.0	0.0	atm				
FI101	V102 进料液量	AI	10000.0	20000.0	0.0	kg/h				
FI102	V103 出料流量	AI	45000.0	90000.0	0.0	kg/h				
PI101	P101A/B 出口压	AI	9.0	10.0	0.0	atm				

9.7.5.2 调节阀 LIC101 阀卡

(1) 主要现象 罐 V101 液位急剧上升，FIC102 流量减小。

(2) 事故处理 打开副线阀 V11，待流量正常后，关调节阀前后手阀。

思 考 题

1. 通过本单元，理解什么是“过程动态平衡”，掌握通过仪表画面了解液位发生变化的原因和解决的方法。

2. 在调节器 FIC103 和 FFIC104 组成的比值控制回路中，哪一个是主动量？为什么？并指出这种比值调节属于开环，还是闭环控制回路？

3. 本仿真培训单元包括有串级、比值、分程三种复杂调节系统，你能说出它们的特点吗？它们与简单控制系统的差别是什么？

4. 在开或停车时，为什么要特别注意维持流经调节阀 FV103 和 FFV104 的液体流量比值为 2？

5. 请简述开、停车的注意事项有哪些？

10

换热器单元

10.1 实训目的

通过换热器单元仿真实训，学生能够：

① 理解换热器的工作原理，工艺流程；

② 掌握该系统的工艺参数调节方法及控制；

③ 熟练进行换热器单元的冷态开车及正常停车操作，能对正常工况进行维护，能正确分析并排除操作过程中出现的典型事故。

10.2 工作原理

10.1 动画 U型管式换热器原理展示

在化工生产中，大多数情况下，冷、热两种流体在换热过程中不允许混合，故间壁式换热器在化工生产中被广泛使用。所指的间壁式换热器，利用金属壁将冷、热两种流体间隔开，热流体将热传递到壁面的一侧（对流传热），通过间壁内的热传导，再由间壁的另一侧将热传给冷流体，从而使热流体被冷却，冷流体被加热，满足化工生产中对冷物流或热物流温度的控制要求。间壁式换热器主要有夹套式换热器、套管式换热器、蛇管式换热器、板式换热器、板翅式换热器、螺旋板式换热器、空冷式换热器、标准式蒸发器、热管、列管式换热器。

在对流传热中，传递的热量除与传热推动力（温度差）有关外，还与传热面积和传热系数成正比。传热面积减少时，传热量减少；如果间壁上有气膜或垢层，都会降低传热系数，减少传热量。所以，开车时要排不凝气；发生管堵或严重结垢时，必须停车检修或清洗。另外，考虑到金属的热胀冷缩特性，尽量减少温差应力和局部过热等问题，开车时应先进冷物料后进热物料；停车时则应先停热物料后停冷物料。

本单元选用的是双程列管式换热器，冷流体被加热后有相变化。

10.3　工艺流程

本单元设计采用管壳式换热器。来自界外的92℃冷物流（沸点为198.25℃）由P101A（或B）泵送至换热器E101的壳程被流经管程的热物流加热至145℃，并有20%被汽化。冷物流流量由流量控制器FIC101控制，正常流量为12000kg/h。来自另一设备的225℃热物流经P102A（或B）泵送至换热器E101与流经壳程的冷物流进行热交换，热物流出口温度由TIC101控制（177℃）。换热器单元带控制点工艺流程如图10-1所示。

10.2动画　弹簧式安全阀结构展示

10.3动画　弹簧式安全阀原理展示

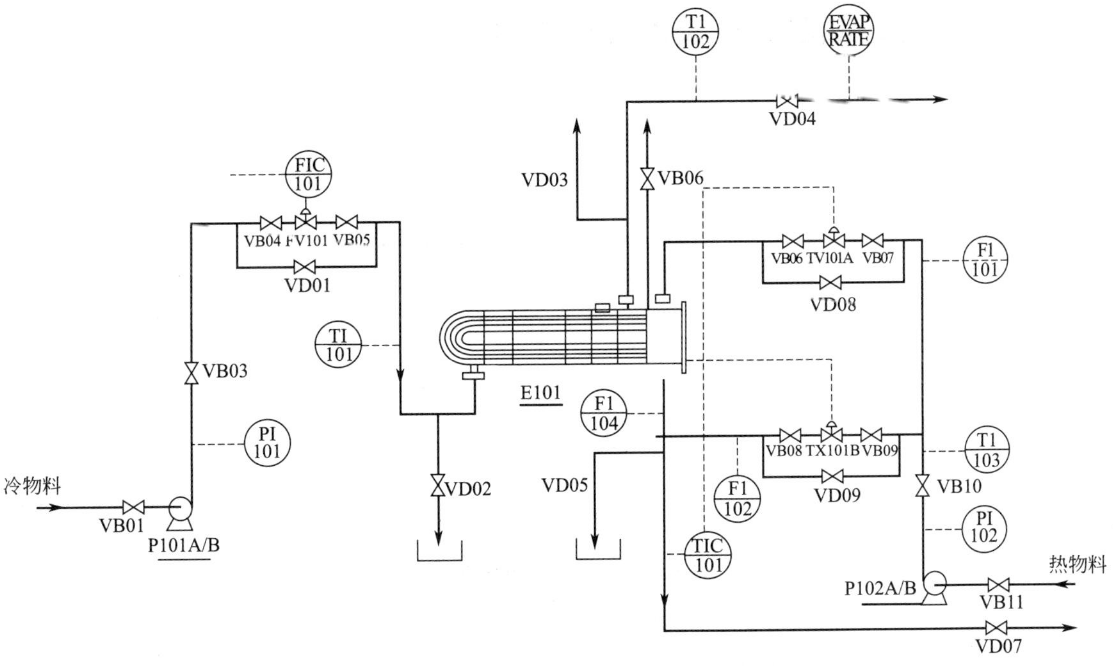

图10-1　换热器单元带控制点工艺流程

为保证热物流的流量稳定，TIC101采用分程控制，TV101A和TV101B分别调节流经E101和副线的流量，TIC101输出0～100%分别对应TV101A开度0～100%，TV101B开度100%～0。

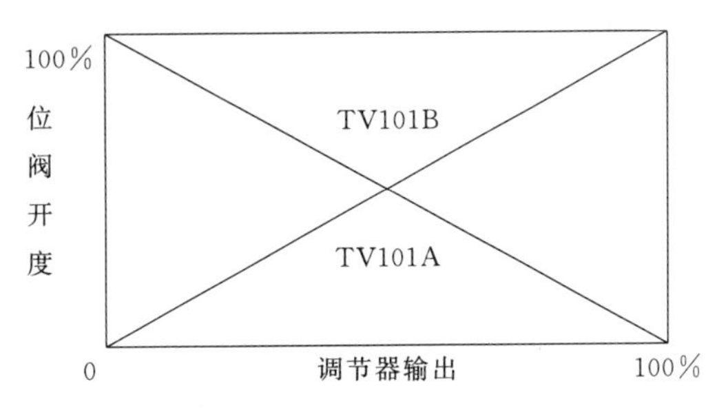

本单元现场图中现场阀旁边的实心红色圆点代表高点排气和低点排液的指示标志，当完成高点排气和低点排液时实心红色圆点变为绿色。

10.4 主要设备

换热器单元主要设备见表10-1。

表10-1 换热器单元主要设备

设备位号	设备名称	设备位号	设备名称
P101A	冷物流进料泵A	P102B	热物流进料备用泵B
P101B	冷物流进料备用泵B	E101	列管式换热器
P102A	热物流进料泵A		

10.5 调节器、显示仪表及现场阀说明

10.5.1 调节器

换热器单元调节器见表10-2。

表10-2 换热器单元调节器

位号	所控调节阀位号	正常值	单位	正常工况
FIC101	FV101	12000	kg/h	投自动
TIC101	TV101A/B	177	℃	投自动分程控制

10.5.2 显示仪表

换热器单元显示仪表见表10-3。

表10-3 换热器单元显示仪表

位号	显示变量	正常值	单位(或说明)
PI101	P101A/B泵出口压力	9.0	atm
PI102	P102A/B泵出口压力	10.0	atm
FI101	热物料主线流量	10000	kg/h
FI102	热物料副线流量	10000	kg/h
TI101	冷物流入口温度	92.0	℃
TI102	冷物流出口温度	145.0	℃
TI103	热物流入口温度	225.0	℃
TI104	E101热物流出口温度	129.0	℃
EVAPO.RATE	冷物流出口气化率	20	%

10.5.3　现场阀

换热器单元现场阀见表 10-4。

表 10-4　换热器单元现场阀

位号	名　　称	位号	名　　称	位号	名　　称
VB01	P101A/B 泵的前阀	VB09	调节阀 TV101B 的前阀	VD03	E101 壳程排气手阀
VB02	P101A 泵开关按钮	VB10	P102A/B 泵的后阀	VD04	冷物流加热后出口阀
VB03	P101A/B 泵的后阀	VB11	P102A/B 泵的前阀	VD05	E101 管程泄液手阀
VB04	调节阀 FV101 的前阀	VB12	P102B 泵开关按钮	VD06	E101 管程排气手阀
VB05	调节阀 FV101 的后阀	VB13	P102B 泵开关按钮	VD07	热物流冷却后出系统手阀
VB06	调节阀 TV101A 的后阀	VB14	P101B 泵开关按钮	VD08	调节阀 TV101A 的旁通阀
VB07	调节阀 TV101A 的前阀	VD01	调节阀 FV101 的旁通阀	VD09	调节阀 TV101B 的旁通阀
VB08	调节阀 TV101B 的后阀	VD02	E101 壳程泄液手阀		

10.6　流程图画面

本工艺单元流程图画面，如图 10-2、图 10-3 所示。

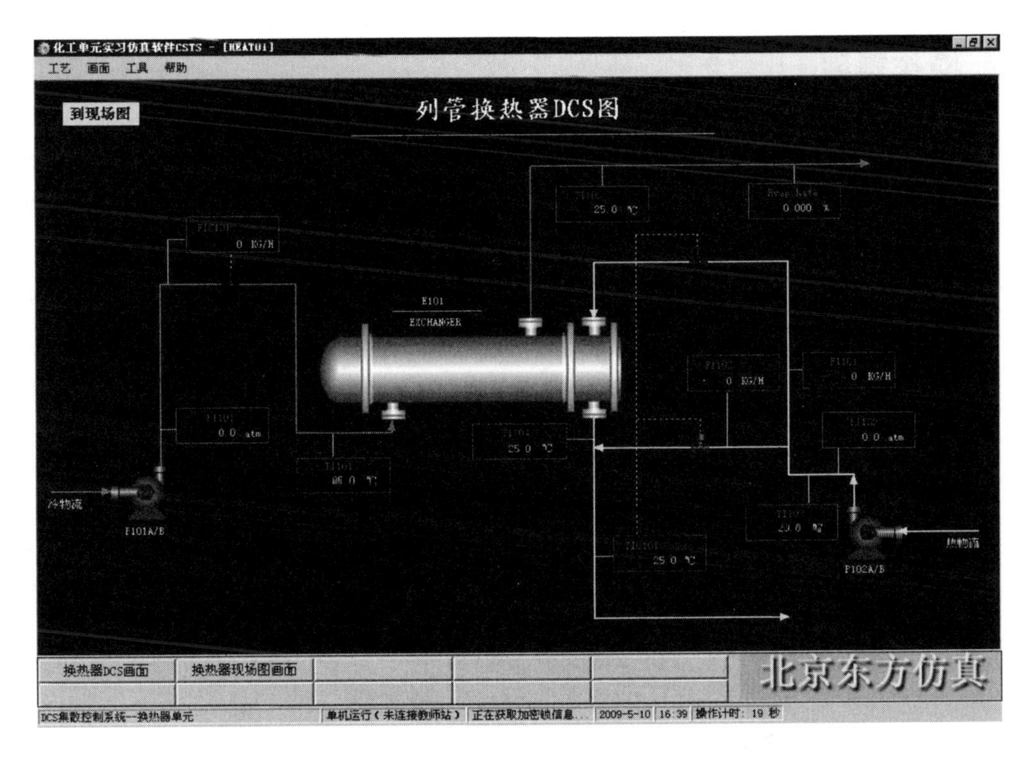

图 10-2　换热器单元仿 DCS 图

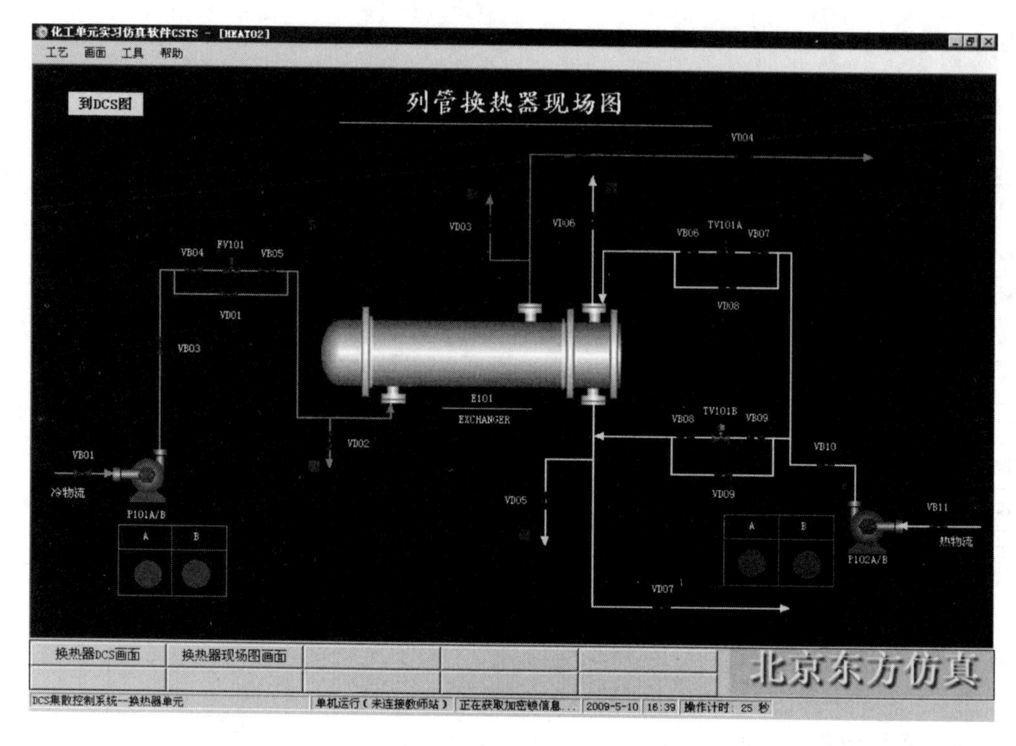

图 10-3　换热器单元仿现场图

10.7 操作规程

10.7.1 开车操作规程

装置的开工状态为换热器处于常温常压下，各调节阀处于手动关闭状态，各手操阀处于关闭状态，可以直接进冷物流。

10.7.1.1 启动冷物流进料泵 P101A

① 开换热器壳程排气阀 VD03，开度约 50%。

② 开 P101A 泵的前阀 VB01。

③ 启动 P101A 泵。

④ 当进料压力指示表 PI101 指示达 4.5atm 以上，打开 P101A 泵的后阀 VB03。

10.7.1.2 冷物流 E101 进料

① 打开 FIC101 的前、后阀 VB04、VB05，手动逐渐开大调节阀 FV101。

② 观察壳程排气手阀 VD03 的出口，当有液体溢出时（VD03 旁边标志变绿），标志着壳程已无不凝性气体，关闭壳程排气手阀 VD03，壳程排气完毕。

③ 打开冷物流出口阀（VD04），将其开度置为 50%，手动调节 FV101，使 FIC101 指示值达到 12000kg/h，且较稳定时将 FIC101 投自动，设定为 12000kg/h。

10.7.1.3 启动热物流进料泵 P102A

① 开管程排气手阀 VD06，开度约 50%。

② 开 P102A 泵的前阀 VB11。

③ 启动 P102A 泵。

④ 当热物流进料压力表 PI102 指示大于 5atm 时，全开 P102 泵的后阀 VB10。

10.7.1.4 热物流进料

① 全开 TV101A 的前、后阀 VB06、VB07，TV101B 的前、后阀 VB08、VB09。

② 打开调节阀 TV101A，开度约 50%，给 E101 管程注液，观察 E101 管程排气手阀 VD06 的出口，当有液体溢出时（VD06 旁边标志变绿），标志着管程已无不凝性气体，此时关管程排气阀 VD06，E101 管程排气完毕。

③ 打开 E101 热物流冷却后出系统手阀 VD07，将其开度置为 50%，手动调节管程温度控制阀 TIC101，使其出口温度在 (177±2)℃，且较稳定，投自动，TIC101 设定在 177℃。

10.7.2 正常操作规程

10.7.2.1 正常工况操作参数

① 冷物流流量为 12000kg/h，出口温度为 145℃，汽化率 20%。

② 热物流流量为 10000kg/h，出口温度为 177℃。

10.7.2.2 备用泵的切换

① P101A 与 P101B 之间可任意切换。

② P102A 与 P102B 之间可任意切换。

10.7.3 停车操作规程

10.7.3.1 停热物流进料泵 P102A

① 关闭 P102 泵的后阀 VB10。

② 停 P102A 泵。

③ 待 PI102 指示小于 0.1atm 时，关闭 P102 泵的前阀 VB11。

10.7.3.2 停热物流进料

① TIC101 置手动，关闭 TV101A。

② 关闭 TV101A 的前、后阀 VB06、VB07。

③ 关闭 TV101B 的前、后阀 VB08、VB09。

④ 关闭 E101 热物流出口阀 VD07。

10.7.3.3 停冷物流进料泵 P101A

① 关闭 P101 泵的出口阀 VB03。

② 停 P101A 泵。

③ 待 PI101 指示小于 0.1atm 时，关闭 P101 泵入口阀 VB01。

10.7.3.4 停冷物流进料

① FIC101 置手动。

② 关闭 FIC101 的前、后阀 VB04、VB05，关闭 FV101。

③ 关闭 E101 冷物流加热后出口阀 VD04。

10.7.3.5 E101 管程泄液

打开管程泄液手阀 VD05，观察管程泄液手阀 VD05 的出口，当不再有液体泄出时，关闭管程泄液手阀 VD05。

10.7.3.6 E101 壳程泄液

打开壳程泄液手阀 VD02，观察壳程泄液手阀 VD02 的出口，当不再有液体泄出时，关闭壳程泄液手阀 VD02。

10.7.4 仪表及报警

换热器单元仪表及报警见表 10-5。

表 10-5 换热器单元仪表及报警

位号	说　明	类型	正常值	量程上限	量程下限	工程单位	高报值	低报值	高高报值	低低报值
FIC101	冷物流入口流量控制	PID	12000	20000	0	kg/h	17000	3000	19000	1000
TIC101	热物流入口温度控制	PID	177	300	0	℃	255	45	285	15
PI101	冷物流入口压力显示	AI	9.0	27000	0	atm	10	3	15	1
TI101	冷物流入口温度显示	AI	92	200	0	℃	170	30	190	10
PI102	热物流入口压力显示	AI	10.0	50	0	atm	12	3	15	1
TI102	冷物流出口温度显示	AI	145.0	300	0	℃	17	3	19	1
TI103	热物流入口温度显示	AI	225	400	0	℃				
TI104	热物流出口温度显示	AI	129	300	0	℃				
FI101	流经换热器流量	AI	10000	20000	0	kg/h				
FI102	未流经换热器流量	AI	10000	20000	0	kg/h				

10.7.5 事故设置及处理

10.7.5.1 FIC101 阀卡

（1）主要现象

① FIC101 流量减小。

② P101 泵出口压力升高。

③ 冷物流出口温度升高。

（2）事故处理

① 逐渐打开 FIC101 的旁通路阀 VD01。

② 调节 VD01 的开度，使 FIC101 指示值稳定为 12000kg/h。

③ FIC101 置手动，关闭 FIC101。

④ 关闭 FV101 的前、后阀 VB04、VB05。

10.7.5.2 P101A 泵坏

（1）主要现象

① P101A 泵出口压力急剧下降。

② FIC101 流量急剧减小。

③ 冷物流出口温度升高，汽化率增大。

（2）事故处理　关闭 P101A 泵，开启 P101B 泵。

10.7.5.3 P102A 泵坏

（1）主要现象

① P102A 泵出口压力急剧下降。

② 冷物流出口温度下降，汽化率降低。

(2) 事故处理 关闭 P102A 泵，开启 P102B 泵。

10.7.5.4 TV101A 阀卡

(1) 主要现象

① 热物流经换热器换热后的温度降低。

② 冷物流出口温度降低。

(2) 事故处理

① 关闭 TV101A 的前、后阀，打开 TV101A 的旁通阀（VD08），调节流量使其达到正常值。

② 关闭 TV101B 的前、后阀，调节旁通阀（VD09）。

10.7.5.5 部分管堵

(1) 主要现象

① 热物流流量减小。

② 冷物流出口温度降低，汽化率降低。

③ 热物流 P102 泵出口压力略升高。

(2) 事故处理 停车拆换热器清洗。

10.7.5.6 换热器结垢严重

(1) 主要现象 热物流出口温度高。

(2) 事故处理 停车拆换热器清洗。

思考题

1. 冷态开车是先送冷物料，后送热物料；而停车时又要先关热物料，后关冷物料，为什么？
2. 开车时不排出不凝气会有什么后果？如何操作才能排净不凝气？
3. 为什么停车后管程和壳程都要高点排气、低点泄液？
4. 你认为本系统调节器 TIC101 的设置合理吗？如何改进？
5. 影响间壁式换热器传热量的因素有哪些？
6. 传热有哪几种基本方式，各自的特点是什么？
7. 工业生产中常见的换热器有哪些类型？

11

管式加热炉单元

11.1 实训目的

通过管式加热炉单元仿真实训，学生能够：

① 理解管式加热炉的工作原理，工艺流程；

② 掌握该系统的工艺参数调节方法及控制；

③ 熟练进行管式加热炉单元的冷态开车及正常停车操作，能对正常工况进行维护，能正确分析并排除操作过程中出现的典型事故。

11.2 工作原理

本单元选择的是石油化工生产中最常用的设备之一，油-气混合燃烧管式加热炉。管式加热炉是一种直接受热式加热设备，主要用于加热液体或气体化工原料，所用燃料通常有燃料油和燃料气。管式加热炉的传热方式以辐射传热为主，管式加热炉通常由以下几部分构成：辐射室（炉膛）、对流室、燃烧器、通风系统。

辐射室（炉膛）位于加热炉的下部，通过火焰或高温烟气进行辐射传热的部分。这部分直接受火焰冲刷，温度很高（600～1600℃），是热交换的主要场所（占热负荷的70%～80%），是全炉最重要的部分。

对流室是靠辐射室出来的烟气进行以对流传热为主的换热部分（有一小部分的辐射热）。

燃烧器是使燃料雾化并混合空气，使之燃烧的产热设备，燃烧器可分为燃料油燃烧器，燃料气燃烧器和油-气联合燃烧器。

通风系统是将燃烧用空气由风门控制引入燃烧器，并将烟气经挡板调节引出炉子，可分为自然通风方式和强制通风方式。本加热炉采用自然通风方式，依靠烟本身的抽力通风，靠炉膛内高温烟气与炉子外冷空气的密度差所形成的压差把空气从外界吸入。安装在烟道内的挡板可以由全关状态连续开启到全开状态。挡板的作用主要是控制进入炉膛的空气量，进入炉膛空气量的多少决定了燃烧反应的程度。一定的进风量，燃料气供给量过大，将会产生不完全的燃烧。反之，进风量过大，将使烟气带走的热量增加。所以，正确的做法是保证完全燃烧的前提下，尽量减少空气的进入量，即挡板的开度必须适中，不能过大，也不能过小。

在炉子运行中调整挡板时还应注意的一点是，当炉子处于不完全燃烧时，开启挡板不得过快，这样会使大量空气进入炉膛，由于不完全燃烧，炉膛中有过剩的高温燃料气，会立刻全面燃烧而引发爆炸。在炉膛处于燃烧的情况下，挡板开度较大，炉膛进风量大，炉膛负压升高，同时烟气中的氧含量也升高。反之，负压减少，烟气中的含氧量减少，甚至为正压。含氧量过大说明空气量过大，含氧量小说明处于不完全燃烧状态。

11.3　工艺流程

11.3.1　工艺物料系统

某烃类化工原料（流量为3072.5kg/h）在流量调节器FIC101的控制下先进入加热炉F101的对流段，经对流加热升温后，再进入F101的辐射段，被加热至420℃后，送至下一工序，其炉出口温度由调节器TIC106通过调节燃料气流量或燃料油压力来控制。

采暖水（流量为95848.0kg/h）在调节器FIC102控制下，经与F101的烟气换热，回收余热后，返回采暖水系统。

11.3.2　燃料系统

燃料气管网的燃料气在调节器PIC101的控制下进入燃料气罐V105，燃料气在V105中脱油脱水后，分两路送入加热炉，一路在PCV01控制下送入常明线；一路在TV106调节阀控制下送入油-气联合燃烧器。

来自燃料油罐V108的燃料油经P101A（B）升压后，由PIC109控制压送至燃烧器火嘴前，用于维持火嘴前的油压，多余燃料油返回V108。来自管网的雾化蒸汽在PDIC112的控制压与燃料油保持一定压差情况下送入燃料器。来自管网的吹扫蒸汽直接进入炉膛底部。

11.3.3　复杂控制系统和联锁系统

11.3.3.1　炉出口温度控制

TIC106工艺物料炉出口温度，TIC106通过一个切换开关HS101。实现两种控制方案：其一是直接控制燃料气流量，其二是与燃料压力调节器PIC109构成串级控制。当第一种方案时：燃料油的流量固定，不做调节，通过TIC106自动调节燃料气流量控制工艺物料炉出口温度；当第二种方案时：燃料气流量固定，TIC106和燃料压力调节器PIC109构成串级控制回路，控制工艺物料炉出口温度。

11.3.3.2　炉出口温度联锁

（1）联锁源

① 工艺物料进料量过低（FIC101＜正常值的50％）。

② 雾化蒸汽压力过低（低于7atm）。

（2）联锁动作

① 关闭燃料气入炉电磁阀 S01。

② 关闭燃料油入炉电磁阀 S02。

③ 打开燃料油返回电磁阀 S03。

管式加热炉单元带控制点工艺流程如图 11-1 所示。

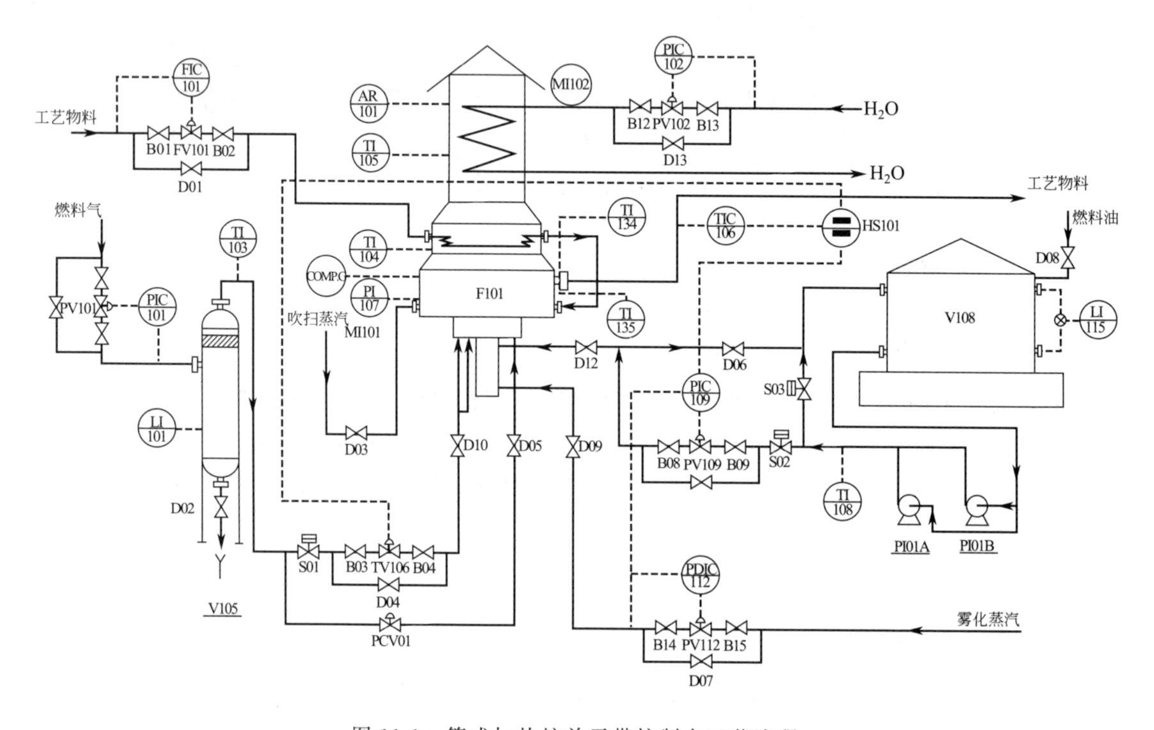

图 11-1 管式加热炉单元带控制点工艺流程

11.4 主要设备

管式加热炉单元主要设备见表 11-1。

表 11-1 管式加热炉单元主要设备

设备位号	设备名称	设备位号	设备名称
V105	燃料气分液罐	P101A	燃料油泵 A
V108	燃料油贮罐	P101B	燃料油备用泵 B
F101	管式加热炉		

11.5 调节器、显示仪表及现场阀说明

11.5.1 调节器

管式加热炉单元调节器见表 11-2。

表 11-2 管式加热炉单元调节器

位号	被控调节阀	正常值	单位	正常工况
PIC101	PV101	2.0	atm	自动
FIC101	FV101	3072.5	kg/h	自动
FIC102	FV102	9584.0	kg/h	自动
PDIC112	PV112	4.0	atm	自动
TIC106	TV106	420.0	℃	自动
PIC109	PV109	6.0	atm	自动

11.5.2 显示仪表

管式加热炉单元显示仪表见表 11-3。

表 11-3 管式加热炉单元显示仪表

位号	显示变量	正常值	单位
TI104	炉膛温度	640.0	℃
TI105	烟气温度	210.0	℃
TI108	燃料油温度	75.0	℃
TI134	炉出口温度	420.0	℃
TI135	炉出口温度	420.0	℃
FI104	燃料气流量	210.0	Nm^3/h
PI107	炉膛负压	−2.0	mmH_2O
LI101	液位	0.0	%
LI115	液位	50.0	%
AR101	烟气氧含量	4.0	%
MI101	炉风门开度	50.0	%
MI102	炉挡板开度	35.0	%
COMPG	炉膛内可燃气体含量	0.5	%

注：1mm H_2O=9.8665Pa，下同。

11.5.3 现场阀

管式加热炉单元现场阀见表 11-4。

表 11-4 管式加热炉单元现场阀

位号	名称	位号	名称
D01	调节阀 PV101 旁通阀	D05	常明线阀
D02	V105 泄液阀	D06	燃料油贮罐 V108 回油阀
D03	吹扫蒸汽阀	D07	调节阀 PV112 旁通阀
D04	调节阀 TV106 旁通阀	D08	燃料油进 V108

续表

位　号	名　　称	位　号	名　　称
D09	雾化蒸汽入炉根部阀	B13	调节阀 FV102 后阀
D10	燃料气入炉根部阀	B14	调节阀 PV112 前阀
D12	燃料油入炉根部阀	B15	调节阀 PV112 后阀
D13	调节阀 FV102 旁通阀	B24	公用工程开关
B01	调节阀 FV101 前阀	B33	点火棒开关
B02	调节阀 FV101 后阀	B30	联锁不投用开关
B03	调节阀 TV106 前阀	HS101	油气控制切换开关
B04	调节阀 TV106 后阀	S01	燃料气进加热炉电磁阀
B08	调节阀 PV109 前阀	S02	燃料油进加热炉电磁阀
B09	调节阀 PV109 后阀	S03	燃料油返回 V-108 电磁阀
B12	调节阀 FV102 前阀	B34	联锁复位开关

11.6　流程图画面

本工艺单元流程图画面，如图 11-2、图 11-3 所示。

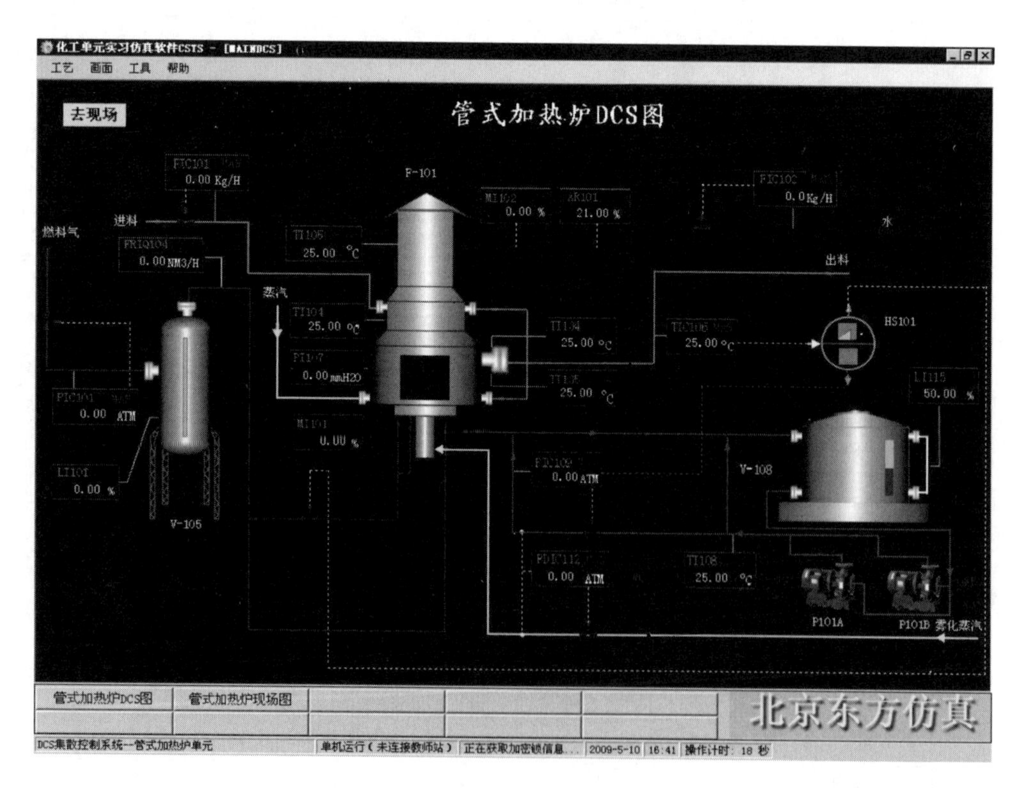

图 11-2　管式加热炉单元仿 DCS 图

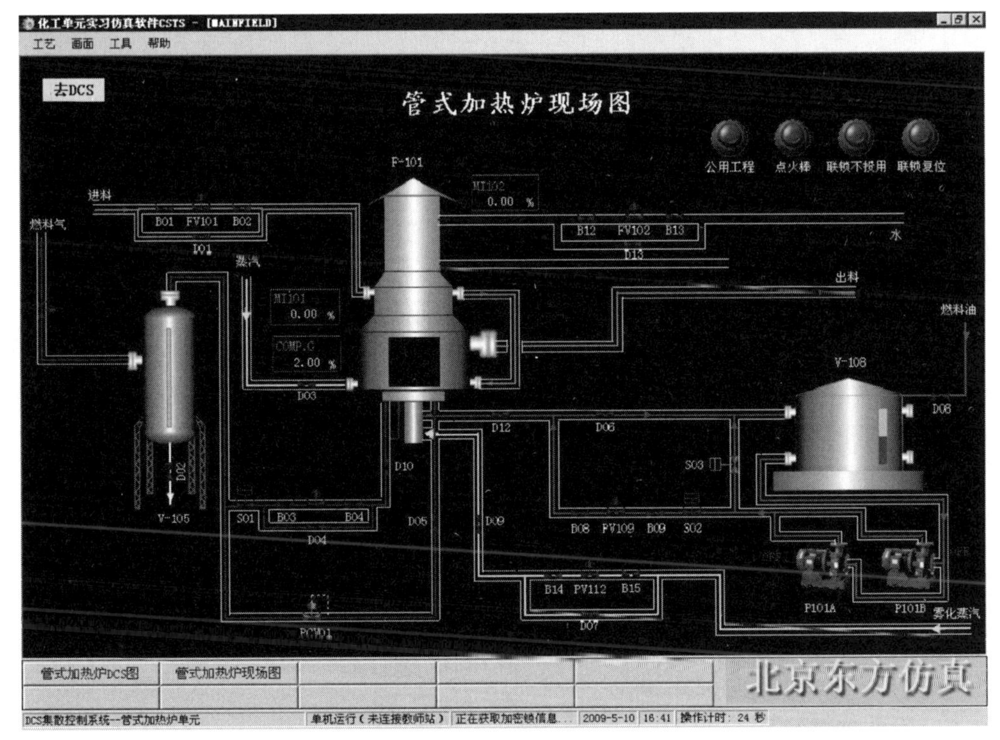

图 11-3 管式加热炉单元仿现场图

根据重要性的不同，仿真培训主要以 DCS 操作培训为主。现场操作画面的设计主要是为了配合装置开、停车，完成主控室以外的主要操作，如现场手阀、现场动力设备等。由于现场操作多为手动、间歇性操作。所以根据培训意义的大小做了适当的简化。

现场站的操作采用图形化操作界面。该单元仿真培训软件按操作需要设计了一页现场流程图操作画面，如图 11-3 所示管式加热炉单元仿现场图。

11.7 操作规程

11.7.1 开车操作规程

装置的开车状态为氨置换的常温常压氨封状态。

11.7.1.1 开车前的准备

① 公用工程启用（按公用工程按钮，公用工程投用）。

② 解除联锁（按联锁不投用按钮）。

③ 联锁复位（按联锁复位按钮）。

11.7.1.2 点火准备工作

① 全开加热炉的烟道挡板 MI102。

② 打开吹扫蒸汽阀 D03，吹扫炉膛内的可燃气体（实际约需 10min）。

③ 待可燃气体的含量低于 0.5%后，关闭吹扫蒸汽阀 D03，将 MI102 关小至 30%。

④ 打开并保持风门 MI101 在一定的开度（30%左右），使炉膛正常通风。

11.7.1.3 燃料气准备

① 手动打开 PIC101 的调节阀，向 V105 充燃料气。

② 控制 V105 的压力不超过 2atm，在 2atm 处将 PIC101 投自动。

11.7.1.4 点火操作

① 当 V105 压力大于 0.5atm 后，启动点火棒，开常明线阀 D05。

② 确认点火成功（火焰显示）。

③ 若点火不成功，需重新进行吹扫和再点火。

11.7.1.5 升温操作

① 确认点火成功后，先开燃料气线上的调节阀 TV106 前、后阀 B03、B04，再稍开调节阀（小于 10%），再全开燃料气入炉根部阀 D10，引燃料气入加热炉火嘴。

② 用调节阀 TV106 控制燃料气量，来控制升温速度。

③ 当炉膛温度升至 100℃时恒温 30s（实际生产恒温 1h）烘炉，当炉膛温度升至 180℃时恒温 30s（实际生产恒温 1h）暖炉。

11.7.1.6 引工艺物料

当炉膛温度升至 180℃后，引工艺物料。

① 先开进料调节阀的前、后阀 B01、B02，再稍开调节阀 FIC101（<10%）。引进工艺物料进加热炉。

② 先开采暖水线上调节阀的前后阀 B13、B12，再稍开调节阀 FIC102（<10%），引采暖水进加热炉。

11.7.1.7 启动燃料油系统

待炉膛温度升至 200℃左右时，开启燃料油系统。

① 开雾化蒸汽调节阀的前、后阀 B14、B15，再微开调节阀 PDIC112（<10%）。

② 全开雾化蒸汽入炉根部阀 D09。

③ 开燃料油压力调节阀 PV109 的前、后阀 B08、B09。

④ 开燃料油返回 V108 管线阀 D06。

⑤ 启动燃料油泵 P101A。

⑥ 微开燃料油调节阀 PIC109（小于 10%），建立燃料油循环。

⑦ 全开燃料油入炉根部阀 D12，引燃料油入火嘴。

⑧ 按升温需要逐步开大燃料油调节阀，通过控制燃料油升压（最后到 6atm 左右）来控制进入火嘴的燃料油量，同时控制 PDIC112 在 4atm 左右。

11.7.1.8 调整至正常

① 逐步升温使炉出口温度至正常（420℃）。

② 在升温过程中，逐步开大工艺物料线的调节阀，使之流量调整至正常。

③ 在升温过程中，逐步采暖水流量调至正常。

④ 在升温过程中，逐步调整风门使烟气氧含量正常。

⑤ 逐步调节挡板开度使炉膛负压正常。

⑥ 逐步调整其他参数至正常。

⑦ 将联锁系统投用（“INTERLOCK”按钮置“ON”）。

11.7.2 正常操作规程

11.7.2.1 正常工况操作参数

炉出口温度 TIC106：420℃

炉膛温度 TI104：640℃

烟气温度 TI105：210℃

烟气氧含量 AR101：4%

炉膛负压 PI107：−2.0mm H_2O

工艺物料量 FIC101：3072.5kg/h

采暖水流量 FIC102：9584kg/h

V105 压力 PIC101：2atm

燃料油压力 PIC109：6atm

雾化蒸汽压差 PDIC112：4atm

11.7.2.2 TIC106 控制方案切换

工艺物料的炉出口温度 TIC106 可以通过燃料气和燃料油两种方式进行控制。两种方式的切换由 HS101 切换开关来完成。当 HS100 切入燃料气控制时，TIC106 直接控制燃料气调节阀，燃料油由 PIC109 单回路自行控制；当 HS101 切入燃料油控制时，TIC106 与 PIC109 结成串级控制，通过燃料油压力控制燃料油燃烧量。

11.7.3 停车操作规程

11.7.3.1 停车准备

摘除联锁系统。

11.7.3.2 降量

① 逐步降低原料进量 FIC101 至正常量的 70%左右（2200kg/h）。

② 同时逐步降低 PIC109 或 TIC106 开度使 TIC106 约为 420℃。

③ 同时逐步降低采暖水 FIC102 流量，关小 FV102（<35%）。

11.7.3.3 降温及停燃料油系统

① 逐步关闭燃料油调节器 PIC109。

② 关闭调节阀 PV109 前阀 B09。

③ 关闭调节阀 PV109 后阀 B08。

④ 在降低油压的同时，逐步关闭雾化蒸汽调节器 PDIC112。

⑤ 关闭 PV112 的前阀 B14。

⑥ 关闭 PV112 的后阀 B15。

⑦ 待 PIC109 全关后，关闭燃料油泵 P101A/B。

⑧ 关闭雾化蒸汽入炉根部阀 D09。

⑨ 关闭 V108 进料阀 D08。

⑩ 关闭燃料油入炉根部阀 D12。

11.7.3.4 停燃料气及工艺物料

① 停燃料油系统后，关闭燃料气入口调节器 PIC101。

② 待罐 V105 压力低于 0.2atm 后，关闭燃料气调节阀 TV106。

③ 关闭调节阀 TV106 的前阀 B03。

④ 关闭调节阀 TV106 的后阀 B04。

⑤ 关闭燃料气入炉根部阀 D10。

⑥ 待罐 V105 压力低于 0.1atm 时，关闭燃料气常明线阀 D05。

⑦ 待炉膛温度低于 150℃后，关闭 FIC101。

⑧ 待炉膛温度低于 150℃后，关闭调节阀 FV101 的前阀 B01。

⑨ 待炉膛温度低于 150℃后，关闭调节阀 FV101 的后阀 B02。

⑩ 待炉膛温度低于 150℃后，关闭 FIC102。

⑪ 待炉膛温度低于 150℃后，关闭 FV102 的前阀 B12。

⑫ 待炉膛温度低于 150℃后，关闭 FV102 的后阀 B13。

11.7.3.5 炉膛吹扫

① 灭火后，打开 D03 吹扫炉膛 5s。

② 炉膛吹扫完成后，关闭 D03。

③ 关闭 D03 后，全开风门，烟道挡板开度，使炉膛正常通风。

11.7.4 仪表及报警

管式加热炉单元仪表及报警见表 11-5。

表 11-5 管式加热炉单元仪表及报警

位号	说明	类型	正常值	量程上限	量程下限	工程单位	高报	低报	高高报	低低报
AR101	烟气氧含量	AI	4.0	21.0	0.0	%	7.0	1.5	10.0	1.0
FIC101	工艺物料进料量	PID	3072.5	6000.0	0.0	kg/h	4000.0	1500.0	5000.0	1000.0
FIC102	采暖水进料量	PID	9584.0	20000.0	0.0	kg/h	15000.0	5000.0	18000.0	1000.0
LI101	V105 液位	AI	40～60.0	100.0	0.0	%				
LI115	V108 液位	AI	40～60.0	100.0	0.0	%				
PIC101	V105 压力	PID	2.0	4.0	0.0	atm	3.0	1.0	3.5	0.5
PI107	炉膛负压	AI	−2.0	10.0	−10.0	mmH_2O	0.0	−4.0	4.0	−8.0
PIC109	燃料油压力	PID	6.0	10.0	0.0	atm	7.0	5.0	9.0	3.0
PDIC112	雾化蒸汽压差	PID	4.0	10.0	0.0	atm	7.0	2.0	8.0	1.0
TI104	炉膛温度	AI	640.0	1000.0	0.0	℃	700.0	600.0	750.0	400.0
TI105	烟气温度	AI	210.0	400.0	0.0	℃	250.0	100.0	300.0	50.0
TIC106	工艺物料炉温度	PID	420.0	800.0	0.0	℃	430.0	410.0	460.0	370.0
TI108	燃料油温度	AI		100.0	0.0	℃				
TI134	炉出口温度	AI		800.0	0.0	℃	430.0	400.0	450.0	370.0
TI135	炉出品温度	AI		800.0	0.0	℃	430.0	400.0	450.0	370.0
HS101	切换开关	SW			0					
MI101	风门开度	AI		100.0	0.0	%				
MI102	挡板开度	AI		100.0	0.0	%				

11.7.5 事故设置及处理

11.7.5.1 燃料油火嘴堵

（1）主要现象

① 燃料油泵出口压力忽大忽小。

② 燃料气流量急剧增大。

（2）事故处理　紧急停车。

11.7.5.2　燃料气压力低

（1）主要现象

① 炉膛温度下降。

② 炉出口温度下降。

③ 燃料气分液罐压力降低。

（2）事故处理

① 改为烧燃料油控制。

② 通知联系调度处理。

11.7.5.3　炉管破裂

（1）主要现象

① 炉膛温度急骤升高。

② 炉出口温度升高。

③ 燃料气控制阀关阀。

（2）事故处理　紧急停车。

11.7.5.4　燃料气调节阀卡

（1）主要现象

① 调节器信号变化时燃料气流量不发生变化。

② 炉出口温度下降。

（2）事故处理

① 改现场旁路手动控制。

② 联系仪表人员进行修理。

11.7.5.5　燃料气带液

（1）主要现象

① 炉膛和炉出口温度先下降。

② 燃料气流量增加。

③ 燃料气分液罐液位升高。

（2）事故处理

① 关燃料气控制阀。

② 改为烧燃料油控制。

③ 联系调度处理。

11.7.5.6　燃料油带水

（1）主要现象　燃料气流量增加。

（2）事故处理

① 关燃料油根部阀和雾化蒸汽。

② 改为烧燃料气控制。

③ 联系调度处理。

11.7.5.7　雾化蒸汽压力低

（1）主要现象

① 产生联锁。

② PIC109 控制失灵。

③ 炉膛温度下降。

（2）事故处理　联系调度处理。

11.7.5.8　P101A 泵停

（1）主要现象

① 炉膛温度急剧下降。

② 燃料气控制阀开度增加。

（2）事故处理

① 现场启动备用泵。

② 调节燃料气控制阀的开度。

思 考 题

1. 什么叫工业炉？按热源可分为几类？
2. 油气混合燃烧炉的主要结构是什么？开、停车时应注意哪些问题？
3. 加热炉在点火前为什么要对炉膛进行蒸汽吹扫？
4. 加热炉点火时为什么要先点燃点火棒，再依次开常明线阀和燃料气阀？
5. 在点火失败后，应做些什么工作？为什么？
6. 加热炉在升温过程中为什么要烘炉？升温速度应如何控制？
7. 加热炉在升温过程中，什么时候引入工艺物料，为什么？
8. 在点燃燃油火嘴时应做哪些准备工作？
9. 雾化蒸汽量过大或过小，对燃烧有什么影响？应如何处理？
10. 烟道气出口氧气含量为什么要保持在一定范围？过高或过低意味着什么？
11. 加热过程中风门和烟道挡板的开度大小对炉膛负压和烟道气出口氧气含量有什么影响？
12. 本流程中三个电磁阀的作用是什么？在开、停车时应如何操作？
13. 正常开车各步操作完成后，炉出口温度始终不上升的原因？
14. 请解释在炉膛处于燃烧时，挡板开度大，炉膛进风量大，炉膛负压升高的原因？
15. 在操作过程中，当 PV109 的阀门开度增大时，其显示压力如何变化？位号 PDIC112 处显示的压差如何变化？原因是什么？如何调节 PV102 的阀门开度才能使其压差达到正常？

12

间歇反应釜单元

12.1 实训目的

通过间歇反应釜单元仿真实训，学生能够：

① 理解间歇反应釜的工作原理，工艺流程；

② 掌握该系统的工艺参数调节方法及控制；

③ 熟练进行间歇反应釜单元的冷态开车及正常停车操作，能对正常工况进行维护，能正确分析并排除操作过程中出现的典型事故。

12.2 工作原理

间歇反应在助剂、制药、染料等行业的生产过程中很常见。本工艺过程的产品（2-巯基苯并噻唑）就是橡胶制品硫化促进剂DM（2,2-二硫代苯并噻唑）的中间产品，它本身也是硫化促进剂，但活性不如DM。

全流程的缩合反应包括备料工序和缩合工序。考虑到突出重点，将备料工序略去。则缩合工序共有三种原料，多硫化钠（Na_2S_n）、邻硝基氯苯（$C_6H_4ClNO_2$）及二硫化碳（CS_2）。

主反应如下

$$2C_6H_4ClNO_2+Na_2S_n \longrightarrow C_{12}H_8N_2S_2O_4+2NaCl+(n-2)S\downarrow$$

$$C_{12}H_8N_2S_2O_4+2CS_2+2H_2O+3Na_2S_n \longrightarrow 2C_7H_4NS_2+2H_2S\uparrow+3Na_2S_2O_3+(3n+4)S\downarrow$$

副反应如下

$$C_6H_4ClNO_2+Na_2S_n+H_2O \longrightarrow C_6H_6NCl+Na_2S_2O_3+S\downarrow$$

12.3 工艺流程

来自备料工序的CS_2、$C_6H_4ClNO_2$、Na_2S_n分别注入计量罐及沉淀罐中，经计量沉淀后利用位差及离心泵压入反应釜中，釜温由夹套中的蒸汽、冷却水及蛇管中的冷却水控制，设有分程控制 TIC101（只控制冷却水），通过控制反应釜温来控制反应速度及副反应速率，来获得较高的收率及确保反应过程安全。

12.1 动画　釜式反应器结构展示

12.2 动画　釜式反应器原理展示

在本工艺流程中，正反应的活化能比副反应的活化能要高，因此升温后更利于提高反应收率。在 90℃的时候，正反应和副反应的速率比较接近，因此，要尽量延长反应温度在 90℃以上时的时间，以获得更多的正反应产物。间歇反应釜单元带控制点工艺流程如图 12-1 所示。

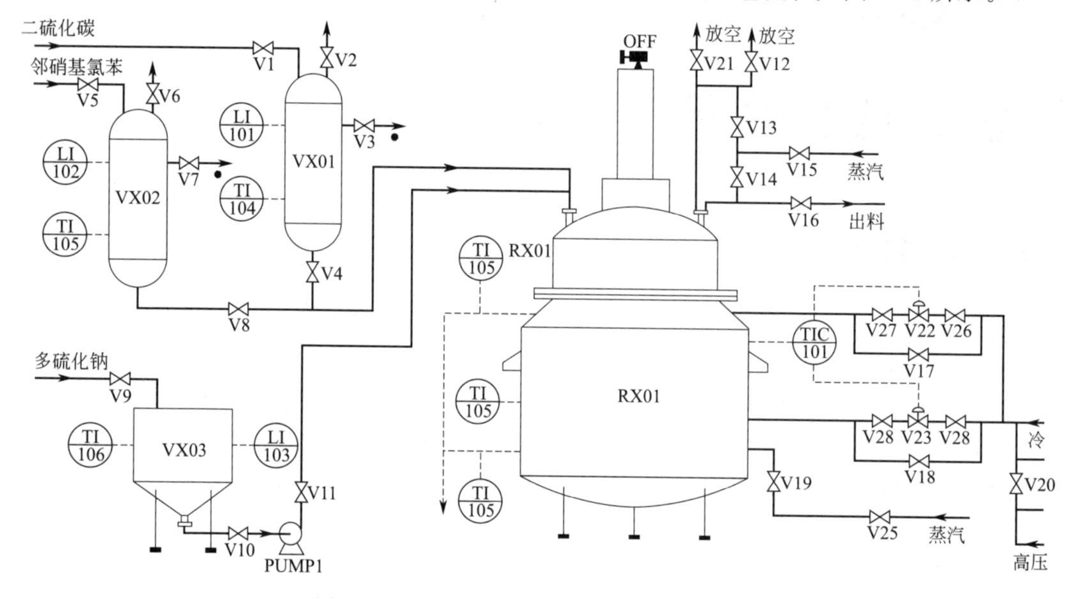

图 12-1　间歇反应釜单元带控制点工艺流程

12.4　主要设备

间歇反应釜单元主要设备见表 12-1。

表 12-1　间歇反应釜单元主要设备

位　号	名　称	位　号	名　称
RX01	间歇反应釜	VX03	Na_2S_n 沉淀罐
VX01	CS_2 计量罐	PUMP1	离心泵
VX02	邻硝基氯苯计量罐		

12.5　调节器、显示仪表及现场阀说明

12.5.1　调节器

间歇反应釜单元调节器见表 12-2。

表 12-2　间歇反应釜单元调节器

位号	被控调节阀位号	正常值	单位	正常工况
TIC101	TI101	115	℃	投自动

12.5.2　显示仪表

间歇反应釜单元显示仪表见表 12-3。

表 12-3　间歇反应釜单元显示仪表

位　号	显示变量	正　常　值	单　位
LI101	VX01 液位		m
LI102	VX02 液位		m
LI103	VX03 液位	3.60	m
LI104	RX01 液位		m
TI101	间歇反应釜 RX01 温度	115	℃
TI102	间歇反应釜 RX01 夹套冷却水温度		℃
TI103	间歇反应釜 RX01 蛇管冷却水温度		℃
TI104	计量罐 VX01 温度		℃
TI105	计量罐 VX02 温度		℃
TI106	沉淀罐 VX03 温度		℃
PI101	间歇反应釜 RX01 压力		MPa

12.5.3　现场阀

间歇反应釜单元现场阀见表 12-4。

表 12-4　间歇反应釜单元现场阀

位　号	名　称	位　号	名　称
V1	计量罐 VX01 进料阀	V16	间歇反应釜 RX01 出料阀
V2	计量罐 VX01 放空阀	V17	冷却水旁通阀
V3	计量罐 VX01 溢流阀	V18	冷却水旁通阀
V4	计量罐 VX01 物料进间歇反应釜 RX01 阀	V19	间歇反应釜 RX01 夹套蒸汽加热阀
V5	计量罐 VX02 进料阀	V20	高压冷却水进水阀
V6	计量罐 VX02 放空阀	V21	间歇反应釜 RX01 放空阀
V7	计量罐 VX02 溢流阀	V22	蛇管冷却水阀
V8	计量罐 VX02 物料进间歇反应釜 RX01 阀	V23	夹套冷却水阀
V9	沉淀罐 VX03 进料阀	V24	高压冷却水进水旁通阀
V10	PUMP1 泵前阀	V25	夹套加热蒸汽阀
V11	PUMP1 泵后阀	V26	V22 前阀
V12	间歇反应釜 RX01 放空阀	V27	V22 后阀
V13	蒸汽加压阀	V28	V23 前阀
V14	蒸汽预热阀	V29	V23 后阀
V15	蒸汽总阀	M1	间歇反应釜 RX01 搅拌电动机

12.6　流程图画面

本工艺单元流程图画面，如图 12-2～图 12-4 所示。

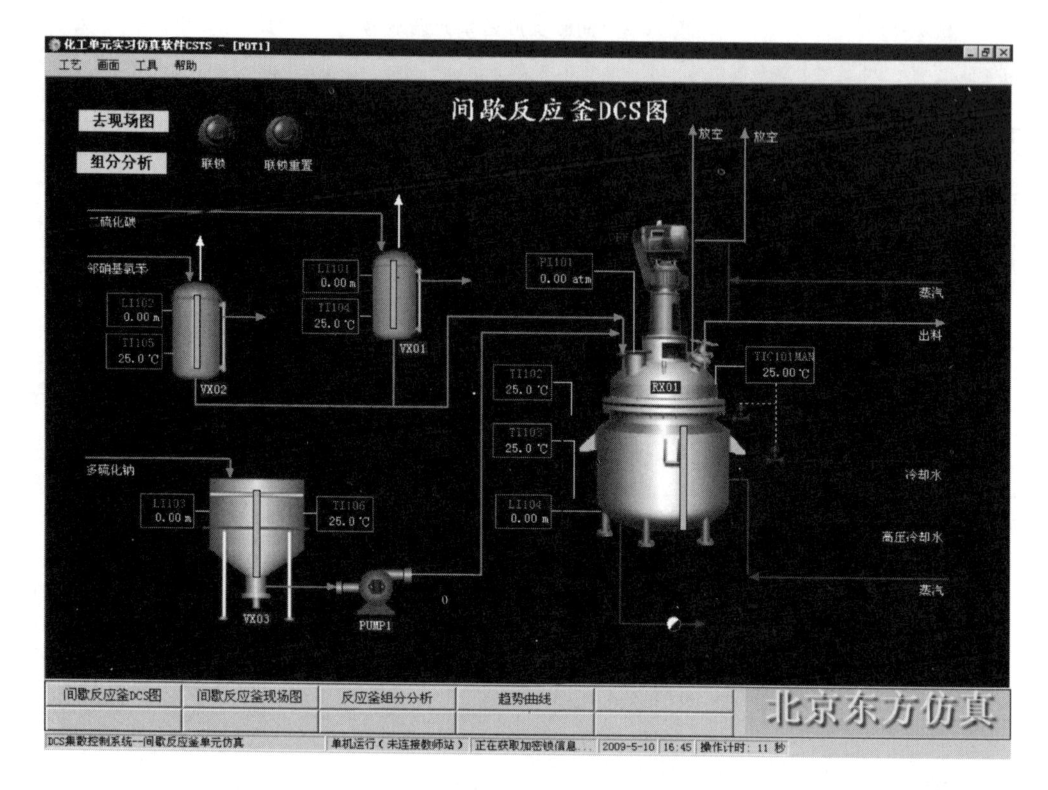

图 12-2　间歇反应釜单元仿 DCS 图

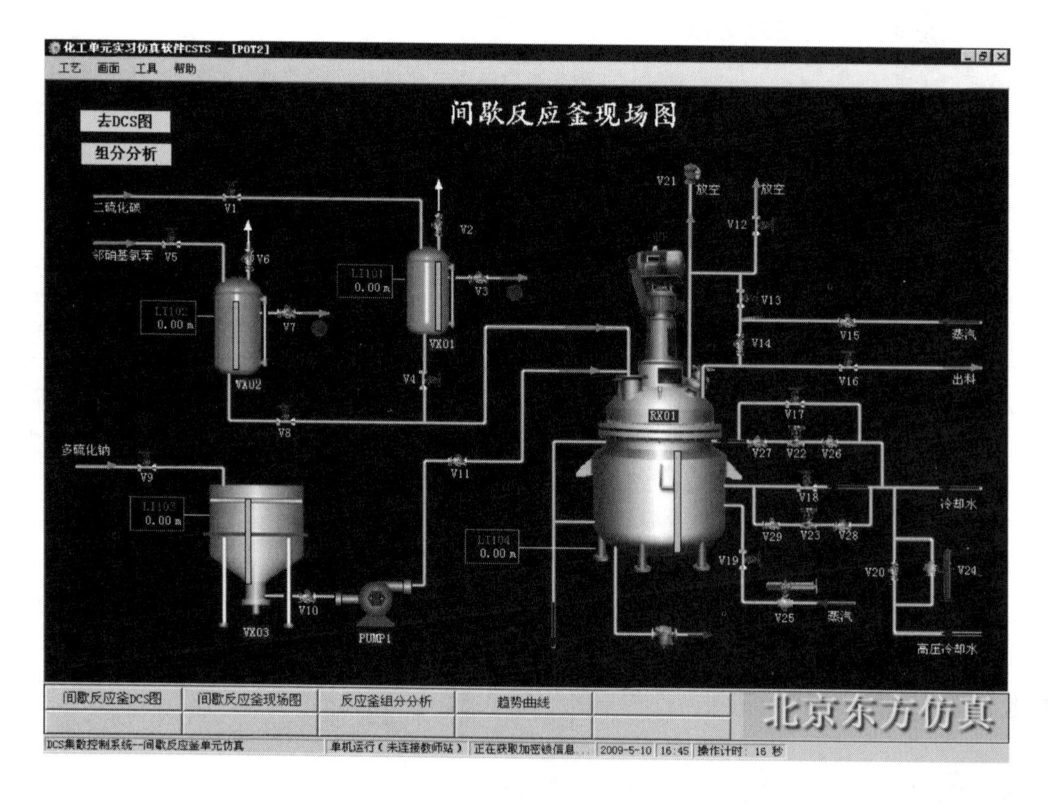

图 12-3　间歇反应釜单元仿现场图

MATERIAL

	CS_2	$C_6H_4ClN_2O$	Na_2S_n
CON.（mol/L）	0.0000	0.0000	0.0000

PRODUCT

	M	C_6H_6NCl	S
CON.（mol/L）	0.0000	0.0000	0.0000

RATE OF OUTPUT

0.00

ANALYZER

图 12-4　间歇反应釜单元仿分析图

12.7　操作规程

12.7.1　开车操作规程

装置开工状态为各计量罐、反应釜、沉淀罐处于常温、常压状态，各种物料均已备好，大部分阀门、机泵处于关停状态（除蒸汽联锁阀外）。

12.7.1.1　备料过程

（1）向沉淀罐 VX03 进料（Na_2S_n）

① 开进料阀 V9，开度约为 50%，向罐 VX03 充液。

② VX03 液位接近 3.60m 时，关小 V9，至 3.60m 时关闭 V9。

③ 静置 4min（实际 4h）备用。

（2）向计量罐 VX01 进料（CS_2）

① 开放空阀 V2。

② 开溢流阀 V3。

③ 开进料阀 V1，开度约为 50%，向罐 VX01 充液。液位接近 1.4m 时，可关小 V1。

④ 溢流标志变绿后，迅速关闭 V1。

⑤ 待溢流标志再度变红后，可关闭溢流阀 V3。

（3）向计量罐 VX02 进料（邻硝基氯苯）

① 开放空阀 V6。

② 开溢流阀 V7。

③ 开进料阀 V5，开度约为 50%，向罐 VX01 充液。液位接近 1.2m 时，可关小 V5。

④ 溢流标志变绿后，迅速关闭 V5。

⑤ 待溢流标志再度变红后，可关闭溢流阀 V7。

12.7.1.2　进料

（1）微开放空阀 V12，准备进料

（2）从 VX03 中向反应釜 RX01 中进料（Na_2S_n）

① 打开泵前阀 V10，向进料泵 PUMP1 中充液。

② 打开进料泵 PUMP1。

③ 打开泵后阀 V11，向 RX01 中进料。

④ 至液位小于0.1m时停止进料。关泵后阀V11。

⑤ 关PUM1泵。

⑥ 关泵前阀V10，VX03向反应釜进料完毕。

（3）从VX01中向反应器RX01中进料（CS_2）

① 检查放空阀V2开放。

② 打开进料阀V4向RX01中进料。

③ 待进料完毕后关闭V4，VX01向反应釜进料完毕。

（4）从VX02中向反应器RX01中进料（邻硝基氯苯）

① 检查放空阀V6开放。

② 打开进料阀V8向RX01中进料。

③ 待进料完毕后关闭V8，VX02向反应釜进料完毕。

（5）所有进料完毕后关闭放空阀V12

12.7.1.3 开车阶段

① 检查放空阀V12、进料阀V4、V8、泵后阀V11是否关闭。打开阀V26、V27、V28、V29。打开联锁控制。

② 开启反应釜搅拌电动机M1。

③ 适当打开夹套蒸汽加热阀V19，观察反应釜内温度和压力上升情况，保持适当的升温速度。

④ 控制反应温度直至反应结束。

12.7.1.4 反应过程控制

① 当温度升至70℃时关闭V19，停止通蒸汽加热。

② 当温度高于75℃时打开TIC101（冷却水阀V22、V23）略大于50，通冷却水移热，控制升温速度。

③ 当温度升至110℃以上时，是反应剧烈阶段。应小心加以控制，防止超温。维持反应温度在110～128℃（当温度难以控制时，可打开高压水阀V20，并可关闭搅拌器M1以使反应降速；当压力过高时，可微开放空阀V12以降低气压，但放空会使CS_2损失，污染大气；反应温度大于128℃时，相当于压力超过8atm，已处于事故状态，如联锁开关处于“ON”状态，联锁起动：开高压冷却水阀，关搅拌器，关加热蒸汽阀；压力超过15atm，相当于温度大于160℃，反应釜安全阀作用）。

④ 调节TIC101，在冷却水量很小的情况下反应釜温度下降仍较快，说明反应已接近尾声。

⑤ 2-巯基苯并噻唑浓度大于0.1mol/L。

⑥ 邻硝基氯苯浓度小于0.1mol/L。

12.7.2 正常操作规程

12.7.2.1 反应中要求的工艺参数

① 反应釜中压力不大于8atm。

② 冷却水出口温度不小于60℃，如小于60℃时会使硫在反应釜壁和蛇管表面结晶，使传热不畅。

12.7.2.2 主要工艺生产指标的调整方法

（1）温度调节 操作过程中以温度为主要调节对象，以压力为辅助调节对象。升温慢会引起副反应速率大于主反应速率的时间长，因而引起反应的产率低。升温快则容易反应失控。

（2）压力调节 压力调节主要是通过调节温度实现的，但在超温的时候可以微开放空阀，使压力降低，以达到安全生产的目的。

（3）收率 由于在 90℃以下时，副反应速率大于正反应速率，因此在安全的前提下快速升温是收率高的保证。

12.7.3 停车操作规程

① 关闭搅拌器 M1。

② 打开放空阀 V12，放可燃气体。

③ 开放空阀 V12，5～10s 后，关闭放空阀 V12。

④ 打开蒸汽总阀 V15 通增压蒸汽。

⑤ 打开蒸汽加压阀 V13 通增压蒸汽。

⑥ 打开蒸汽出料预热阀 V14。

⑦ 开蒸汽出料预热阀片刻后，关闭 V14。

⑧ 打开出料阀 V16，出料。

⑨ 出料完毕，保持吹扫 10s，关闭 V16。

⑩ 关闭蒸汽总阀 V15。

⑪ 关闭蒸汽加压阀 V13，出料结束。

12.7.4 仪表及报警

间歇反应釜单元仪表及报警见表 12-5。

表 12-5 间歇反应釜单元仪表及报警

位号	说　明	类型	正常值	量程高限	量程低限	工程单位	高报	低报	高高报	低低报
TIC101	反应釜温度控制	PID	115	500	0	℃	128	25	150	10
TI102	反应釜夹套冷却水温度	AI		100	0	℃	80	60	90	20
TI103	反应釜蛇管冷却水温度	AI		100	0	℃	80	60	90	20
TI104	CS_2 计量罐温度	AI		100	0	℃	80	20	90	10
TI105	邻硝基氯苯罐温度	AI		100	0	℃	80	20	90	10
TI106	多硫化钠沉淀罐温度	AI		100	0	℃	80	20	90	10
LI101	CS_2 计量罐液位	AI		1.75	0	m	1.4	0	1.75	0
LI102	邻硝基氯苯罐液位	AI		1.5	0	m	1.2	0	1.5	0
LI103	多硫化钠沉淀罐液位	AI		4	0	m	3.6	0.1	4.0	0
LI104	反应釜液位	AI		3.15	0	m	2.7	0	2.9	0
PI101	反应釜压力	AI		20	0	atm	8	0	12	0

12.7.5 事故设置及处理

12.7.5.1 超温（压）事故

（1）主要现象 温度大于 128℃（气压大于 8atm）。

（2）事故处理

① 开大冷却水，打开高压冷却水进水阀 V20。

② 关闭搅拌器电动机 M1，使反应速率下降。

③ 如果气压超过 12atm，打开放空阀 V12。

12.7.5.2 搅拌器 M1 停转

（1）主要现象　反应速率逐渐下降为低值，产物浓度变化缓慢。

（2）事故处理　停止操作，出料维修。

12.7.5.3 蛇管冷却水阀 V22 卡

（1）主要现象　开大冷却水阀对控制反应釜温度无作用，且出口温度稳步上升。

（2）事故处理　开冷却水旁通阀 V17 调节。

12.7.5.4 出料管堵塞

（1）主要现象　出料管硫黄结晶，堵住出料管。出料时，内气压较高，但釜内液位下降很慢。

（2）事故处理　开出料蒸汽预热阀 V14 吹扫 5min 以上（仿真中采用）。拆下出料管用火烧化硫黄，或更换管段及阀门。

12.7.5.5 测温电阻连线故障

（1）主要现象　测温电阻连线断，温度显示为零。

（2）事故处理　改用压力显示对反应进行调节（调节冷却水用量）。

① 升温至压力为 0.3～0.75atm 就停止加热。

② 升温至压力为 1.0～1.6atm 开始通冷却水。

③ 压力为 3.5～4atm 以上为反应剧烈阶段。

④ 反应压力大于 7atm，相当于温度大于 128℃处于故障状态。

⑤ 反应压力大于 10atm，反应器联锁起动。

⑥ 反应压力大于 15atm，反应器安全阀起动。（以上压力为表压）

思　考　题

1. 简述什么是硫化促进剂。
2. 简述什么是化学还原。
3. 为什么提高反应温度有利于提高收率？

13

精馏塔单元

13.1 实训目的

通过精馏塔单元仿真实训，学生能够：

① 理解精馏塔的工作原理，工艺流程；

② 掌握该系统的工艺参数调节方法及控制；

③ 熟练进行精馏塔单元的冷态开车及正常停车操作，能对正常工况进行维护，能正确分析并排除操作过程中出现的典型事故。

13.2 工作原理

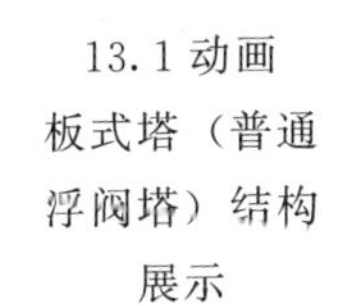

13.1 动画 板式塔（普通浮阀塔）结构展示

13.2 动画 板式塔（普通浮阀塔）原理展示

多次部分汽化和多次部分冷凝是精馏的基础，完成此任务的是精馏塔（以板式塔为例）。板式精馏塔是一个在内部设置多块塔板的装置。对任一塔板来讲，有来自下一级的蒸气和来自上一级的液体，液-汽两相在塔板接触，蒸气部分冷凝同时液体部分汽化，又产生新的汽-液两相。全塔各板自塔底向上气相中易挥发组分浓度逐板增加，自塔顶向下液相中易挥发组分浓度逐板降低，温度自下而上逐板降低。在板数足够多时，蒸气经过自下而上的多次提浓，由塔顶引出之蒸气几乎为纯净的易挥发组分，经冷凝后一部分作为塔顶产品（亦称冷凝液），另一部分引回到顶部的塔板上，称为回流。液体经过自上而下的多次变稀，经部分汽化器（常称再沸器）后所剩液体几乎为纯净的难挥发组分，作为塔底产品（亦称为釜液），部分汽化所得蒸气引入最下层塔板上。塔顶回流、塔底上升蒸气是保证精馏全过程连续、稳定操作的充分必要条件。

当某块塔板上的浓度与原料的浓度相接近或相等时，料液就由此板引入，该板称为加料板。加料板以上的部分称为精馏段，起着使原料中易挥发组分增浓的作用。加料板及其以下部分称为提馏段，起着回收原料中易挥发组分的作用。

13.3 工艺流程

本流程是利用精馏方法，在脱丁烷塔中将丁烷从脱丙烷塔釜混合物中分离出来。本装置中将脱丙烷塔釜混合物部分汽化，由于丁烷的沸点较低，即其挥发度较高，故丁烷易于从液相中汽化出来，再将汽化的蒸气冷凝，可得到丁烷组成高于原料的混合物，经过多次汽化冷凝，即可达到分离混合物中丁烷的目的。

原料为67.8℃脱丙烷塔的釜液（主要有 C_4、C_5、C_6、C_7 等），由脱丁烷塔（DA405）的第16块板进料（全塔共32块板），进料量由流量控制器FIC101控制。灵敏板温度由调节器TC101通过调节再沸器加热蒸汽的流量，来控制提馏段灵敏板温度，从而控制丁烷的分离质量。

脱丁烷塔塔釜液（主要为 C_5 以上馏分）一部分作为产品采出，一部分经再沸器（EA418A/B）部分汽化为蒸气从塔底上升。塔釜的液位和塔釜产品采出量由LC101和FC102组成的串级控制器控制。再沸器采用低压蒸汽加热。塔釜蒸气缓冲罐（FA414）液位由液位控制器LC102调节底部采出量控制。

塔顶的上升蒸气（C_4 馏分和少量 C_5 馏分）经塔顶冷凝器（EA419）全部冷凝成液体，该冷凝液靠位差流入回流罐（FA408）。塔顶压力PC102采用分程控制，在正常的压力波动下，通过调节塔顶冷凝器的冷却水量来调节压力，当压力超高时，压力报警系统发出报警信号，PC102调节塔顶至回流罐的排气量来控制塔顶压力调节气相出料。操作压力4.25atm，高压控制器PC101将调节回流罐的气相排放量，来控制塔内压力稳定。冷凝器以冷却水为载热体。回流罐液位由液位控制器LC103调节塔顶产品采出量来维持恒定。回流罐中的液体一部分作为塔顶产品送下一工序，另一部分液体由回流泵[GA412A（或B）]送回塔顶作为回流，回流量由流量控制器FC104控制。精馏塔单元带控制点工艺流程如图13-1所示。

本单元复杂控制方案说明：精馏塔单元复杂控制回路主要是串级回路的使用，在精馏塔和回流罐中都使用了液位与流量串级回路。串级回路是在简单调节系统基础上发展起来的。在结构上，串级回路调节系统有两个闭合回路。主、副调节器串联，主调节器的输出为副调节器的给定值，系统通过副调节器的输出操纵调节阀动作，实现对主参数的定值调节。所以在串级回路调节系统中，主回路是定值调节系统，副回路是随动系统。分程控制就是由一只调节器的输出信号控制两只或更多的调节阀，每只调节阀在调节器的输出信号的某段范围中工作。

具体实例：DA405的塔釜液位控制LC101和塔釜出料FC102构成一串级回路。FC102.SP随LC101.OP的改变而变化。PC102为一分程控制器，分别控制PV102A和PV102B，当PC102.OP逐渐开大时，PV102A从0逐渐开大到100；而PV102B从100逐渐关小至0。

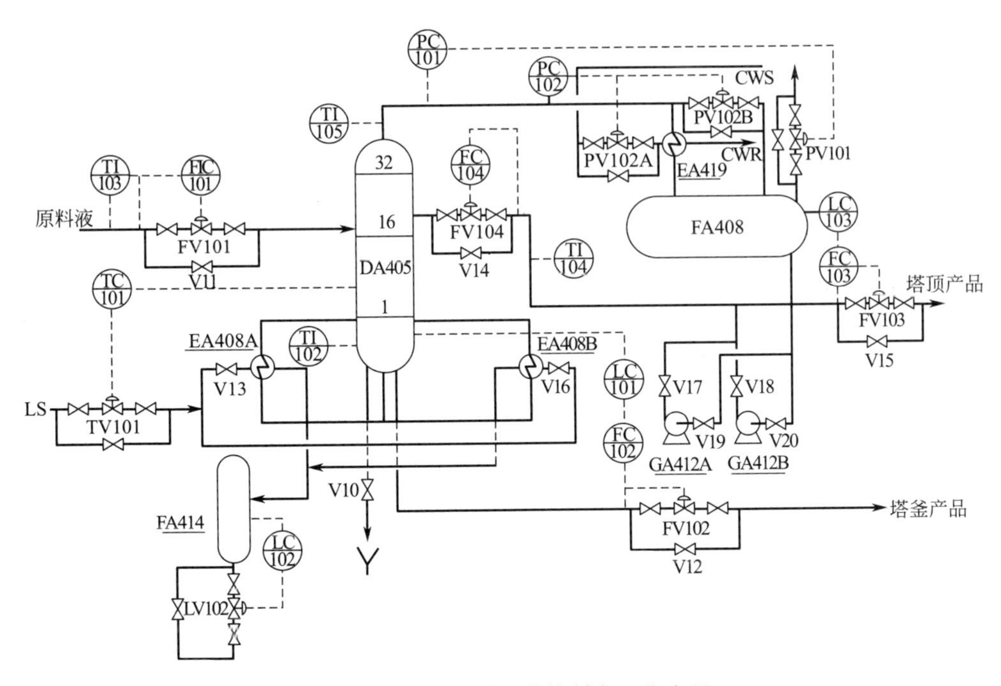

图 13-1 精馏塔单元带控制点工艺流程

13.4 主要设备

精馏单元主要设备见表 13-1。

表 13-1 精馏单元主要设备

设备位号	设备名称	设备位号	设备名称
DA405	脱丁烷塔	GA412B	备用回流泵 B
EA419	塔顶冷凝器	EA418A	塔釜再沸器 A
FA408	塔顶回流罐	EA418B	备用塔釜再沸器 B
GA412A	回流泵 A	FA414	塔釜蒸气缓冲罐

13.5 调节器、显示仪表及现场阀说明

13.5.1 调节器

精馏单元调节器见表 13-2。

表 13-2 精馏单元调节器

位号	被控调节阀	正常值	单位	正常工况
FC101	FV101	14056	kg/h	投自动
FC102	FV102	7349	kg/h	投串级
FC103	FV103	6707	kg/h	投串级
FC104	FV104	9664	kg/h	投自动
PC101	PV101	5.0	atm	投自动

续表

位　号	被控调节阀	正常值	单　位	正常工况
PC102	PV102A/B	4.25	atm	投自动,分程控制
LC101		50	%	投自动
LC102	LV102	50	%	投自动
LC103		50	%	投自动
TC101	TV101	89.3	℃	投自动

13.5.2 显示仪表

精馏塔单元显示仪表见表13-3。

表13-3 精馏塔单元显示仪表

位　号	显示变量	正常值	单　位
TI102	DA405塔釜温度	109.3	℃
TI103	DA405进料温度	67.8	℃
TI104	回流液温度	39.1	℃
TI105	DA405塔顶气相温度	46.5	℃

13.5.3 现场阀

精馏塔单元现场阀见表13-4。

表13-4 精馏塔单元现场阀

位号	名　称	位号	名　称
V10	DA-405塔釜泄液阀	V37	LV102后阀
V11	原料液进料阀FV101旁通阀	V38	缓冲罐液位调节阀LV102旁通阀
V12	塔釜产品采出阀FV102旁通阀	V39	FV102前阀
V13	塔釜蒸汽进EA408A手阀	V40	FV102后阀
V14	塔顶回流流量调节阀FV104旁通阀	V41	FV103前阀
V15	塔顶产品采出阀FV103旁通阀	V42	FV103后阀
V16	塔釜蒸汽进EA408B手阀	V43	FV104前阀
V17	回流泵GA412A泵后阀	V44	FV104后阀
V18	回流泵GA412B泵后阀	V45	PV101前阀
V19	回流泵GA412A泵前阀	V46	PV101后阀
V20	回流泵GA412B泵前阀	V47	放空阀PV101旁通阀
V23	塔顶回流罐FA-408泄液阀	V48	PV102A前阀
V31	FV101前阀	V49	PV102A后阀
V32	FV101后阀	V50	PV102A旁通阀
V33	TV101前阀	V51	PV102B前阀
V34	TV101后阀	V52	PV102B后阀
V35	低压蒸汽调节阀TV101旁通阀	V53	PV102B旁通阀
V36	LV102前阀		

13.6 流程图画面

本工艺单元流程图画面，如图13-2～图13-4所示。

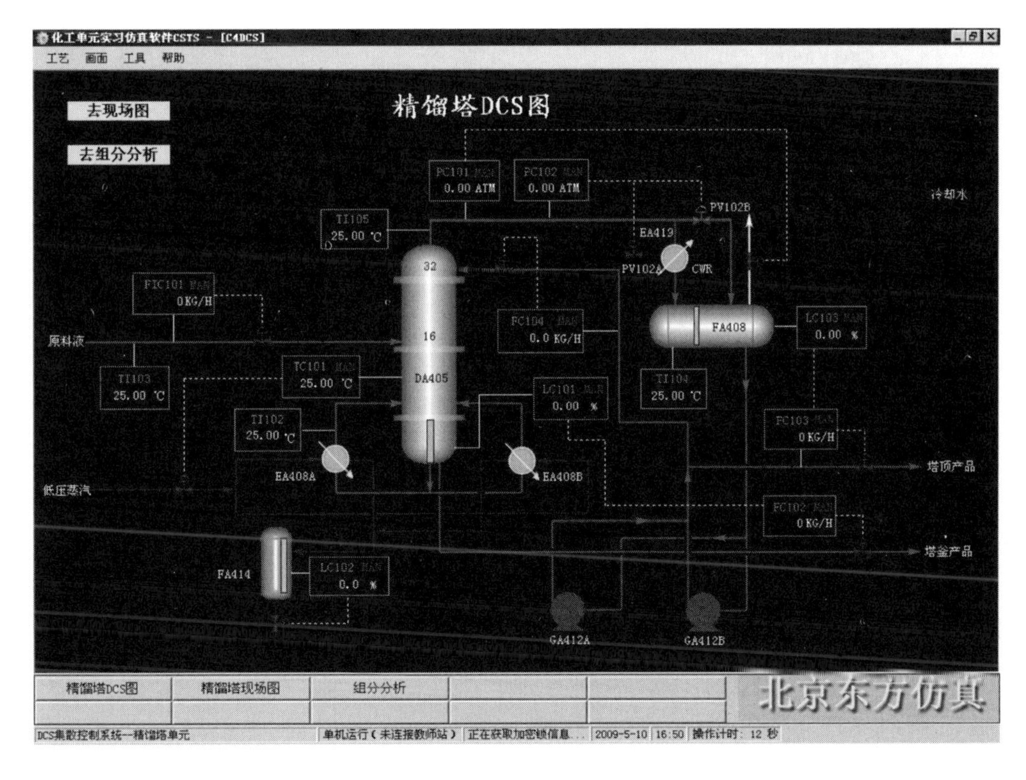

图 13-2 精馏塔单元仿 DCS 图

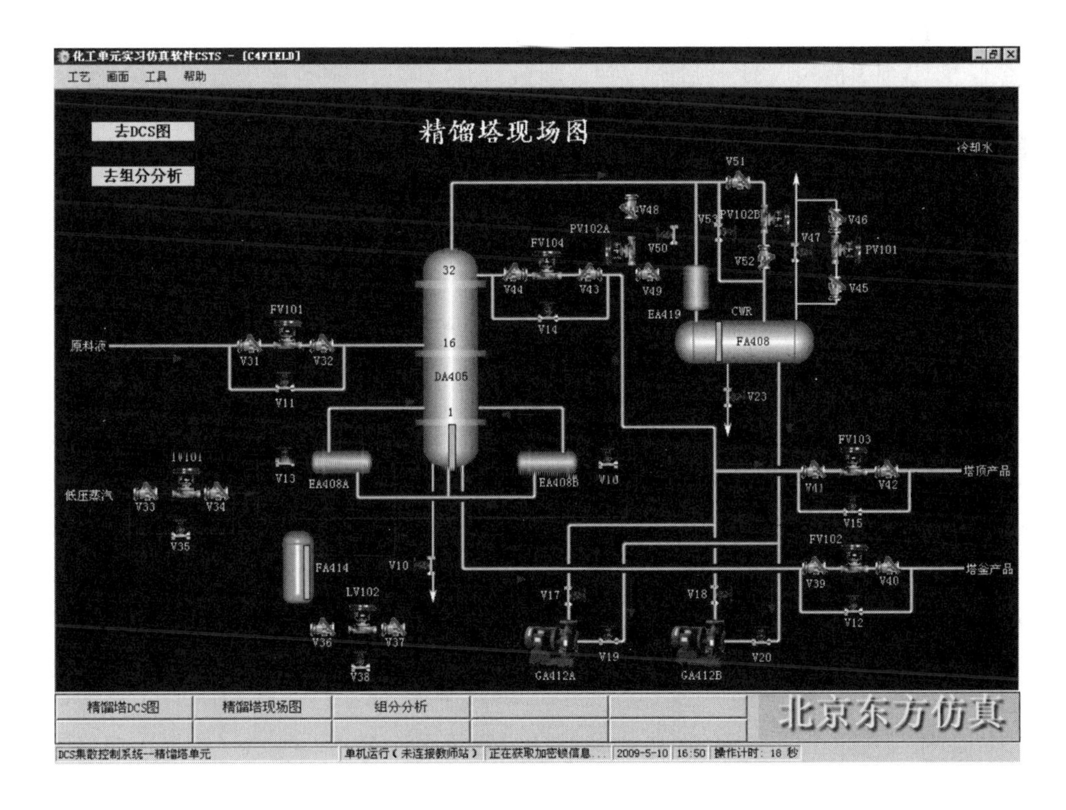

图 13-3 精馏塔单元仿现场图

FEED FLOW	
<C_4	0.228
C_4	0.233
C_5	0.182
C_6	0.171
>=C_7	0.187

BOTTOM PRODUCT	
<C_4	0.000
C_4	0.000
C_5	0.000
C_6	0.000
>=C_7	0.000

OVERHEAD PRODUCT	
<C_4	0.000
C_4	0.000
C_5	0.000
C_6	0.000
>=C_7	0.000

DISTILIATION ANALYZER

图 13-4 精馏塔单元仿分析图

13.7 操作规程

13.7.1 冷态开车操作规程

装置冷态开工状态为精馏塔单元处于常温、常压氮吹扫完毕后的氮封状态，所有阀门、机泵处于关停状态。

13.7.1.1 进料过程

① 打开 PV101 前阀 V45 及后阀 V46。

② 打开 PV102B 前阀 V51 及后阀 V52。

③ 微开 FA408 顶放空阀 PC101 排放不凝气。

④ 打开 FV101 前阀 V31 及后阀 V32。缓慢打开 FIC101 调节阀，直至开度大于 40%，向精馏塔进料。进料后，塔内温度略升，压力升高。当压力 PC101 升至 0.5atm 时，关闭 PC101 调节阀。

13.7.1.2 启动再沸器

① 打开 PV102A 前阀 V48 及后阀 V49。

② 当压力 PC101 升至 0.5 atm 时，打开冷凝水 PC102 调节阀 PV102A 至 50%；塔压基本稳定在 4.25atm 后，可加大塔进料（FIC101 开至 50%左右）。

③ 待塔釜液位 LC101 升至 20%以上时，打开加热蒸汽入口手阀 V13，打开 TV101 前阀 V33 及 TV101 后阀 V34，再稍开 TC101 调节阀，给再沸器缓慢加热。

④ 打开 LV102 前阀 V36 及后阀 V37，待 FA-414 液位 LC102 升至 50%时，并投自动，设定值为 50%。

⑤ 逐渐开大 TV101 至 50%，使塔釜温度逐渐上升至 100℃，灵敏板温度升至 75℃。

13.7.1.3 建立回流

随着塔进料增加和再沸器、冷凝器投用，塔压会有所升高。回流罐逐渐积液。

① 塔压升高时，通过开大 PC102 的输出，改变塔顶冷凝器冷却水量和旁路量来控制塔压稳定。

② 当回流罐液位 LC103 升至 20%以上时，先开回流泵 GA412A（或 B）的前阀 V19（或 V20），再启动泵，再开后阀 V17（或 V18），启动回流泵。

③ 打开 FV104 前阀 V43 及后阀 V44，通过 FC104 的阀开度手动控制回流量，维持回流

罐液位升至40%以上，同时逐渐关闭进料，全回流操作。

13.7.1.4 调整至正常

① 当各项操作指标趋近正常值时，打开进料阀FIC101。

② 逐步调整进料量FIC101至正常值14056kg/h，投自动。

③ 待塔压稳定后，将PC101设置为自动，设定值为4.25atm。

④ 将PC102设置为自动，设定值为4.25atm。

⑤ 塔压完全稳定后，将PC101设置为5.0atm。

⑥ 通过TC101调节再沸器加热量使灵敏板温度TC101达到正常值89.3℃，塔釜温度TI102稳定在109.3℃后，将TC101设置为自动。

⑦ 逐步调整回流量FC104至正常值9664kg/h，投自动。

⑧ 打开FV102前阀V39及后阀V40，当塔釜液位无法维持时（>35%），逐渐打开FC102，采塔釜产品。塔釜液位LC101维持在50%。

⑨ 当塔釜产品采出量稳定在7349kg/h时，将FC102设置为自动，设定值为7349kg/h。

⑩ 将LC101设置为自动，设定值50%。

⑪ 打开FV103前阀V41及后阀V42，当回流罐液位无法维持时，逐渐打开FV103，采出塔顶产品。

⑫ 待产出稳定在6707kg/h，将FC103设置为自动，设定值为6707kg/h。

⑬ 将LC103设置为自动，设定值为50%。

⑭ 将FC102设置为串级。

⑮ 将FC103设置为串级。

13.7.2 正常操作规程

13.7.2.1 正常工况操作参数

① 进料流量FIC101设为自动，设定值为14056kg/h。

② 塔釜采出量FC102设为串级，设定值为7349kg/h，LC101设为自动，设定值为50%。

③ 塔顶采出量FC103设为串级，设定值为6707kg/h。

④ 塔顶回流量FC104设为自动，设定值为9664kg/h。

⑤ 塔顶压力PC102设为自动，设定值为4.25atm，PC101设为自动，设定值为5.0atm。

⑥ 灵敏板温度TC101设为自动，设定值为89.3℃。

⑦ FA414液位LC102设为自动，设定值为50%。

⑧ 回流罐液位LC103设为自动，设定值为50%。

13.7.2.2 主要工艺生产指标的调整方法

（1）质量调节　本系统的质量调节采用以提馏段灵敏板温度作为主参数，以再沸器和加热蒸汽流量的调节系统，以实现对塔的分离质量控制。

（2）压力控制　在正常的压力情况下，由塔顶冷凝器的冷却水量来调节压力，当压力高于操作压力4.25atm（表压）时，压力报警系统发出报警信号，同时调节器PC101将调节回流罐的气相出料，为了保持同气相出料的相对平衡，该系统采用压力分程调节。

（3）液位调节　塔釜液位由调节塔釜的产品采出量来维持恒定。设有高低液位报警。回流罐液位由调节塔顶产品采出量来维持恒定。设有高低液位报警。

（4）流量调节　进料量和回流量都采用单回路的流量控制；再沸器加热介质流量，由灵敏板温度调节。

13.7.3　停车操作规程

13.7.3.1　降负荷

① 手动逐步关小调节阀 FV101，使进料降至正常进料量的 70%。

② 进料降至正常进料量的 70%。

③ 保持灵敏板温度 TC101 的稳定性。

④ 保持塔压 PC102 的稳定性。

⑤ 断开 LC103 和 FC103 的串级，手动开大 FV103，使液位 LC103 降至 20%。

⑥ 液位 LC103 降至 20%。

⑦ 断开 LC101 和 FC102 的串级，手动开大 FV102，使液位 LC101 降至 30%。

⑧ 液位 LC101 降至 30%。

13.7.3.2　停进料和再沸器

① 停精馏塔进料，关闭调节阀 FV101。

② 关闭调节阀 FV101 前阀 V31。

③ 关闭调节阀 FV101 后阀 V32。

④ 关闭调节阀 TV101。

⑤ 关闭调节阀 TV101 前阀 V33。

⑥ 关闭调节阀 TV101 后阀 V34。

⑦ 停加热蒸气，关加热蒸气手阀 V13。

⑧ 停止产品采出，手动关闭调节阀 FV102。

⑨ 关闭调节阀 FV102 前阀 V39。

⑩ 关闭调节阀 FV102 后阀 V40。

⑪ 手动关闭调节阀 FV103。

⑫ 关闭调节阀 FV103 前阀 V41。

⑬ 关闭调节阀 FV103 后阀 V42。

⑭ 打开 DA405 塔釜泄液阀 V10，排出不合格产品。

⑮ 将调节阀 LV102 置为手动模式。

⑯ 操作调节阀 LV102 对 FA414 进行泄液。

13.7.3.3　停回流

① 手动开大调节阀 FV104，将回流罐内液体全部打入精馏塔，以降低塔内温度。

② 当回流罐液位降至 0，停回流，关闭调节阀 FV104。

③ 关闭调节阀 FV104 前阀 V43。

④ 关闭调节阀 FV104 后阀 V44。

⑤ 关闭回流泵 GA412A 泵后阀 V17。

⑥ 停泵 GA412A。

⑦ 关闭回流泵 GA412A 泵前阀 V19。

13.7.3.4 降压、降温

① 塔内液体排完后，手动打开调节阀 PV101 进行降压。

② 当塔压降至常压后，关闭调节阀 PV101。

③ 关闭调节阀 PV101 前阀 V45。

④ 关闭调节阀 PV101 后阀 V46。

⑤ 灵敏板温度降至 50℃以下，PC102 投手动。

⑥ 灵敏板温度降至 50℃以下，关塔顶冷凝器冷凝水，手动关闭 PV102A。

⑦ 关闭 PV102A 前阀 V48。

⑧ 关闭 PV102A 后阀 V49。

⑨ 当塔釜液位降至 0 后，关闭泄液阀 V10。

13.7.4 仪表及报警

精馏单元仪表及报警见表 13-5。

表 13-5 精馏单元仪表及报警

位号	说明	类型	正常值	量程高限	量程低限	工程单位	高报	低报	高高报	低低报
FIC101	塔进料量控制	PID	14056.0	28000.0	0.0	kg/h				
FC102	塔釜采出量控制	PID	7349.0	14698.0	0.0	kg/h				
FC103	塔顶采出量控制	PID	6707.0	13414.0	0.0	kg/h				
FC104	塔顶回流量控制	PID	9664.0	19000.0	0.0	kg/h				
PC101	塔顶压力控制	PID	4.25	8.5	0.0	atm				
PC102	塔顶压力控制	PID	4.25	8.5	0.0	atm				
TC101	灵敏板温度控制	PID	89.3	190.0	0.0	℃				
LC101	塔釜液位控制	PID	50.0	100.0	0.0	%				
LC102	塔釜蒸气缓冲罐液位控制	PID	50.0	100.0	0.0	%				
LC103	塔顶回流罐液位控制	PID	50.0	100.0	0.0	%				
TI102	塔釜温度	AI	109.3	200.0	0.0	℃				
TI103	进料温度	AI	67.8	100.0	0.0	℃				
TI104	回流温度	AI	39.1	100.0	0.0	℃				
TI105	塔顶气温度	AI	46.5	100.0	0.0	℃				

13.7.5 事故设置及处理

13.7.5.1 加热蒸汽压力过高

（1）主要现象

① 加热蒸汽的流量增大。

② 塔釜温度持续上升。

（2）事故处理 适当减小 TC101 的阀门开度。

13.7.5.2 加热蒸汽压力过低

（1）主要现象

① 加热蒸汽的流量减小。

② 塔釜温度持续下降。

（2）事故处理　适当增大 TC101 的阀门开度。

13.7.5.3　冷凝水中断

（1）主要现象　塔顶温度上升，塔顶压力升高。

（2）事故处理

① 开回流罐放空阀 PC101 保压。

② 手动关闭 FC101，停止进料。

③ 手动关闭 TC101，停加热蒸汽。

④ 手动关闭 FC103 和 FC102，停止产品采出。

⑤ 开塔釜泄液阀 V10，排出不合格产品。

⑥ 手动打开 LC102，对 FA414 泄液。

⑦ 当回流罐液位为 0 时，关闭 FC104。

⑧ 关闭回流泵后阀 V17/V18。

⑨ 关闭回流泵 GA412A/GA412B。

⑩ 关闭回流泵前阀 V19/V20。

⑪ 待塔釜液位为 0 时，关闭泄液阀 V10。

⑫ 待塔顶压力降为常压后，关闭冷凝器。

13.7.5.4　停电

（1）主要现象　回流泵 GA412A 停止，回流中断。

（2）事故处理

① 手动开回流罐放空阀 PV101 泄压。

② 手动关进料阀 FV101。

③ 手动关出料阀 FV102 和 FV103。

④ 手动关加热蒸汽阀 TV101。

⑤ 开塔釜泄液阀 V10 和回流罐泄液阀 V23，排不合格产品。

⑥ 手动打开 LC102，对 FA414 泄液。

⑦ 当回流罐液位为 0 时，关闭 V23。

⑧ 关闭回流泵后阀 V17/V18。

⑨ 关闭回流泵 GA412A/GA412B。

⑩ 关闭回流泵前阀 V19/V20。

⑪ 待塔釜液位为 0 时，关闭泄液阀 V10。

⑫ 待塔顶压力降为常压后，关闭冷凝器。

13.7.5.5　回流泵故障

（1）主要现象　回流泵 GA412A 停止，回流中断，塔顶压力、温度上升。

（2）事故处理

① 开备用泵前阀 V20。

② 启动备用泵 GA412B。

③ 开备用泵后阀 V18。

④ 关闭运行泵后阀 V17。

⑤ 停运行泵 GA412A。

⑥ 关闭运行泵前阀 V19。

13.7.5.6 回流控制阀 FC104 阀卡

(1) 主要现象 回流量减小，塔顶温度上升，压力增大。

(2) 事故处理 打开旁通阀 V14，保持回流。

思 考 题

1. 什么叫蒸馏？在化工生产中分离什么样的混合物？

2. 蒸馏和精馏的关系是什么？

3. 精馏的主要设备有哪些？

4. 回流对精馏的意义是什么？试从本单元操作来分析。

5. 在本单元中，如果塔顶温度、压力都超过标准，可以有几种方法将系统调节稳定？

6. 当系统在一较高负荷突然出现大的波动、不稳定时，为什么要将系统降到一低负荷的稳态，再重新开到高负荷？

7. 根据本单元，结合“化工原理”讲述的原理，说明回流比的作用。

8. 若精馏塔灵敏板温度过高或过低，则意味着分离效果如何？应通过改变哪些变量来调节至正常？

9. 请分析本流程中是如何通过分程控制来调节精馏塔正常操作压力的。

10. 根据本单元，理解串级控制的工作原理和操作方法。

14

吸收解吸单元

14.1 实训目的

通过吸收解吸单元仿真实训，学生能够：

① 理解吸收解吸的工作原理，工艺流程；

② 掌握该系统的工艺参数调节方法及控制；

③ 熟练进行吸收解吸单元的冷态开车及正常停车操作，能对正常工况进行维护，能正确分析并排除操作过程中出现的典型事故。

14.2 工作原理

吸收解吸是化工生产过程中用于分离提取混合气体组分的单元操作，与蒸馏操作一样是属于汽-液两相操作，目的是分离均相混合物。吸收是利用气体混合物中各组分在液体吸收剂中的溶解度不同，来分离气体混合物的过程。能够溶解的组分称为溶质或吸收质，要进行分离的混合气体富含溶质称为富气，不被吸收的气体称为贫气，也叫惰性气体或载体。不含溶质的吸收剂称为贫液（或溶剂），富含溶质的吸收剂称为富液。

当吸收剂与气体混合物接触，溶质便向液相转移，直至液相中溶质达到饱和，浓度不再增加为止，这种状态称为相平衡。平衡状态下气相中的溶质分压称为平衡分压，吸收过程进行的方向与限度取决于溶质在汽-液两相中的平衡关系。当溶质在气相中的实际分压高于平衡分压，溶质由气相向液相转移，此过程称为吸收；当溶质在气相中的实际分压低于平衡分压，溶质从液相逸出到气相，此过程称为解吸，是吸收过程的逆过程。提高压力、降低温度有利于溶质的吸收；降低压力、提高温度有利于溶质解吸。

14.3 工艺流程

14.3.1 工艺物料系统

吸收解吸单元以 C_6 油为吸收剂，分离气体混合物（其中 C_4：25.13%，CO 和 CO_2：6.26%，N_2：64.58%，H_2：3.5%，O_2：0.53%）中的 C_4 组分（吸收质）。

从界区外来的富气从底部进入吸收塔 T101。界区外来的纯 C_6 油吸收剂贮存于 C_6 油贮罐 D101 中，由 C_6 油泵 P101A（B）送入吸收塔 T101 的顶部，C_6 流量由 FRC103 控制。吸收剂 C_6 油在吸收塔 T101 中自上而下与富气逆向接触，富气中 C_4 组分被溶解在 C_6 油中。不溶解的贫气自 T101 顶部排出，经盐水冷却器 E101 被-4℃的盐水冷却至 2℃进入尾气分离罐 D102。吸收了 C_4 组分的富油（C_4：8.2%，C_6：91.8%）从吸收塔底部排出，经贫富油换热器 E103 预热至 80℃进入解吸塔 T102。吸收塔塔釜液位由 LIC101 和 FIC104 通过调节塔釜富油采出量串级控制。

14.1 动画　填料塔
结构展示

14.2 动画　填料塔
原理展示

来自吸收塔顶部的贫气在尾气分离罐 D102 中回收冷凝的 C_4，C_6 后，不凝气在 D102 压力控制器 PIC103（1.2MPa）控制下排入放空总管进入大气。回收的冷凝液（C_4，C_6）与吸收塔釜排出的富油一起进入解吸塔 T102。

预热后的富油进入解吸塔 T102 进行解吸分离。塔顶气相出料（C_4：95%）经冷凝器 E104 换热降温至 40℃全部冷凝进入塔顶回流罐 D103，其中一部分冷凝液由 P102A（B）泵打回流至解吸塔顶部，回流量 8.0t/h，由 FIC106 控制，其他部分作为 C_4 产品在液位控制（LIC105）下由 P102A（B）泵抽出。塔釜 C_6 油在液位控制（LIC104）下，经贫富油换热器 E103 和盐水冷却器 E102 降温至 5℃返回至 C_6 油贮罐 D101 再利用，返回温度由温度控制器 TIC103 通过调节 E102 循环冷却水流量控制。

T102 塔釜温度由 TIC104 和 FIC108 通过调节塔釜再沸器 E105 的蒸汽流量串级控制，控制温度 102℃。塔顶压力由 PIC105 通过调节塔顶冷凝器 E104 的冷却水流量控制，另有一塔顶压力保护控制器 PIC104，在塔顶有凝气压力高时通过调节 D103 放空量降压。

因为塔顶 C_4 产品中含有部分 C_6 油及其他 C_6 油损失，所以随着生产的进行，要定期观察 C_6 油贮罐 D101 的液位，补充新鲜 C_6 油。

14.3.2 复杂控制系统

吸收解吸单元复杂控制回路主要是串级回路的使用，在吸收塔、解吸塔和产品罐中都使用了液位与流量串级回路。串级回路是在简单调节系统基础上发展起来的。在结构上，串级回路调节系统有两个闭合回路。主、副调节器串联，主调节器的输出为副调节器的给定值，系统通过副调节器的输出操纵调节阀动作，实现对主参数的定值调节。所以在串级回路调节系统中，主回路是定值调节系统，副回路是随动系统。

在吸收塔 T101 中，为了保证液位的稳定，有一塔釜液位与塔釜出料组成的串级回路。液位调节器的输出同时是流量调节器的给定值，即流量调节器 FIC104 的 SP 值由液位调节器 LIC101 的输出 OP 值控制，LIC101. OP 的变化使 FIC104. SP 产生相应的变化。

14.4 主要设备

吸收解吸单元主要设备见表 14-1。

表 14-1 吸收解吸单元主要设备

位号	名称	位号	名称
T101	吸收塔	T102	解吸塔
D101	C_6 油贮罐	D103	解吸塔顶回流罐
D102	气液分离罐	E103	贫富油换热器
E101	吸收塔顶冷凝器	E104	解吸塔顶冷凝器
E102	循环油冷却器	E105	解吸塔釜再沸器
P101A	C_6 油供给泵	P102A	解吸塔顶回流、塔顶产品采出泵
P101B	C_6 油供给备用泵	P102B	解吸塔顶回流、塔顶产品采出备用泵

14.5 调节器、显示仪表及现场阀说明

14.5.1 调节器

吸收解吸单元调节器见表 14-2。

表 14-2 吸收解吸单元调节器

位号	被控调节阀位号	正常值	单位	正常工况
PIC103	PV103	1.2	MPa	自动
PIC104	PV104	0.5	MPa	自动
PIC105	PV105	0.5	MPa	自动
FIC103	FV103	13.5	t/h	自动
FIC104	FV104	14.7	t/h	串级
FIC106	FV106	8.0	t/h	自动
FIC108	FV108	3.0	t/h	串级
LIC101	LV101	50	%	自动

续表

位　号	被控调节阀位号	正　常　值	单　位	正常工况
LIC104	LV104	50	%	自动
LIC105	LV105	50	%	自动
TIC103	TV103	5.0	℃	自动
TIC107	TV107	102.0	℃	自动

14.5.2 显示仪表

吸收解吸单元显示仪表见表 14-3。

表 14-3　吸收解吸单元显示仪表

位　号	显示变量	正常值	单位
PI101	T101 塔顶压力	1.22	MPa
PI102	T101 塔釜压力	1.25	MPa
PI106	T102 塔釜压力	0.53	MPa
TI101	T101 塔顶温度	6.0	℃
TI102	T101 塔釜温度	40.0	℃
TI104	D102 温度	2.0	℃
TI105	预热后富油温度	102.0	℃
TI106	T102 塔顶温度	84.0	℃
TI108	D103 温度	40.5	℃
FI101	原料富气流量	5.0	t/h
FI102	T101 塔顶不凝气流量	3.8	t/h
FI105	进入 T102 富油流量	14.7	t/h
FI107	循环贫油流量	13.4	t/h
LI102	D101 液位	60	%
LI103	D102 液位	50	%
AI101	D103 中 C_4 组分含量	>95	%

14.5.3 现场阀

吸收解吸单元现场阀见表 14-4。

表 14-4　吸收解吸单元现场阀

位　号	名　称	位　号	名　称
V1	原料富气进料阀	V3	调节阀 FV103 旁通阀
V2	吸收段 N_2 充压阀	V4	E101 冷却盐水阀

续表

位　号	名　　称	位　号	名　　称
V5	调节阀 FV104 旁通阀	VI7	调节阀 TV103 前阀
V6	调节阀 PV103 旁通阀	VI8	调节阀 TV103 后阀
V7	气液分离罐 D102 分液阀	VI9	P101A 泵前阀
V8	调节阀 TV103 旁通阀	VI10	P101A 泵后阀
V9	C_6 油贮罐进料阀	VI11	P101B 泵前阀
V10	C_6 油贮罐泄液阀	VI12	P101B 泵后阀
V11	T101 泄液阀	VI13	调节阀 LV104 前阀
V12	调节阀 LV104 旁通阀	VI14	调节阀 LV104 后阀
V13	调节阀 FV106 旁通阀	VI15	调节阀 FV106 前阀
V14	调节阀 PV105 旁通阀	VI16	调节阀 FV106 后阀
V15	调节阀 PV104 旁通阀	VI17	调节阀 PV105 前阀
V16	调节阀 LV105 旁通阀	VI18	调节阀 PV105 后阀
V17	调节阀 FV108 旁通阀	VI19	调节阀 PV104 前阀
V18	T102 泄液阀	VI20	调节阀 PV104 后阀
V19	D103 泄液阀	VI21	调节阀 LV105 前阀
V20	解吸段 N_2 充压阀	VI22	调节阀 LV105 后阀
V21	C_4 物料进料阀	VI23	调节阀 FV108 前阀
VI1	调节阀 FV103 前阀	VI24	调节阀 FV108 后阀
VI2	调节阀 FV103 后阀	VI25	P102A 泵前阀
VI3	调节阀 FV104 前阀	VI26	P102A 泵后阀
VI4	调节阀 FV104 后阀	VI27	P102B 泵前阀
VI5	调节阀 PV103 前阀	VI28	P102B 泵后阀
VI6	调节阀 PV103 后阀		

14.6 流程图画面

本工艺单元流程图画面，如图 14-1～图 14-4 所示。

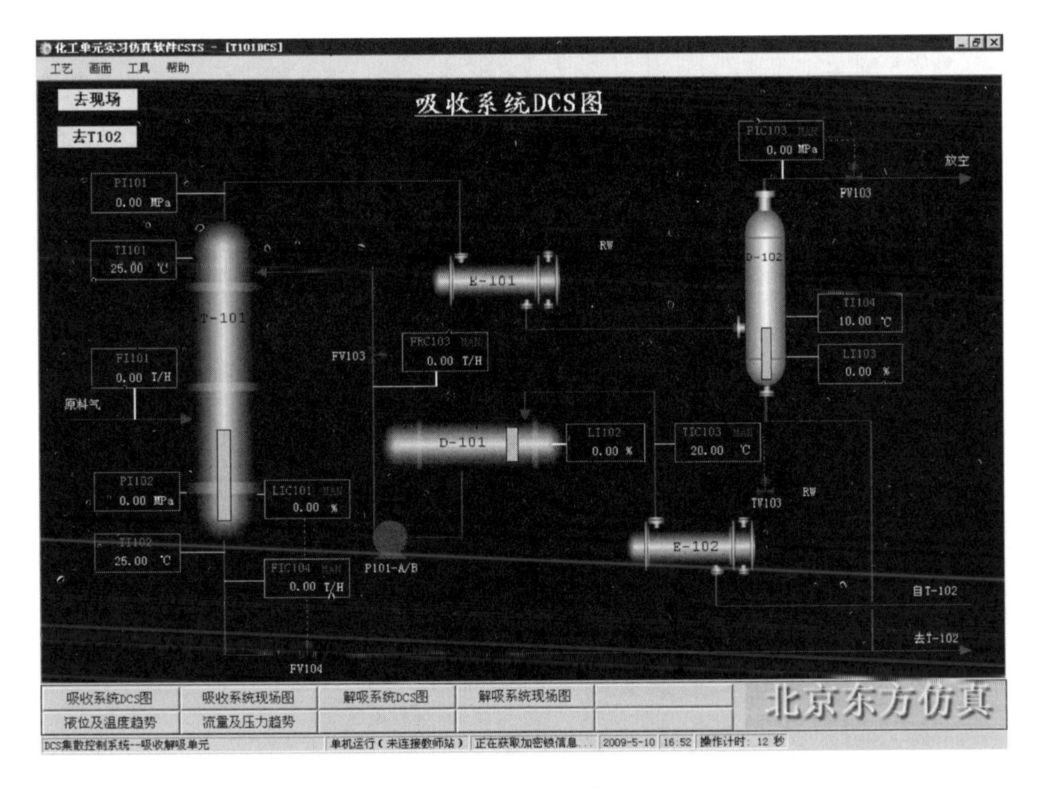

图 14-1 吸收解吸单元仿 DCS 图 1

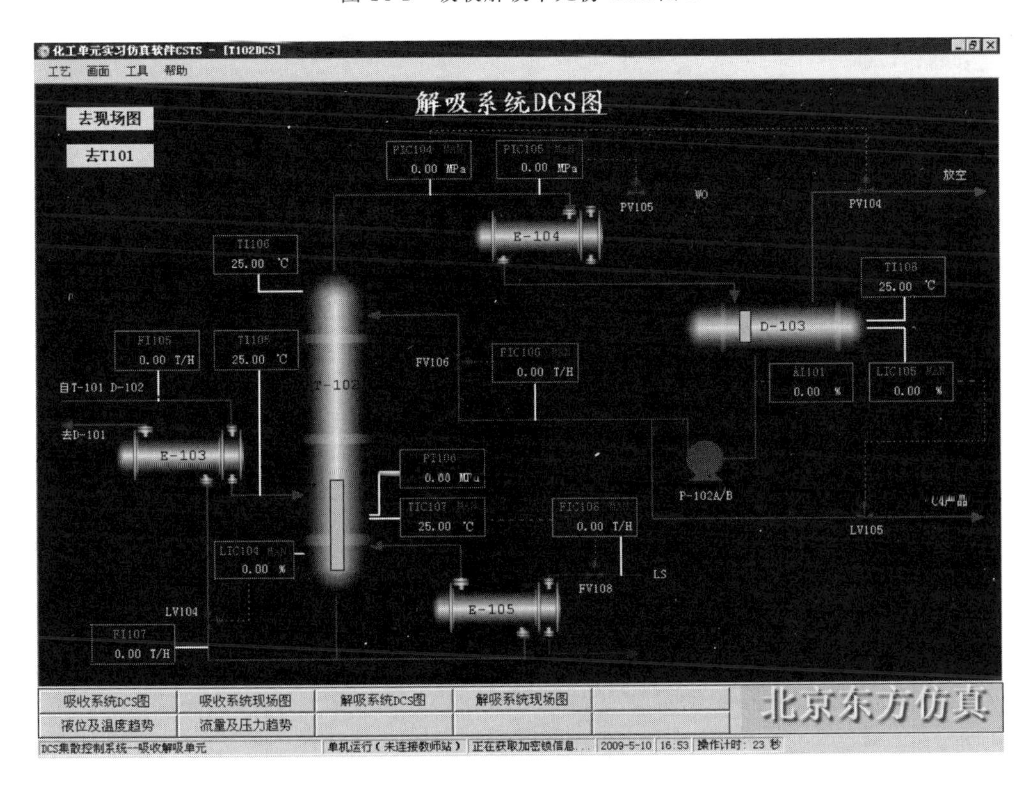

图 14-2 吸收解吸单元仿 DCS 图 2

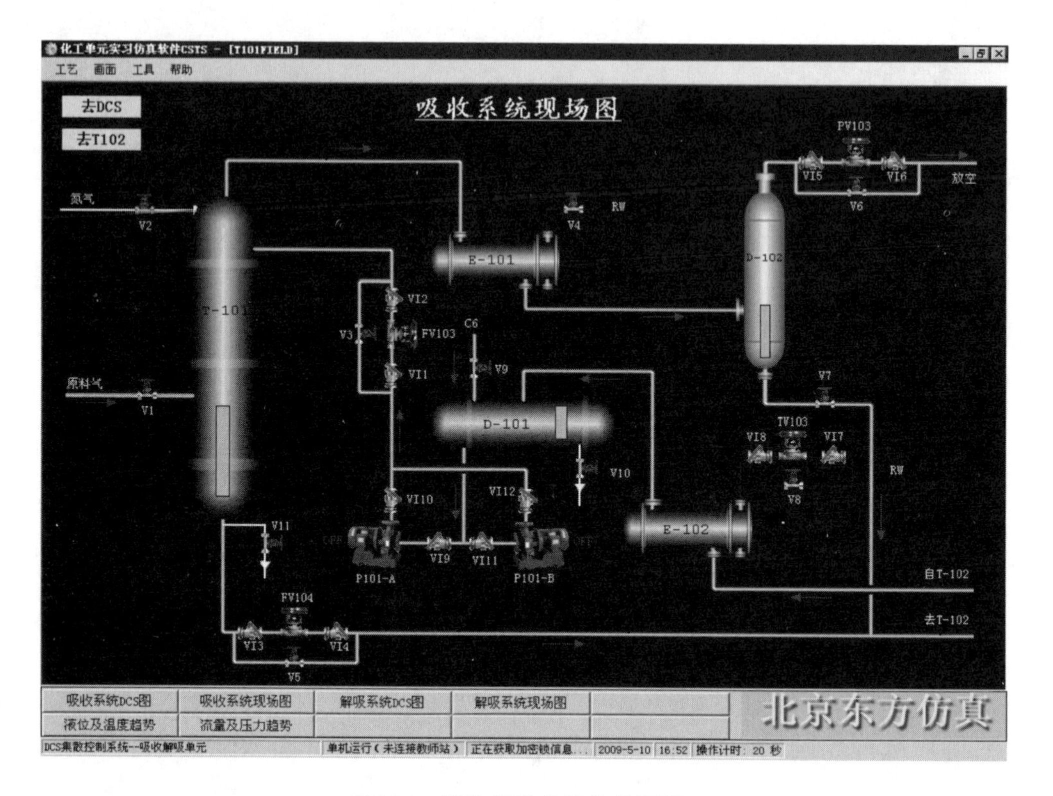

图 14-3　吸收解吸单元仿现场图 1

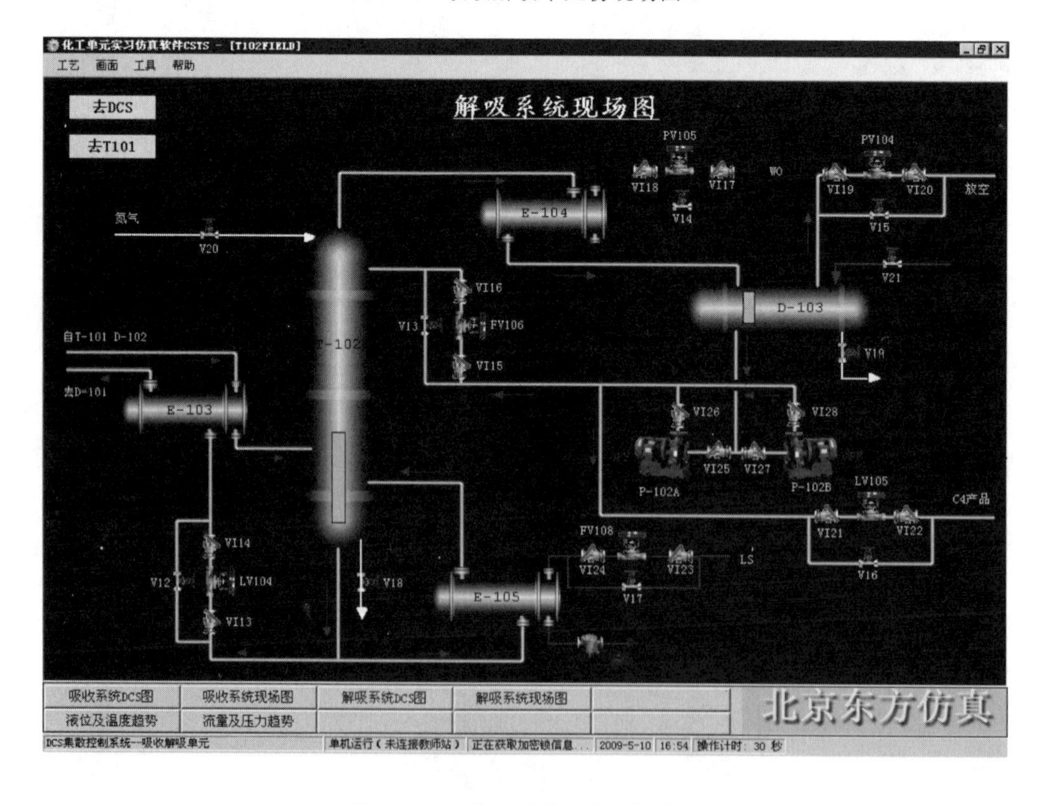

图 14-4　吸收解吸单元仿现场图 2

14.7 操作规程

14.7.1 开车操作规程

装置的开工状态为吸收塔解吸塔系统均处于常温常压下，各调节阀处于手动关闭状态，各手操阀处于关闭状态，氮气置换已完毕，公用工程已具备条件，可以直接进行氮气充压。

14.7.1.1 氮气充压

（1）确认所有手阀处于关状态。

（2）氮气充压

① 打开 N_2 充压阀 V2，给吸收塔系统充压。

② 当吸收塔系统压力升至 1.0MPa 左右时，关闭 N_2 充压阀 V2。

③ 打开 N_2 充压阀 V20，给解吸塔系统充压。

④ 当解吸塔系统压力升至 0.5MPa 左右时，关闭 N_2 充压阀 V20。

14.7.1.2 进吸收油

（1）确认

① 系统充压已结束。

② 所有手阀处于关状态。

（2）吸收塔系统进吸收油

① 打开 C_6 油贮罐进料阀 V9 至开度 50%左右，给 C_6 油贮罐 D101 充 C_6 油至液位 50%以上，关闭 V9。

② 打开 C_6 油泵 P101A（或 B）的前阀 VI9（或 VI11），启动 P101A（或 B）。

③ 打开 P101A（或 B）后阀 VI10（或 VI12），手动打开 VI1、VI2，开 FV103 阀至 30%左右给吸收塔 T101 充液至 50%。充油过程中注意观察 D101 液位，必要时给 D101 补充新油。

（3）解吸塔系统进吸收油

① T101 液位 LIC101 升至 50%以上，打开调节阀 FV104 前阀 VI3 及后阀 VI4。

② 手动打开调节阀 FV104 开度至 50%左右，给解吸塔 T102 进吸收油至液位 50%。

③ 给 T102 进油时注意给 T101 和 D101 补充新油，以保证 D101 和 T101 的液位均不低于 50%。

14.7.1.3 C_6 油冷循环

（1）确认

① 贮罐，吸收塔，解吸塔液位 50%左右。

② 吸收塔系统与解吸塔系统保持合适压差。

（2）建立冷循环

① 打开调节阀 LV104 前阀 VI13 及后阀 VI14，手动逐渐打开调节阀 LV104，向 D101 倒油。

② 当向 D101 倒油时，同时逐渐调整 FV104，以保持 T102 液位在 50%左右，将 LIC104 设定在 50%设自动。

③ 由 T101 至 T102 油循环时，手动调节 FV103 以保持 T101 液位在 50%左右，将 LIC101 设定在 50%投自动。

④ 手动调节 FV103，使 FRC103 保持在 13.50t/h，投自动冷循环 10min。

14.7.1.4 T102 回流罐 D103 灌 C_4

① 打开 V21 向 D103 灌 C_4 至液位 LI105>40%。

② 关闭 V21。

14.7.1.5 C_6 油热循环

（1）确认

① 冷循环过程已经结束。

② D103 液位已建立。

（2）T102 再沸器投用

① D103 液位>40%后，打开调节阀 TV103 前阀 VI7 及后阀 VI8。设定 TIC103 于 5℃，投自动。

② 打开调节阀 PV105 前阀 VI17 及后阀 VI18，手动打开 PV105 至 70%。

③ 手动控制 PIC105 于 0.5MPa，待回流稳定后再投自动。

④ 打开调节阀 FV108 前阀 VI23 及后阀 VI24，手动打开 FV108 至 50%，开始给 T102 加热。

⑤ 打开 PV104 前阀 VI19 及后阀 VI20，通过调节 PIC104，控制塔压在 0.5MPa。

（3）建立 T102 回流

① 随着 T102 塔釜温度 TIC107 逐渐升高，C_6 油开始汽化，并在 E104 中冷凝至回流罐 D103。

② 当塔顶温度 TI106>45℃时，打开泵 P102A（或 B）前阀 VI25（或 VI27），启动泵 P102A，打开 P102A（或 B）后阀 VI26（或 VI28），打开调节阀 FV106 的前、后阀 V15、V16，手动打开 FV106 至合适开度（流量大于 2t/h），维持塔顶温度高于 51℃。

③ 当 TIC107 温度指示达到 102℃时，将 TIC107 设定在 102℃投自动，TIC107 和 FIC108 投串级。

④ 热循环 10min。

14.7.1.6 进富气

（1）确认 C_6 油热循环已经建立。

（2）进富气

① 打开 E101 冷却盐水阀 V4，启用冷凝器 E101。逐渐打开原料富气进料阀 V1，开始富气进料。

② 随着 T101 富气进料，塔压升高，打开 PV103 前阀 VI5 及后阀 VI6，手动调节 PIC103 使压力恒定在 1.2MPa。当富气进料达到正常值后，投自动，设定 PIC103 于 1.2MPa。

③ 当吸收了 C_4 的富油进入解吸塔后，塔压将逐渐升高，手动调节 PIC105，维持 PIC105 在 0.5MPa，稳定后投自动（若压力过高，还可通过调节 PV104 排放气体）。PIC104 投自动，设定值为 0.55MPa。

④ 当 T102 温度、压力控制稳定后，手动调节 FIC106 使回流量达到正常值 8.0t/h，投自动，设定值为 8.0t/h。

⑤ 观察 D103 液位，液位高于 50%时，打开 LV105 的前、后阀 VI21、VI22，手动调节 LIC105 维持液位在 50%，投自动，设定值为 50%。

⑥ 将所有操作指标逐渐调整到正常状态。

14.7.2 正常操作规程

14.7.2.1 正常工况操作参数

吸收塔顶压力控制 PIC103：1.20MPa

吸收油温度控制 TIC103：5.0℃

解吸塔顶压力控制 PIC105：0.50MPa

解吸塔顶温度：51.0℃

解吸塔釜温度控制 TIC107：102.0℃

14.7.2.2 补充新油

因为塔顶 C_4 产品中含有部分 C_6 油及其他 C_6 油损失，所以随着生产的进行，要定期观察 C_6 油贮罐 D101 的液位，当液位低于 30%时，打开阀 V9 补充新鲜的 C_6 油。

14.7.2.3 D102 排液

生产过程中贫气中的少量 C_4 和 C_6 组分积累于尾气分离罐 D102 中，定期观察 D102 的液位，当液位高于 70%时，打开阀 V7 将凝液排放至解吸塔 T102 中。

14.7.2.4 T102 塔压控制

正常情况下 T102 的压力由 PIC105 通过调节 E104 的冷却水流量控制。生产过程中会有少量不凝气积累于回流罐 D103 中使解吸塔系统压力升高，这时 T102 顶部压力超高保护控制器 PIC104 会自动控制排放不凝气，维持压力不会超高。必要时可打手动打开 PV104 至开度 1%～3%来调节压力。

14.7.3 停车操作规程

14.7.3.1 停富气进料和 C_4 产品出料

① 关闭进料阀 V1，停富气进料。

② 将调节器 LIC105 置手动。

③ 关闭调节阀 LV105。

④ 关闭调节阀 LV105 前阀 VI21。

⑤ 关闭调节阀 LV105 后阀 VI22。

⑥ 将压力调节器 PIC103 置手动。

⑦ 手动控制调节阀 PV103，维持 T101 压力不小于 1.0MPa。

⑧ 将压力调节器 PIC104 置手动。

⑨ 手动控制调节阀 PV104 维持解吸塔压力在 0.2MPa 左右。

14.7.3.2 停吸收塔系统

（1）停 C_6 油进料

① 关闭 P101A 泵后阀 VI10。

② 关闭 P101A 泵。

③ 关闭 P101A 泵前阀 VI9。

④ 关闭 FV103。

⑤ 关闭 FV103 前阀 VI1。

⑥ 关闭 FV103 后阀 VI2。

⑦ 维持 T101 压力（≥1.0MPa），如果压力太低，打开 V2 充压。

（2）吸收塔系统泄油

① 将 FIC104 解除串级置手动状态。

② FV104 开度保持 50%向 T102 泄油。

③ 当 LIC101 为 0%时关闭 FV104。

④ 关闭 FV104 前阀 VI3。

⑤ 关闭 FV104 后阀 VI4。

⑥ 打开 V7 阀（开度>10%），将 D102 中凝液排至 T102。

⑦ 当 D102 中的液位降至 0 时，关闭 V7 阀。

⑧ 关 V4 阀，中断冷却盐水，停 E101。

⑨ 手动打开 PV103（开度>10%），吸收塔系统泄压。

⑩ 当 PI101 为 0 时，关 PV103。

⑪ 关 PV103 前阀 VI5。

⑫ 关 PV103 后阀 VI6。

14.7.3.3 停解吸塔系统

（1）T-102 降温

① TIC107 置手动。

② FIC108 置手动。

③ 关闭 E105 蒸汽阀 FV108。

④ 关闭 E105 蒸汽阀 FV108 前阀 VI23。

⑤ 关闭 E105 蒸汽阀 FV108 后阀 VI24，停再沸器 E105。

⑥ 手动调节 PV105 和 PV104，保持解吸塔压力（0.2MPa）。

（2）停 T102 回流

① 当 LIC105<10%时，关泵 P102A（或 B）后阀 VI26（或 VI28）。

② 停泵 P102A/B。

③ 关 P102A（或 B）前阀 VI25（或 VI27）。

④ 手动关闭 FV106。

⑤ 关闭 FV106 后阀 VI16。

⑥ 关闭 FV106 前阀 VI15。

⑦ 打开 D103 泄液阀 V19（开度>10%）。

⑧ 当液位指示下降至 0 时，关 V19。

（3）T102 泄油

① 置 LIC104 于手动

② 手动置 LV104 于 50%，将 T102 中的油倒入 D101。

③ 当 T102 液位 LIC104 指示下降至 10%时，关 LV104。

④ 关 LV104 前阀 VI13。

⑤ 关 LV104 后阀 VI14。

⑥ 置 TIC103 于手动。

⑦ 手动关闭 TV103。

⑧ 手动关闭 TV103 前阀 VI7。

⑨ 手动关闭 TV103 后阀 VI8。

⑩ 打开 T102 泄液阀 V18（开度＞10％）。

⑪ T102 液位 LIC104 下降至 0％时，关 V18。

（4） T102 泄压

① 手动打开 PV104 至开度 50％；开始 T102 系统泄压。

② 当 T102 系统压力降至常压时，关闭 PV104。

14.7.3.4　吸收油贮罐 D101 排油

① 当停 T101 吸收油进料后，D101 液位必然上升，此时打开 D101 泄液阀 V10 排污油。

② 直至 T102 中油倒空，D101 液位下降至 0，关 V10。

14.7.3.5　吸收油贮罐 D101 排油

① 当停 T101 吸收油进料后，D101 液位必然上升，此时打开 D101 排油阀 V10 排污油。

② 直至 T102 中油倒空，D101 液位下降至 0，关 V10。

14.7.4　仪表及报警

吸收解吸单元仪表及报警见表 14-5。

表 14-5　吸收解吸单元仪表及报警

位号	说　明	类型	正常值	量程上限	量程下限	工程单位	高报值	低报值	高高报值	低低报值
AI101	回流罐 C_4 组分	AI	＞95.0	100.0	0	%				
FI101	T101 进料	AI	5.0	10.0	0	t/h				
FI102	T101 塔顶气量	AI	3.8	6.0	0	t/h				
FIC103	吸收油流量控制	PID	13.50	20.0	0	t/h	16.0	4.0		
FIC104	富油流量控制	PID	14.70	20.0	0	t/h	16.0	4.0		
FI105	T102 进料	AI	14.70	20.0	0	t/h				
FIC106	回流量控制	PID	8.0	14.0	0	t/h	11.2	2.8		
FI107	T101 塔底贫油采出	AI	13.41	20.0	0	t/h				
FIC108	加热蒸汽量控制	PID	2.963	6.0	0	t/h				
LIC101	吸收塔液位控制	PID	50	100	0	%	85	15		
LI102	D101 液位	AI	60.0	100	0	%	85	15		
LI103	D102 液位	AI	50.0	100	0	%	65	5		
LIC104	解吸塔釜液位控制	PID	50	100	0	%	85	15		
LIC105	回流罐液位控制	PID	50	100	0	%	85	15		
PI101	吸收塔顶压力显示	AI	1.22	20	0	MPa	1.7	0.3		
PI102	吸收塔塔底压力	AI	1.25	20	0	MPa				
PIC103	吸收塔顶压力控制	PID	1.2	20	0	MPa	1.7	0.3		
PIC104	解吸塔顶压力控制	PID	0.55	1.0	0	MPa				
PIC105	解吸塔顶压力控制	PID	0.50	1.0	0	MPa				

续表

位号	说　　明	类型	正常值	量程上限	量程下限	工程单位	高报值	低报值	高高报值	低低报值
PI106	解吸塔底压力显示	AI	0.53	1.0	0	MPa				
TI101	吸收塔塔顶温度	AI	6	40	0	℃				
TI102	吸收塔塔底温度	AI	40	100	0	℃				
TIC103	循环油温度控制	PID	5.0	50	0	℃	10.0	2.5		
TI104	C4 回收罐温度显示	AI	2.0	40	0	℃				
TI105	预热后温度显示	AI	80.0	150.0	0	℃				
TI106	吸收塔顶温度显示	AI	6.0	50	0	℃				
TIC107	解吸塔釜温度控制	PID	102.0	150.0	0	℃				
TI108	回流罐温度显示	AI	40.0	100	0	℃				

14.7.5 事故设置及处理

14.7.5.1 冷却水中断

(1) 主要现象

① 冷却水流量为 0。

② 入口管路各阀常开状态。

(2) 事故处理

① 停止进料，关 V1 阀。

② 手动关 PV103 保压。

③ 手动关 FV104，停 T102 进料。

④ 手动关 LV105，停出产品。

⑤ 手动关 FV103，停 T101 回流。

⑥ 手动关 FV106，停 T102 回流。

⑦ 关 LIC104 前、后阀，保持液位。

14.7.5.2 加热蒸汽中断

(1) 主要现象

① 加热蒸汽管路各阀开度正常。

② 加热蒸汽入口流量为 0。

③ 塔釜温度急剧下降。

(2) 事故处理

① 停止进料，关 V1。

② 停 T102 回流。

③ 停 D103 产品出料。

④ 停 T102 进料。

⑤ 关 PV103 保压。

⑥ 关 LIC104 前后阀，保持液位。

14.7.5.3 仪表风中断

(1) 主要现象　各调节阀全开或全关。

（2）事故处理

① 打开 FV103 旁通阀 V3。

② 打开 FV104 旁通阀 V5。

③ 打开 PV103 旁通阀 V6。

④ 打开 TV103 旁通阀 V8。

⑤ 打开 LV104 旁通阀 V12。

⑥ 打开 FV106 旁通阀 V13。

⑦ 打开 PV105 旁通阀 V14。

⑧ 打开 PV104 旁通阀 V15。

⑨ 打开 LV105 旁通阀 V16。

⑩ 打开 FV108 旁通阀 V17。

14.7.5.4 停电

（1）主要现象

① P101A 泵（或 B）停。

② P102A 泵（或 B）停。

（2）事故处理

① 打开泄液阀 V10，保持 LI102 液位在 50%。

② 打开泄液阀 V19，保持 LI105 液位在。

③ 关小加热油流量，防止塔温上升过高。

④ 停止进料，关 V1。

14.7.5.5 P-101A 泵坏

（1）主要现象

① FIC103 流量降为 0。

② 塔顶 C_4 组成上升，温度上升，塔顶压上升。

③ 釜液位下降。

（2）事故处理

① 停 P101A 泵（先关泵后阀，再关泵前阀）。

② 开启 P101B（先开泵前阀，再开泵后阀）。

③ 由 FIC103 调至正常值，并投自动。

14.7.5.6 LIC104 调节阀卡

（1）主要现象

① FI107 降至 0。

② 塔釜液位上升，并可能报警。

（2）事故处理

① 关 LV104 前、后阀 VI13、VI14。

② 开 LV104 旁通阀 V12 至 60%左右。

③ 调整旁通阀 V12 开度，使液位保持 50%。

14.7.5.7 换热器 E105 结垢严重

（1）主要现象

① 调节器 FIC108 开度增大。

② 加热蒸汽入口流量增大。

③ 塔釜温度下降，塔顶温度也下降，塔釜 C_4 组成上升。

（2）事故处理

① 关闭原料富气进料阀 V1。

② 手动关闭产品出料阀 LIC102。

③ 手动关闭再沸器后，清洗再沸器 E105。

思 考 题

1. 吸收岗位的操作是在高压、低温的条件下进行的，为什么说这样的操作条件对吸收过程的进行有利？

2. 请从节能的角度对换热器 E103 在本单元的作用做出评价？

3. 结合本单元的具体情况，说明串级控制的工作原理。

4. 操作时若发现富油无法进入解吸塔，会由哪些原因导致？应如何调整？

5. 假如本单元的操作已经平稳，这时吸收塔的进料富气温度突然升高，分析会导致什么现象？如果造成系统不稳定，吸收塔的塔顶压力上升（塔顶 C_4 增加），有几种手段将系统调节正常？

6. 分析本流程的串级控制；如果请你来设计，还有哪些变量间可以通过串级调节控制？这样做的优点是什么？

7. C_6 油贮罐进料阀为一手操阀，有没有必要在此设一个调节阀，使进料操作自动化，为什么？

8. 操作时，若加热蒸汽中断，应如何处理？

15

多效蒸发单元

15.1 实训目的

通过多效蒸发单元仿真实训，学生能够：

① 理解多效蒸发的工作原理，工艺流程；

② 掌握该系统的工艺参数调节方法及控制；

③ 熟练进行多效蒸发单元的冷态开车及正常停车操作，能对正常工况进行维护，能正确分析并排除操作过程中出现的典型事故。

15.2 工作原理

通常，无论在常压、加压或真空下进行蒸发，在单效蒸发器中每蒸发 1kg 的水要消耗比 1kg 多一些的加热蒸汽。因此在大规模工业生产过程中，蒸发大量的水分必需消耗大量的加热蒸汽。为了减少加热蒸汽消耗量，可采用多效蒸发操作。

将加热蒸汽通入一效蒸发器，则液体受热而沸腾，所产生的二次蒸汽，其压力和温度必较原加热蒸汽（为了易于区别，在多效蒸发中常将第一效的加热蒸汽称为生蒸汽）的为低。因此可引入前效的二次蒸汽作为后效的加热介质，即后效的加热室成为前效二次蒸汽的冷凝器，仅第一效需要消耗生蒸汽，这就是多效蒸发的操作原理，一般多效蒸发装置的末效或后几效总是在真空下操作。

15.3 工艺流程

15.3.1 工艺流程

本仿真培训系统以 NaOH 水溶液三效并流蒸发的工艺作为仿真对象。

仿真范围内主要设备为蒸发器、换热器、真空泵、简单罐和阀门等。

原料 NaOH 水溶液（沸点进料，沸点为 143.8℃）经流量调节器 FIC101 控制流量（10000kg/h）后，进入蒸发器 F101A，料液受热而沸腾，产生 136.9℃的二次蒸汽，料液从蒸发器底部经阀门 LV101 流入第二效蒸发器 F101B。压力为 500KPa，温度为 151.7℃左右的加热蒸汽经流量调节器 FIC102 控制流量（2063.4kg/h）后，进入 F101A 加热室的壳程，冷凝成水后经阀门 VG08 排出。第一效蒸发器 F101A 蒸发室压力控制在 327kPa，溶液的液面高度通过液位控制器 LIC101 控制在 1.2m。第一效蒸发器产生的二次蒸汽经过蒸发器顶部阀门 VG13 后，进入第二效蒸发器 F101B 加热室的壳程，冷凝成水后经阀门 VG07 排出。从第一效流入第二效的料液，受热汽化产生 112.7 ℃的二次蒸汽，料液从蒸发器底部经阀门 LV102 流入第三效蒸发器 F101C。第二效蒸发器 F101B 蒸发室压力控制在 163kPa，溶液的液面高度通过液位控制器 LIC102 控制在 1.2m。第二效蒸发器产生的二次蒸汽经过蒸发器顶部阀门 VG14 后，进入第三效蒸发器 F101C 加热室的壳程，冷凝成水后经阀门 VG06 排出。从第二效流入第三效的料液，受热汽化产生 60.1 ℃的二次蒸汽，料液从蒸发器底部经阀门 LV103 流入积液罐 F102。第三效蒸发器 F101C 蒸发室压力控制在 20kPa，溶液的液面高度通过液位控制器 LIC103 控制在 1.2m。完成液不满足工业生产要求时，经阀门 VG10 泄液。第三效产生的二次蒸汽送往冷凝器被冷凝而除去。真空泵用于保持蒸发装置的末效或后几效在真空下操作。

15.3.2 控制方案

（1）原料液流量控制　FV101 控制原料液的入口流量，FIC101 检测蒸发器的原料液入口流量的变化，并将信号传至 FV101 控制阀开度，使蒸发器入口流量维持在设定点。流量设置点为 10000 kg/h。

（2）加热蒸汽流量控制　FV102 控制加热蒸汽的流量，FIC102 检测蒸发器的二次蒸汽流量的变化，并将信号传至 FV102 控制阀开度，使二次蒸汽流量维持在设定点。流量设置点为 2063.4kg/h。

（3）蒸发器的液位控制　LV101、LV102 和 LV103 控制蒸发器出口料液的流量，LIC101、LIC102 和 LIC103 检测蒸发器的液位，并将信号传给 LV101、LV102 和 LV103 控制阀的开度，使蒸发器的料液及时排走，使蒸发器的液位维持在设定点。液位设定点为 1.2m。

15.4 主要设备

多效蒸发单元主要设备见表 15-1。

表 15-1　多效蒸发单元主要设备

设备位号	设备名称	设备位号	设备名称
F101A	第一效蒸发器	VG06	闸阀
F101B	第二效蒸发器	VG07	闸阀
F101C	第三效蒸发器	VG08	闸阀
F102	储液罐	VG09	闸阀
E101	换热器	VG10	闸阀
FV101	流量控制阀	VG11	闸阀
FV102	流量控制阀	VG12	闸阀
LV101	液位控制阀	VG13	闸阀
LV102	液位控制阀	VG14	闸阀
LV103	液位控制阀	VG15	闸阀
VG04	闸阀	A	真空泵 A 开关
VG05	闸阀	B	真空泵 B 开关

15.5 调节器、显示仪表及现场阀说明

15.5.1 调节器

多效蒸发单元调节器见表 15-2。

表 15-2 多效蒸发单元调节器

位号	被控调节器	正常值	单位	正常工况
FIC101	FV101	10000	kg/h	投自动
FIC102	FV102	2063.3	kg/h	投自动
LIC101	LV101	1.20	m	投自动
LIC102	LV102	1.20	m	投自动
LIC103	LV103	1.20	m	投自动

15.5.2 显示仪表

多效蒸发单元显示仪表见表 15-3。

表 15-3 多效蒸发单元显示仪表

位号	显示变量	正常值	单位
PI101	蒸发器 F101A 压力	3.22	atm
PI102	蒸发器 F101B 压力	1.60	atm
PI103	蒸发器 F101C 压力	0.25	atm
PI104	换热器 E101 压力	0.20	atm
TI101	蒸发器 F101A 温度	143.8	℃
TI102	蒸发器 F101B 温度	124.5	℃
TI103	蒸发器 F101C 温度	87.0	℃
LI104	储液罐 F102 液位	50	%

15.5.3 现场阀

多效蒸发单元现场阀见表 15-4。

表 15-4 多效蒸发单元现场阀

位号	名称	位号	名称
V1	冷物料进料阀 FV101 前阀	V15	蒸发器液位调节阀 LV103 前旁通阀
V2	冷物料进料阀 FV101 后阀	VG04	换热器 E101 冷却水出口阀
V3	冷物料进料阀 FV101 旁通阀	VG05	换热器 E101 冷却水进口阀
V4	蒸发器液位调节阀 LV101 前阀	VG06	F101C 疏水阀
V5	蒸发器液位调节阀 LV101 后阀	VG07	F101B 疏水阀
V6	蒸发器液位调节阀 LV101 旁通阀	VG08	F101A 疏水阀
V7	蒸发器液位调节阀 LV102 前阀	VG09	F102 排液阀
V8	蒸发器液位调节阀 LV102 后阀	VG10	F101C 卸液阀
V9	蒸发器液位调节阀 LV102 旁通阀	VG11	真空泵 A 阀门
V10	热物料进料阀 FV102 后阀	VG12	E101 冷凝水排水阀
V11	热物料进料阀 FV102 前阀	VG13	F101A 排气阀
V12	热物料进料阀 FV102 旁通阀	VG14	F101 排气阀 B
V13	蒸发器液位调节阀 LV103 前阀	VG15	F101C 排气阀
V14	蒸发器液位调节阀 LV103 后阀		

15.6 仿真界面

多效蒸发单元仿真界面见图 15-1、图 15-2。

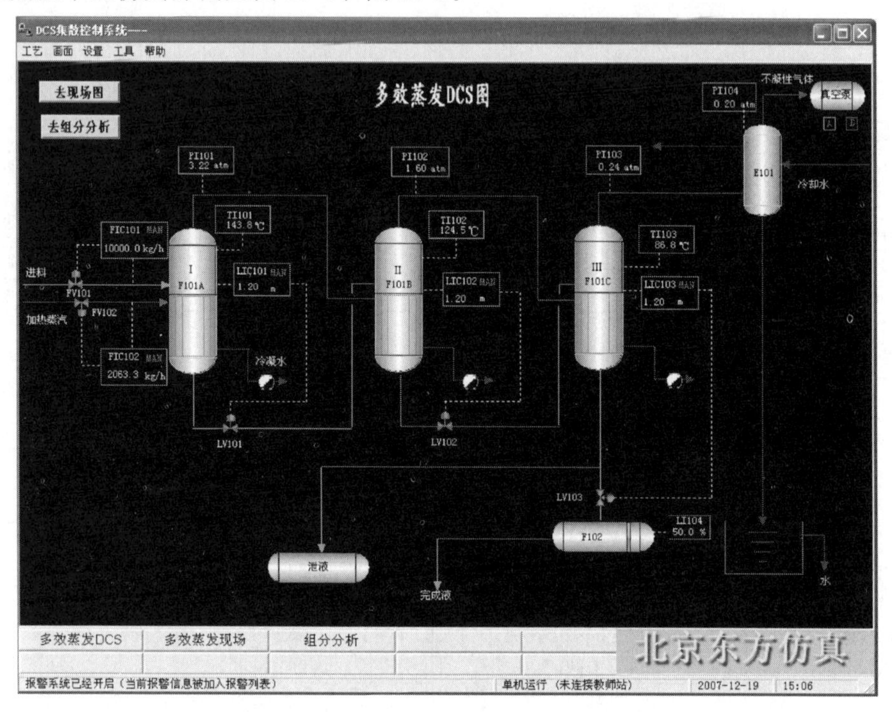

图 15-1 多效蒸发单元仿 DCS 图

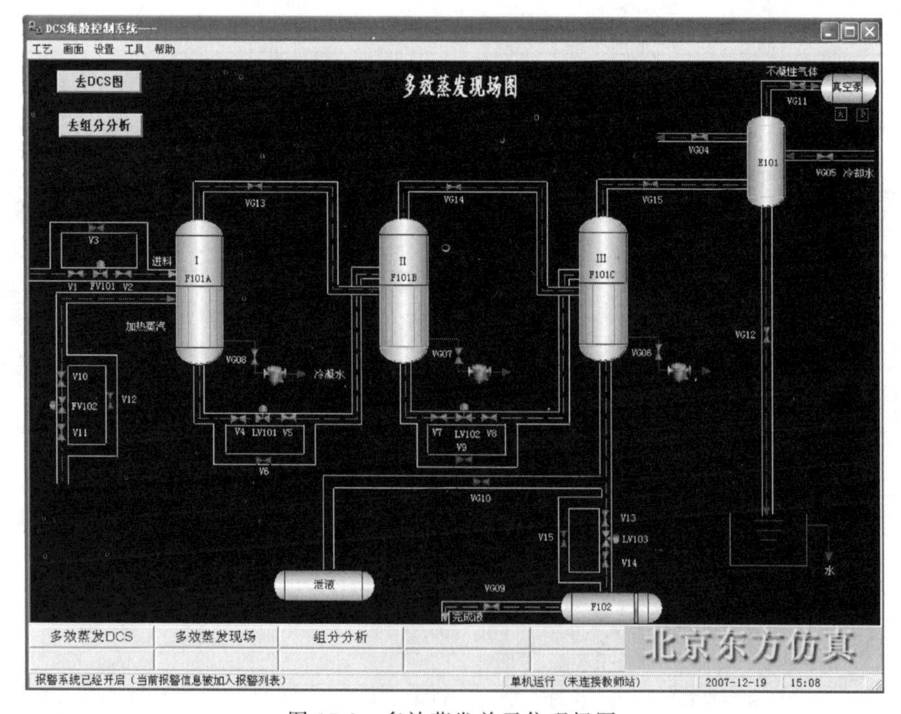

图 15-2 多效蒸发单元仿现场图

15.7　操作过程

15.7.1　冷态开车操作规程

(1) 开车前准备

① 开冷却水入口阀门 VG05。

② 开冷却水出口阀门 VG04。

③ 开真空泵 A。

④ 开真空泵阀门 VG11，开度为 50%，控制冷凝器压力在 0.20atm（绝压）。

⑤ 开阀门 VG15，使末效蒸发器压力为负压。

⑥ 开排冷凝水阀门 VG12。

⑦ 开疏水阀 VG06。

⑧ 开疏水阀 VG07。

⑨ 开疏水阀 VG08。

(2) 冷物流进料

① 打开 FV101 的前截止阀 V1。

② 打开 FV101 的前截止阀 V2。

③ 手动打开冷物料进口阀门 FV101 开度为 50%，控制流量在 10000kg/h。

④ 打开 LV101 的前截止阀 V1。

⑤ 打开 LV101 的后截止阀 V5。

⑥ F101A 液位接近 0.8m 时，开阀门 LV101 至 50%。

⑦ 液位接近 1.2m 时，LIC101 投自动。

⑧ 液位控制器 LIC101 的 SP 值设为 1.2m。

⑨ 打开 LV102 的前截止阀 V7。

⑩ 打开 LV102 的前截止阀 V8。

⑪ F101B 液位接近 0.8m 时，开阀门 LV102 至 50%。

⑫ 液位接近 1.2m 时，LIC102 投自动。

⑬ 液位控制器 LIC102 设为 1.2m。

⑭ 调整阀门 VG10 的开度，使 LIC103 显示大于 0。

(3) 热物流进料

① 打开 FV102 的前截止阀 V11。

② 打开 FV102 的前截止阀 V10。

③ 手动开热物流进口阀 FV102 开度为 50%，控制流量在 2063.4kg/h。

④ F101A 压力大于 1atm 时，开阀门 VG13。

⑤ F101B 压力大于 1atm 时，开阀门 VG14。

(4) 调节至正常

① 调整阀门 VG13 开度，使 F101A 压力控制在 3.22atm，温度控制在 143.8℃。

② 调整阀门 VG14 开度，使 F101B 压力控制在 1.60atm，温度控制在 124.5℃。

③ F101C 温度控制在 87.0℃左右。

④ 流量控制器 FIC101 投自动。

⑤ 流量控制 FIC101 设为 10000kg/h。

⑥ 流量控制器 FIC102 投自动。

⑦ 流量控制 FIC102 设为 2063.3kg/h。

⑧ F101A 压力稳定在 3.22atm。

⑨ F101A 温度稳定在 143.8℃。

⑩ F101B 压力稳定在 1.60atm。

⑪ F101B 温度稳定在 124.5℃。

⑫ F101C 温度稳定在 87.0℃。

⑬ F101A 出口液浓度为 0.14%。

⑭ F101B 出口液浓度为 0.20%。

⑮ F101C 出口液浓度为 0.30%。

⑯ 待 F101C 的浓度接近 0.30%时，关闭阀门 VG10。

⑰ 打开 LV103 的前截止阀 V13。

⑱ 打开 LV103 的后截止阀 V14。

⑲ F101C 液位接近 1.2m 时，投自动。

⑳ 液位控制器 LIC103 设为 1.2m。

15.7.2 正常工况下工艺参数

① 原料液入口流量 FIC101 为 10000kg/h。

② 加热蒸汽流量 FIC102 为 2063.3kg/h，压力 PI105 为 500kPa。

③ 第一效蒸发室压力 PI101 为 3.22atm，二次蒸汽温度 TI101 为 143.8℃。

④ 第一效加热室液位 LIC101 为 1.2m。

⑤ 第二效蒸发室压力 PI102 为 1.60atm，二次蒸汽温度 TI102 为 124.5℃。

⑥ 第二效加热室液位 LIC102 为 1.2m。

⑦ 第三效蒸发室压力 PI103 为 0.25atm，二次蒸汽温度 TI103 为 87.0℃。

⑧ 第二效加热室液位 LIC103 为 1.2m。

⑨ 冷凝器压力 PIC104 为 0.20atm。

15.7.3 停车操作规程

15.7.3.1 F101A 停车

① 将控制器 LIC103 设定为手动。

② 设定 LIC103 的 OP 值为 0。

③ 关闭 LV103 前截止阀 V13。

④ 关闭 LV103 后截止阀 V14。

⑤ 打开泄液阀 VG10。

⑥ 调整 VG10 开度，使 F101C 中液位保持一定高度。

⑦ 将控制器 FIC102 设定为手动。

⑧ 关闭 FV102，停热物流进料。

⑨ 关闭 FV102 前截止阀 V11。

⑩ 关闭 FV102 后截止阀 V10。

⑪ 将控制器 FIC101 设定为手动。

⑫ 关闭 FV101，停冷物流进料。

⑬ 关闭 FV101 前截止阀 V1。

⑭ 关闭 FV101 后截止阀 V2。

⑮ 全开排气阀 VG13。

⑯ 同时将控制器 LIC101 设定为手动。

⑰ 调整阀门 LV101 的开度，使 F101A 液位接近 0。

⑱ 当 F101A 压力为 1atm 左右时，关闭 VG13。

⑲ 关闭阀 LV101。

⑳ 关闭 LV101 前截止阀 V4。

㉑ 关闭 LV101 后截止阀 V5。

㉒ 保持 F101A 压力为 1atm 左右。

㉓ F101A 温度为 25℃左右。

㉔ F101A 液位为 0。

15.7.3.2 F101B 停车

① 调节阀门 VG14 开度，当 F101B 压力为 1atm 左右时，关闭阀 VG14。

② 将控制器 LIC102 设定为手动。

③ 调整阀门 LV102 的开度，使 F101B 液位为 0。

④ 关闭阀 LV102。

⑤ 关闭 LV102 前截止阀 V7。

⑥ 关闭 LV102 后截止阀 V8。

⑦ 保持 F101B 压力为 1atm 左右。

⑧ F101B 温度为 25℃左右。

⑨ F101B 液位为 0。

15.7.3.3 F101C 停车

① 逐渐开大 VG10 泄液。

② F101C 液位为 0。

③ 关闭 VG10。

④ 关闭 VG15。

⑤ F101C 温度为 25℃左右。

15.7.3.4 停真空泵

关闭真空泵 VG11。

15.7.3.5 停冷却水

① 关冷却水阀 VG05。

② 关冷却水出口阀 VG04。

③ 关闭冷凝水阀 VG12。

15.7.3.6 关疏水阀

① 关闭 VG08。

② 关闭 VG07。

③ 关闭 VG06。

15.7.4 事故设置及处理

15.7.4.1 冷物流进料调节阀卡

（1）现象 进料量减少，蒸发器液位下降，温度降低、压力减少。

（2）处理 打开旁通阀 V3，保持进料量至正常值。

15.7.4.2 F101A 液位超高

（1）现象 F101A 液位 LIC101 超高，蒸发器压力升高、温度增加。

（2）处理 调整 LV101 开度，使 F101A 液位稳定在 1.2m。

15.7.4.3 真空泵 A 故障

（1）现象 画面真空泵 A 显示为开，但换热器 E101 和末效蒸发器 F101C 压力急剧上升。

（2）处理 启动备用真空泵 B。

思 考 题

1. 什么叫蒸发？
2. 多效蒸发的意义？
3. 简述多效蒸发的操作原理。
4. 多效蒸发操作的加料方法有几种？工业生产中最常用的方法是什么？
5. 并流加料法的优点有哪些？
6. 简述蒸发过程接入真空泵的目的。

16

双塔精馏单元

16.1 实训目的

通过双塔精馏单元仿真实训，学生能够：

① 理解双塔精馏的工作原理，工艺流程；

② 掌握该系统的工艺参数调节方法及控制；

③ 熟练进行双塔精馏单元的冷态开车及正常停车操作，能对正常工况进行维护，能正确分析并排除操作过程中出现的典型事故。

16.2 工作原理

双塔精馏指的是两塔串联起来进行精馏的过程。核心设备为轻组分脱除塔和产品精制塔。

轻组分脱除塔将原料中的轻组分从塔顶蒸出，蒸出的轻组分或作为产品或回收利用，塔釜产品直接送入产品精制塔进一步精制。产品精制塔塔顶得到最终产品，塔釜的重组分物质经过处理排放或回收利用。双塔精馏仿真软件可以帮助理解精馏塔操作原理及轻重组分的概念。

16.3 工艺流程

本流程是以丙烯酸甲酯生产流程中的醇拔头塔和酯提纯塔为依据进行仿真。醇拔头塔对应仿真单元里的轻组分脱除塔 T150，酯提纯塔对应仿真单元里的产品精制塔 T160。醇拔头塔为精馏塔，利用精馏的原理，将主物流中少部分的甲醇从塔顶蒸出，含有甲酯和少部分重组分的物流从塔底排出至 T160，并进一步分离。酯提纯塔 T160 塔顶分离出产品甲酯，塔釜分离出的重组分产品返回至废液罐进行再处理或回收利用。

原料液由轻组分脱除塔中部进料，进料量不可控制。灵敏板温度由调节器 TIC140 通过调节再沸器加热蒸汽的流量，来控制提馏段灵敏板温度，从而控制醇的分离质量。轻组分脱除塔塔釜液（主要为甲酯及重组分）作为产品精制塔的原料直接进入产品精制塔。塔釜的液位和塔釜产品采出量由 LIC119 和 FIC141 组成的串级控制器控制。再沸器采用低压蒸汽加热。塔顶的上升蒸汽（主要是甲醇）经塔顶冷凝器（E152）全部冷凝成液体，该冷凝液靠位差流入回流罐（V151）。V151 为油水分离罐，油相一部分作为塔顶回流，一部分作为塔顶产品送下一工序，水相直接回收到醇回收塔。操作压力 61.38kPa（表压），控制器 PIC128 将调节回流罐的气相排放量，来控制塔内压力稳定。冷凝器以冷却水为载热体。回流罐水相液位由液位控制器 LIC128 调节塔顶产品采出量来维持恒定。回流罐油相液位由液位控制器 LIC121 调节塔顶产品采出量来维持恒定。另一部分液体由回流泵（P151A、B）送回塔顶作为回流，回流量由流量控制器 FIC142 控制。

由轻组分脱除塔塔釜来的原料进入产品精制塔中部，进料量由 FIC141 控制。灵敏板温度由调节器 TIC148 通过调节再沸器加热蒸汽的流量，来控制提馏段灵敏板温度，从而控制醇的分离质量。产品精制塔塔釜液（主要为重组分）直接采出回收利用。塔釜的液位和塔釜产品采出量由 LIC1259 和 FIC151 组成的串级控制器控制。再沸器采用低压蒸汽加热。塔顶的上升蒸汽（主要是甲酯）经塔顶冷凝器（E162）全部冷凝成液体，该冷凝液靠位差流入回流罐（V161）。塔顶产品，一部分作为回流液返回产品精制塔，回流量由流量控制器 FIC142 控制。一部分作为最终产品采出。操作压力 21.29kPa（表压），控制器 PIC133 将调节回流罐的气相排放量，来控制塔内压力稳定。冷凝器以冷却水为载热体。回流罐液位由液位控制器 LIC126 调节塔顶产品采出量来维持恒定。

16.4 主要设备

双塔精馏单元主要设备见表 16-1。

表 16-1 双塔精馏单元主要设备

设备位号	设备名称	设备位号	设备名称
T150	轻组分脱除塔	T160	产品精制塔
E151	轻组分脱除塔塔釜再沸器	E161	产品精制塔塔釜再沸器
E152	轻组分脱除塔塔顶冷凝器	E162	产品精制塔塔顶冷凝器
V151	轻组分脱除塔塔顶冷凝罐	V161	产品精制塔塔顶冷凝罐
P151A/B	轻组分脱除塔塔顶回流泵	P161A/B	产品精制塔塔顶回流泵
P150A/B	轻组分脱除塔塔釜外输泵	P160A/B	产品精制塔塔釜外输泵

16.5 调节器、显示仪表及现场阀说明

16.5.1 调节器

双塔精馏单元调节器见表 16-2。

表 16-2 双塔精馏单元调节器

位号	被控调节器	正 常 值	单位	正常工况
FIC140	FV140	896.0	kg/h	投串级
FIC141	FV141	2195.0	kg/h	投串级
FIC142	FV142	2027.0	kg/h	投自动
FIC144	FV144	1241.0	kg/h	投串级
FIC145	FV141	44.0	kg/h	投串级
TIC140		70.0	℃	投自动
PIC128	PV128	62	kPa	投自动
FIC149	FV149	952	kg/h	投串级
FIC150	FV150	3287	kg/h	投自动
FIC151	FV151	64	kg/h	投串级
FIC153	FV153	2191	kg/h	投串级
TIC148		45.0	℃	投自动
PIC133	PV133	20.7	kPa	投自动
LIC121		50	%	投自动
LIC123		50	%	投自动
LIC119		50	%	投自动
LIC126		50	%	投自动
LIC125		50	%	投自动

16.5.2 显示仪表

双塔精馏单元显示仪表见表 16-3。

表 16-3 双塔精馏单元显示仪表

位号	显示变量	正 常 值	单位
FI128	进料流量	4944	kg/h
TI141	脱除塔进料段温度	65	℃
TI143	脱除塔塔釜蒸汽温度	74	℃
TI139	脱除塔塔釜温度	71	℃
TI142	脱除塔塔顶段温度	61	℃
PI125	脱除塔塔顶压力	63	kPa
PI126	脱除塔塔釜压力	73	kPa
TI152	精制塔塔釜蒸汽温度	64	℃
TI147	精制塔塔釜温度	56	℃
TI151	精制塔塔顶温度	38	℃
TI150	精制塔进料段温度	40	℃

续表

位号	显示变量	正常值	单位
PI130	精制塔塔顶压力	21	kPa
PI131	精制塔塔釜压力	27	kPa

16.5.3 现场阀

双塔精馏单元现场阀见表 16-4。

表 16-4 双塔精馏单元现场阀

位号	名称	位号	名称
VD405	原料液进料阀	VD711	轻组分产品进料洗涤阀
VD617	控制阀 PV128 前阀	VD618	控制阀 PV128 后阀
VD722	控制阀 PV133 前阀	VD723	控制阀 PV133 后阀
VD718	控制阀 FV150 前阀	VD719	控制阀 FV150 后阀
VD605	控制阀 FV141 前阀	VD606	控制阀 FV141 后阀
VD602	控制阀 FV142 前阀	VD603	控制阀 FV142 后阀
VD716	控制阀 FV151 前阀	VD717	控制阀 FV151 后阀
VD720	控制阀 FV153 前阀	VD721	控制阀 FV153 后阀

16.6 流程图画面

双塔精馏单元流程图画面见图 16-1～图 16-4。

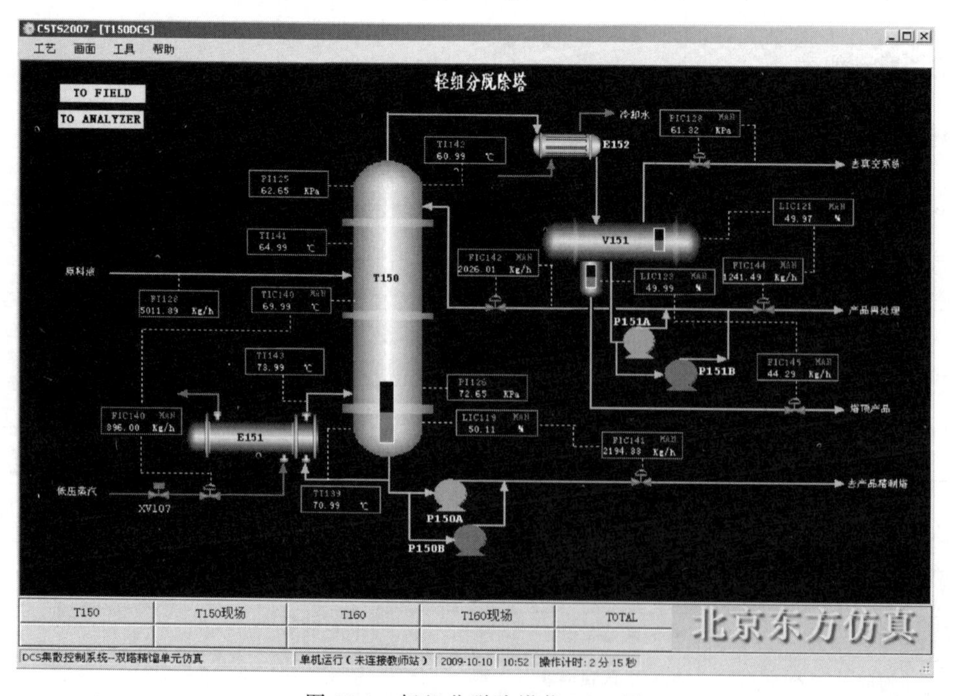

图 16-1 轻组分脱除塔仿 DCS 图

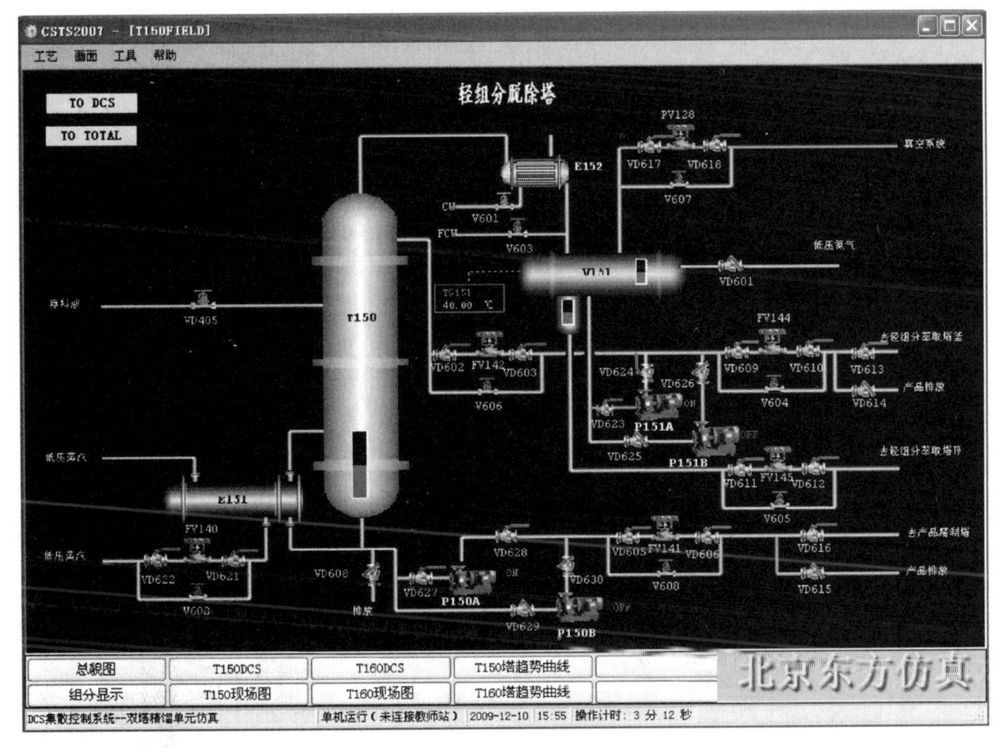

图 16-2 轻组分脱除塔仿现场图

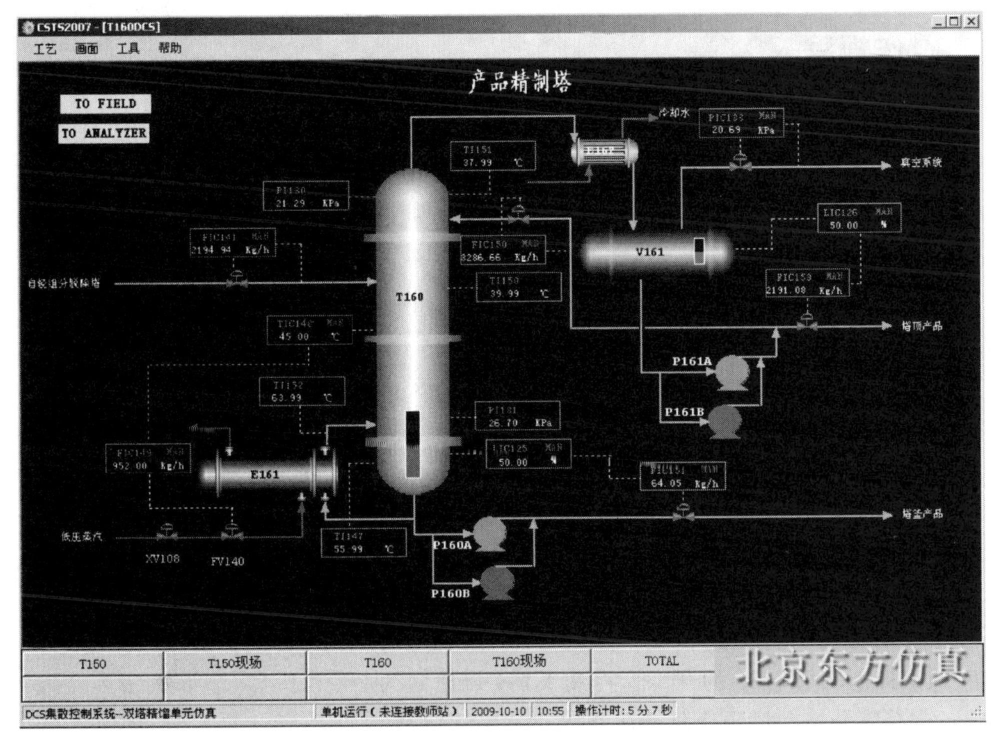

图 16-3 产品精制塔仿 DCS 图

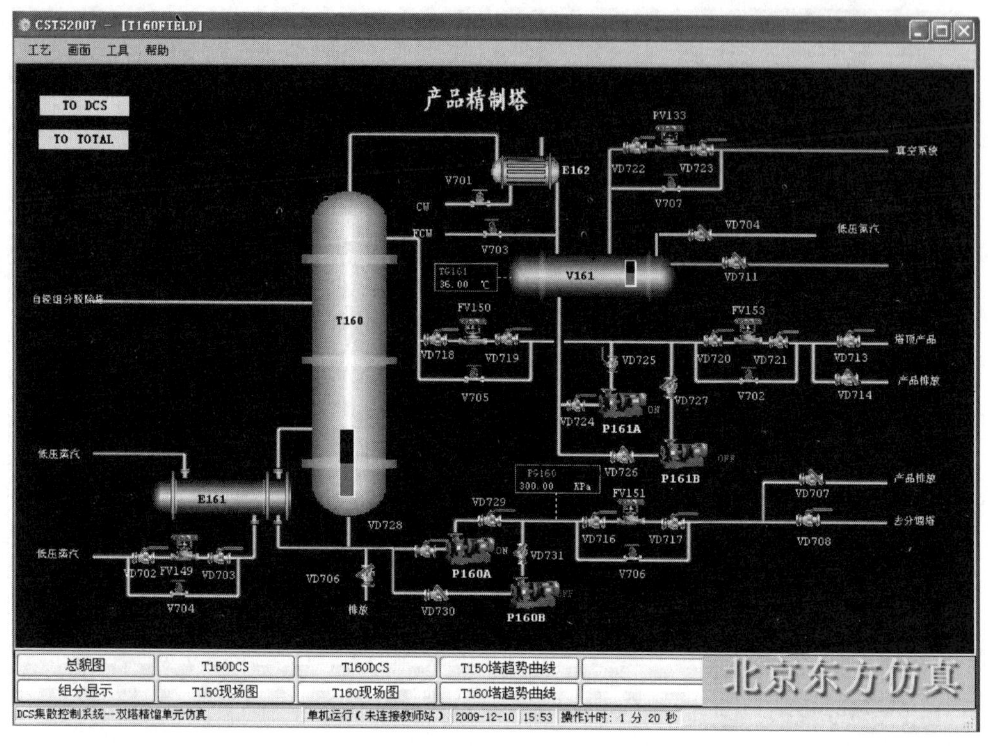

图 16-4　产品精制塔仿现场图

16.7 操作规程

16.7.1 冷态开车操作规程

本装置的开车状态为所有设备均经过吹扫试压，压力为常压，温度为环境温度，所有可操作的阀均处于关闭状态。

(1) 系统抽真空

① 打开压力控制阀 PV128 前阀 VD617，给 T150 系统抽真空。

② 打开压力控制阀 PV128 后阀 VD618，给 T150 系统抽真空。

③ 打开压力控制阀 PV128，给 T150 系统抽真空，直到压力接近 60kPa。

④ 打开压力控制阀 PV133 前阀 VD722，给 T160 系统抽真空。

⑤ 打开压力控制阀 PV133 后阀 VD723，给 T160 系统抽真空。

⑥ 打开压力控制阀 PV133，给 T160 系统抽真空，直到压力接近 20kPa。

⑦ V151 罐压力稳定在 61.33kPa 后，将 PIC128 设置为自动。

⑧ V161 罐压力稳定在 20.7kPa 后，将 PIC133 设置为自动。

⑨ 调节控制阀 PV128 的开度，控制 V151 罐压力为 61.33kPa。

⑩ 调节控制阀 PV133 的开度，控制 V161 罐压力为 20.7kPa。

(2) 产品精制塔及塔顶冷凝罐脱水

① 打开阀 VD711，引轻组分产品洗涤冷凝罐 V161。

② 待 V161 液位达到 10%后，打开 P161A 泵入口阀 VD724。

③ 启动 P161A。

④ 打开 P161A 泵出口阀 VD725。

⑤ 打开控制阀 FV150 及其前后阀 VD718、VD719，引轻组分洗涤 T160。

⑥ 待 T160 底部液位达到 5%后，关闭轻组分进料阀 VD711。

⑦ 待 V161 中洗液全部引入 T160 后，关闭 P161A 泵出口阀 VD725。

⑧ 关闭 P161A。

⑨ 关闭 P161A 泵入口阀 VD724。

⑩ 关闭控制阀 FV150。

⑪ 打开 VD706，将废洗液排出。

⑫ 洗涤液排放完毕后，关闭 VD706。

(3) 启动轻组分脱除塔

① 打开 E152 冷却水阀 V601，E152 投用。

② 打开 V405，进原料。

③ 当 T150 底部液位达到 25%后，打开 P150A 泵入口阀。

④ 启动 P150A。

⑤ 打开 P150A 泵出口阀。

⑥ 打开控制阀 FV141 及其前后阀 VD605、VD606。

⑦ 打开手阀 VD615，将 T150 底部物料排放至不合格罐，控制好塔液面。

⑧ 打开控制阀 FV140 及其前后阀 VD622、VD621，给 E151 引蒸汽。

⑨ 待 V151 液位达到 25%后，打开 P151A 泵入口阀。

⑩ 启动 P151A。

⑪ 打开 P151A 泵出口阀。

⑫ 打开控制阀 FV142 及其前后阀 VD602、VD603，给 T150 打回流。

⑬ 打开控制阀 FV144 及其前后阀 VD609、VD610。

⑭ 打开阀 VD614，将部分物料排至不合格罐。

⑮ 待 V151 水包液位达到 25%后，打开 FV145 及前后阀 VD611、VD612 向轻组分萃取塔排放。

⑯ 待 T150 操作稳定后，打开阀 VD613。

⑰ 同时关闭 VD614，将 V151 物料从产品排放改至轻组分萃取塔釜。

⑱ 关闭阀 VD615。

⑲ 同时打开阀 VD616，将 T150 底部物料由至不合格罐改去 T160 进料。

⑳ 控制 TG151 温度为 40℃。

㉑ 控制塔底温度 TI139 为 71℃。

(4) 启动产品精制塔

① 打开阀 V701，E162 冷却器投用。

② 待 T160 液位达到 25%后，打开 P160A 泵入口阀。

③ 启动 P160A。

④ 打开 P160A 泵出口阀。

⑤ 打开控制阀 FV151 及其前后阀 VD716、VD717。

⑥ 同时打开 VD707，将 T160 塔底物料送至不合格罐。
⑦ 打开控制阀 FV149 及其前后阀 VD702、VD703，向 E161 引蒸汽。
⑧ 待 V161 液位达到 25%后，打开回流泵 P161A 入口阀。
⑨ 启动回流泵 P161A。
⑩ 打开回流泵 P161A 出口阀。
⑪ 打开塔顶回流控制阀 FV150，打回流。
⑫ 打开控制阀 FV153 及其前后阀 VD720、VD721。
⑬ 打开阀 VD714，将 V161 物料送至不合格罐。
⑭ T160 操作稳定后，关闭阀 VD707。
⑮ 同时打开阀 VD708，将 T160 底部物料由至不合格罐改至分馏塔。
⑯ 关闭阀 VD714。
⑰ 同时打开阀 VD713，将合格产品由至不合格罐改至日罐。
⑱ 控制 TG161 温度为 36℃。
⑲ 控制塔底温度 TI147 为 56℃。
(5) 调节至正常
① 待 T150 塔操作稳定后，将 FIC142 设置为自动
② 设定 FIC142 为 2027kg/h。
③ 待 T160 塔操作稳定后，将 FIC150 设置为自动。
④ 设定 FIC150 为 3287kg/h。
⑤ 待 T150 塔灵敏板温度接近 70℃，且操作稳定后，将 TIC140 设置为自动。
⑥ 设定 TIC140 为 70℃。
⑦ FIC140 投串级。
⑧ 将 LIC121 设置为自动。
⑨ 设定 LIC121 为 50%。
⑩ FIC144 投串级。
⑪ 将 LIC123 设置为自动。
⑫ 设定 LIC123 为 50%。
⑬ FIC145 投串级。
⑭ 将 LIC119 设置为自动。
⑮ 设定 LIC119 为 50%。
⑯ FIC141 投串级。
⑰ 将 LIC126 设置为自动。
⑱ 设定 LIC126 为 50%。
⑲ FIC153 投串级。
⑳ 待 T160 塔灵敏板温度接近 45℃，且操作稳定后，将 TIC148 设置为自动。
㉑ 设定 TIC148 为 45℃。
㉒ FIC149 投串级。
㉓ 将 LIC125 设置为自动。
㉔ 设定 LIC125 为 50%。

㉕ FIC151 投串级。

16.7.2 正常操作规程

16.7.2.1 正常工况下工艺参数

① 塔顶采出量 FIC145 设为串级，设定值为 44 kg/h，LIC123 设自动，设定值为 50%。

② 塔釜采出量 FIC141 设为串级，设定值为 2194 kg/h，LIC119 设自动，设定值为 50%。

③ 塔顶采出量 FIC144 设为串级，设定值为 1241 kg/h。

④ 塔顶回流量 FIC142 设为自动，设定值为 2027 kg/h。

⑤ 塔顶回流罐压力 PIC128 设为自动，设定值为 61.66kPa。

⑥ 灵敏板温度 TIC140 设为自动，设定值为 70.32 ℃。FIC140 设为串级，设定值 896kg/h

⑦ 塔顶采出量 FIC153 设为串级，设定值为 2192 kg/h，LIC126 设自动，设定值为 50%。

⑧ 塔釜采出量 FIC151 设为串级，设定值为 64 kg/h，LIC125 设自动，设定值为 50%。

⑨ 塔顶回流量 FIC150 设为自动，设定值为 3287kg/h。

⑩ 塔顶回流罐压力 PIC133 设为自动，设定值为 20.69kPa。

⑪ 灵敏板温度 TIC148 设为自动，设定值为 45 ℃。FIC149 设为串级，设定值 952kg/h。

16.7.2.2 工艺生产指标的调整方法

（1）质量调节

本系统的质量调节采用以提馏段灵敏板温度作为主参数，以再沸器和加热蒸汽流量的调节系统，以实现对塔的分离质量控制。

（2）压力控制

在正常的压力情况下，由塔顶回流罐气体排放量来调节压力，当压力高于操作压力时，调节阀开度增大，以实现压力稳定。

（3）液位调节

塔釜液位由调节塔釜的产品采出量来维持恒定。设有高低液位报警。回流罐液位由调节塔顶产品采出量来维持恒定。设有高低液位报警。

（4）流量调节

进料量和回流量都采用单回路的流量控制，再沸器加热介质流量，由灵敏板温度调节。

16.7.3 正常停车操作规程

16.7.3.1 T150 降负荷

① 手动逐步关小调解阀 V405，使进料降至正常进料量的 70%。

② 保持灵敏板温度 TIC140 的稳定性。

③ 保持塔压 PIC128 的稳定性。

④ 关闭 VD613，停止塔顶产品采出。

⑤ 打开 VD614，将塔顶产品排至不合格罐。

⑥ 断开 LIC121 和 FIC144 的串级，手动开大 FV144，使液位 LIC121 降至 20%。

⑦ 液位 LIC121 降至 20%。

⑧ 断开 LIC123 和 FIC145 的串级，手动开大 FV145，使液位 LIC123 降至 20%。

⑨ 液位 LIC123 降至 20%。

⑩ 断开 LIC119 和 FIC119 的串级，手动开大 FV141，使液位 LIC119 降至 30%。

⑪ 液位 LIC119 降至 30%。

⑫ 对 T150 塔釜进行泄液。

16.7.3.2 T160 降负荷

① 关闭 VD616，停止塔釜产品采出。

② 打开 VD615，将塔顶产品排至不合格罐。

③ 关闭 VD708，停止塔釜产品采出。

④ 打开 VD707，将塔顶产品排至不合格罐。

⑤ 关闭 VD713，停止塔顶产品采出。

⑥ 打开 VD714，将塔顶产品排至不合格罐。

⑦ 断开 LIC126 和 FIC153 的串级，手动开大 FV153，使液位 LIC126 降至 20%。

⑧ 液位 LIC126 降至 20%。

⑨ 断开 LIC125 和 FIC151 的串级，手动开大 FV151，使液位 LIC125 降至 30%。

⑩ 液位 LIC125 降至 30%。

⑪ 对 T160 塔釜进行泄液。

16.7.3.3 停进料和再沸器

① 关闭调解阀 V405，停进料。

② 断开 FIC140 和 TIC140 的串级，关闭调节阀 FV140，停加热蒸汽。

③ 关闭 FV140 前截止阀 VD622。

④ 关闭 FV140 后截止阀 VD621。

⑤ 断开 FIC149 和 TIC148 的串级，关闭调节阀 FV149，停加热蒸汽。

⑥ 关闭 FV149 前截止阀 VD702。

⑦ 关闭 FV149 后截止阀 VD703。

16.7.3.4 T150 停回流

① 手动开大 FV142，将回流罐内液体全部打入精馏塔，以降低塔内温度。

② 当回流罐液位降至 0%，停回流，关闭调节阀 FV142。

③ 关闭 FV104 前截止阀 VD603。

④ 关闭 FV104 后截止阀 VD602。

⑤ 关闭泵 P151A 出口阀 VD624。

⑥ 停泵 P151A。

⑦ 关闭泵 P151A 入口阀 VD623。

16.7.3.5 T160 停回流

① 手动开大 FV150，将回流罐内液体全部打入精馏塔，以降低塔内温度。

② 当回流罐液位降至 0%，停回流，关闭调节阀 FV150。

③ 关闭 FV150 前截止阀 VD719。

④ 关闭 FV150 后截止阀 VD718。

⑤ 关闭泵 P161A 出口阀 VD725。

⑥ 停泵 P161A。

⑦ 关闭泵 P161A 入口阀 VD724。

16.7.3.6 降温

① 将 V151 水包水排净后将 FV145 关闭。

② 关闭 FV145 前阀 VD611。

③ 关闭 FV145 后阀 VD612。

④ 关闭泵 P150A 出口阀 VD628。

⑤ T150 底部物料排空后，停 P150A。

⑥ 关闭泵 P150A 入口阀 VD627。

⑦ 关闭泵 P160A 出口阀 VD729。

⑧ T160 底部物料排空后，停 P160A。

⑨ 关闭泵 P160A 入口阀 VD728。

16.7.3.7 系统打破真空

① 关闭控制阀 PV128 及其前后阀。

② 关闭控制阀 PV133 及其前后阀。

③ 打开阀 VD601，向 V151 充入 LN。

④ 打开阀 VD704，向 V161 充入 LN。

⑤ 直至 T150 系统达到常压状态，关闭阀 VD601，停 LN。

⑥ 直至 T160 系统达到常压状态，关闭阀 VD704，停 LN。

16.7.4 事故设置及处理

下列事故处理操作仅供参考，详细操作以评分系统为准。

16.7.4.1 停电

现象：泵停运。

原因：停电。

排除方法：紧急停车

16.7.4.2 停冷却水

现象：塔顶温度上升，塔顶压力升高。

原因：停冷却水。

排除方法：停车

16.7.4.3 停加热蒸汽

现象：塔釜温度持续下降。

原因：停加热蒸汽。

排除方法：停车

16.7.4.4 回流泵故障

现象：塔顶回流量减少，塔温度上升。

原因：回流泵停运。

排除方法：启动备用泵

16.7.4.5　塔釜出料调节阀卡

现象：塔釜液位上升。

原因：出料调节阀卡。

排除方法：打开旁路阀

16.7.4.6　原料液进料调节阀卡

现象：进料流量减少，塔温度升高。

原因：进料调节阀卡。

排除方法：打开旁路阀

16.7.4.7　热蒸汽压力过高

现象：热蒸汽流量增加，塔温度上升。

原因：热蒸汽压力过高。

排除方法：将控制阀设为手动，调小开度

16.7.4.8　回流控制阀卡

现象：回流量减少，塔温度升高。

原因：回流控制阀卡。

排除方法：打开旁路阀。

思　考　题

1. 按精馏方法分类，T150 属于哪种精馏？
2. 回流对精馏的意义是什么？试从本单元操作来分析。
3. 双塔精馏的核心设备有哪些？
4. T150 塔顶重组分偏高原因及处理方法。
5. T160 产品不合格的原因及处理方法。
6. T150 塔釜液位偏低原因及处理方法。
7. T160 塔釜液位偏低原因及处理方法。
8. 比较 T150 和 T160 精馏的异同点。

17

固定床反应器单元

17.1 实训目的

通过固定床反应器单元仿真实训，学生能够：

① 理解固定床反应器的工作原理，工艺流程；

② 掌握该系统的工艺参数调节方法及控制；

③ 熟练进行固定床反应器单元的冷态开车及正常停车操作，能对正常工况进行维护，能正确分析并排除操作过程中出现的典型事故。

17.2 工作原理

本仿真单元选用的是一种对外换热式气-固相催化反应器，热载体是丁烷。该固定床反应器取材于乙烯装置中催化加氢脱除乙炔（C_2 加氢）工段。在乙烯装置中，液态烃热裂解得到的裂解气中含乙炔 1000～5000mg/kg。为了获得聚合级的乙烯、丙烯，需将乙炔脱除至要求指标。催化选择加氢是最主要的方法之一。

在加氢催化剂存在下，C_2 馏分中的乙炔加氢为乙烯，就加氢可能性来说，可发生如下反应。

主反应

$$C_2H_2+H_2 \longrightarrow C_2H_4 \qquad \Delta H=-174.3\text{kJ/mol} \tag{1}$$

副反应

$$C_2H_2+2H_2 \longrightarrow C_2H_6 \qquad \Delta H=-311.0\text{kJ/mol} \tag{2}$$

$$mC_2H_4+nC_2H_2 \longrightarrow \text{低聚物（绿油）} \tag{3}$$

高温时，还可能发生裂解反应

$$C_2H_2 \longrightarrow 2C + H_2 \qquad \Delta H = -227.8\text{kJ/mol} \tag{4}$$

从生产的要求考虑，最好只希望发生式(1) 的反应，这样既能脱除原料中的乙炔，又增产了乙烯。式(2) 的反应是乙炔一直加氢到乙烷，但对乙烯的增产没有贡献，不如式(1) 的方式好。不希望发生式(3) 和式(4) 的反应。因此乙炔加氢要求催化剂对乙炔加氢的选择性要好。影响催化剂反应性能的主要因素有反应温度、原料中炔烃、双烯烃的含量、炔烃比、空速、一氧化碳、二氧化碳、硫等杂质的浓度。

17.3 工艺流程

17.3.1 工艺物料系统

本流程为利用催化加氢脱乙炔的工艺。乙炔是通过等温加氢反应器除掉的，反应器温度由壳侧中制冷剂温度控制。

冷却介质为液态丁烷，通过丁烷蒸发带走反应器中的热量，丁烷蒸气通过冷却水冷凝。

反应原料分两股，一股为约－15℃的以 C_2 为主的烃原料，进料量由流量控制器 FIC1425 控制；另一股为 H_2 与 CH_4 的混合气，温度约 10℃，进料量由流量控制器 FIC1427 控制。FIC1425 与 FIC1427 为比值控制，两股原料按一定比例在管线中混合后经原料气与反应气换热器（EH423）预热，再经原料预热器（EH424）预热到 38℃，进入固定床反应器（ER424A/B）。预热温度由温度控制器 TIC1466 通过调节预热器 EH424 加热蒸汽（S3）的流量来控制。

ER424A/B 中的反应原料在 2.523MPa、44℃下反应生成 C_2H_4。当温度过高时会发生 C_2H_4 聚合生成 C_4H_8 的副反应。反应器中的热量由反应器壳侧循环的加压 C_4 冷剂蒸发带走。C_4 蒸气在水冷器 EH429 中由冷却水冷凝，而 C_4 冷剂的压力由压力控制器 PIC1426 通过调节 C_4 蒸气冷凝回流量来控制，从而保持 C_4 冷剂的温度。

17.3.2 复杂控制和联锁系统

17.3.2.1 比值调节

工业上为了保持两种或两种以上物料的比例为一定值的调节叫比值调节。对于比值调节系统，首先是要明确哪种物料是主物料，而另一种物料按主物料来配比。在本单元中，FFI1427 为一比值调节器。FIC1425（以 C_2 为主的烃原料）为主物料，而 FIC1427（H_2）的量是随主物料（C_2 为主的烃原料）的量的变化，按一定的比例，相适应的调整 FIC1427（H_2）的流量。

17.3.2.2 联锁说明

（1）联锁源

① 现场手动紧急停车（紧急停车按钮）。

② 反应器温度高报（TI1467A/B＞66℃）。

（2）联锁动作

① 关闭氢气进料，FIC1427 设手动。

② 关闭加热器 EH424 蒸汽进料，TIC1466 设手动。

③ 闪蒸器冷凝回流控制 PIC1426 设手动，开度 100％。

④ 自动打开电磁阀 XV1426。

该联锁有一复位按钮。在复位前，应首先确定反应器温度已降回正常，同时处于手动状态的各控制点的设定值应设成最低值。

17.4 主要设备

固定床反应器单元主要设备见表 17-1。

表 17-1 固定床反应器单元主要设备

设备位号	设备名称	设备位号	设备名称
EH423	原料气与反应气换热器	EV429	C_4 闪蒸罐
EH424	原料气预热器	ER424A	C_2 加氢固定床反应器
EH429	C_4 蒸气冷凝器	ER424B	C_2 加氢备用固定床反应器

17.5 调节器、显示仪表及现场阀说明

17.5.1 调节器

固定床反应器单元调节器见表 17-2。

表 17-2 固定床反应器单元调节器

位号	所控调节阀位号	正常值	单位	正常工况
PIC1426	PV1426	2.523	MPa	投自动
TIC1466	TV1466	38	℃	投自动
FIC1425	FV1425	56186.8	t/h	投自动
FIC1427	FV1427	200	t/h	投串级

17.5.2 显示仪表

固定床反应器单元显示仪表见表 17-3。

表 17-3 固定床反应器单元显示仪表

位号	显示变量	正常值	单位
TI1467A	ER424A 温度	44	℃
TI1467B	ER424B 温度	44	℃
TI1426	EV429 温度	38	℃
PI1424A	ER424A 压力	2.523	MPa
PI1424B	ER424B 压力	2.523	MPa
LI1426	EV429 液位	50	%

17.5.3 现场阀

固定床反应器单元现场阀见表 17-4。

表 17-4 固定床反应器单元现场阀

位　　号	名　　称	位　　号	名　　称
VV1425	调节阀 FV1425 前阀	KXV1417	ER424B 排污阀
VV1426	调节阀 FV1425 后阀	KXV1418	ER424A/B 反应物出口总阀
VV1427	调节阀 FV1427 前阀	KXV1419	反应物放空阀
VV1428	调节阀 FV1427 后阀	KXV1420	EV429 的 C_4 进料阀
VV1429	调节阀 PV1426 前阀	KXV1422	EV429 的 C_4 出口阀
VV1430	调节阀 PV1426 后阀	KXV1423	ER424A 的 C_4 冷剂入口阀
KXV1402	调节阀 FV1425 旁通阀	KXV1424	ER424B 的 C_4 冷剂入口阀
KXV1404	调节阀 FV1427 旁通阀	KXV1425	ER424A 的 C_4 冷剂气出口阀
KXV1408	EH423 反应物入口阀	KXV1426	ER424B 的 C_4 冷剂气出口阀
KXV1411	EH424 原料气出口阀	KXV1427	EV429 的 C_4 冷剂气入口阀
KXV1412	ER424A 原料气入口阀	KXV1430	EH429 冷却水阀
KXV1413	ER424A 反应物出口阀	KXV1432	EH429 排污阀
KXV1414	ER424A 排污阀	KXV1434	调节阀 PV1426 旁通阀
KXV1415	ER424B 原料气入口阀	XV1426	电磁阀
KXV1416	ER424B 反应物出口阀		

17.6 流程图画面

本工艺单元流程图画面，如图 17-1、图 17-2 所示。

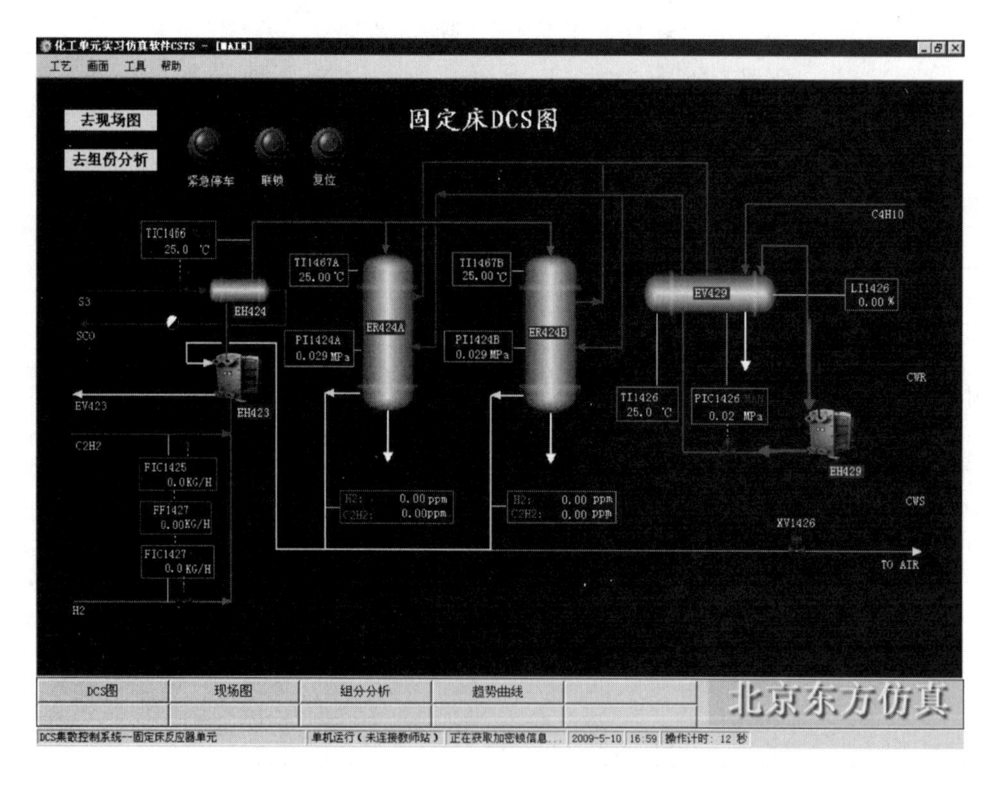

图 17-1 固定床反应器单元仿 DCS 图

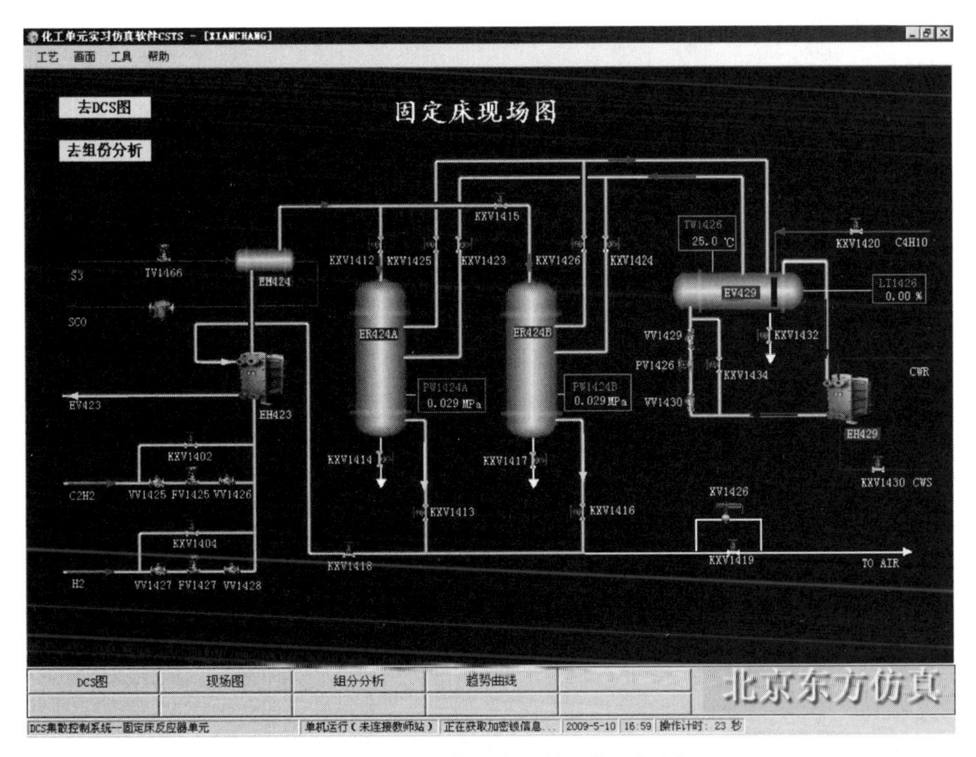

图 17-2 固定床反应器单元仿现场图

17.7 操作规程

17.7.1 冷态开车操作规程

装置的开工状态为反应器和闪蒸罐都处于已进行过氮气冲压置换后，保压在 0.03MPa 状态。可以直接进行实气冲压置换。

17.7.1.1 EV429 闪蒸罐充丁烷

① 确认 EV429 压力为 0.03 MPa。

② 打开 EV429 回流阀 PV1426 的前后阀 VV1429、VV1430。

③ 调节 PV1426（PIC1426）阀开度为 50%。

④ EH429 通冷却水，打开 KXV1430，开度为 50%。

⑤ 打开 EV429 的 C_4 进料阀门 KXV1420，开度为 50%。

⑥ 当 EV429 液位到达 50%时，关进料阀 KXV1420。

17.7.1.2 ER424A 反应器充丁烷

（1）确认事项

① 反应器 0.03 MPa 保压。

② EV429 液位到达 50%。

（2）充丁烷 打开丁烷冷剂进 ER424A 壳层的阀门 KXV1423，同时打开出 ER424A 壳层的阀门 KXV1425。

17.7.1.3 ER424A 启动

（1）启动前准备工作

① ER424A 壳层有液体流过。

② 打开 S3 蒸汽进料控制 TIC1466。

③ 调节 PIC1426 设定值，压力控制设定在 0.4MPa。

（2）ER424A 充压，实气置换

① 打开 FV1425 的前、后阀 VV1425、VV1426 和 KXV1412。

② 打开阀 KXV1418，开度 50%。

③ 缓慢打开 ER424A 出口阀 KXV1413，开度 50%，缓慢打开乙炔进料控制 FIC1425，缓慢提高 ER424A 压力，充压至 2.523MPa。

④ 慢开 ER424A 出料阀 KXV1413，充压至压力平衡，进料阀应为 50%，出料阀开度稍低于 50%。

⑤ 乙炔原料进料控制 FIC1425 设自动，设定值 56186.8kg/h。

（3）ER424A 配氢，调整丁烷冷剂压力

① 稳定反应器入口温度在 38.0℃，使 ER424A 升温。

② 当反应器温度接近 38.0℃（超过 32.0℃），准备配氢。打开 FV1427 的前、后阀 VV1427、VV1428。

③ 氢气进料控制 FIC1427 设自动，流量设定 80kg/h。

④ 观察反应器温度变化，当氢气量稳定 2 min 后，FIC1427 设手动。

⑤ 缓慢增加氢气量，注意观察反应器温度变化。

⑥ 氢气流量控制阀开度每次增加不超过 5%。

⑦ 氢气量最终加至 200kg/h 左右，此时 $H_2/C_2=2.0$，FIC1427 投串级。

⑧ 控制反应器温度 44.0℃左右。

17.7.2 正常操作规程

17.7.2.1 正常工况操作参数

① 正常运行时，反应器温度 44.0℃，压力控制在 2.523MPa。

② FIC1425 设自动，设定值 56186.8 t/h，FIC1427 设串级。

③ PIC1426 压力控制在 0.4MPa，EV429 温度控制在 38.0℃。

④ TIC1466 设自动，设定值 38.0℃。

⑤ ER424A 出口氢气浓度低于 50mg/kg，乙炔浓度低于 200mg/kg。

17.7.2.2 固定床反应器正常运行时反应器进出物流的组成和流量

固定床反应器正常运行时反应器进出物流的组成和流量见表 17-5。

17.7.2.3 ER424A 与 ER424B 间切换

① 关闭氢气进料。

② ER424A 温度下降低于 38.0℃后，打开 ER424B 的 C_4 冷剂入口、出口阀 KXV1424、KXV1426，关闭 ER424A 的 C_4 冷剂入口、出口阀 KXV1423、KXV1425。

③ 开 ER424B 的 C_2H_2 入口阀 KXV1415，微开 KXV1416。关 ER424A 的 C_2H_2 入口阀 KXV1412。

表 17-5 固定床反应器正常运行时反应器进出物流的组成和流量

物流号	1号		2号		3号		4号	
物流名称	C_2H_2 混合前		H_2 混合前		混合原料(ER424 入)		ER424 出料	
成分	kg/h	质量分数/%	kg/h	质量分数/%	kg/h	质量分数/%	kg/h	质量分数/%
H_2	0.0000	0.0000	147.8903	73.8825	147.8903	0.2623	0.0000	0.0000
CH_4	6.4089	0.0114	52.2784	26.1171	58.6873	0.1041	58.6873	0.1041
C_2H_4	47374.3977	84.3163	0.0007	0.0003	47374.3984	84.017	47374.3985	84.017
C_2H_6	7531.7587	13.4045	0.0000	0.0000	7531.7587	13.3569	8640.9357	15.3239
C_2H_2	961.2867	1.7108	0.0000	0.0000	961.2867	1.7048	0.0000	0.0000
CO_2	14.1559	0.0252	0.0000	0.0000	14.1559	0.0000	14.1559	0.0251
C_3H_6	292.1746	0.5200	0.0000	0.0000	292.1746	0.0000	292.1746	0.5181
C_3H_8	5.7944	0.0103	0.0000	0.0000	5.7944	0.0000	5.7944	0.0103
C_3H_4	0.8316	0.0015	0.0000	0.0000	0.8316	0.0000	0.8316	0.0015
$>C_4$	0.0020	0.0000	0.0000	0.0000	0.0020	0.0000	0.0020	0.0000
TOTAL	56186.8105	100.0000	200.1695	100.0000	56388.4800	100.0000	56386.8800	100.0000

17.7.2.4 ER424B 的操作

ER424B 的操作与 ER424A 操作相同。

17.7.3 停车操作规程

17.7.3.1 正常停车

(1) 关闭氢气进料阀

① FIC1427 打到手动。

② 关闭 FV1427、VV1427、VV1428。

(2) 关闭预热器 EH424 蒸汽进料阀 TV1466

① TIC1466 打到手动。

② 关闭预热器 EH424 蒸汽进料阀 TV1466。

(3) 全开闪蒸器回流阀 PV1426

① PIC1426 打到手动。

② 全开闪蒸器回流阀 PV1426。

(4) 逐渐关闭乙炔进料阀 FV1425

① FIC1425 打到手动。

② 逐渐关闭乙炔进料阀 FV1425，关闭 VV1425、VV1426。

(5) 逐渐开大 EH429 冷却水阀 KXV1430

① 逐渐开大 EH429 冷却水阀 KXV1430。

② 闪蒸器温度 TW1426 降至常温。

③ 反应器压力 PI1424A 降至常压。

④ 反应器温度 TI1467A 降至常温。

17.7.3.2 紧急停车

① 与停车操作规程相同。

② 也可按急停车按钮（在单元仿现场操作图上，如图 17-4 所示）。

ONTT：　　%

MATERIEL NAME	FEED (IN ER424)	PRODDCT (OUT ER424)
H_2	0.0000	0.0000
CH_4	0.0000	0.0000
C_2H_4	0.0000	0.0000
C_2H_6	0.0000	0.0000
C_2H_2	0.0000	0.0000

COMPONENT TABLE

图 17-4　固定床反应器单元仿分析图

17.7.4 仪表及报警

固定床反应器单元仪表及报警见表 17-6。

表 17-6　固定床反应器单元仪表及报警

位　号	说　明	类　型	量程高限	量程低限	工程单位	报警上限	报警下限
PIC1426	EV429 罐压力控制	PID	1.0	0.0	MPa	0.70	无
TIC1466	EH423 出口温控	PID	80.0	0.0	℃	43.0	无
FIC1425	C_2X 流量控制	PID	700000.0	0.0	t/h	无	无
FIC1427	H_2 流量控制	PID	300.0	0.0	t/h	无	无
FT1425	C_2X 流量	PV	700000.0	0.0	t/h	无	无
FT1427	H_2 流量	PV	300.0	0.0	t/h	无	无
TC1466	EH423 出口温度	PV	80.0	0.0	℃	43.0	无
TI1467A	ER424A 温度	PV	400.0	0.0	℃	48.0	无
TI1467B	ER424B 温度	PV	400.0	0.0	℃	48.0	无
PC1426	EV429 压力	PV	1.0	0.0	MPa	0.70	无
LI1426	EV429 液位	PV	100	0.0	%	80.0	20.0
AT1428	ER424A 出口氢浓度	PV	200000.0	0.0	mg/kg	无	无
AT1429	ER424A 出口乙炔浓度	PV	1000000.0	0.0	mg/kg	无	无
AT1430	ER424B 出口氢浓度	PV	200000.0	0.0	mg/kg	无	无
AT1431	ER424B 出口乙炔浓度	PV	1000000.0	0.0	mg/kg	无	无

17.7.5 事故设置及处理

17.7.5.1 氢气进料阀卡

（1）主要现象　氢气量无法自动调节。

（2）事故处理

① 降低 EH429 冷却水的量。

② 用旁通阀 KXV1404 手工调节氢气量。

17.7.5.2　预热器 EH424 阀卡

（1）主要现象　换热器出口温度超高。

（2）事故处理

① 增加 EH429 冷却水的量。

② 减少配氢量。

17.7.5.3　闪蒸罐压力调节阀卡

（1）主要现象　闪蒸罐压力，温度超高。

（2）事故处理

① 增加 EH429 冷却水的量。

② 用旁通阀 KXV1434 手工调节。

17.7.5.4　反应器漏气

（1）主要现象　反应器压力迅速降低。

（2）事故处理　停工。

17.7.5.5　EH429 冷却水进口阀卡

（1）主要现象　闪蒸罐压力、温度超高。

（2）事故处理　停工。

17.7.5.6　反应器超温

（1）主要现象　反应器温度超高，会引发乙烯聚合的副反应。

（2）事故处理　增加 EH429 冷却水的量。

思　考　题

1. 结合本单元说明比例控制的工作原理。

2. 什么叫催化剂床层“飞温”？引起“飞温”的原因有哪些？“飞温”有什么危害？一旦发生“飞温”现象，如何操作与调整？

3. 为什么要严格控制进料气中的氢气含量？如何控制？

4. 为什么是根据乙炔的进料量调节配氢气的量，而不是根据氢气的量调节乙炔的进料量？

5. 什么叫催化剂中毒？一旦发生催化剂中毒，应如何操作？

6. 根据本单元实际情况，说明反应器冷却剂的自循环原理。

7. 观察在 EH429 冷凝器的冷却水中断后会造成的结果。

8. 结合本单元实际，理解“联锁”和“联锁复位”的概念。

9. 冷态开车前为何要充氮气？

10. 什么情况下实施紧急停车？

11. 固定床的压力对反应有什么影响？为什么 C_2 加氢系统的操作压力必须保持在规定值？

18

流化床反应器单元

18.1 实训目的

通过流化床反应器单元仿真实训，学生能够：

① 理解流化床反应器的工作原理，工艺流程；

② 掌握该系统的工艺参数调节方法及控制；

③ 熟练进行流化床反应器单元的冷态开车及正常停车操作，能对正常工况进行维护，能正确分析并排除操作过程中出现的典型事故。

18.1 动画　流化床反应器结构展示

18.2 动画　流化床反应器原理展示

18.2 工作原理

本流化床反应器取材于 HIMONT 工艺本体聚合装置，用于生产高抗冲击共聚物。乙烯、丙烯以及反应混合气在一定的温度 70℃，一定的压力 1.35MPa 下，通过具有剩余活性的干均聚物（聚丙烯）的引发，在流化床反应器里进行反应，同时加入氢气以改善共聚物的本征黏度，生成高抗冲击共聚物。主要原料：乙烯，丙烯，具有剩余活性的干均聚物（聚丙烯），氢气；主产物：高抗冲击共聚物（具有乙烯和丙烯单体的共聚物）；副产物：无。反应方程式

$$nC_2H_4 + nC_3H_6 \longrightarrow -\!\!\left[C_2H_4-C_3H_6\right]_n\!\!-$$

18.3 工艺流程

具有剩余活性的干均聚物（聚丙烯），在压差作用下自闪蒸罐D301流到该气相共聚反应器R401。在气体分析仪的控制下，氢气被加到乙烯进料管道中，以改进聚合物的本征黏度，满足加工需要。

聚合物从顶部进入流化床反应器，落在流化床的床层上。流化气体（反应单体）通过一个特殊设计的栅板进入反应器。由反应器底部出口管路上的控制阀来维持聚合物的料位。聚合物料位决定了停留时间，从而决定了聚合反应的程度，为了避免过度聚合的鳞片状产物堆积在反应器壁上，反应器内配置一转速较慢的刮刀，以使反应器壁保持干净。栅板下部夹带的聚合物细末，用一台小型旋风分离器S401除去，并送到下游的袋式过滤器中。

所有未反应的单体循环返回到流化压缩机的吸入口。来自乙烯汽提塔顶部的回收气相与气相反应器出口的循环单体汇合，而补充的氢气、乙烯和丙烯加入到压缩机排出口。循环气体用工业色谱仪进行分析，调节氢气和丙烯的补充量。然后调节补充的丙烯进料量以保证反应器的进料气体满足工艺要求的组成。

用脱盐水作为冷却介质，用一台立式列管式换热器将聚合反应热移出。该热交换器位于循环气体压缩机之前。

共聚物的反应压力约为1.4MPa，70℃，注意，该系统压力位于闪蒸罐压力和袋式过滤器压力之间，从而在整个聚合物管路中形成一定压力梯度，以避免容器间物料的返混并使聚合物向前流动。

18.4 主要设备

流化床反应器单元主要设备见表18-1。

表18-1　流化床反应器单元主要设备

设备位号	设备名称	设备位号	设备名称
A401	R401的刮刀	P401	开车加热泵
C401	R401循环压缩机	R401	共聚反应器
E401	R401气体冷却器	S401	R401旋风分离器
E409	夹套水加热器		

18.5 调节器、显示仪表及现场阀说明

18.5.1 调节器

流化床反应器单元调节器见表18-2。

表18-2　流化床反应器单元调节器

位号	所控调节阀位号	正常值	单位	正常工况
AC402	FV402	0.18		投自动
AC403	FV404	0.38		投自动
FC402	FV402	0.35	kg/h	投串级

续表

位　　号	所控调节阀位号	正　常　值	单　　位	正常工况
FC403	FV403	567.0	kg/h	投自动
FC404	FV404	400.0	kg/h	投串级
HC402		40	%	投自动
HC403	HV403	40	%	投自动
HC451	HV451	0.0	%	投自动
LC401	LV401	60.0	%	投串级
PC402	PV402	1.4	MPa	投自动
PC403	LV401	1.35	MPa	投自动
TC401	A	70.0	℃	投自动
	B			
TC451	A	50.0	℃	投串级
	B			

18.5.2 显示仪表

流化床反应器单元显示仪表见表 18-3。

表 18-3　流化床反应器单元显示仪表

位　　号	显示变量	正常值	单　　位
AI40111	R401 未反应气体中的 H_2 含量	0.0617	%
AI40121	R401 未反应气体中的 C_2H_4 含量	0.3487	%
AI40131	R401 未反应气体中的 C_2H_6 含量	0.0026	%
AI40141	R401 未反应气体中的 C_3H_6 含量	0.58	%
AI40151	R401 未反应气体中的 C_3H_8 含量	0.0006	%
FI401	E401 循环水入口流量	56.0	t/h
FI405	R401 原料气进料流量	120.0	t/h
LI402	水罐液位	95	%
TI403	E401 循环气出口温度	60.0	℃
TI404	R401 原料气进料温度	60.0	℃
TI405/1	E401 循环水入口温度	45.0	℃
TI405/2	E401 循环水出口温度	50.0	℃
TI406	E401 循环水出口温度	50.0	℃

18.5.3 现场阀

流化床反应器单元现场阀见表 18-4。

表 18-4　流化床反应器单元现场阀

位　　号	名　　称	位　　号	名　　称
TMP16	S401 进口阀	V4030	水罐进水阀
TMP17	系统充氮阀	V4031	氮封阀
TMP18	排放阀	V4032	泵 P401 入口阀
TMP20	来自 D031 的具有活性聚丙烯进料阀	V4034	泵 P401 出口阀
V4010	汽提乙烯进料阀	V4035	循环水阀

18.6 流程图画面

本工艺单元流程图画面，如图 18-1、图 18-2 所示。

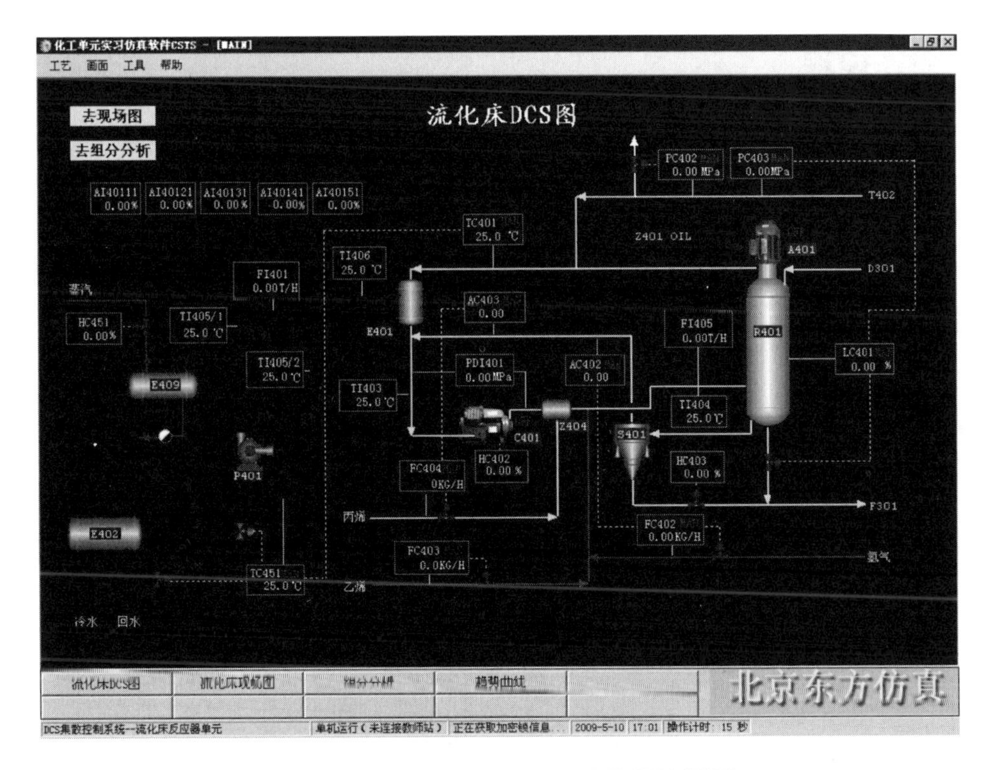

DCS FLOW DIAGRAM OF FLUIDBED REACTOR

图 18-1 流化床反应器单元仿 DCS 图

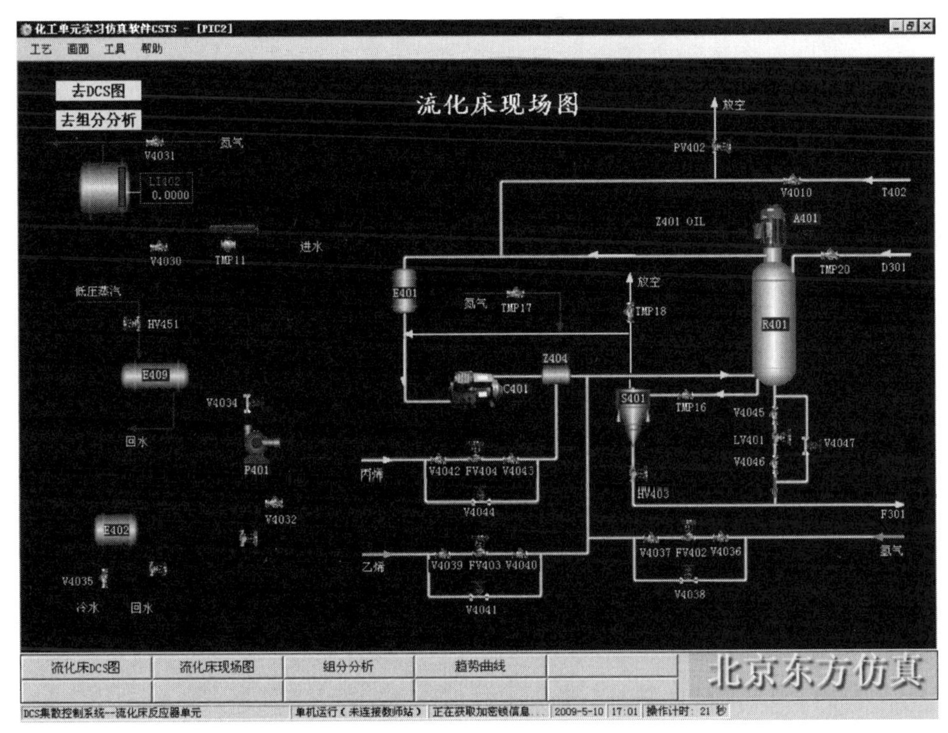

SPOT FLOW DIAGRAM OF FLUIDBED REACTOR

图 18-2 流化床反应器单元仿现场图

18.7 操作规程

18.7.1 冷态开车规程

18.7.1.1 开车准备

准备工作包括系统中用氮气充压，循环加热氮气，随后用乙烯对系统进行置换（按照实际正常的操作，用乙烯置换系统要进行两次，考虑到时间关系，只进行一次）。这一过程完成之后，系统将准备开始单体开车。

（1）系统氮气充压加热

① 充氮。打开充氮阀 TMP17，用氮气给反应器系统充压，当系统压力达 0.7MPa 时，关闭充氮阀。

② 当氮气充压至 0.1MPa 时，按照正确的操作规程，启动 C401 共聚循环气体压缩机，将导流叶片（HIC402）定在 40%。

③ 环管充液。启动压缩机后，开进水阀 V4030，给水罐充液，开氮封阀 V4031。

④ 当水罐液位大于 10%时，开 P401 泵入口阀 V4032，启动 P401 泵，调节泵出口阀 V4034 至 60%开度。打开反应器至 S401 进口阀 TMP16。

⑤ 手动开低压蒸汽阀 HC451，启动加热器 E409，加热循环氮气。

⑥ 打开循环水阀 V4035。

⑦ 当循环氮气温度 TC401 达到 70℃时，TC451 投自动，调节其设定值，维持氮气温度 TC401 在 70℃左右。

（2）氮气循环

① 当反应系统压力达 0.7MPa 时，关充氮阀 TMP17。

② 在不停压缩机的情况下，用 PIC402 和排放阀 TMP18 给反应系统泄压至 0.0MPa。

③ 在充氮泄压操作中，不断调节 TC451 设定值，维持 TC401 温度在 70℃左右。

（3）乙烯充压

① 当系统压力降至 0.0MPa 时，关闭排放阀 PV402，关闭排放阀 TMP18。

② 打开 FV403 前阀 V4039，后阀 V4040。由 FC403 开始乙烯进料，乙烯进料量设定在 567.0kg/h 时投自动调节，乙烯使系统压力充至 0.25MPa。

18.7.1.2 干态运行开车

本规程旨在聚合物进入之前，共聚集反应系统具备合适的单体浓度，另外通过该步骤也可以在实际工艺条件下，预先对仪表进行操作和调节。

（1）反应进料

① 当乙烯充压至 0.25MPa 时，打开 FV402 前阀 V4036、后阀 V4037，启动氢气的进料阀 FC402，氢气进料设定在 0.102kg/h，FC402 投自动控制。

② 当系统压力升至 0.5MPa 时，打开 FV404 的前阀 V4042、后阀 V4043，启动丙烯进料阀 FC404，丙烯进料设定在 400kg/h，FC404 投自动控制。

③ 打开汽提乙烯进料阀 V4010。

④ 当系统压力升至 0.8MPa 时，打开旋风分离器 S401 底部调节器 HC403 至 20%开度，维持系统压力缓慢上升。

（2）准备接收 D301 来的均聚物

① 再次加入丙烯，将 FV404 改为手动。使 FV404 开度为 85%。

② 当 AC402 和 AC403 平稳后，调节 HC403 开度至 25%。

③ 启动共聚反应器的刮刀，准备接收从闪蒸罐（D301）来的均聚物。

18.7.1.3　共聚反应物的开车

① 确认系统温度 TC451 维持在 70℃左右。

② 当系统压力升至 1.2MPa 时，开大 HC403 开度在 40%，打开 V4045、V4046，打开 LV401 在 20%～25%，以维持流态化。

③ 打开来自 D301 的均聚物进料阀 TMP20。

④ 停低压加热蒸汽，关闭 HV451。

18.7.1.4　稳定状态的过渡

（1）反应器的液位

① 随着 R401 料位的增加，系统温度将升高，及时降低 TC451 的设定值，不断移走反应热，维持 TC401 温度在 70℃左右。

② 调节反应系统压力在 1.35MPa 时，PC402 自动控制。

③ 当液位达到 60%时，将 LC401 设置投自动。

④ 随系统压力的增加，料位将缓慢下降，PC402 调节阀自动开大，为了维持系统压力在 1.35MPa，缓慢提高 PC402 的设定值至 1.40MPa。

⑤ 当 LC401 在 60%投自动控制后，调节 TC451 的设定值，待 TC401 稳定在 70℃左右时，TC401 与 TC451 串级控制。

（2）反应器压力和气相组成控制

① 压力和组成趋于稳定时，将 LC401 和 PC403 投串级。

② FC404 和 AC403 串级联结。

③ FC402 和 AC402 串级联结。

18.7.2　正常操作规程

正常工况操作参数

① FC402，调节氢气进料量（与 AC402 串级），正常值：0.35kg/h。

② FC403，单回路调节乙烯进料量，正常值：567.0kg/h。

③ FC404，调节丙烯进料量（与 AC403 串级），正常值：400.0kg/h。

④ PC402，单回路调节系统压力，正常值：1.4MPa。

⑤ PC403，主回路调节系统压力，正常值：1.35MPa。

⑥ LC401，反应器料位（与 PC403 串级），正常值：60%。

⑦ TC401，主回路调节循环气体温度，正常值：70℃。

⑧ TC451，分程调节取走反应热量（与 TC401 串级），正常值：50℃。

⑨ AC402，主回路调节反应产物中 H_2/C_2 之比，正常值：0.18。

⑩ AC403，主回路调节反应产物中 $C_2/(C_3+C_2)$ 之比，正常值：0.38。

18.7.3　停车操作规程

18.7.3.1　正常停车

（1）降反应器料位

① 关闭来自 D301 的活性聚丙烯进料阀 TMP20。

② 手动缓慢调节反应器料位（调节 LV401）。
③ 反应器料位小于 10%。
（2）关闭乙烯进料，保压
① 当反应器料位降至 10%，关乙烯进料阀 FV403。
② 关闭 FV403 前阀 V4039。
③ 关闭 FV403 后阀 V4040。
④ 料位降到为零。
⑤ 当反应器料位降至 0，关反应器出口阀 LV401。
⑥ 关闭 LV401 前阀 V4045。
⑦ 关闭 LV401 后阀 V4046。
⑧ 关旋风分离器 S401 上的出口阀 HV403。
（3）关丙烯及氢气进料
① 手动切断丙烯进料阀 FV404。
② 关闭 FV404 前阀 V4042。
③ 关闭 FV404 后阀 V4043。
④ 手动切断氢气进料阀 FV402。
⑤ 关闭 FV402 前阀 V4036。
⑥ 关闭 FV402 后阀 V4037。
⑦ PV402 开度>80，排放导压至火炬。
⑧ 压力卸掉。
⑨ 压力卸掉，关闭 PV402。
⑩ 停反应器刮刀 A401。
（4）氮气吹扫
① 打开 TMP17，将氮气加入该系统。
② 氮气加入该系统压力到 0.35MPa，关闭 TMP17。
③ 打开 PV402 放火炬。
④ 停压缩机 C401。

18.7.3.2 紧急停车

紧急停车操作规程同正常停车操作规程。

18.7.4 仪表及报警

流化床反应器单元仪表及报警见表 18-5。

表 18-5 流化床反应器单元仪表及报警

位号	说明	类型	正常值	量程高限	量程低限	工程单位	高报	低报	高高报	低低报
FC402	氢气进料流量	PID	0.35	5.0	0.0	kg/h				
FC403	乙烯进料流量	PID	567.0	1000.0	0.0	kg/h				
FC404	丙烯进料流量	PID	400.0	1000.0	0.0	kg/h				
PC402	R401 压力	PID	1.40	3.0	0.0	MPa				

续表

位号	说　明	类型	正常值	量程高限	量程低限	工程单位	高报	低报	高高报	低低报
PC403	R401 压力	PID	1.35	3.0	0.0	MPa				
LC401	R401 液位	PID	60.0	100.0	0.0	%				
TC401	R401 循环气温度	PID	70.0	150.0	0.0	℃				
FI401	E401 循环水流量	AI	36.0	80.0	0.0	t/h				
FI405	R401 气相进料流量	AI	120.0	250.0	0.0	t/h				
TI402	循环气 E401 入口温度	AI	70.0 0.0	150.0	0.0	℃				
TI403	E401 出口温度	AI	65.0	150.0	0.0	℃				
TI404	R401 入口温度	AI	75.0	150.0	0.0	℃				
TI405/1	E401 入口水温度	AI	60.0	150.0	0.0	℃				
TI405/2	E401 出口水温度	AI	70.0	150.0	0.0	℃				
TI406	E401 出口水温度	AI	70.0	150.0	0.0	℃				

18.7.5 事故设置及处理

18.7.5.1 P401 泵停

（1）主要现象　温度调节器 TC451 急剧上升，然后 TC401 随之升高。

（2）事故处理

① 调节丙烯进料阀 FV404，增加丙烯进料量。

② 调节压力调节器 PC402，维持系统压力。

③ 调节乙烯进料阀 FV403，维持 C_2/C_3 比。

18.7.5.2 压缩机 C401 停

（1）主要现象　系统压力急剧上升。

（2）事故处理

① 关闭催化剂来料阀 TMP20。

② 手动调节 PC402，维持系统压力。

③ 手动调节 LC401，维持反应器料位。

18.7.5.3 丙烯进料阀卡

（1）主要现象　丙烯进料量为 0.0。

（2）事故处理

① 手动关小乙烯进料量，维持 C_2/C_3 比。

② 关催化剂来料阀 TMP20。

③ 手动关小 PV402，维持压力。

④ 手动关小 LC401，维持料位。

18.7.5.4 乙烯进料阀卡

（1）主要现象　乙烯进料量为 0.0。

（2）事故处理

① 手动关丙烯进料，维持 C_2/C_3 比。

② 手动关小氢气进料，维持 H_2/C_2 比。

18.7.5.5 催化剂阀关

（1）主要现象 催化剂阀显示关闭状态。

（2）事故处理

① 手动关闭 LV401。

② 手动关小丙烯进料。

③ 手动关小乙烯进料。

④ 手动调节压力。

思 考 题

1. 在开车及运行过程中，为什么一直要保持氮封？
2. 熔融指数（MFR）表示什么？氢气在共聚过程中起什么作用？试描述 AC402 指示值与 MFR 的关系？
3. 气相共聚反应的温度为什么绝对不能偏离所规定的温度？
4. 气相共聚反应的停留时间是如何控制的？
5. 气相共聚反应器的流态化是如何形成的？
6. 冷态开车时，为什么要首先进行系统氮气充压加热？
7. 什么叫流化床？与固定床相比有什么特点？
8. 请解释以下概念：共聚、均聚、气相聚合、本体聚合。
9. 请简述本培训单元所选流程的反应机理。

19

真空系统单元

19.1 实训目的

通过真空系统单元仿真实训，学生能够：

① 理解真空系统的工作原理，工艺流程；

② 掌握该系统的工艺参数调节方法及控制；

③ 熟练进行真空系统单元的冷态开车及正常停车操作，能对正常工况进行维护，能正确分析并排除操作过程中出现的典型事故。

19.2 工作原理

19.2.1 液环真空泵简介及工作原理

水环真空泵（简称水环泵）是一种粗真空泵，它所能获得的极限真空为2000～4000Pa，串联大气喷射器可达270～670Pa。水环泵也可用作压缩机，称为水环式压缩机，属于低压压缩机，其压力范围为（1～2）×10^5Pa表压力。

水环泵最初用作自吸水泵，后来逐渐用于石油、化工、机械、矿山、轻工、医药及食品等许多工业部门。在工业生产的许多工艺过程中，如真空过滤、真空引水、真空送料、真空蒸发、真空浓缩、真空回潮和真空脱气等，水环泵得到广泛的应用。由于真空应用技术的飞跃发展，水环泵在粗真空获得方面一直被人们所重视。由于水环泵中气体压缩是等温的，故可抽除易燃、易爆的气体，此外还可抽除含尘、含水的气体，因此，水环泵应用日益增多。

在泵体中装有适量的水作为工作液。当叶轮按顺时针方向旋转时，水被叶轮抛向四周，由于离心力的作用，水形成了一个决定于泵腔形状的近似于等厚度的封闭圆环。水环的下部分内表面恰好与叶轮轮毂相切，水环的上部内表面刚好与叶片顶端接触（实际上叶片在水环内有一定的插入深度）。此时叶轮轮毂与水环之间形成一个月牙形空间，而这一空间又被叶轮分成和叶片数目相等的若干个小腔。如果以叶轮的下部 0°为起点，那么叶轮在旋转前180°时小腔的容积由小变大，且与端面上的吸气口相通，此时气体被吸入，当吸气终了时小腔则与吸气口隔绝；当叶轮继续旋转时，小腔由大变小，使气体被压缩；当小腔与排气口相通时，气体便被排出泵外。

水环泵是靠泵腔容积的变化来实现吸气、压缩和排气的，因此它属于变容式真空泵。

19. 2. 2 蒸汽喷射泵简介及工作原理

水蒸气喷射泵是依靠从拉瓦尔喷嘴中喷出的高速水蒸气流来携带气的，故有如下特点。

① 该泵无机械运动部分，不受摩擦、润滑、振动等条件限制，因此可制成抽气能力很大的泵。工作可靠，使用寿命长。只要泵的结构材料选择适当，对于排除具有腐蚀性气体、含有机械杂质的气体以及水蒸气等场合极为有利。

② 结构简单、重量轻，占地面积小。

③ 工作蒸汽压力为（4～9）$\times 10^5$ Pa。

因水蒸气喷射泵具有上述特点，所以广泛用于冶金、化工、医药、石油以及食品等工业部门。喷射泵是由工作喷嘴和扩压器及混合室相连而组成。工作喷嘴和扩压器这两个部件组成了一条断面变化的特殊气流管道。气流通过喷嘴可将压力能转变为动能。工作蒸汽压力 p_0 和泵的出口压力 p_4 之间的压力差，使工作蒸汽在管道中流动。在这个特殊的管道中，蒸汽经过喷嘴的出口到扩压器入口之间的这个区域（混合室），由于蒸汽流处于高速而出现一个负压区。此处的负压要比工作蒸汽压力 p_0 和反压力 p_4 低得多。此时，被抽气体吸进混合室，工作蒸汽和被抽气体相互混合并进行能量交换，把工作蒸汽由压力能转变来的动能传给被抽气体，混合气流在扩压器扩张段某断面产生正激波，波后的混合气流速度降为亚音速，混合气流的压力上升。亚音速的气流在扩压器的渐扩段流动时是降速增压的。混合气流在扩压器出口处，压力增加，速度下降，故喷射泵也是一台气体压缩机。

19. 3 工艺流程

该工艺主要完成三个塔体系统真空抽取。液环真空泵 P416 系统负责 A 塔系统真空抽取，正常工作压力为 26.6kPa，并作为 J451、J441 喷射泵的二级泵。J451 是一个串联的二级喷射系统，负责 C 塔系统真空抽取，正常工作压力为 1.33kPa。J441 为单级喷射泵系统，抽取 B 塔系统真空，正常工作压力为 2.33kPa。被抽气体主要成分为可冷凝气相物质和水。由 D417 气水分离后的液相提供给 P416 灌泵，提供所需液环液相补给；气相进入换热器 E417，冷凝出的液体回流至 D417，E417 出口气相进入焚烧单元。生产过程中，主要通过调节各泵进口回流量或泵前被抽工艺气体流量来调节压力。

J441 和 J451A/B 两套喷射真空泵分别负责抽取塔 B 区和 C 区，中压蒸汽喷射形成负压，抽取工艺气体。蒸汽和工艺气体混合后，进入 E418、E419、E420 等冷凝器。在冷凝器内大量蒸汽和带水工艺气体被冷凝后，流入 D425 封液罐。未被冷凝的气体一部分作为液环真空泵 P416 的入口回流，一部分作为自身入口回流，以便压力控制调节。

D425 主要作用是为喷射真空泵系统提供封液。防止喷射泵喷射被压过大而无法抽取真空。开车前应该为 D425 灌液，当液位超过大气腿最下端时，方可启动喷射泵系统。

19.4 主要设备

真空系统单元主要设备见表 19-1。

表 19-1 真空系统单元主要设备

设备位号	设备名称	设备位号	设备名称	设备位号	设备名称
D416	压力缓冲罐	E417	换热器	J441	蒸汽喷射泵
D441	压力缓冲罐	E418	换热器	J451A	蒸汽喷射泵
D451	压力缓冲罐	E419	换热器	J451B	蒸汽喷射泵
D417	气液分离罐	E420	换热器		
E416	换热器	P416	液环真空泵		

19.5 调节器、显示仪表及现场阀说明

19.5.1 调节器

真空系统单元调节器见表 19-2。

表 19-2 真空系统单元调节器

位　号	正常值	单　位	正常工况
PIC4010	26.6	kPa	投自动
PIC4035	3.33	kPa	投自动
PIC4042	1.33	kPa	投自动

19.5.2 显示仪表

真空系统单元显示仪表见表 19-3。

表 19-3 真空系统单元显示仪表

位　号	显示变量	正常值	单　位
TI4161	E416 出口温度	8.17	℃
LI4161	D417 液位	68.78	%
LI4162	D425 左室液位	80.84(≥50)	%
LI4163	D425 右室液位	≤50	%

19.5.3 现场阀

真空系统单元现场阀见表 19-4。

表 19-4 真空系统单元现场阀

位号	名称	位号	名称
V416	液环泵 P416A 进料阀	V4103	E420 循环水进口阀
V441	进料阀	VD4103	E420 循环水出口阀
V451	进口阀	V425	D425 进水阀
V4105	D417 冷却水进料阀	VD4161A	P416A 前阀
V417	E416 进口阀	VD4162A	P416A 后阀
VD417	E416 出口阀	VD4161B	P416B 前阀
V418	E417 冷冻水进口阀	VD4162B	P416B 后阀
VD418	E417 冷冻水出口阀	VD4202	PV4010 旁路阀
V4109	D417 底部阀	VD4202	PV4010 前阀
V4104	E418 进口阀	VD4203	PV4010 后阀
VD4104	E418 出口阀	V4204	PV4035 旁路阀
V4102	E419 循环水进口阀	VD4205	PV4035 前阀
VD4102	E419 循环水出口阀	VD4206	PV4035 后阀
V4207	PV4042 旁路阀	V426	D425 左室出水阀
VD4208	PV4042 前阀	V427	D425 右室出水阀
VD4209	PV4042 后阀		

19.5.4 控制说明

19.5.4.1 压力回路调节

PIC4010 检测压力缓冲罐 D416 内压力，调节 P416 进口前回路控制阀 PV4010 开度，调节 P416 进口流量。PIC4035 和 PIC4042 调节压力机理同 PIC4010。

19.5.4.2 D417 内液位控制

采用浮阀控制系统，当液位低于 50%时，浮球控制的阀门 V4105 自动打开。在阀门 V4105 打开的条件下，自动为 D417 内加水，满足 P416 灌液所需水位。当液位高于 68.78%时，液体溢流至工艺废水区，确保 D417 内始终有一定液位。

19.6 流程图画面

本工艺单元流程图画面，如图 19-1～图 19-6 所示。

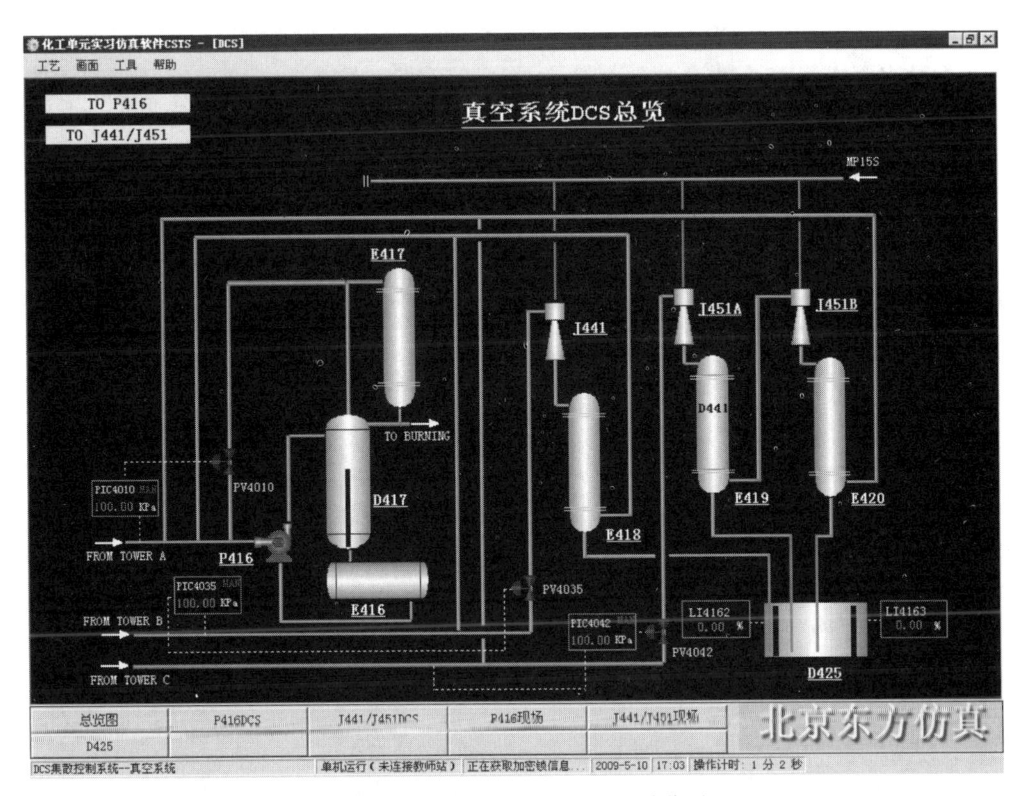

图 19-1 真空系统单元仿 DCS 总览图

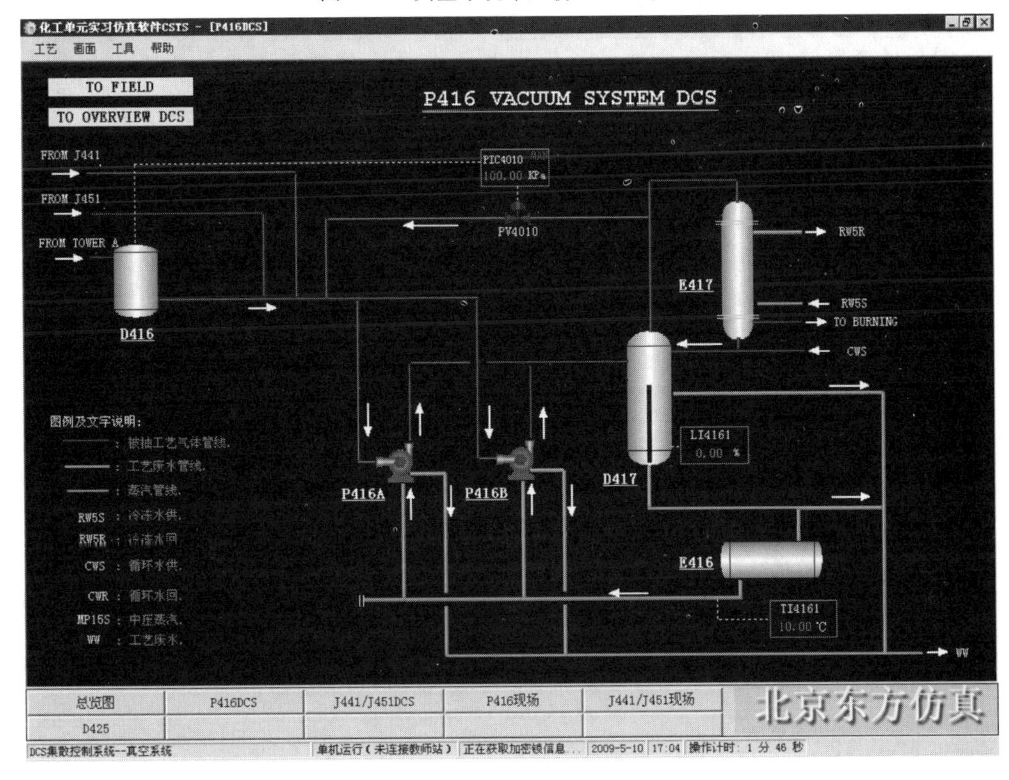

图 19-2 P416 真空系统单元仿 DCS 图

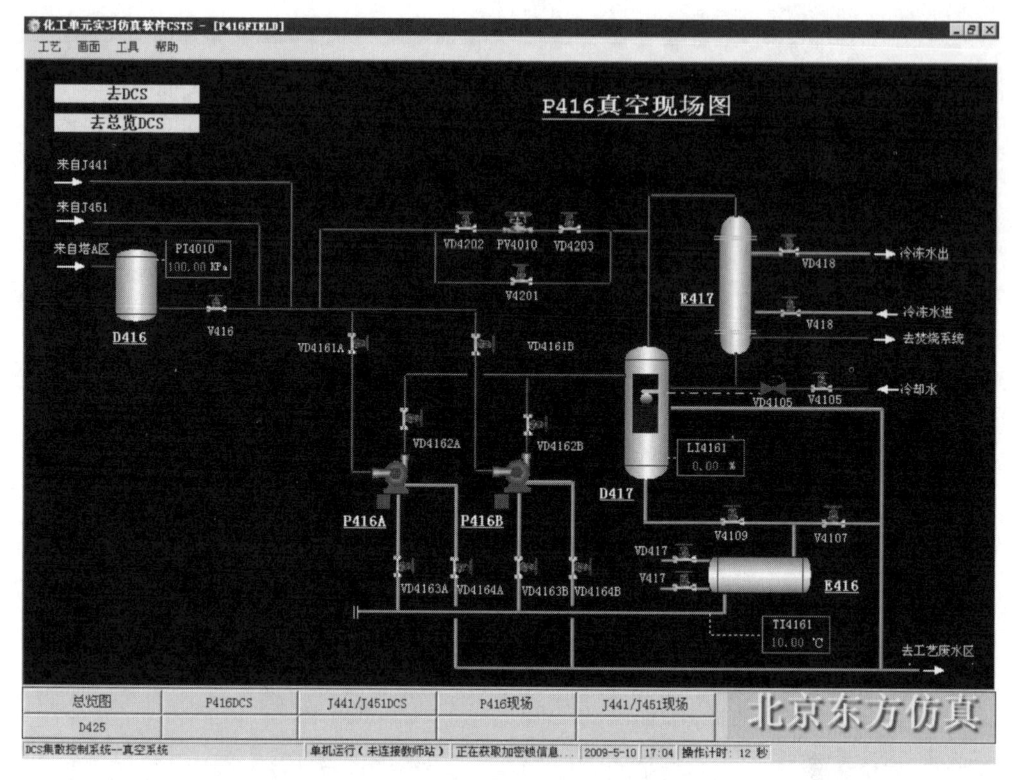

图 19-3 P416 真空系统单元仿现场图

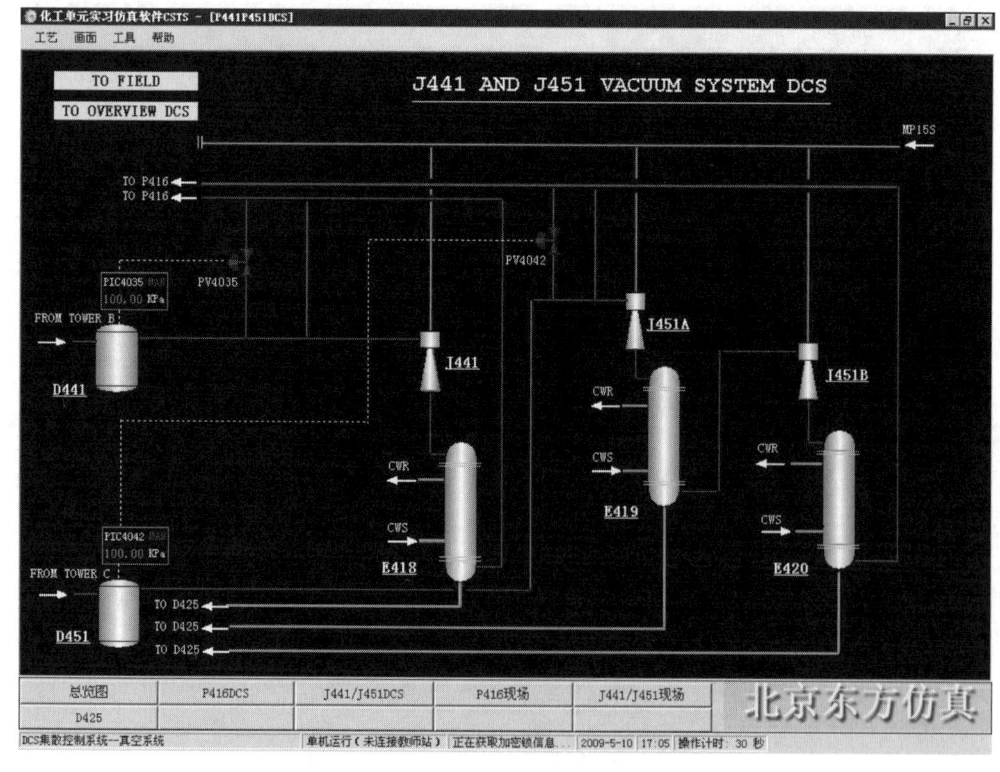

图 19-4 J441/J451 真空系统单元仿 DCS 图

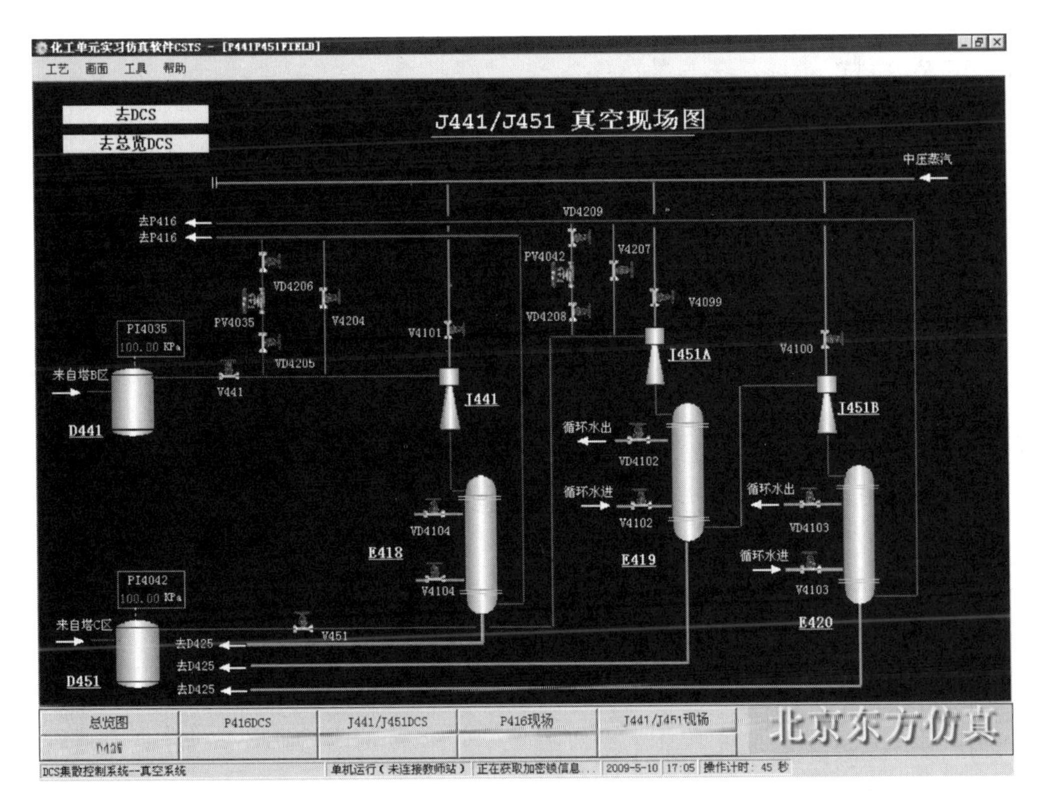

图 19-5 J441/J451 真空系统单元仿现场图

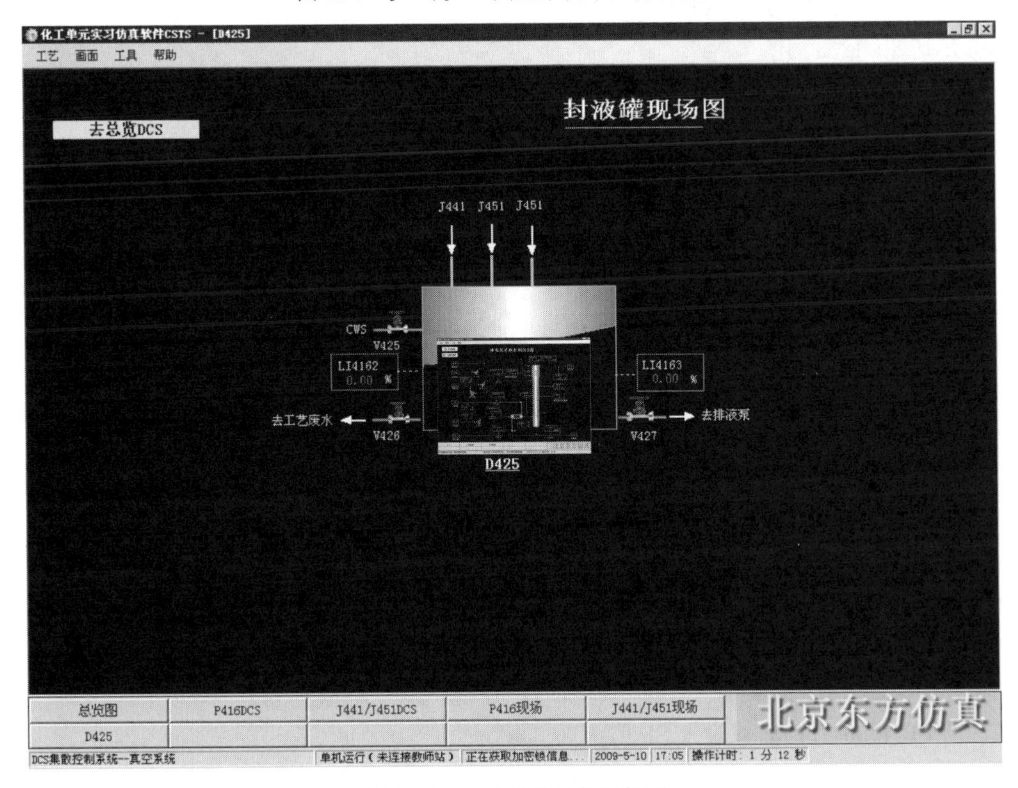

图 19-6 封液罐单元仿现场图

19.7 操作规程

19.7.1 开车操作规程

19.7.1.1 液环真空和喷射真空泵灌水

① 开阀 V4105 为 D417 灌水。

② 待 D417 有一定液位后，开阀 V4109。

③ 为换热器 E416 灌水，开阀 VD417。

④ 开阀 V417，开度 50%。

⑤ 开阀 VD4163A，为液环泵 P416A 灌水。

⑥ 在 D425 中，开阀 V425 为 D425 灌水，液位达到 10%以上。

19.7.1.2 开液环泵

① 开进料阀 V416。

② 开泵前阀 VD4161A。

③ 开 P416A 泵。

④ 开泵后阀 VD4162A。

⑤ 开 E417 冷凝系统：开阀 VD418。

⑥ 开阀 V418，开度 50%。

⑦ 开回流四组阀，开阀 VD4202。

⑧ 开阀 VD4203。

⑨ PIC4010 投自动，设置 SP 值为 26.6kPa。

19.7.1.3 开喷射泵

① 开进料阀 V441，开度 100%。

② 开进口阀 V451，开度 100%。

③ 在 J441/J451 现场中，开喷射泵冷凝系统，开 VD4104。

④ 开阀 V4104，开度 50%。

⑤ 开阀 VD4102。

⑥ 开阀 V4102，开度 50%。

⑦ 开阀 VD4103。

⑧ 开阀 V4103，开度 50%。

⑨ 开回流四组阀，开阀 VD4208。

⑩ 开阀 VD4209。

⑪ 投 PIC4042 为自动，输入 SP 值为 1.33kPa。

⑫ 开阀 VD4205。

⑬ 开阀 VD4206。

⑭ 投 PIC4035 为自动，输入 SP 值为 3.33kPa。

⑮ 开启中压蒸汽，开始抽真空。开阀 V4101，开度 50%。

⑯ 开阀 V4099，开度 50%。

⑰ 开阀 V4100，开度 50%。控制调节压力 PIC4035 在 3.33kPa。控制调节压力 PIC4042 在 1.33kPa。

19.7.1.4 检查 D425 左右室液位

开阀 V427，防止右室液位过高。

19.7.2 正常工况工艺参数

E416 出口温度 TI4161：8.17℃。

D417 液位 LI4161：68.78%。

D425 左室液位 LI4162：80.84%（≥50%）。

D425 右室液位 LI4163：≤50%。

19.7.3 停车操作规程

19.7.3.1 停喷射泵系统

① 在 D425 中开阀 V425 为封液罐灌水。

② 关闭进料口阀门，关阀 V441。

③ 关阀 V451。

④ 关闭中压蒸汽，关阀 V4101。

⑤ 关闭阀门 V4099。

⑥ 关闭阀门 V4100。

⑦ 投 PIC4035 为手动，输入 OP 值为 0。

⑧ 投 PIC4042 为手动，输入 OP 值为 0。

⑨ 关阀 VD4205。

⑩ 关阀 VD4206。

⑪ 关阀 VD4208。

⑫ 关阀 VD4209。

19.7.3.2 停液环真空系统

① 关闭进料阀门 V416。

② 关闭 D417 进水阀 V4105。

③ 停 P416A 泵。

④ 关闭灌水阀 VD4163A。

⑤ 关闭冷却系统冷媒，关阀 VD417。

⑥ 关阀 V417。

⑦ 关阀 VD418。

⑧ 关阀 V418。

⑨ 关闭回流控制阀组，投 PIC4010 为手动，输入 OP 值为 0。

⑩ 关闭阀门 VD4202。

⑪ 关闭阀门 VD4203。

19.7.3.3 排液

① 开阀 V4107，排放 D417 内液体。

② 开阀 VD4164A，排放液环泵 P416A 内液体。

19.7.4 事故设置及处理

19.7.4.1 喷射泵大气腿未正常工作

(1) 现象 PIC4035 及 PIC4042 压力逐渐上升。

(2) 事故原因 由于误操作将 D425 左室出水阀 V426 打开，导致左室液位太低。大气进入喷射真空系统，导致喷射泵出口压力变大，真空泵抽气能力下降。

(3) 事故处理 关闭阀门 V426，升高 D425 左室液位，重新恢复大气腿高度。

19.7.4.2 液环泵灌水阀未开

(1) 现象 PIC4010 压力逐渐上升。

(2) 事故原因 由于误操作将 P416A 灌水阀 VD4163A 关闭，导致液环真空泵进液不够，不能形成液环，无法抽气。

(3) 事故处理 开启阀门 VD4163，对 P416 进行灌液。

19.7.4.3 液环抽气能力下降（温度对液环真空影响）

(1) 现象 PIC4010 压力上升，达到新的压力稳定点。

(2) 事故原因 由于液环介质温度高于正常工况温度，导致液环抽气能力下降。

(3) 事故处理 检查换热器 E416 出口温度是否高于正常工作温度 8.17℃。如果是，加大循环水阀门开度，调节出口温度至正常。

19.7.4.4 J441 蒸汽阀漏

(1) 现象 PIC4035 压力逐渐上升。

(2) 事故原因 由于进口蒸汽阀 V4101 有漏气，导致 J441 抽气能力下降。

(3) 事故处理 停车更换阀门。

19.7.4.5 PV4010 阀卡

(1) 现象 PIC4010 压力逐渐下降，调节 PV4010 无效。

(2) 事故原因 由于 PV4010 卡住开度偏小，回流调节量太低。

(3) 事故处理 减小阀门 V416 开度，降低被抽气量。控制塔 A 区压力。

思 考 题

1. 简述水环泵和蒸汽喷射泵真空泵的工作原理。
2. 参考真空系统 DCS 总览图，叙述真空系统工艺流程。
3. 真空系统常用设备有哪几类？
4. 如何控制 D417 内液位？
5. 液环抽气能力下降是何原因？

20

二氧化碳压缩单元

20.1 实训目的

通过二氧化碳压缩单元仿真实训，学生能够：

① 理解二氧化碳压缩单元的工作原理，工艺流程；

② 掌握该系统的工艺参数调节方法及控制；

③ 熟练进行二氧化碳压缩单元的冷态开车及正常停车操作，能对正常工况进行维护，能正确分析并排除操作过程中出现的典型事故。

20.2 工作原理

20.2.1 离心式压缩机工作原理

离心式压缩机的工作原理和离心泵类似，气体从中心流入叶轮，在高速转动的叶轮的作用下，随叶轮作高速旋转并沿半径方向甩出来。叶轮在驱动机械的带动下旋转，把所得到的机械能通过叶轮传递给流过叶轮的气体，即离心压缩机通过叶轮对气体做了功。气体一方面受到旋转离心力的作用增加了气体本身的压力，另一方面又得到了很大的动能。气体离开叶轮后，这部分动能在通过叶轮后的扩压器、回流弯道的过程中转变为压力能，进一步使气体的压力提高。

离心式压缩机中，气体经过一个叶轮压缩后压力的升高是有限的。因此在要求升压较高的情况下，通常都有许多级叶轮一个接一个、连续地进行压缩，直到最末一级出口达到所要求的压力为止。压缩机的叶轮数越多，所产生的总压头也愈大。气体经过压缩后温度升高，当要求压缩比较高时，常常将气体压缩到一定的压力后，从缸内引出，在外设冷却器冷却降温，然后再导入下一级继续压缩。这样依冷却次数的多少，将压缩机分成几段，一个段可以是一级或多级。

20.2.2 离心式压缩机的喘振现象及防止措施

离心压缩机的喘振是操作不当，进口气体流量过小产生的一种不正常现象。当进口气体流量不适当地减小到一定值时，气体进入叶轮的流速过低，气体不再沿叶轮流动，在叶片背面形成很大的涡流区，甚至充满整个叶道而把通道塞住，气体只能在涡流区打转而流不出来。这时系统中的气体自压缩机出口倒流进入压缩机，暂时弥补进口气量的不足。虽然压缩机似乎恢复了正常工作，重新压出气体，但当气体被压出后，由于进口气体仍然不足，上述倒流现象重复出现。这样一种在出口处时而倒吸时而吐出的气流，引起出口管道低频、高振幅的气流脉动，并迅速波及各级叶轮，于是整个压缩机产生噪声和振动，这种现象称为喘振。喘振对机器是很不利的，振动过分会产生局部过热，时间过久甚至会造成叶轮破碎等严重事故。

当喘振现象发生后，应设法立即增大进口气体流量。方法是利用防喘振装置，将压缩机出口的一部分气体经旁路阀回流到压缩机的进口，或打开出口放空阀，降低出口压力。

20.2.3 离心式压缩机的临界转速

由于制造原因，压缩机转子的重心和几何中心往往是不重合的，因此在旋转的过程中产生了周期性变化的离心力。这个力的大小与制造的精度有关，而其频率就是转子的转速。如果产生离心力的频率与轴的固有频率一致时，就会由于共振而产生强烈振动，严重时会使机器损坏。这个转速就称为轴的临界转速。临界转速不只是一个，因而分别称为第一临界转速、第二临界转速等。

压缩机的转子不能在接近于各临界转速下工作。一般离心泵的正常转速比第一临界转速低，这种轴称为刚性轴。离心压缩机的工作转速往往高于第一临界转速而低于第二临界转速，这种轴称为挠性轴。为了防止振动，离心压缩机在启动和停车过程中，必须较快地越过临界转速。

20.2.4 离心式压缩机的结构

离心式压缩机由转子和定子两大部分组成。转子由主轴、叶轮、轴套和平衡盘等部件组成。所有的旋转部件都安装在主轴上，除轴套外，其他部件用键固定在主轴上。主轴安装在径向轴承上，以利于旋转。叶轮是离心式压缩机的主要部件，其上有若干个叶片，用以压缩气体。

气体经叶片压缩后压力升高，因而每个叶片两侧所受到气体压力不一样，产生了方向指向低压端的轴向推力，可使转子向低压端窜动，严重时可使转子与定子发生摩擦和碰撞。为了消除轴向推力，在高压端外侧装有平衡盘和止推轴承。平衡盘一边与高压气体相通，另一边与低压气体相通，用两边的压力差所产生的推力平衡轴向推力。

离心式压缩机的定子由汽缸、扩压室、弯道、回流器、隔板、密封、轴承等部件组成。汽缸也称机壳，分为水平剖分和垂直剖分两种形式。水平剖分就是将机壳分成上下两部分，上盖可以打开，这种结构多用于低压。垂直剖分就是筒型结构，由圆筒形本体和端盖组成，多用于高压。汽缸内有若干隔板，将叶片隔开，并组成扩压器和弯道、回流器。

为了防止级间窜气或向外漏气，都设有级间密封和轴密封。

离心式压缩机的辅助设备有中间冷却器、气液分离器和油系统等。

20.2.5 汽轮机的工作原理

汽轮机又称为蒸汽透平，是用蒸汽做功的旋转式原动机。进入汽轮的高压、高温蒸汽，由喷嘴喷出，经膨胀降压后，形成的高速气流按一定方向冲动汽轮机转子上的动叶片，带动转子按一定速度均匀地旋转，从而将蒸汽的能量转变成机械能。

由于能量转换方式不同，汽轮机分为冲动式和反动式两种，在冲动式中，蒸汽只在喷嘴中膨胀，动叶片只受到高速气流的冲动力。在反动式汽轮机中，蒸汽不仅在喷嘴中膨胀，而且还在叶片中膨胀，动叶片既受到高速气流的冲动力，同时受到蒸汽在叶片中膨胀时产生的反作用力。

根据汽轮机中叶轮级数不同，可分为单极或多极两种。按热力过程不同，汽轮机可分为背压式、凝汽式和抽汽凝气式。背压式汽轮机的蒸汽经膨胀做功后以一定的温度和压力排出汽轮机，可继续供工艺使用；凝汽式蒸汽轮机的进气在膨胀做功后，全部排入冷凝器凝结为水；抽气凝汽式汽轮机的进气在膨胀做功时，一部分蒸汽在中间抽出去作为其他用，其余部分继续在汽缸中做功，最后排入冷凝器冷凝。

20.3 工艺流程

CO_2 压缩机单元是将合成氨装置的原料气 CO_2 经本单元压缩升压后送往下一工段尿素合成工段，采用的是以汽轮机驱动的四级离心压缩机。其机组主要由压缩机主机、驱动机、润滑油系统、控制油系统和防喘振装置组成。

20.1 动画　四通阀（焦化）结构展示

20.2 动画　四通阀（焦化）原理展示

20.3.1 CO_2 流程说明

来自合成氨装置的原料气 CO_2 压力为 150kPa（A），温度 38℃，流量由 FR8103 计量，进入 CO_2 压缩机一段分离器 V111，在此分离掉 CO_2 气相中夹带的液滴后进入 CO_2 压缩机的一段入口，经过一段压缩后，CO_2 压力上升为 0.38MPa（A），温度 194℃，进入一段冷却器 E119 用循环水冷却到 43℃，为了保证尿素装置防腐所需氧气，在 CO_2 进入 E119 前加入适量来自合成氨装置的空气，流量由 FRC-8101 调节控制，CO_2 气中氧含量为 0.25%～0.35%，在一段分离器 V119 中分离掉液滴后进入二段进行压缩，二段出口 CO_2 压力 1.866MPa（A），温度为 227℃。然后进入二段冷却器 E-120 冷却到 43℃，并经二段分离器 V120 分离掉液滴后进入三段。

在三段入口设计有段间放空阀，便于低压缸 CO_2 压力控制和快速泄压，CO_2 经三段压缩后压力升到 8.046MPa（A），温度 214℃，进入三段冷却器 E121 中冷却。为防止 CO_2 过度冷却而生成干冰，在三段冷却器冷却水回水管线上设计有温度调节阀 TV8111，用此阀来控制四段入口 CO_2 温度在 50～55℃。冷却后的 CO_2 进入四段压缩后压力升到 15.5MPa

（A），温度为121℃，进入尿素高压合成系统。为防止CO_2压缩机高压缸超压、喘振，在四段出口管线上设计有四回一阀HV8162（即HIC8162）。

20.3.2 蒸汽流程说明

主蒸汽压力5.882MPa，温度450℃，流量82t/h，进入透平做功，其中一大部分在透平中部被抽出，抽汽压力2.598MPa，温度350℃，流量54.4t/h，送至框架，另一部分通过中压调节阀进入透平后汽缸继续做功，做完功后的乏汽进入蒸汽冷凝系统。

20.4 主要设备

二氧化碳压缩单元主要设备见表20-1。

表20-1 二氧化碳压缩单元主要设备

设备位号	设备名称	设备位号	设备名称
1ST	一段压缩机	V120	CO_2三段分离器
2ND	二段压缩机	V121	CO_2四段分离器
3RD	三段压缩机	DSTK－101	CO_2压缩机组透平
4TH	四段压缩机		油箱
E119	CO_2一段冷却器	OIL PUMP	油泵
E120	CO_2二段冷却器		油冷器
E121	CO_2三段冷却器		油过滤器
V111	CO_2一段分离器		盘车油泵
V119	CO_2二段分离器		

20.5 调节器、显示仪表及现场阀说明

20.5.1 调节器

二氧化碳压缩单元调节器见表20-2。

表20-2 二氧化碳压缩单元调节器

位号	被控调节阀	正常值	单位	正常工况
FRC8101	空气进料阀	330	kg/h	投自动
FRC8103	CO_2进料阀	27000	m^3/h	投自动
LIC8101	V111泄液阀	20	%	投自动
LIC8167	V119泄液阀	20	%	投自动
LIC8170	V120泄液阀	20	%	投自动
LIC8173	V121泄液阀	20	%	投自动
HIC8101	段间放空阀	0	%	

续表

位号	被控调节阀	正常值	单位	正常工况
HIC8162	四回一防喘振阀	0	%	
PIC8241	CO_2 放空调节阀	15.4	MPa(G)	投自动
HS8001	透平蒸汽速关阀			
HIC8205	调速阀	90	%	
PIC8224	出透平中压蒸汽压力控制阀	2.50	MPa(G)	投自动
TIC8111	CO_2 压缩机三段冷却器出口温度调节阀	52	℃	投自动

20.5.2　显示仪表

二氧化碳压缩单元显示仪表见表20-3。

表20-3　二氧化碳压缩单元显示仪表

位号	显示变量	正常值	单位
TR8102	CO_2 原料气温度	40	℃
TI8103	一段出口温度	190	℃
PR8108	CO_2 压缩机一段出口压力	0.28	MPa(G)
TI8104	CO_2 压缩机一段冷却器出口温度	43	℃
FR8102	CO_2 压缩机三段出口流量	27330	m^3/h
AR8101	含氧量	0.25～0.3	%
TE8105	CO_2 压缩机二段出口温度	225	℃
PR8110	CO_2 压缩机二段出口压力	1.8	MPa(G)
TI8106	CO_2 压缩机二段冷却器出口温度	43	℃
TI8107	CO_2 压缩机三段出口温度	214	℃
PR8114	CO_2 压缩机三段出口压力	8.02	MPa(G)
TI8119	CO_2 压缩机四段出口温度	120	℃
FR8201	入透平蒸汽流量	82	t/h
FR8210	出透平中压蒸汽流量	54.4	t/h
TI8213	出透平中压蒸汽温度	350	℃
TI8338	CO_2 压缩机油冷器出口温度	43	℃
PI8357	CO_2 压缩机油滤器出口压力	0.25	MPa(G)
PI8361	CO_2 控制油压力	0.95	MPa(G)
SI8335	压缩机转速	6935	r/min
XI8001	压缩机振动	0.022	mm
GI8001	压缩机轴位移	0.24	mm

20.5.3　现场阀

二氧化碳压缩单元现场阀见表20-4。

表 20-4 二氧化碳压缩单元现场阀

位 号	名 称	位 号	名 称
OMP1001	E119 循环水阀	OMP1031	盘车泵上游阀
OMP1002	E120 循环水阀	OMP1032	盘车泵下游阀
OMP1003	CO_2 出口阀	OMP1048	油泵上游阀
OMP1004	CO_2 进料总阀	OMP1026	油泵下游阀
OMP1005	入界区蒸汽阀	TMPV102	CO_2 放空截止阀
OMP1006	入界区蒸汽副线阀	TMPV104	CO_2 进口控制阀
OMP1007	蒸汽透平主蒸汽管线上的切断阀	TMPV181	油冷器冷却水阀
OMP1009	透平抽出截止阀	TMPV186	油泵回路阀

20.6 工艺报警及联锁系统

20.6.1 工艺报警及联锁说明

为了保证工艺、设备的正常运行，防止事故发生，在设备重点部位安装检测装置并在辅助控制盘上设有报警灯进行提示，以提前进行处理将事故消除。工艺联锁是设备处于不正常运行时的自保系统，本单元设计了两个联锁自保措施。

20.6.1.1 压缩机振动超高联锁（发生喘振）

（1）动作　20s 后（主要是为了方便培训人员处理）自动进行以下操作。

① 关闭透平速关阀 HS8001、调速阀 HIC8205、中压蒸汽调压阀 PIC8224；

② 全开防喘振阀 HIC8162、段间放空阀 HIC8101。

（2）处理操作　在辅助控制盘上按 RESET 按钮，按冷态开车中暖管暖机冲转开始重新开车。

20.6.1.2 油压低联锁

（1）动作　自动进行以下操作。

① 关闭透平速关阀 HS8001、调速阀 HIC8205、中压蒸汽调压阀 PIC8224。

② 全开防喘振阀 HIC8162、段间放空阀 HIC8101。

（2）处理操作　找到并处理造成油压低的原因后，在辅助控制盘上按 RESET 按钮，按冷态开车中油系统开车起重新开车。

20.6.2 工艺报警及联锁触发值

工艺报警及联锁触发值见表 20-5。

表 20-5 工艺报警及联锁触发值

<table>
<tr><th>位 号</th><th>检测点</th><th>触发值</th><th>位 号</th><th>检测点</th><th>触发值</th></tr>
<tr><td>PSXL8101</td><td>V111 压力</td><td>≤0.09MPa</td><td>PAXH8136</td><td>CO_2 四段出口压力</td><td>≥16.5MPa</td></tr>
<tr><td>PSXH8223</td><td>蒸汽透平背压</td><td>≥2.75MPa</td><td>PAXL8134</td><td>CO_2 四段出口压力</td><td>≤14.5MPa</td></tr>
<tr><td>LSXH8165</td><td>V119 液位</td><td>≥85%</td><td>SXH8001</td><td>压缩机轴位移</td><td>≥0.3mm</td></tr>
<tr><td>LSXH8168</td><td>V120 液位</td><td>≥85%</td><td>SXH8002</td><td>压缩机径向振动</td><td>≥0.03mm</td></tr>
<tr><td>LSXH8171</td><td>V121 液位</td><td>≥85%</td><td rowspan="3">振动联锁</td><td rowspan="3"></td><td rowspan="3">XI8001≥0.05mm
或 GI8001≥0.5mm
（20s 后触发）</td></tr>
<tr><td>LAXH8102</td><td>V111 液位</td><td>≥85%</td></tr>
<tr><td>SSXH8335</td><td>压缩机转速</td><td>≥7200r/min</td></tr>
<tr><td>PSXL8372</td><td>控制油油压</td><td>≤0.85MPa</td><td>油压联锁</td><td></td><td>PI8361≤0.6MPa</td></tr>
<tr><td>PSXL8359</td><td>润滑油油压</td><td>≤0.2MPa</td><td>辅油泵自启动联锁</td><td></td><td>PI8361≤0.8MPa</td></tr>
</table>

20.7 流程图画面

本工艺单元流程图画面，如图 20-1～图 20-5 所示。

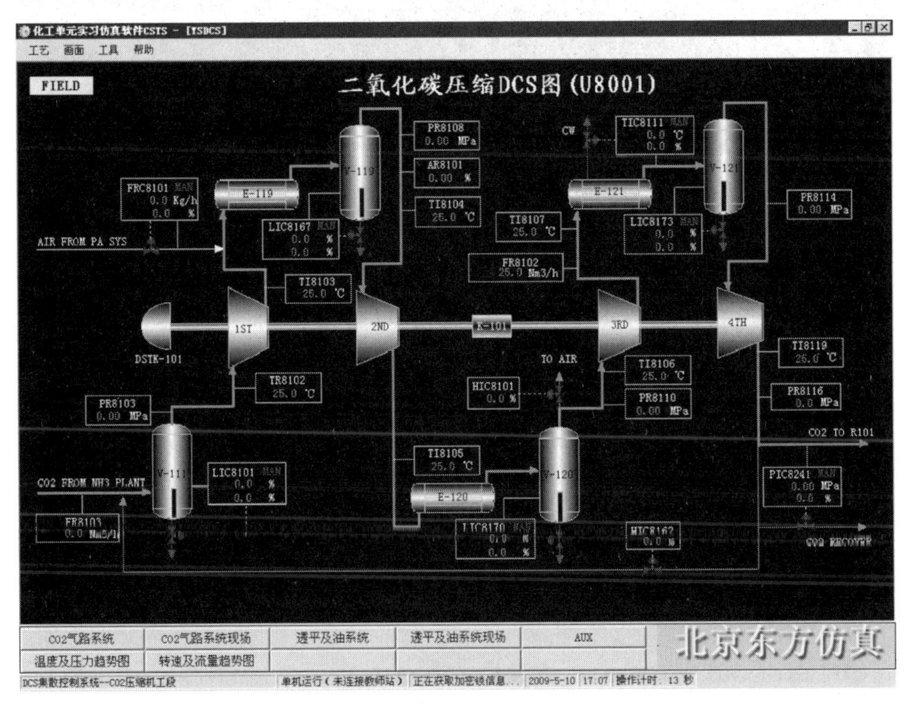

图 20-1　二氧化碳压缩单元仿 DCS 图

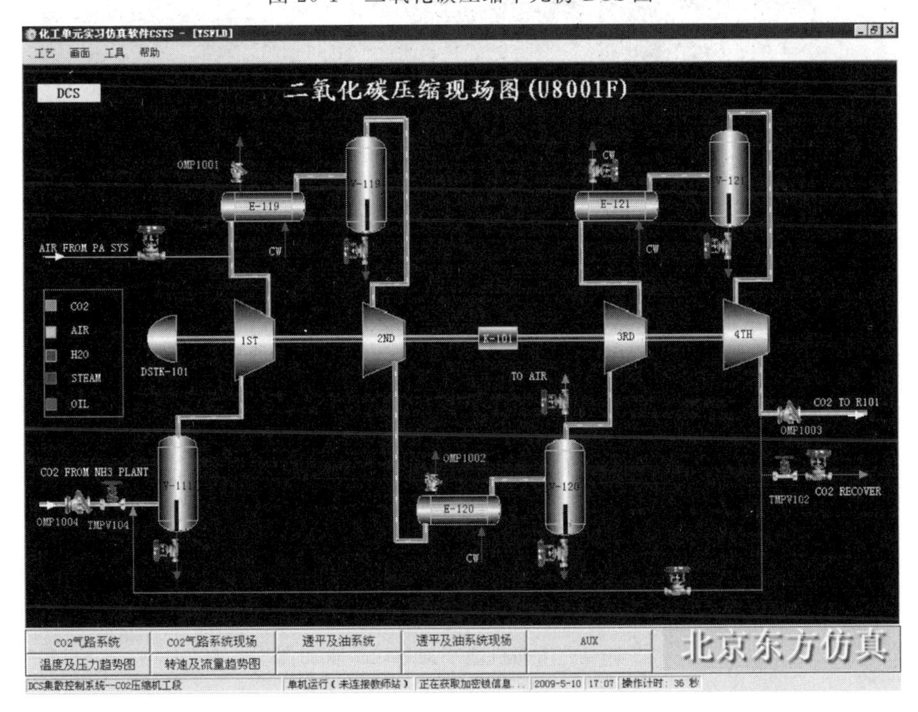

图 20-2　二氧化碳压缩单元仿现场图

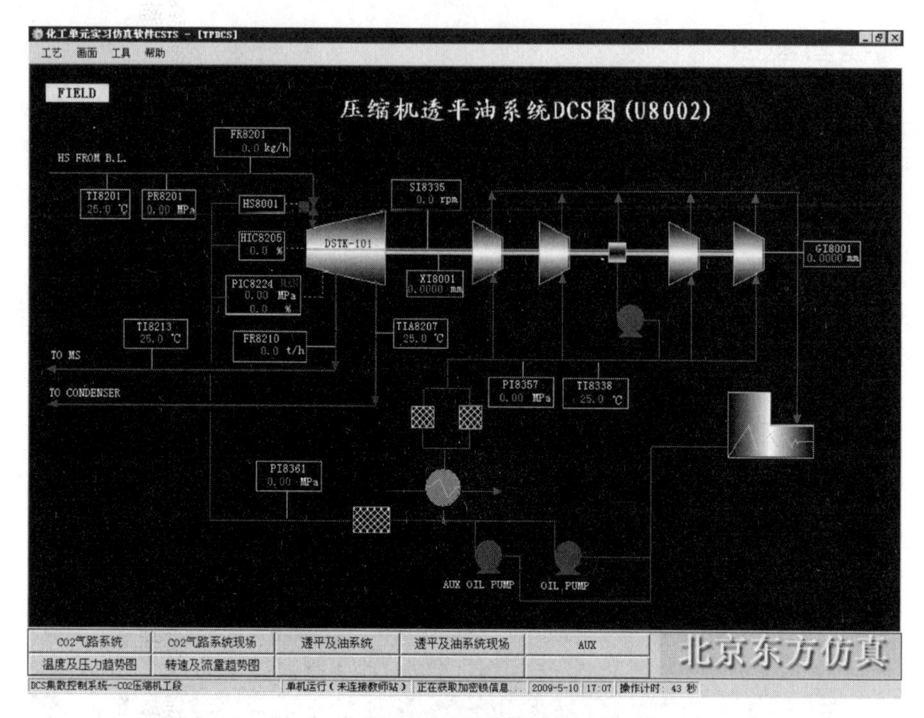

图 20-3 压缩机透平油系统仿 DCS 图

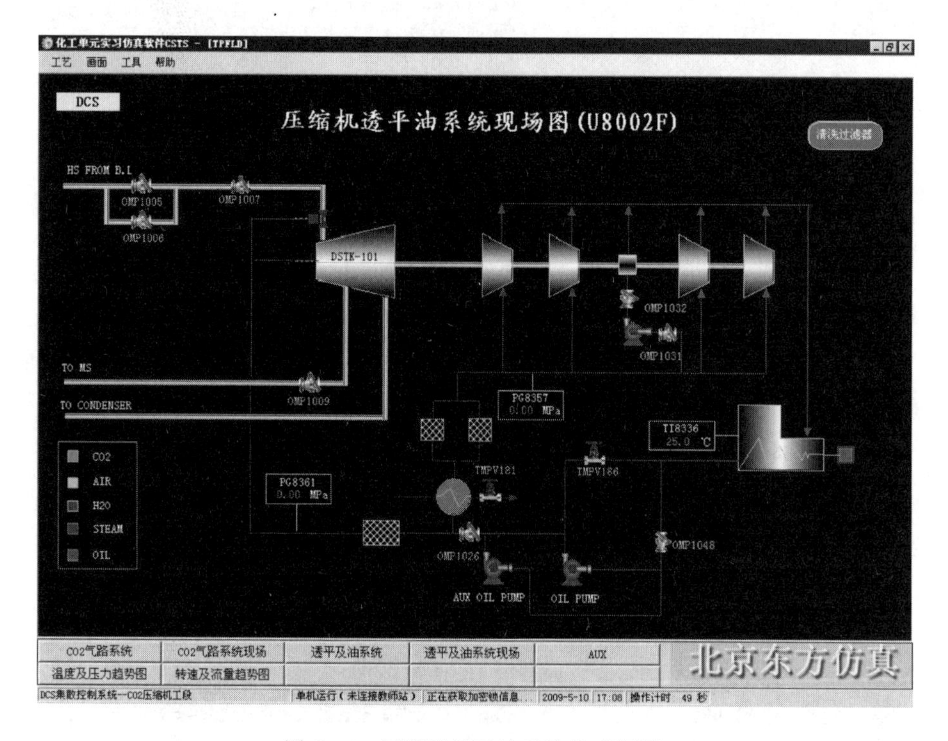

图 20-4 压缩机透平油系统仿现场图

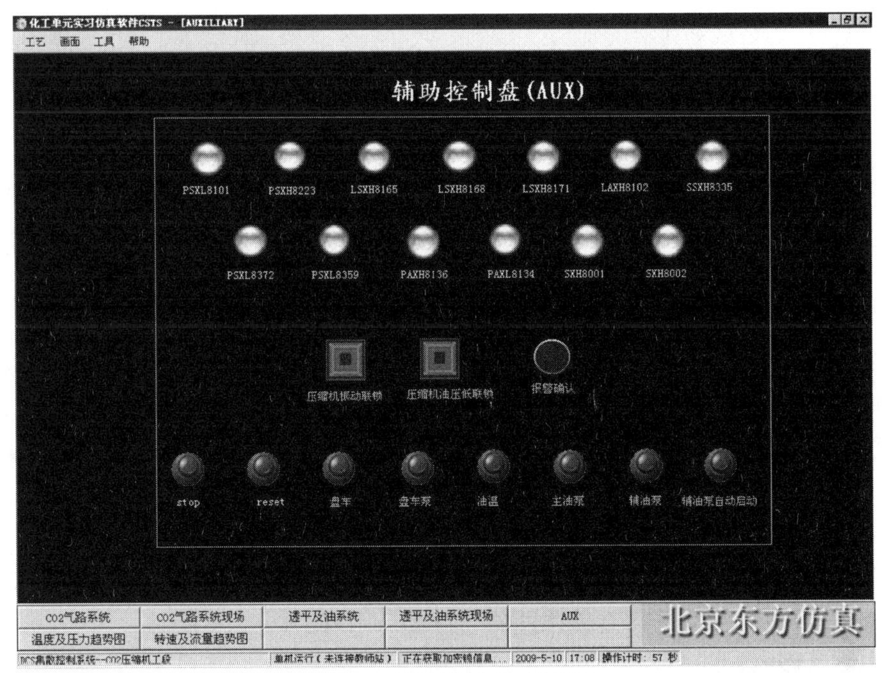

图 20-5 辅助控制盘（AUX）

20.8 操作规程

20.8.1 开车操作规程

20.8.1.1 准备工作：引循环水

① 压缩机岗位 E119 开循环水阀 OMP1001，引入循环水。

② 压缩机岗位 E120 开循环水阀 OMP1002，引入循环水。

③ 压缩机岗位 E121 开循环水阀 TIC8111，引入循环水。

20.8.1.2 CO_2 压缩机油系统开车

① 在辅助控制盘上启动油箱油温控制器，将油温升到 40℃左右。

② 打开油泵的上游阀 OMP1026。

③ 打开油泵的下游阀 OMP1048。

④ 从辅助控制盘上开启主油泵 OIL PUMP。

⑤ 调整油泵回路阀 TMPV186，将控制油压力控制在 0.9MPa 以上。

20.8.1.3 盘车

① 开启盘车泵的前切断阀 OMP1031。

② 开启盘车泵的后切断阀 OMP1032。

③ 从辅助控制盘启动盘车泵。

④ 在辅助控制盘上按盘车按钮盘车至转速大于 150r/min。

⑤ 检查压缩机有无异常响声，检查振动、轴位移等。

20.8.1.4 停止盘车

① 在辅助控制盘上按盘车按钮停盘车。

② 从辅助控制盘停盘车泵。

③ 关闭盘车泵的下游阀 OMP1032。

④ 关闭盘车泵的上游阀 OMP1031。

20.8.1.5 联锁试验

（1）油泵自启动试验　主油泵启动且将油压控制正常后，在辅助控制盘上将辅助油泵自动启动按钮按下，按一下 RESET 按钮，打开透平蒸汽速关阀 SXH8001，再在辅助控制盘上按停主油泵，辅助油泵应该自行启动，联锁不应动作。

（2）低油压联锁试验　主油泵启动且将油压控制正常后，确认在辅助控制盘上没有将辅助油泵设置为自动启动，按一下 RESET 按钮，打开透平蒸汽速关阀 SXH8001，关闭四回一阀和段间放空阀，通过油泵回路阀缓慢降低油压，当油压降低到一定值时，仪表盘 PSXL8372 应该报警，按确认后继续开大阀降低油压，检查联锁是否动作，动作后透平蒸汽速关阀 SXH8001 应该关闭，关闭四回一阀和段间放空阀应该全开。

（3）停车试验　主油泵启动且将油压控制正常后，按一下 RESET 按钮，打开透平蒸汽速关阀 SXH8001，关闭四回一阀和段间放空阀，在辅助控制盘上按一下 STOP 按钮，透平蒸汽速关阀 SXH8001 应该关闭，关闭四回一阀和段间放空阀应该全开。

20.8.1.6 暖管暖机

① 在辅助控制盘上按辅油泵自动启动按钮，将辅油泵设置为自启动。

② 打开入界区蒸汽副线阀 OMP1006，准备引蒸汽。

③ 打开蒸汽透平主蒸汽管线上的切断阀 OMP1007，压缩机暖管。

④ 打开 CO_2 放空截止阀 TMPV102。

⑤ 打开 CO_2 放空调节阀 PIC8241。

⑥ 透平入口管道内蒸汽压力上升到 5.0MPa 后，开入界区蒸汽阀 OMP1005。

⑦ 关副线阀 OMP1006。

⑧ 打开 CO_2 进料总阀 OMP1004。

⑨ 全开 CO_2 进口控制阀 TMPV104。

⑩ 打开透平抽出截止阀 OMP1009。

⑪ 从辅助控制盘上按一下 RESET 按钮，准备冲转压缩机。

⑫ 打开透平速关阀 HS8001。

⑬ 逐渐打开阀 HIC8205，将转速 SI8335 提高到 1000r/min，进行低速暖机。

⑭ 控制转速 1000，暖机 15min（模拟为 2min）。

⑮ 打开油冷器冷却水阀 TMPV181。

⑯ 暖机结束，将机组转速缓慢提到 2000r/min，检查机组运行情况。

⑰ 检查压缩机有无异常响声，检查振动、轴位移等。

⑱ 控制转速 2000r/min，停留 15min（模拟为 2min）。

20.8.1.7 过临界转速

① 继续开大 HIC8205，将机组转速缓慢提到 3000r/min，准备过临界转速（3000～3500r/min）。

② 继续开大 HIC8205，用 20～30s 的时间将机组转速缓慢提到 4000r/min，通过临界转速。

③ 逐渐打开 PIC8224 到 50%。

④ 缓慢将段间放空阀 HIC8101 关小到 72%。

⑤ 将 V111 液位控制 LIC8101 投自动，设定值在 20%左右。

⑥ 将 V119 液位控制 LIC8167 投自动，设定值在 20%左右。

⑦ 将 V120 液位控制 LIC8170 投自动，设定值在 20%左右。

⑧ 将 V121 液位控制 LIC8173 投自动，设定值在 20%左右。

⑨ 将 TIC8111 投自动，设定值在 52℃左右。

20.8.1.8 升速升压

① 继续开大 HIC8205，将机组转速缓慢提到 5500r/min。

② 缓慢将段间放空阀 HIC8101 关小到 50%。

③ 继续开大 HIC8205，将机组转速缓慢提到 6050r/min。

④ 缓慢将段间放空阀 HIC8101 关小到 25%。

⑤ 缓慢将四回一阀 HIC8162 关小到 75%。

⑥ 继续开大 HIC8205，将机组转速缓慢提到 6400r/min。

⑦ 缓慢将段间放空阀 HIC8101 关闭。

⑧ 缓慢将四回一阀 HIC8162 关闭。

⑨ 继续开大 HIC8205，将机组转速缓慢提到 6935r/min。

⑩ 调整 HIC8205，将机组转速 SI8335 稳定在 6935r/min。

20.8.1.9 投料

① 逐渐关小 PIC8241，缓慢将压缩机四段出口压力提升到 14.4MPa，平衡合成系统压力。

② 打开 CO_2 出口阀 OMP1003。

③ 继续手动关小 PIC8241，缓慢将压缩机四段出口压力提升到 15.4MPa，将 CO_2 引入合成系统。

④ 当 PIC8241 控制稳定在 15.4MPa 左右后，将其设定在 15.4MPa 投自动。

20.8.2 正常操作规程

熟悉工艺流程，维持各工艺参数稳定。密切注意各工艺参数的变化情况，发现突发事故时，应先分析事故原因，并做正确处理。正常工况操作参数如下。

V111 液位：20%。

V119 液位：20%。

V120 液位：20%。

V121 液位：20%。

TIC8111：52℃。

PIC8241：15.4MPa。

20.8.3 正常停车操作规程

20.8.3.1 CO_2 压缩机停车

① 调节 HIC8205 将转速降至 6500r/min。

② 调节 HIC8162，将负荷减至 21000m^3/h。

③ 继续调节 HIC8162 抽汽与注汽量，直至 HIC8162 全开。

④ 手动缓慢打开 PIC8241，将四段出口压力降到 14.5MPa 以下，CO_2 退出合成系统。

⑤ 关闭 CO_2 入合成总阀 OMP1003。

⑥ 继续开大 PIC8241 缓慢降低四段出口压力到 8.0～10.0MPa。

⑦ 调节 HIC8205 将转速降至 6403r/min。

⑧ 继续调节 HIC8205 将转速降至 6052r/min。

⑨ 调节 PIC8241，将四段出口压力降至 4.0MPa。

⑩ 继续调节 HIC8205 将转速降至 3000r/min。

⑪ 继续调节 HIC8205 将转速降至 2000r/min。

⑫ 在辅助控制盘上按 STOP 按钮，停压缩机。

⑬ 关闭 CO_2 入压缩机控制阀 TMPV104。

⑭ 关闭 CO_2 入压缩机总阀 OMP1004。

⑮ 关闭蒸汽抽出至 MS 总阀 OMP1009。

⑯ 关闭蒸汽至压缩机工段总阀 OMP1005。

⑰ 关闭压缩机蒸汽入口阀 OMP1007。

20.8.3.2 油系统停车

① 从辅助控制盘上取消辅油泵自启动。

② 从辅助控制盘上停运主油泵。

③ 关闭油泵进口阀 OMP1048。

④ 关闭油泵出口阀 OMP1026。

⑤ 关闭油冷器冷却水阀 TMPV181。

⑥ 从辅助控制盘上停油温控制。

20.8.4 事故设置及处理

20.8.4.1 压缩机振动大

（1）事故原因　机械方面的原因，如轴承磨损，平衡盘密封坏，找正不良，轴弯曲，联轴节松动等设备本身的原因；转速控制方面的原因，机组接近临界转速下运行产生共振；工艺控制方面的原因，主要是操作不当造成计算机喘振。

（2）事故处理　（模拟中只有 20s 的处理时间，处理不及时就会发生联锁停车）机械方面故障需停车检修；产生共振时，需改变操作转速，另外在开停车过程中过临界转速时应尽快通过；当压缩机发生喘振时，找出发生喘振的原因，并采取相应的措施。

① 入口气量过小：打开防喘振阀 HIC8162，开大入口控制阀开度。

② 出口压力过高：打开防喘振阀 HIC8162，开大四段出口排放调节阀开度。

③ 操作不当，开关阀门动作过大：打开防喘振阀 HIC8162，消除喘振后再精心操作。

（3）预防措施

① 离心式压缩机一般都设有振动检测装置，在生产过程中应经常检查，发现轴振动或位移过大，应分析原因，及时处理。

② 喘振预防。应经常注意压缩机气量的变化，严防入口气量过小而引发喘振。在开车时应遵循“升压先升速”的原则，先将防喘振阀打开，当转速升到一定值后，再慢慢关小防喘振阀，将出口压力升到一定值，然后再升速，使升速、升压交替缓慢进行，直到满足工艺要求。停车时应遵循“降压先降速”的原则，先将防喘振阀打开一些，将出口压力降低到某

一值，然后再降速，降速、降压交替进行，到泄完压力再停机。

20.8.4.2　压缩机辅助油泵自动启动

（1）事故原因　辅助油泵自动启动的原因是由于油压低引起的自保措施，一般情况下是由以下两种原因引起的：油泵出口过滤器有堵；油泵回路阀开度过大。

（2）事故处理　关小油泵回路阀；按过滤器清洗步骤清洗油过滤器；从辅助控制盘停辅助油泵。

（3）预防措施　油系统正常运行是压缩机正常运行的重要保证，因此，压缩机的油系统也设有各种检测装置，如油温、油压、过滤器压降、油位等，生产过程中要对这些内容经常进行检查，油过滤器要定期切换清洗。

20.8.4.3　四段出口压力偏低，CO_2 打气量偏少

（1）事故原因　压缩机转速偏低；防喘振阀未关死；压力控制阀 PIC8241 未投自动，或未关死。

（2）事故处理　将转速调到 6935r/min；关闭防喘振阀；关闭压力控制阀 PIC8241。

（3）预防措施　压缩机四段出口压力和下一工段的系统压力有很大的关系，下一工段系统压力波动也会造成四段出口压力波动，也会影响到压缩机的打气量，所以在生产过程中下一系统合成系统压力应该控制稳定，同时应该经常检查压缩机的吸气流量、转速、排放阀和防喘振阀以及段间放空阀的开度，正常工况下这三个阀应该尽量保持关闭状态，以保持压缩机的最高工作效率。

20.8.4.4　压缩机因喘振发生联锁跳车

（1）事故原因　操作不当，压缩机发生喘振，处理不及时。

（2）事故处理　关闭 CO_2 去尿素合成总阀 OMP1003；在辅助控制盘上按一下 RESET 按钮；按冷态开车步骤中暖管暖机冲转开始重新开车。

（3）预防措施　按振动过大中喘振预防措施预防喘振发生，一旦发生喘振要及时按其处理措施进行处理，及时打开防喘振阀。

20.8.4.5　压缩机三段冷却器出口温度过低

（1）事故原因　冷却水控制阀 TIC8111 未投自动，阀门开度过大。

（2）事故处理　关小冷却水控制阀 TIC8111，将温度控制在 52℃左右；控制稳定后将 TIC8111 设定在 52℃投自动。

（3）预防措施　二氧化碳在高压下温度过低会析出固体干冰，干冰会损坏压缩机叶轮，而影响到压缩机的正常运行，因而压缩机运行过程中应该经常检查该点温度，将其控制在正常工艺指标范围之内。

思　考　题

1. 简述离心式压缩机的工作原理。
2. CO_2 气路系统的主要设备有哪些？
3. 蒸汽透平及油系统的主要设备有哪些？
4. 简述压缩机升速升压操作过程。
5. 压缩机振动大是如何造成的？
6. 如何预防压缩机喘振现象？
7. 压缩机因喘振发生联锁跳车怎么办？
8. 压缩机三段冷却器出口温度过低如何处理？

21 催化剂萃取控制单元

21.1 实训目的

通过萃取塔单元仿真实训，学生能够：

① 理解萃取塔的工作原理，工艺流程；

② 掌握该系统的工艺参数调节方法及控制；

③ 熟练进行萃取塔单元的冷态开车及正常停车操作，能对正常工况进行维护，能正确分析并排除操作过程中出现的典型事故。

21.2 工作原理

利用化合物在两种互不相溶（或微溶）的溶剂中溶解度或分配系数的不同，使化合物从一种溶剂内转移到另外一种溶剂中。经过反复多次萃取，将绝大部分的化合物提取出来。

21.3 工艺流程

本装置是通过萃取剂（水）来萃取丙烯酸丁酯生产过程中的催化剂（对甲苯磺酸）。具体工艺如下。

将自来水（FCW）通过阀 V4001 或通过 P425 泵及阀 V4002 送进催化剂萃取塔 C421，当液位调节器 LIC4009 为 50%时，关闭阀 V4001 或者 P425 泵及阀 V4002；开启 P413 泵将含有产品和催化剂的 R412B 的流出物在被 E415 冷却后进入催化剂萃取塔 C421 的塔底；开启 P412A 泵，将来自 D411 作为溶剂的水从顶部加入。P413 泵的流量由 FIC4020 控制在 21126.6kg/h；P412 的流量由 FIC4021 控制在 2112.7kg/h；萃取后的丙烯酸丁酯主物流从塔顶排出，进入塔 C422；塔底排出的水相中含有大部分的催化剂及未反应的丙烯酸，一路返回反应器 R411A 循环使用，一路去重组分分解器 R460 作为分解用的催化剂，流程见图 21-1。

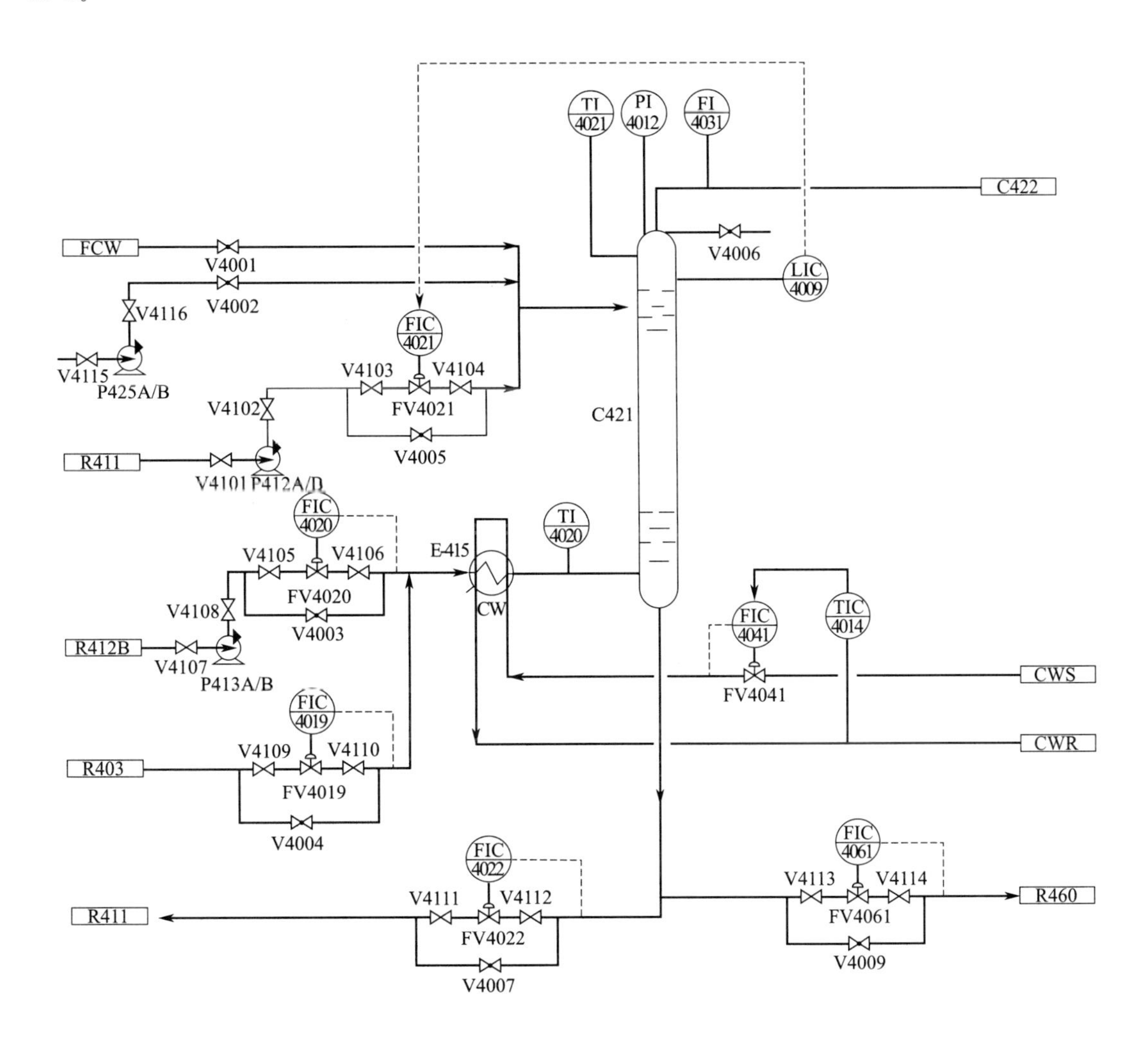

图 21-1　催化剂萃取控制单元带控制点流程

萃取过程中用到的物质包括水、丁醇、丙烯酸、丙烯酸丁酯、3-丙烯酰氧基丙酸、对甲苯磺酸。

21.4 主要设备

催化剂萃取单元主要设备包括进水泵、溶剂进料泵、主物流进料泵、冷却器、萃取塔。

21.5 调节器、显示仪表及现场阀说明

21.5.1 调节器

催化剂萃取控制单元调节器见表 21-1。

表 21-1 催化剂萃取控制单元调节器

位号	所控调节阀	正常值	单位	正常工况
FIC4020	FV4020	21126.6	kg/h	自动
FIC4021	FV4021	2112.7	kg/h	串级
FIC4022	FV4022	1868.4	kg/h	自动
FIC4041	FV4041	20000	kg/h	串级
FIC4061	FV4061	77.1	kg/h	自动
LIC4009	LV4009	50	%	自动
TIC4014	TV4014	30	℃	自动

21.5.2 显示仪表

催化剂萃取控制单元显示仪表见表 21-2。

表 21-2 催化剂萃取控制单元显示仪表

位号	显示变量	正常值	单位
TI4021	C421 塔顶温度	35	℃
PI4012	C421 塔顶压力	101.3	kPa
TI4020	主物料出口温度	35	℃
FI4031	主物料出口流量	21293.8	kg/h

21.5.3 现场阀

催化剂萃取控制单元现场阀见表 21-3。

表 21-3 催化剂萃取控制单元现场阀

位号	名称	位号	名称
V4001	FCW 的入口阀	V4004	C421 的泄液阀
V4002	水的入口阀	V4005	调节阀 FV4021 的旁通阀
V4003	调节阀 FV4020 的旁通阀	V4007	调节阀 FV4022 的旁通阀

续表

位号	名　　称	位号	名　　称
V4009	调节阀 FV4061 的旁通阀	V4113	调节阀 FV4061 的前阀
V4101	P412A 泵的前阀	V4114	调节阀 FV4061 的后阀
V4102	P412A 泵的后阀	V4115	P425 泵的前阀
V4103	调节阀 FV4021 的前阀	V4116	P425 泵的后阀
V4104	调节阀 FV4021 的后阀	V4117	P412B 泵的前阀
V4105	调节阀 FV4020 的前阀	V4118	P412B 泵的后阀
V4106	调节阀 FV4020 的后阀	V4119	P412B 泵的开关阀
V4107	P413 泵的前阀	V4123	P425 泵的开关阀
V4108	P413 泵的后阀	V4124	P412A 泵的开关阀
V4111	调节阀 FV4022 的前阀	V4125	P413 泵的开关阀
V4112	调节阀 FV4022 的后阀		

21.6 流程图画面

本工艺单元流程图画面，如图 21-2、图 21-3 所示。

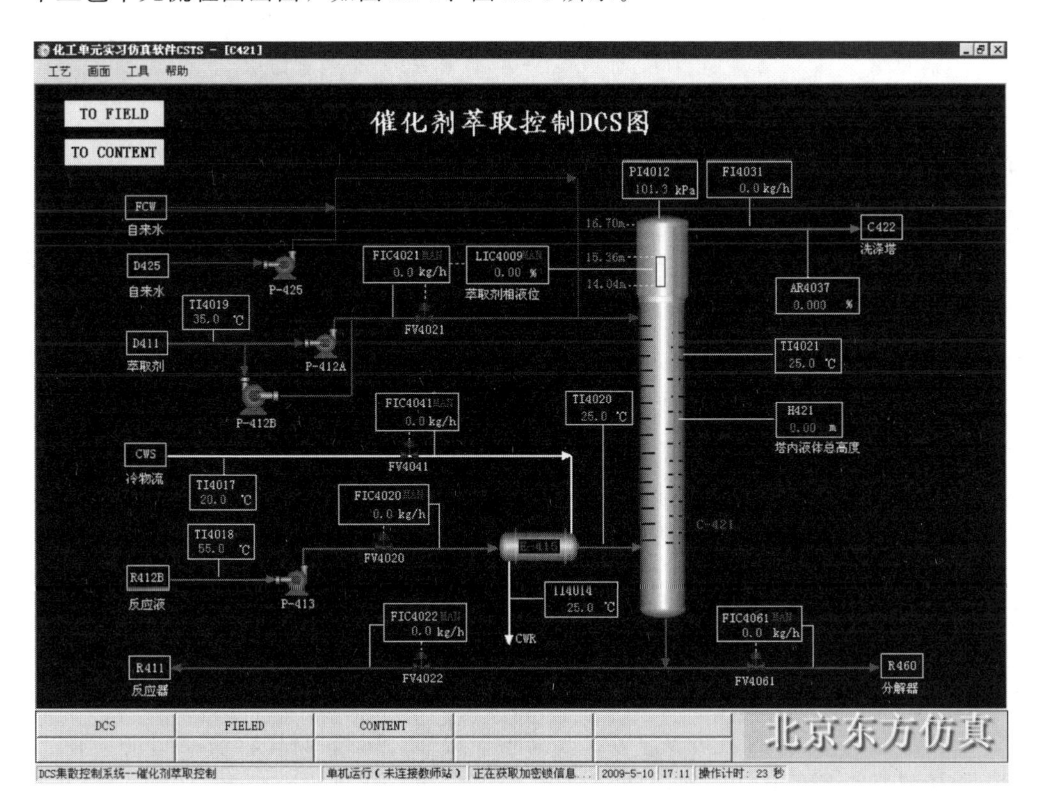

图 21-2　催化剂萃取控制单元仿 DCS 图

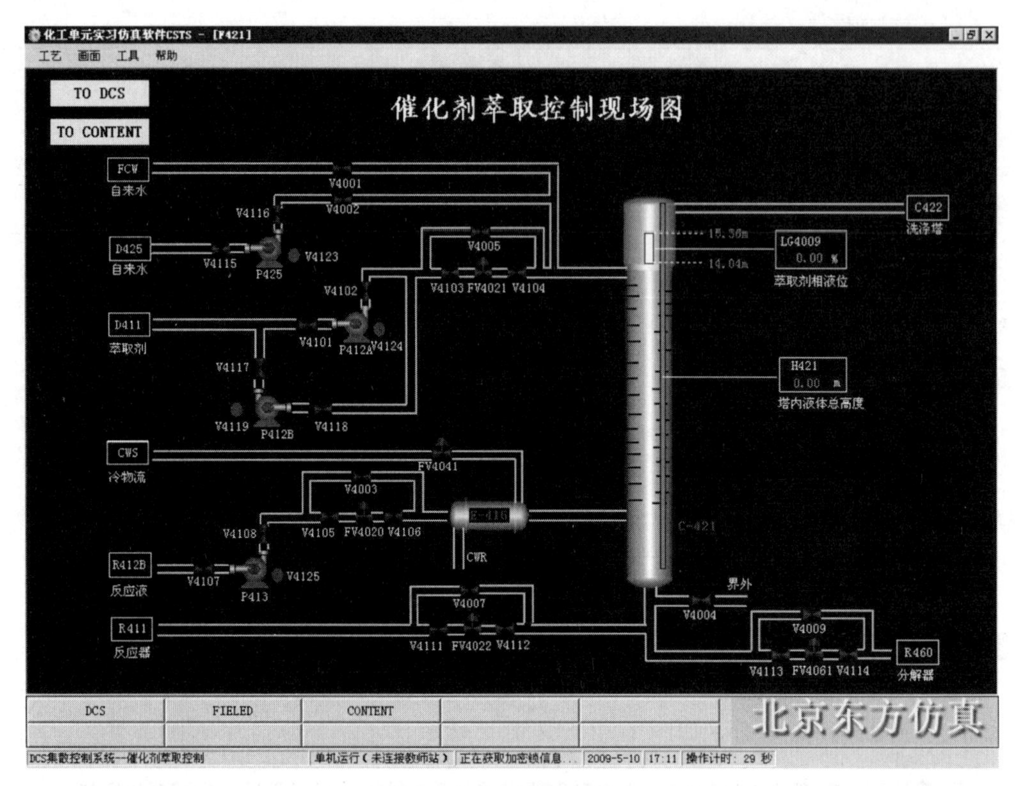

图 21-3 催化剂萃取控制单元仿现场图

21.7 操作规程

21.7.1 冷态开车操作规程

进料前确认所有调节器为手动状态，调节阀和现场阀均处于关闭状态，机泵处于关停状态。

21.7.1.1 灌水

① 当 D425 液位 LIC4016 达到 50%时，开启 P425 泵的前阀 V4115，开启 P425 泵的开关阀 V4123，开启 P425 泵的后阀 V4116。

② 打开手阀 V4002，使其开度大于 50%，对萃取塔 C421 进行灌水。

③ 当 C421 界面液位 LIC4009 的显示值接近 50%，关闭阀门 V4002。

④ 依次关闭 P425 泵的后阀 V4116，开关阀 V4123，前阀 V4115。

21.7.1.2 启动换热器

开启调节阀 FV4041，使其开度为 50%，对换热器 E415 通冷物料。

21.7.1.3 引反应液

① 依次开启 P413 泵的前阀 V4107，开关阀 V4125，后阀 V4108，启动 P413 泵。

② 全开调节器 FIC4020 的前后阀 V4105 和 V4106，开启调节阀 FV4020，使其开度为 50%，将 R412B 出口液体经热换器 E415，送至 C421。

③ 将 TIC4014 投自动，设为 30℃；并将 FIC4041 投串级。

21.7.1.4 引萃取剂

① 打开P412A泵的前阀V4101，开关阀V4124，后阀V4102，启动P412A泵。

② 全开调节器FIC4021的前后阀V4103和V4104，开启调节阀FV4021，使其开度为50%，将D411出口液体送至C421。

21.7.1.5 引C421萃取液

① 全开调节器FIC4022的前、后阀V4111、V4112，开启调节阀FV4022，使其开度为50%，将C421塔底的部分液体返回R411A中。

② 全开调节器FIC4061的前、后阀V4113、V4114，开启调节阀FV4061，使其开度为50%，将C421塔底的另外部分液体送至重组分分解器R460中。

21.7.1.6 调至平衡

① 界面液位LIC4009达到50%时，投自动，设定值为50%。

② FIC4021达到2112.7kg/h时，投串级，设定值为2112.7kg/h。

③ FIC4020的流量达到21126.6kg/h时，投自动，设定值为21126.6kg/h。

④ FIC4022的流量达到1868.4kg/h时，投自动，设定值为1868.4kg/h。

⑤ FIC4061的流量达到77.1kg/h时，投自动，设定值为77.1kg/h。

⑥ 将FIC4041投自动，设定值为20000kg/h。

21.7.2 正常操作规程

熟悉工艺流程，维持各工艺参数稳定。密切注意各工艺参数的变化情况，发现突发事故时，应先分析事故原因，并做正确处理。正常工况操作参数如下。

LIC4009的液位：50%。

FIC4021的流量：2112.7kg/h。

FIC4020的流量：21126.6kg/h。

FIC4022的流量：1868.4kg/h。

FIC4061的流量：77.1kg/h。

21.7.3 停车操作规程

21.7.3.1 停主物料进料

① 关闭调节阀FV4020的前后阀V4105和V4106，将FV4020的开度调为0。

② 关闭P413泵的后阀V4108，开关阀V4125，前阀V4107。

21.7.3.2 灌自来水

① 打开FCW的入口阀V4001，使其开度为50%。

② 当罐内物料相中的BA的含量小于0.9%时，关闭V4001。

21.7.3.3 停萃取剂

① 将控制阀FV4021的开度调为0，关闭前阀V4103和后阀V4104。

② 关闭P412A泵的后阀V4102，开关阀V4124，后阀V4101。

21.7.3.4 放塔内水相

① 将FIC4022改为手动，将FV4022的开度调为100%，打开调节阀FV4022的旁通阀V4007。

② 将 FIC4061 改为手动，将 FV4061 的开度调为 100%，打开调节阀 FV4061 的旁通阀 V4009。

③ 打开阀 V4004。

④ 泄液结束，关闭调节阀 FV4022。

⑤ 泄液结束，关闭调节阀 FV4022 的后阀 V4112。

⑥ 泄液结束，关闭调节阀 FV4022 的前阀 V4111。

⑦ 泄液结束，关闭调节阀 FV4022 的旁通阀 V4007。

⑧ 泄液结束，关闭调节阀 FV4061。

⑨ 泄液结束，关闭调节阀 FV4061 的后阀 V4114。

⑩ 泄液结束，关闭调节阀 FV4061 的前阀 V4113。

⑪ 泄液结束，关闭调节阀 FV4061 的旁通阀 V4009。

⑫ 泄液结束，关闭阀 V4004。

21.7.4 事故设置及处理

21.7.4.1 P412A 泵坏

（1）主要现象

① P412A 泵的出口压力急剧下降。

② FIC4021 的流量急剧减小。

（2）事故处理

① 停 P412A 泵。

② 换用泵 P412B。

21.7.4.2 调节阀 FV4020 阀卡

（1）主要现象　FIC4020 的流量不可调节。

（2）事故处理

① 打开旁通阀 V4003。

② 关闭 FV4020 的前、后阀 V4105、V4106。

思　考　题

1. 什么叫萃取？在什么条件下可以使用？

2. 什么叫分配系数？盐析效应同萃取有什么关系？

3. 用等量的溶剂萃取水中的正丁酸，用此溶剂进行一次萃取比用此溶剂分成三次萃取的萃取效果如何？

4. 要把所需要的化合物从溶液中萃取出来，萃取次数越多越好，是否正确，为什么？

5. 催化剂萃取单元主要包括哪些设备？

6. 本单元的萃取过程用到哪些物质？

7. 催化剂萃取过程冷态开车包括哪几步？

8. 生产过程中调节阀 FV4020 不可调节时应如何处理？

22 罐区单元

22.1 实训目的

通过罐区单元仿真实训，学生能够：

① 理解罐区单元的工作原理，工艺流程；

② 掌握该系统的工艺参数调节方法及控制；

③ 能熟练进行罐区单元的冷态开车及正常停车操作，能对正常工况进行维护，能正确分析并排除操作过程中出现的典型事故。

22.2 工作原理

罐区是化工原料，中间产品及成品的集散地，是大型化工企业的重要组成部分，也是化工安全生产的关键环节之一。大型石油化工企业罐区储存的化学品之多，是任何生产装置都无法比拟的。罐区的安全操作关系到整个工厂的正常生产，所以，罐区的设计、生产操作及管理都特别重要。

罐区的工作原理如下：产品从上一生产单元中被送到产品罐，经过换热器冷却后用离心泵打入产品罐中，进行进一步冷却，再用离心泵打入包装设备。

22.3 工艺流程

来自上一生产设备的约35℃的带压液体，经过阀门MV101进入日罐T01，由温度传感器TI101显示T01罐底温度，压力传感器PI101显示T01罐内压力，液位传感器LI101显示T01

的液位。由离心泵 P101 将产品罐 T01 的产品打出，控制阀 FIC101 控制回流量。回流的物流通过换热器 E01，被冷却水逐渐冷却到 33℃左右。温度传感器 TI102 显示被冷却后产品的温度，温度传感器 TI103 显示冷却水冷却后温度。由泵打出的少部分产品由阀门 MV102 打回生产系统。当日罐 T01 液位达到 80%后，阀门 MV101 和阀门 MV102 自动关闭。

日罐 T01 打出的产品经过 T01 的出口阀 MV103 和 T03 的进口阀进入产品罐 T03，由温度传感器 TI103 显示 T03 罐底温度，压力传感器 PI103 显示 T03 罐内压力，液位传感器 LI103 显示 T03 的液位。由离心泵 P103 将产品罐 T03 的产品打出，控制阀 FIC103 控制回流量。回流的物流通过换热器 E03，被冷却水逐渐冷却到 30℃左右。温度传感器 TI302 显示被冷却后产品的温度，温度传感器 TI303 显示冷却水冷却后温度。少部分回流物料不经换热器 E03 直接打回产品罐 T03；从包装设备来的产品经过阀门 MV302 打回产品罐 T03，控制阀 FIC302 控制这两股物流混合后的流量。产品经过 T03 的出口阀 MV303 到包装设备进行包装。

当日罐 T01 的设备发生故障，马上启用备用产品罐 T02 及其备用设备，其工艺流程同 T01。当产品罐 T03 的设备发生故障，马上启用备用产品罐 T04 及其备用设备，其工艺流程同 T03。

22.4 主要设备

罐区单元主要设备见表 22-1。

表 22-1 罐区单元主要设备

设备位号	设备名称	设备位号	设备名称
T01	日罐	T03	产品罐
P01	日罐 T01 的出口压力泵	P03	产品罐 T03 的出口压力泵
E01	日罐 T01 的换热器	E03	产品罐 T03 的换热器
T02	备用日罐	T04	备用产品罐
P02	备用日罐 T02 的出口泵	P04	备用产品罐 T04 的出口压力泵
E02	备用日罐 T02 的换热器	E04	备用产品罐 T04 的换热器

22.5 调节器、显示仪表及现场阀说明

22.5.1 调节器

罐区单元调节器见表 22-2。

表 22-2 罐区单元调节器

位号	被控调节阀	正常值	单位	正常工况
FIC101	FV101	24260	kg/h	投自动
FIC201	FV201	24260	kg/h	投自动
FIC301	FV301	24260	kg/h	投自动
FIC302	FV302	1500	kg/h	投自动
FIC401	FV401	24260	kg/h	投自动
FIC402	FV402	1500	kg/h	投自动

22.5.2 显示仪表

罐区单元显示仪表见表 22-3。

表 22-3 罐区单元显示仪表

位号	显示变量	正常值	单位
TI101	日罐 T01 罐内温度	33.0	℃
TI201	日罐 T02 罐内温度	33.0	℃
TI301	产品罐 T03 罐内温度	30.0	℃
TI401	产品罐 T04 罐内温度	30.0	℃

22.5.3 现场阀

罐区单元现场阀见表 22-4。

表 22-4 罐区单元现场阀

位号	名称	位号	名称
MV101	T01 的进料阀	MV302	T03 的进料阀
MV102	T01 的出口阀	MV103	日罐倒罐阀
KV101	P01 泵进口阀	KV301	P03 泵的进口阀
KV102	P01 泵出口阀	KV302	P03 泵的出口阀
KV103	换热器 E01 热物流出口阀	KV303	换热器 E03 热物流出口阀
KV104	换热器 E01 热物流进口阀	KV304	换热器 E03 热物流进口阀
KV105	换热器 E01 冷物流出口阀	KV305	换热器 E03 冷物流出口阀
KV106	换热器 E01 冷物流进口阀	KV306	换热器 E03 冷物流进口阀
MV301	产品罐 T03 进口阀	MV303	出料阀

22.6 流程图画面

罐区单元流程图画面见图 22-1～图 22-6。

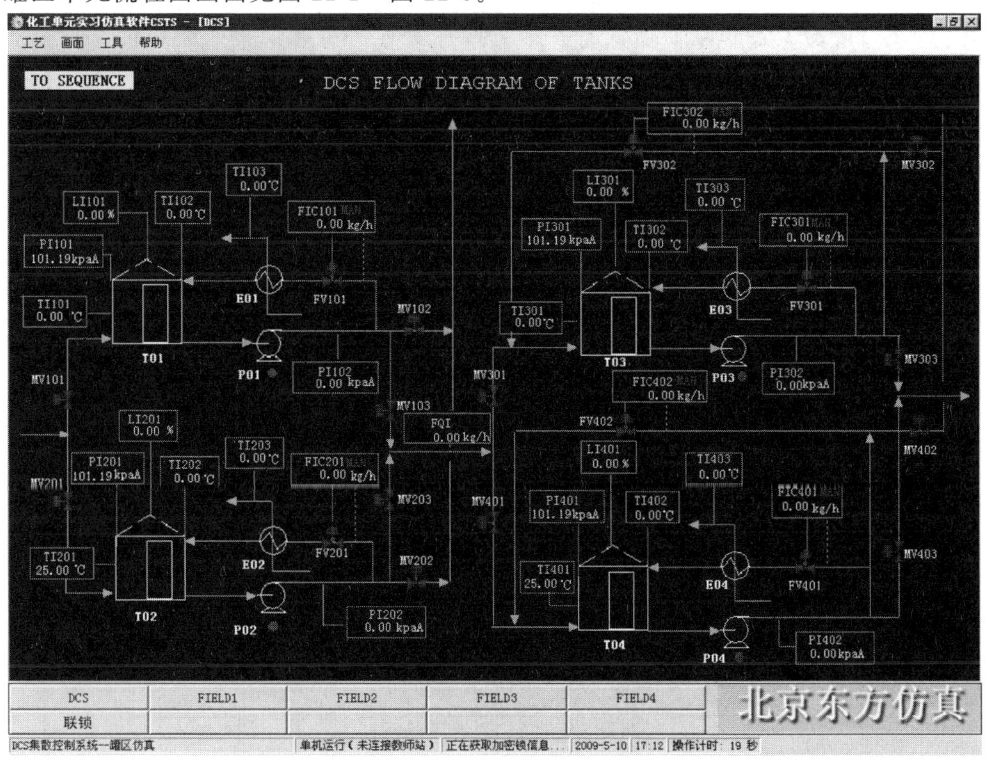

图 22-1 罐区单元仿 DCS 图

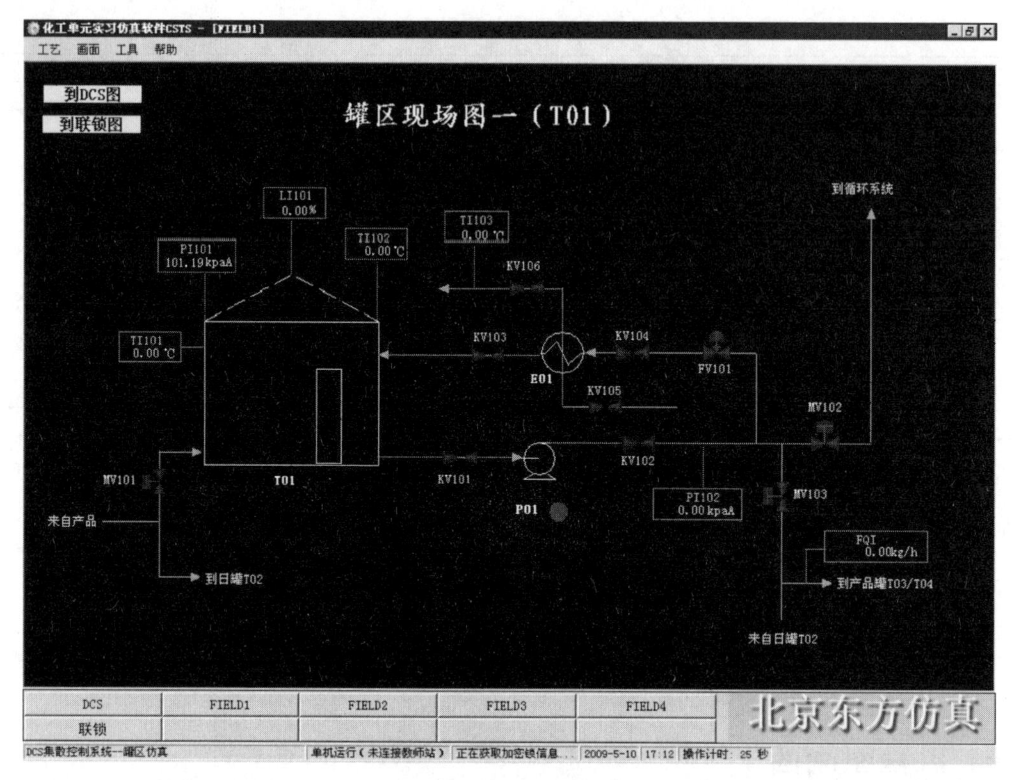

图 22-2　T01 仿现场图

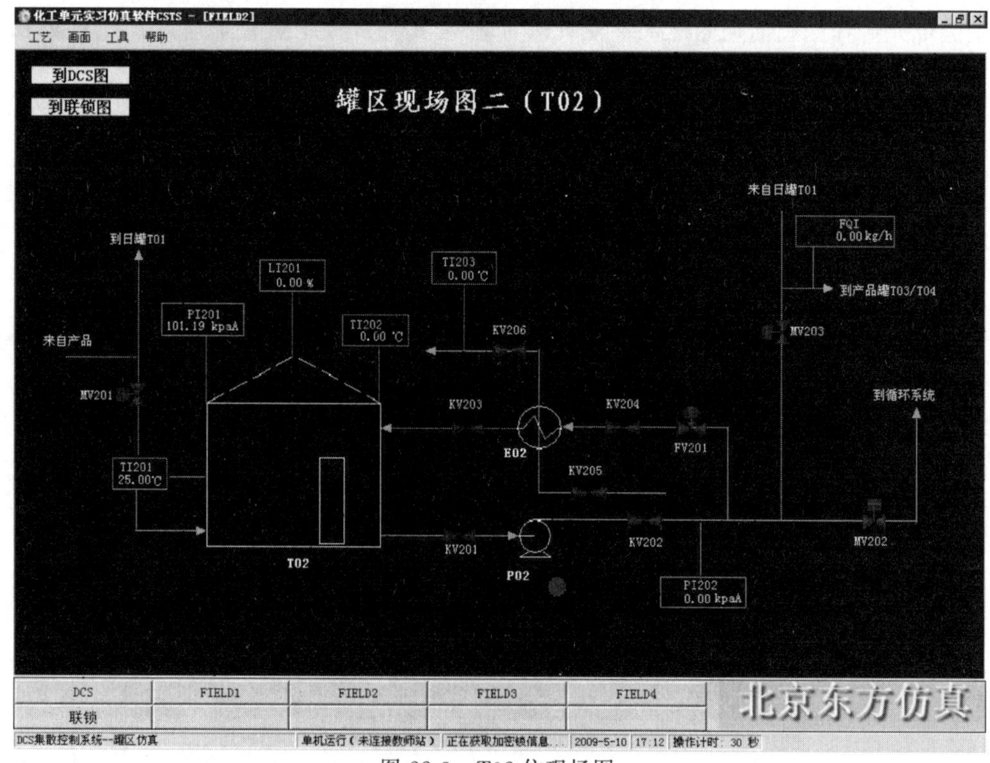

图 22-3　T02 仿现场图

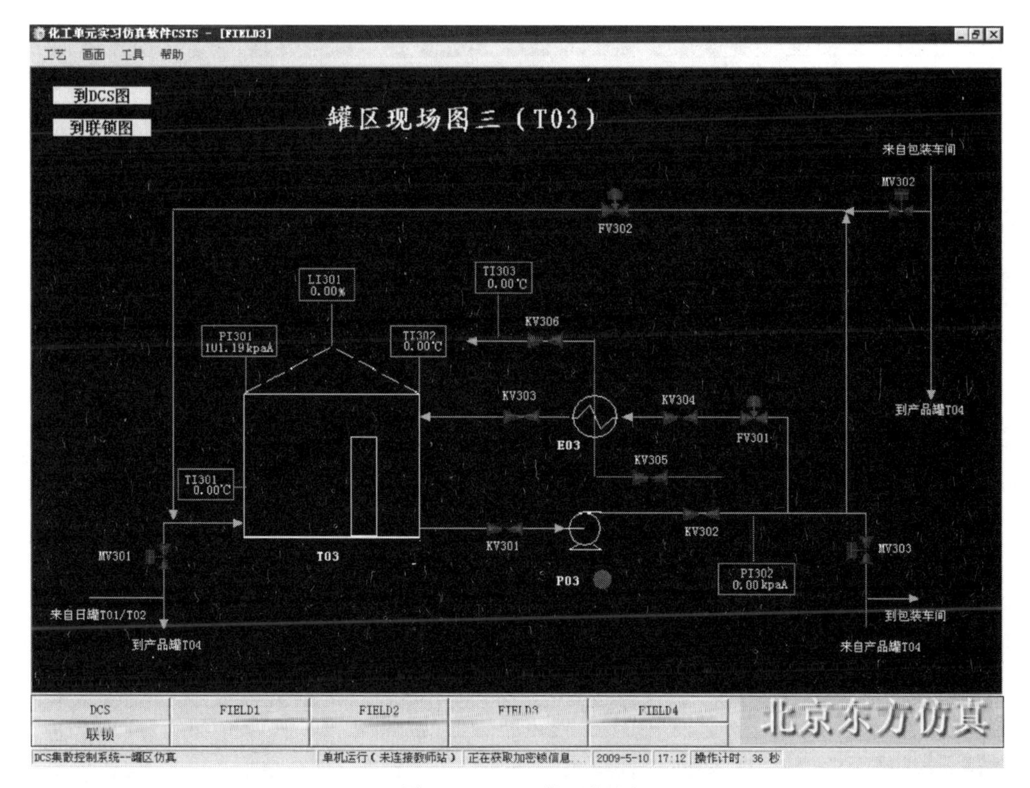

图 22-4 T03 仿现场图

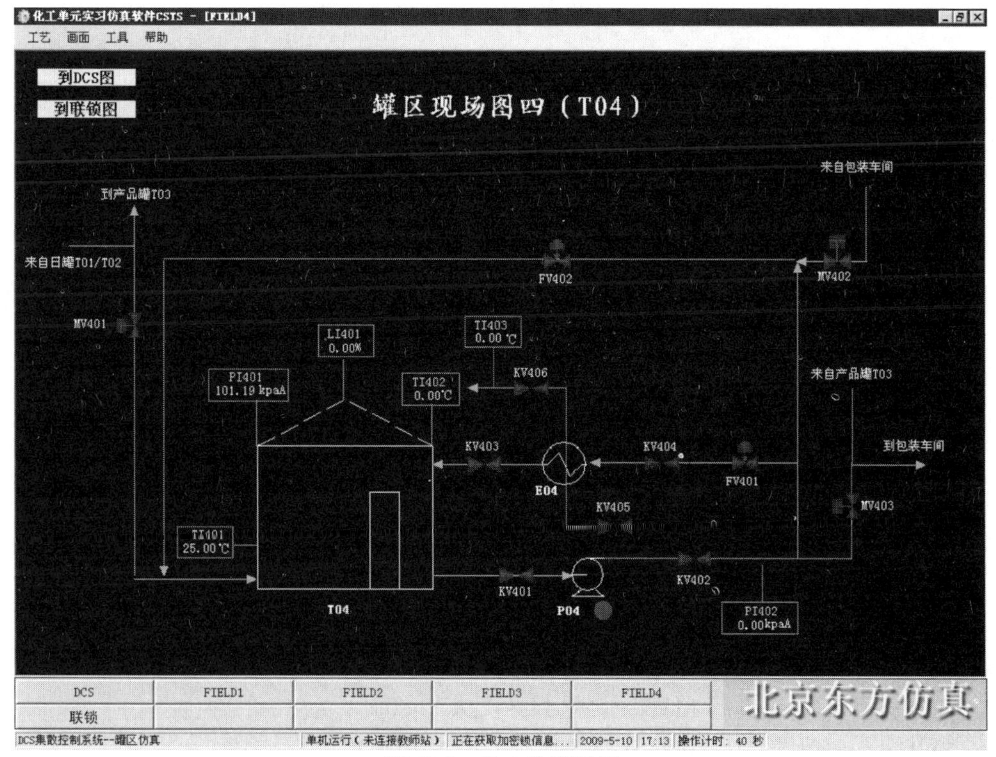

图 22-5 T04 仿现场图

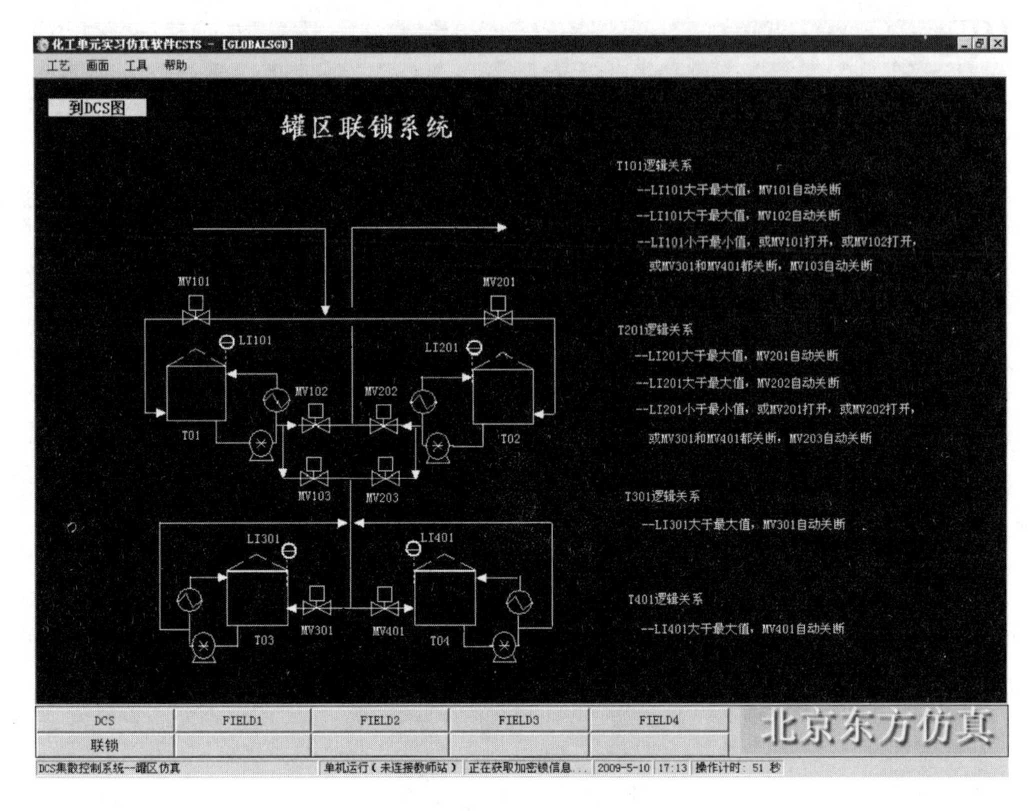

图 22-6 联锁图

22.7 操作规程

22.7.1 冷态开车操作规程

22.7.1.1 准备工作

① 检查日罐 T01（T02）的容积。

② 检查产品罐 T03（T04）的容积。

22.7.1.2 日罐进料

打开日罐 T01（T02）的进料阀 MV101（MV201）。

22.7.1.3 建立日罐的回流

① T01 液位大于 5%时，打开 P101 泵进口阀 KV101。

② 打开 P01 泵开关，启动泵 P101。

③ 打开 P01 泵出口阀 KV102。

④ 打开换热器 E01 热物流进口阀 KV104。

⑤ 打开换热器 E01 热物流出口阀 KV103。

⑥ 缓慢打开 T01 回流控制阀 FIC101，直到开度大于 50%。

⑦ 缓慢打开 T01 出口阀 MV102，直到开度大于 50%。

⑧ 当 T01 液位大于 10%，打开换热器 E01 冷物流出口阀 KV105。

⑨ 打开换热器 E01 冷物流进口阀 KV106。

⑩ T01 罐内温度保持在 32～34℃。

22.7.1.4 产品罐进料

① 打开产品罐 T03（T04）的进料阀 MV301（MV401）。

② 打开日罐 T01（T02）的倒罐阀 MV103（MV203）。

③ 打开产品罐 T03（T04）的包装设备进料阀 MV302（MV402）。

④ 打开产品罐回流阀 FIC302（FIC402）。

22.7.1.5 建立产品罐的回流

① 建立 T03 的回流。

② 当 T03 的液位大于 3%时，打开 P03 泵的进口阀 KV301。

③ 打开 P03 泵的开关，启动泵 P301。

④ 打开 P03 泵的出口阀 KV302。

⑤ 打开换热器 E03 热物流进口阀 KV304。

⑥ 打开换热器 E03 热物流出口阀 KV303。

⑦ 缓慢打开 T03 回流控制阀 FIC301，直到开度大于 50%。

⑧ 当 T03 液位大于 5%，打开换热器 E03 冷物流出口阀 KV305。

⑨ 打开换热器 E03 冷物流进口阀 KV306。

⑩ T03 罐内温度保持在 29～31℃。

22.7.1.6 产品罐出料

当 T03 液位高于 80%，缓慢打开出料阀 MV303（MV403），直到开度大于 50%，将产品打入包装车间。

22.7.2 事故处理

22.7.2.1 P01 泵坏

（1）现象　P01 泵出口压力为零；FIC101 流量急骤减小到零。

（2）事故处理　停用日罐 T01，启用备用日罐 T02。

22.7.2.2 换热器 E01 结垢

（1）现象　冷物流出口温度低于 17.5℃；热物流出口温度降低极慢。

（2）事故处理　停用日罐 T01，启用备用日罐 T02。

22.7.2.3 换热器 E03 热物流串进冷物流

（1）现象　冷物流出口温度明显高于正常值；热物流出口温度降低极慢。

（2）事故处理　停用产品罐 T03，启用备用产品罐 T04。

思　考　题

1. 简述罐区工作原理。
2. 简述罐区工艺流程。
3. 罐区的主要设备有哪些？
4. 简述罐区冷态开车操作规程。
5. “冷物流出口温度明显高于正常值，热物流出口温度降低极慢”是何原因？
6. 换热器 E03 热物流串进冷物流如何处理？

第三篇　化工产品全过程仿真操作

23

聚丙烯聚合工段生产工艺

23.1 实训目的

通过聚丙烯聚合工段生产工艺仿真实训,学生能够:

① 理解聚丙烯聚合工段的反应原理和工艺流程;

② 掌握该系统的工艺参数调节及控制方法;

③ 熟练掌握聚丙烯聚合工段的冷态开车操作,正常工况的维护,正常停车操作,能正确分析并排除操作过程中出现的典型事故。

23.2 工艺原理

液相本体聚丙烯的反应过程为催化均聚过程,使用的催化剂为钛系催化剂体系。目前小本体液相聚丙烯常用的为:配合Ⅱ型和以氯化镁为载体的高效载体催化剂。丙烯在催化剂作用下聚合,得到立体结构规整的聚丙烯。

链引发:

$$TiCl_4 + AlR_3 \longrightarrow \underset{\displaystyle R}{\underset{|}{TiCl_3}} + AlR_2Cl$$

$$[Cat]\!-\!R + \underset{\displaystyle CH_3}{\underset{|}{CH_2\!=\!CH}} \longrightarrow [Cat]\!-\!CH_2\!-\!\underset{\displaystyle CH_3}{\underset{|}{CH}}\!-\!R$$

链增长:

$$[Cat]\!-\!CH_2\!-\!\underset{\displaystyle CH_3}{\underset{|}{CH}}\!-\!R + n\,\underset{\displaystyle CH_3}{\underset{|}{CH_2\!=\!CH}} \longrightarrow [Cat]\!-\!CH_2\!-\!\underset{\displaystyle CH_3}{\underset{|}{CH}}\!-\![CH_2\!-\!\underset{\displaystyle CH_3}{\underset{|}{CH}}]_n\!-\!R$$

链终止:自动终止,一般在50℃以下方能进行。

$$[Cat]\!-\!CH_2-\underset{\displaystyle CH_3}{\underset{|}{CH}}-\!\!\left[CH_2-\underset{\displaystyle CH_3}{\underset{|}{CH}}\right]_n\!R \longrightarrow [Cat]\!-\!H + CH_2=\underset{\displaystyle CH_3}{\underset{|}{C}}-\!\!\left[CH_2-\underset{\displaystyle CH_3}{\underset{|}{CH}}\right]_n\!R$$

向烷基铝转移：

$$[Cat]\!-\!CH_2-\underset{\displaystyle CH_3}{\underset{|}{CH}}-\!\!\left[CH_2-\underset{\displaystyle CH_3}{\underset{|}{CH}}\right]_n\!R + AlR_3 \longrightarrow [Cat]\!-\!R + R_2Al-CH_2-\underset{\displaystyle CH_3}{\underset{|}{CH}}-\!\!\left[CH_2-\underset{\displaystyle CH_3}{\underset{|}{CH}}\right]_n\!R$$

$$R_2Al-CH_2-\underset{\displaystyle CH_3}{\underset{|}{CH}}-\!\!\left[CH_2-\underset{\displaystyle CH_3}{\underset{|}{CH}}\right]_n\!R \longrightarrow R_2AlH + CH_2=\underset{\displaystyle CH_3}{\underset{|}{C}}-\!\!\left[CH_2-\underset{\displaystyle CH_3}{\underset{|}{CH}}\right]_n\!R$$

向单体转移：

$$[Cat]\!-\!CH_2-\underset{\displaystyle CH_3}{\underset{|}{CH}}-\!\!\left[CH_2-\underset{\displaystyle CH_3}{\underset{|}{CH}}\right]_n\!R + CH_2=\underset{\displaystyle CH_3}{\underset{|}{CH}} \longrightarrow CH_2=\underset{\displaystyle CH_2}{\underset{|}{C}}-\!\!\left[CH_2-\underset{\displaystyle CH_3}{\underset{|}{CH}}\right]_n\!R + [Cat]\!-\!CH_2-\underset{\displaystyle CH_3}{\underset{|}{CH_2}}$$

向 H_2 转移，聚合过程中，用氢气量调节相对分子质量，就是发生链转移反应。

$$[Cat]\!-\!CH_2-\underset{\displaystyle CH_3}{\underset{|}{CH}}-\!\!\left[CH_2-\underset{\displaystyle CH_3}{\underset{|}{CH}}\right]_n\!R + H_2 \longrightarrow [Cat]\!-\!H + CH_3-\underset{\displaystyle CH_3}{\underset{|}{CH}}-\!\!\left[\underset{\displaystyle CH_3}{\underset{|}{CH_2}}-CH\right]_n\!R$$

$$[Cat]\!-\!H + CH_2=\underset{\displaystyle CH_3}{\underset{|}{CH}} \longrightarrow [Cat]\!-\!CH_2-\underset{\displaystyle CH_3}{\underset{|}{CH_2}}$$

聚丙烯等规度的高低与使用的催化剂体系有关，主催化剂的晶体结构对催化剂性能特别是定向性能有显著的影响。如使用三氯化钛～一氯二乙基铝配合Ⅱ型催化剂时，主要由粒径 0.01μm 的微晶堆集而成，外观为海绵状多孔结构，比表面达 100～150m^2/g，每克催化剂生产 6～15kg 聚丙烯，三氯化钛有 α、β、γ 和 δ 四种晶体，其中 δ 型的三氯化钛所得的聚丙烯的等规度可达 97%左右。助催化剂主要起使主催化剂还原和烷基化作用，还能引起聚合物链的转移和净化丙烯的作用。

高效载体催化剂制备方法与配合Ⅱ型催化剂不同，所用的助催化剂也不同，其特点是催化剂活性高，质量好，产品应用范围更广泛，但在丙烯聚合过程中所起的作用是相同的。

23.3 工艺流程

本工艺仿真仅针对丙烯聚合反应工段。

丙烯原料经 D001A/B 固碱脱水器粗脱水，D002 羰基硫水解器、D003 脱硫器加热除去羰基硫及 H_2S，然后进入两条可互相切换的脱水、脱氧、再脱水的精制线（D004A/B 氧化铝脱水器，D005A/BNi 催化剂脱氧器、D006A/B 分子筛脱水器），经上述精制处理后的丙烯中水分脱至 10mg/kg 以下，硫脱至 0.1mg/kg 以下，然后进入丙烯罐 D007，经 P002A/B 丙烯加料泵打入聚合釜。

高效载体催化剂系统由 A（Ti 催化剂）、B（三乙基铝）及 C（硅烷）组成。A 催化剂由 A 催化剂加料器 Z101A/B 加入 D200 预聚釜。B 催化剂存放在 D101B 催化剂计量罐中，经 B 催化剂计量泵 P101A/B 加入 D200 预聚釜，B 催化剂以 100%浓度加入 D200。这样做的好处是可以降低干燥器入口易燃挥发组分的含量，但安全上要特别注意，管道的安装、验收要特别严格，因为一旦泄漏就会着火。C 催化剂的加入量非常少，必须先在 D110A/B、C

催化剂计量罐中配制成15%的己烷溶液，然后用C催化剂计量泵P104A/B打入D200。

丙烯、A、B、C催化剂先在D200预聚釜中进行预聚合反应，预聚压力3.10～3.96MPa，温度低于20℃。然后进入第1、2反应器（D201、D202）在液态丙烯中进行淤浆聚合，聚合压力3.10～3.96MPa，温度67～70℃。由D202排出的淤浆直接进入第3反应器D203进行气相聚合，聚合压力2.8～3.2MPa，温度80℃。

聚合物与丙烯气依靠自身的压力离开第3反应器D203进入旋风分离器D301、D302-1、D302-2。分离聚合物之后的丙烯气相经油洗塔T301洗去低聚物、烷基铝、细粉料后经压缩机C301加压与D203未反应丙烯一起，进入高压丙烯洗涤塔T302，分离去烷基铝、氢气之后的丙烯回至丙烯罐D007。将T302塔底的含烷基铝、低分子聚合物、己烷及丙烷成分较高的丙烯送至气体分离器，以平衡系统内的丙烯浓度。一部分重组分及粉料汽化后回至T301入口，T302的气相进丙烯回收塔T303回收丙烯。

23.4 主要设备

聚合工段主要设备见表23-1。

表23-1 聚合工段主要设备

设备位号	设备名称	设备位号	设备名称	设备位号	设备名称
C201A/B	压缩机	D203	第三反应器	E203	换热器
C202	压缩机	D211	气液分离器	E207	换热器
D200	丙烯预聚釜	E200	换热器	E208	换热器
D201	第一反应器	E201	换热器		
D202	第二反应器	E202	换热器		

23.5 调节器、显示仪表及现场阀说明

聚合工段调节器见表23-2，聚合工段现场阀见表23-3，聚合工段显示仪表见表23-4。

表23-2 聚合工段调节器

位　号	正常值	正常工况	位　号	正常值	正常工况
TIC211	70℃	投自动	FIC212	$45m^3/h$	投自动
TIC212	70℃	投自动	FIC221	450kg/h	投自动
TIC221	67℃	投自动	FIC222	$40m^3/h$	投自动
TIC222	67℃	投自动	FIC233	$6m^3/h$	投自动
TRC231	80℃	投自动	LICA211	45%	投自动
TIC233	80℃	投自动	LICA221	45%	投自动
FIC201	450kg/h	投自动	LICA231A	900mm	投自动
FIC211	3690kg/h	投自动	PIC231	2.8MPa	投自动

表23-3 聚合工段现场阀

位号	名　　称	位号	名　　称
VD01	P101A泵入口阀	VD08	P101B泵出口阀
VD02	P101A泵前泄液阀	VD09	调节阀FV101旁通阀
VD03	P101A泵排空阀	VD10	V101泄液阀
VD04	P101A泵出口阀	VB03	调节阀FV101前阀
VD05	P101B泵入口阀	VB04	调节阀FV101后阀
VD06	P101B泵前泄液阀	D007	气相丙烯阀
VD07	P101B泵排空阀		

表 23-4　聚合工段显示仪表

位　号	显示变量	正常值	单　位
PI201	D200 压力	3.1～3.7	MPa
PIA211	D201 压力	3.0～3.6	MPa
PIA221	D201 压力	3.0～3.6	MPa
LI212	D201 液位	1848	mm
LIA213	D201 回流液管液位	2000	mm
LI222	D202 液位	1848	mm
LIA223	D202 回流液管液位	2000	mm
LI231B	D203 料位	900	mm
TR210	D201 气相温度	70	℃
TR220	D202 气相温度	70	℃
TR232A/B/C	D203 温度	80	℃
HC211	D201 气相压力	3.0～3.6	MPa
HC221	D202 气相压力	3.0～3.6	MPa
HC231	D203 压力	2.8～3.2	MPa
ARC211	D201 气相色谱	0.24～9.4	%
ARC221	D202 气相色谱	0.24～9.4	%
XV212A/B/C	D201 加 CO		
XV222A/B/C	D202 加 CO		
XV232A/B/C	D203 加 CO		

23.6　流程图画面

聚合工段流程图画面见图 23-1～图 23-14。

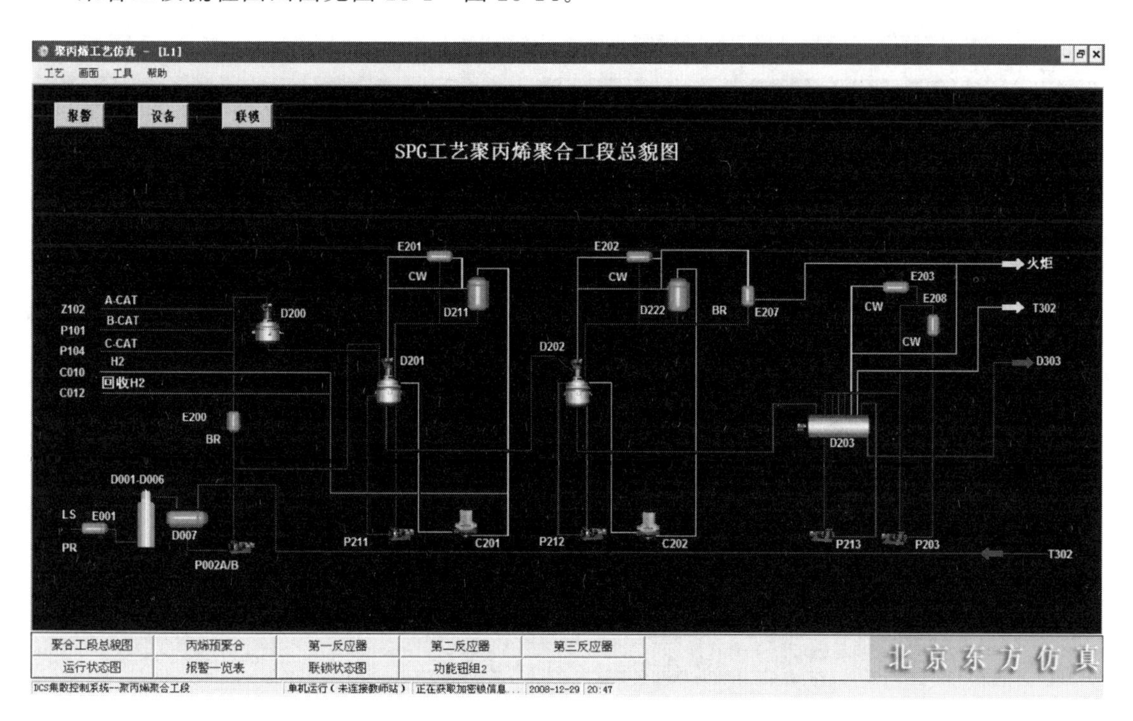

图 23-1　聚合工段总貌图

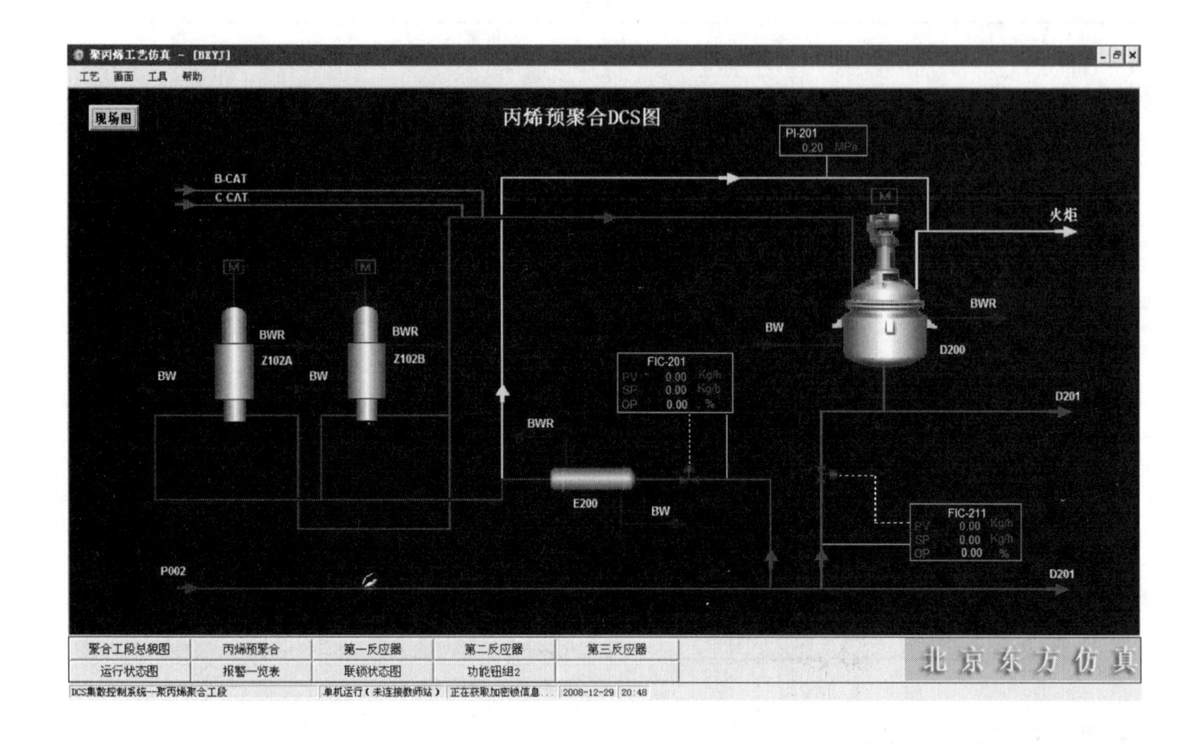

图 23-2　预聚合仿 DCS 图

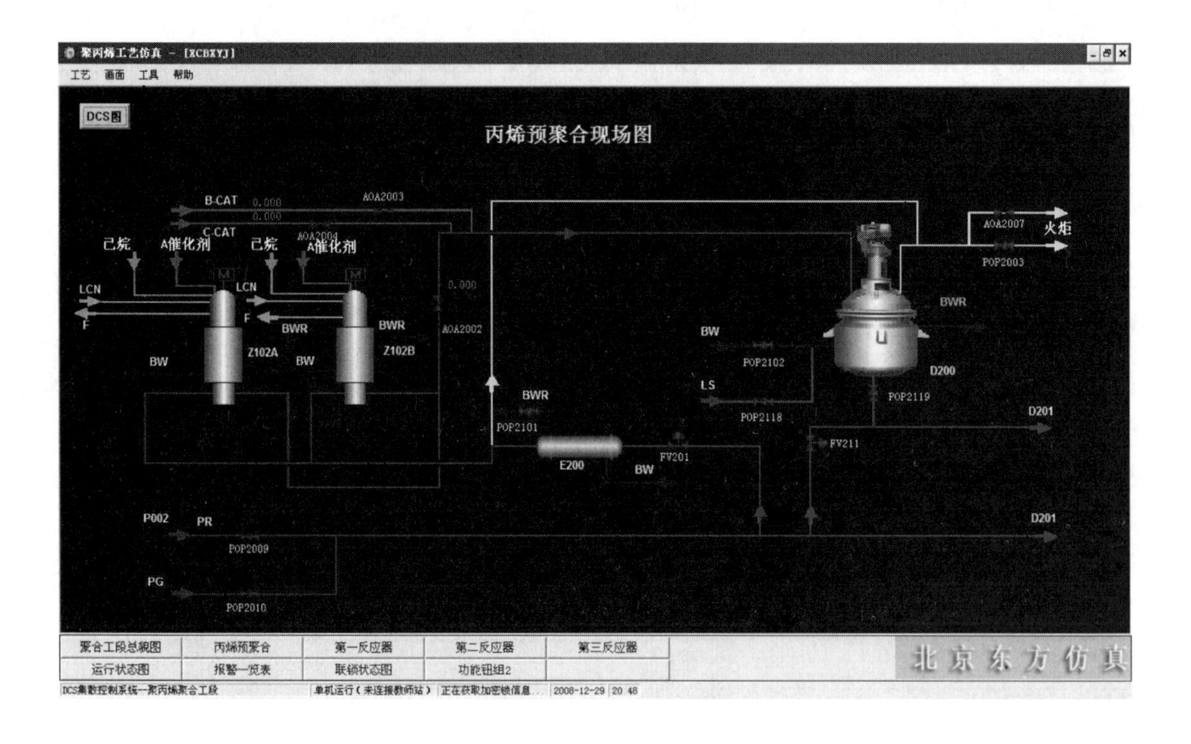

图 23-3　预聚合仿现场图

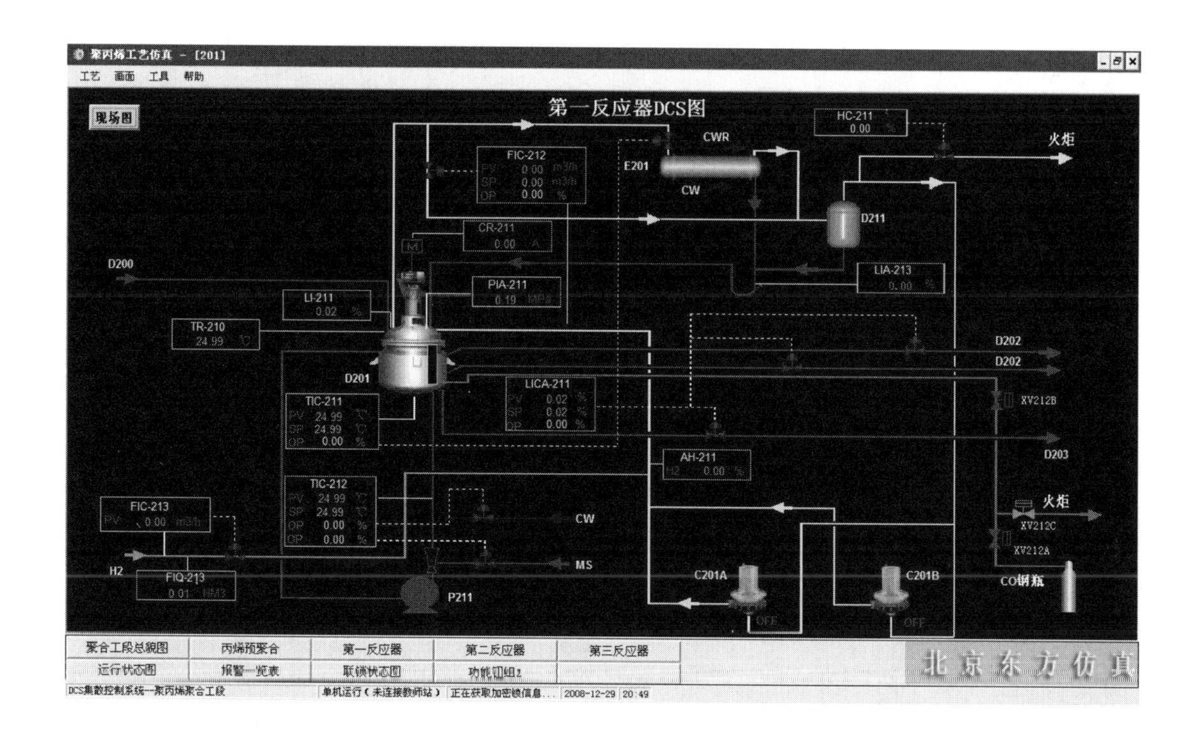

图 23-4　第一反应器仿 DCS 图

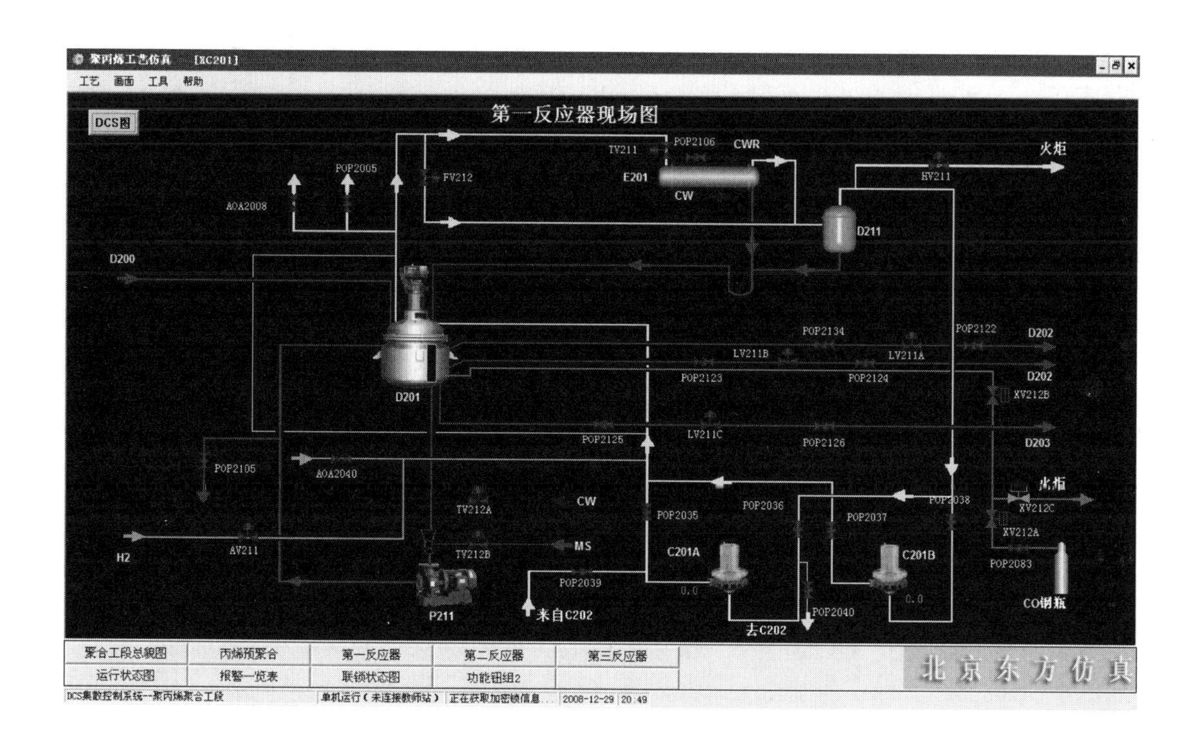

图 23-5　第一反应器仿现场图

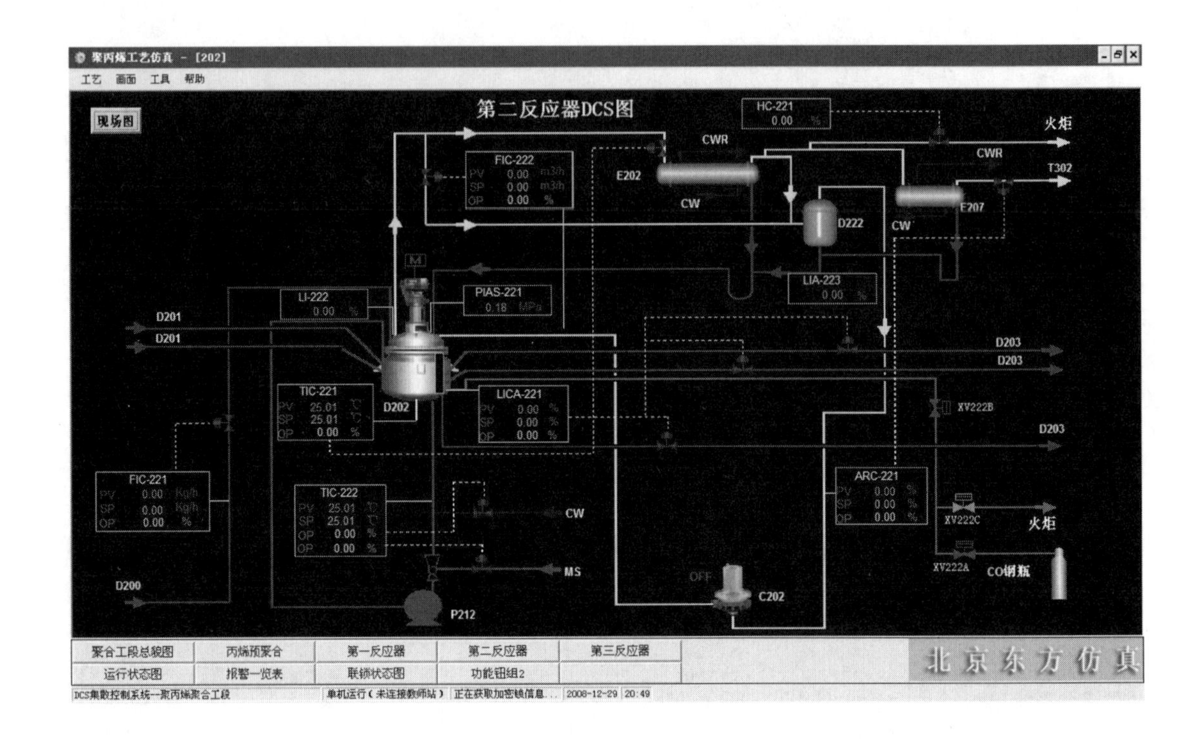

图 23-6　第二反应器仿 DCS 图

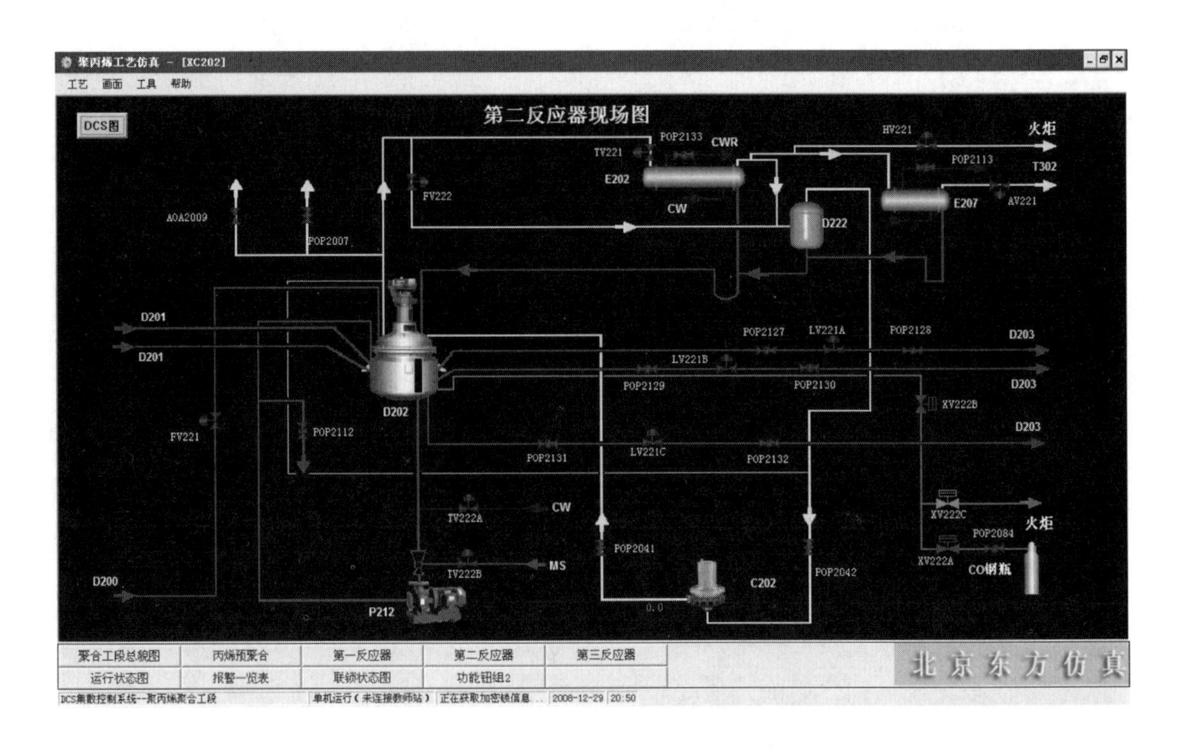

图 23-7　第二反应器仿现场图

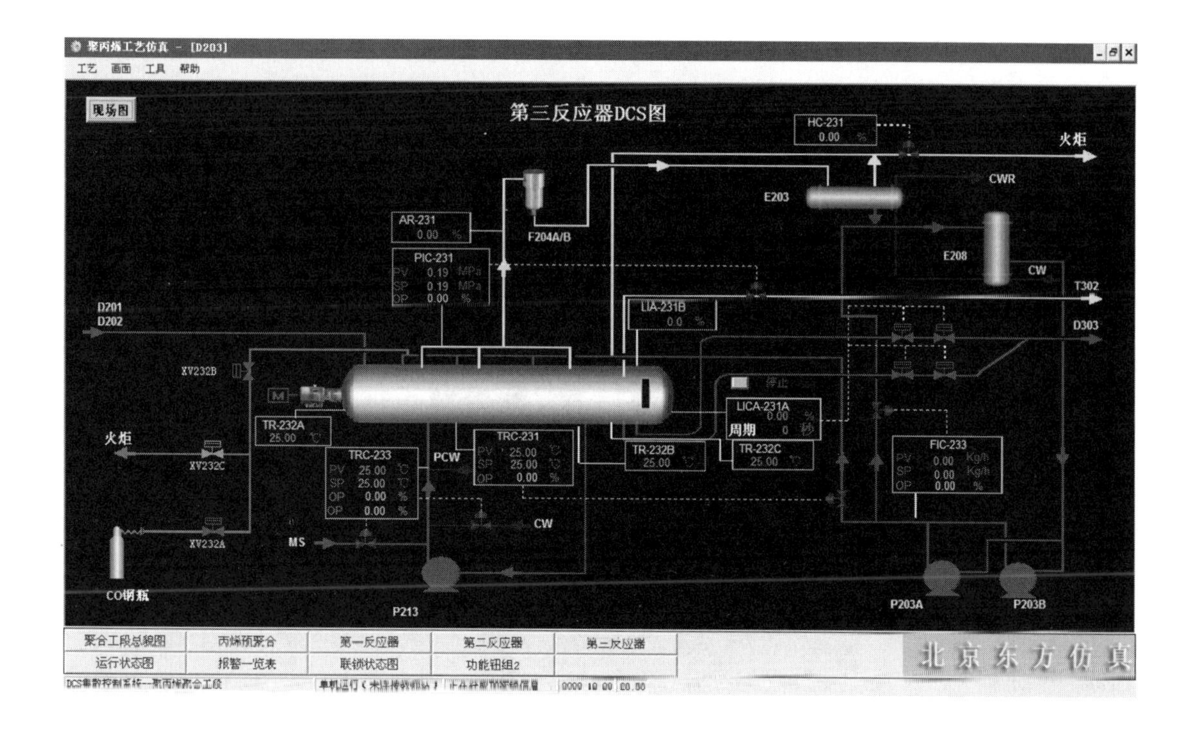

图 23-8　第三反应器仿 DCS 图

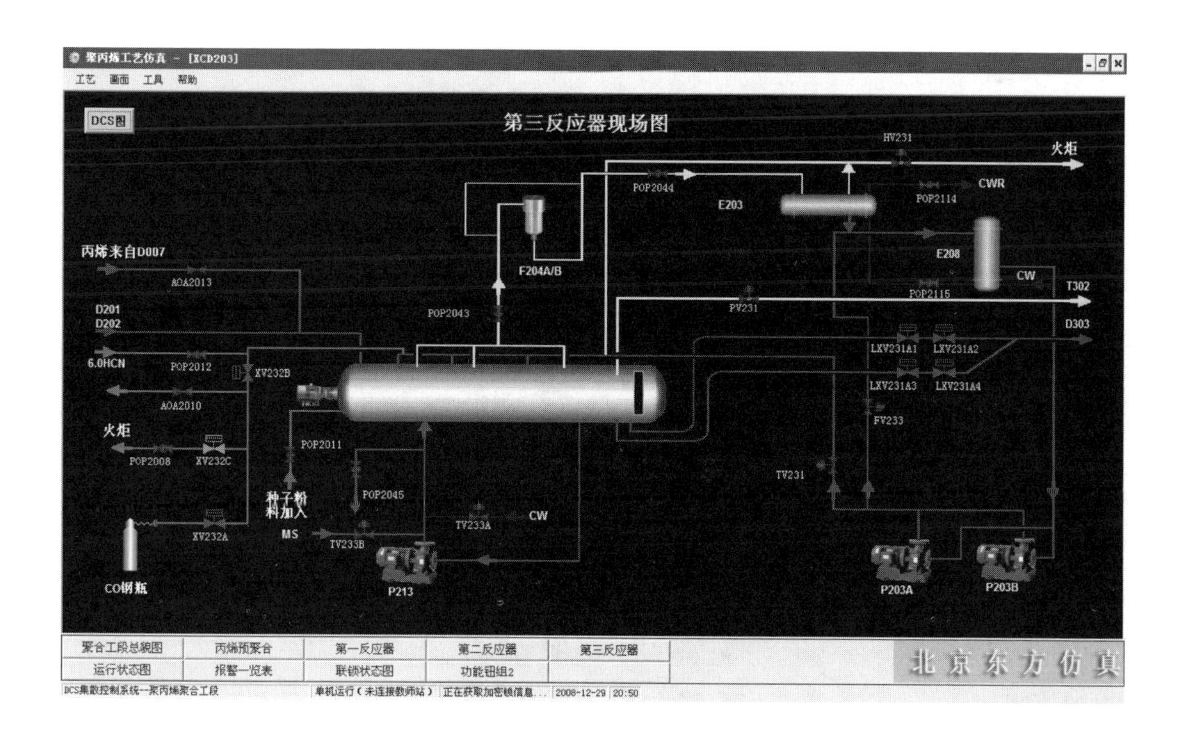

图 23-9　第三反应器仿现场图

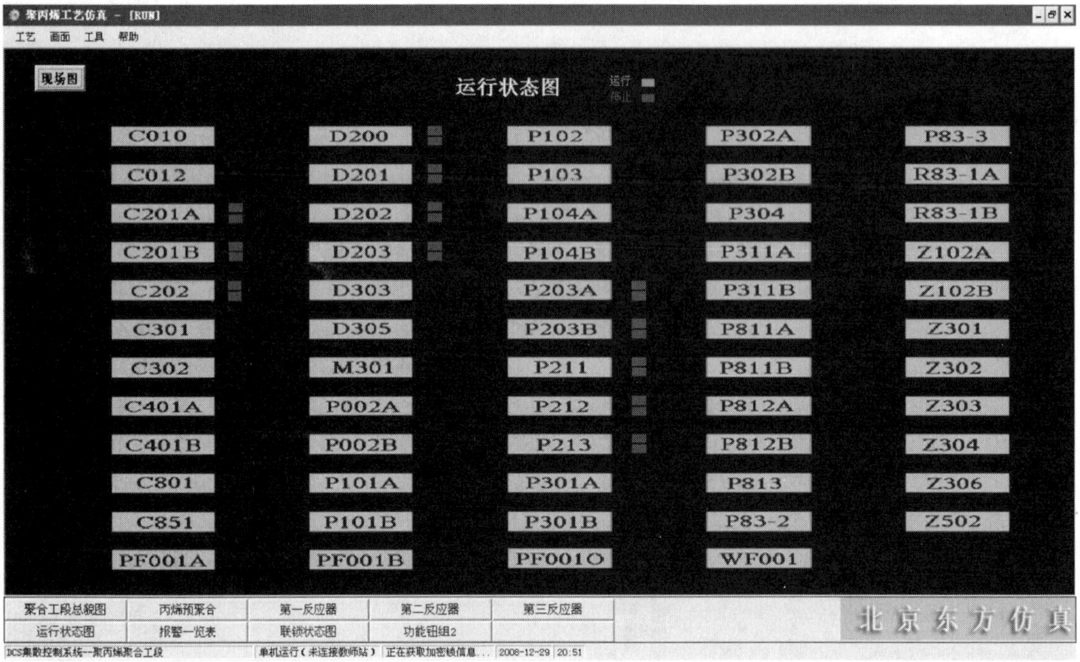

聚丙烯工艺仿真 - [RUN]

工艺 画面 工具 帮助

现场图

运行状态图

运行 停止

C010	D200	P102	P302A	P83-3
C012	D201	P103	P302B	R83-1A
C201A	D202	P104A	P304	R83-1B
C201B	D203	P104B	P311A	Z102A
C202	D303	P203A	P311B	Z102B
C301	D305	P203B	P811A	Z301
C302	M301	P211	P811B	Z302
C401A	P002A	P212	P812A	Z303
C401B	P002B	P213	P812B	Z304
C801	P101A	P301A	P813	Z306
C851	P101B	P301B	P83-2	Z502
PF001A	PF001B	PF001O	WF001	

聚合工段总貌图 丙烯预聚合 第一反应器 第二反应器 第三反应器

运行状态图 报警一览表 联锁状态图 功能钮组2

北京东方仿真

DCS集散控制系统--聚丙烯聚合工段 单机运行（未连接教师站） 正在获取加密锁信息... 2008-12-29 20:51

图 23-10　运行状态图

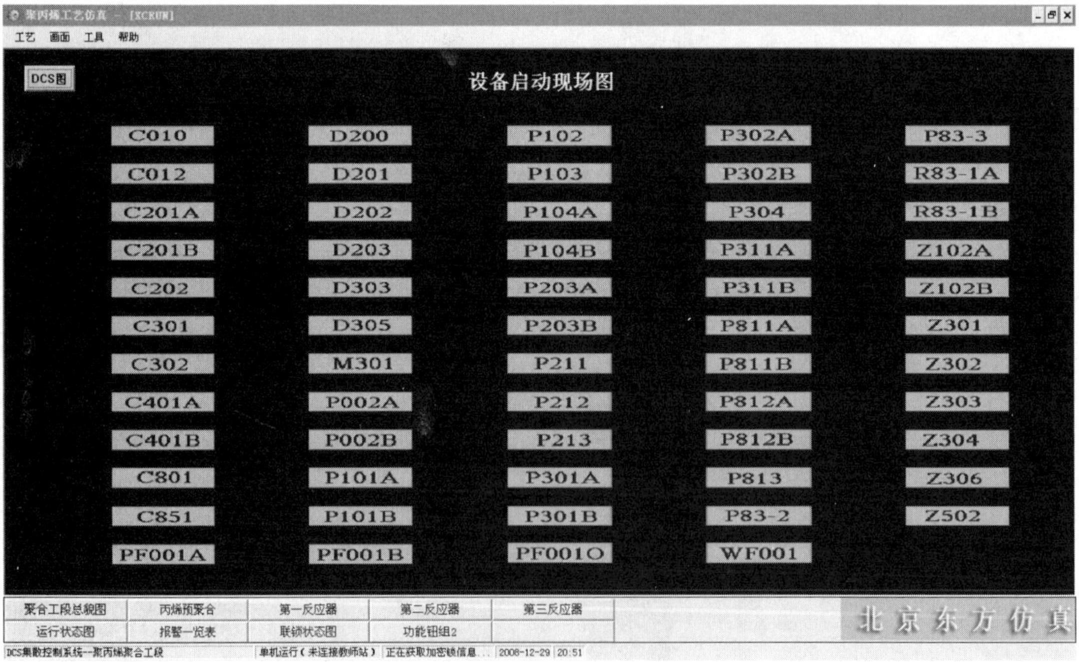

聚丙烯工艺仿真 - [XCRUN]

工艺 画面 工具 帮助

DCS图

设备启动现场图

C010	D200	P102	P302A	P83-3
C012	D201	P103	P302B	R83-1A
C201A	D202	P104A	P304	R83-1B
C201B	D203	P104B	P311A	Z102A
C202	D303	P203A	P311B	Z102B
C301	D305	P203B	P811A	Z301
C302	M301	P211	P811B	Z302
C401A	P002A	P212	P812A	Z303
C401B	P002B	P213	P812B	Z304
C801	P101A	P301A	P813	Z306
C851	P101B	P301B	P83-2	Z502
PF001A	PF001B	PF001O	WF001	

聚合工段总貌图 丙烯预聚合 第一反应器 第二反应器 第三反应器

运行状态图 报警一览表 联锁状态图 功能钮组2

北京东方仿真

DCS集散控制系统--聚丙烯聚合工段 单机运行（未连接教师站） 正在获取加密锁信息... 2008-12-29 20:51

图 23-11　设备启动现场图

图 23-12 报警一览表

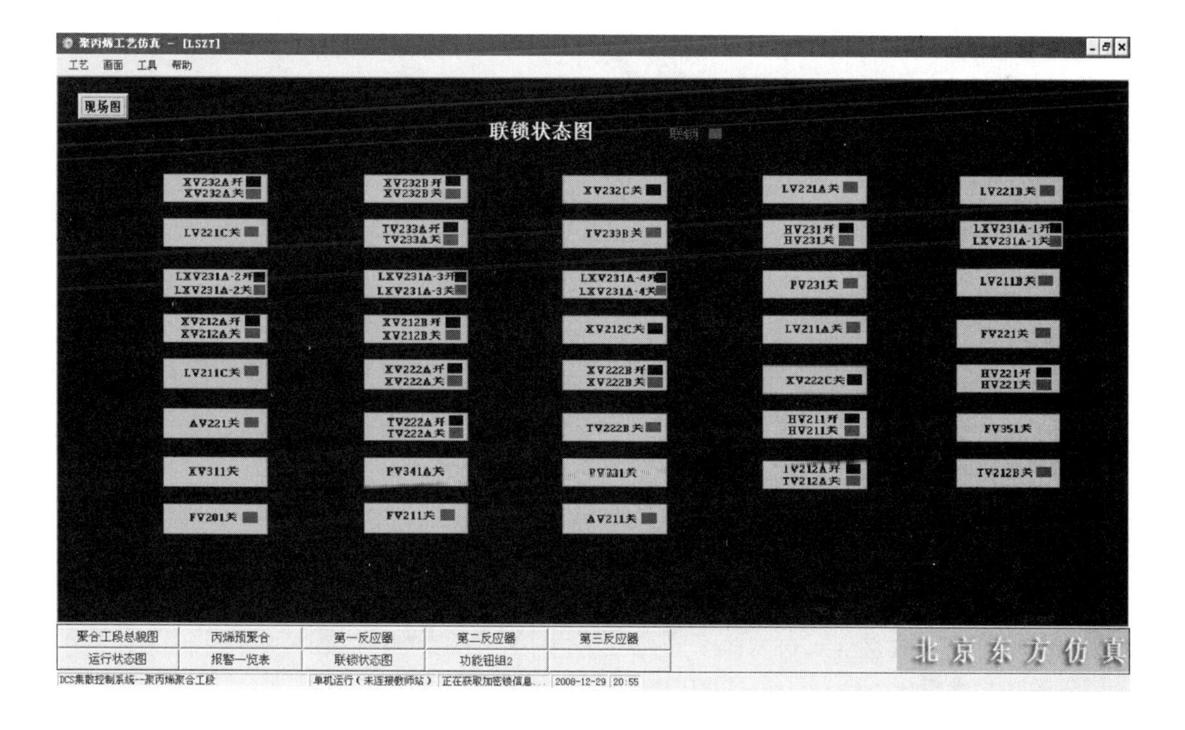

图 23-13 联锁状态图

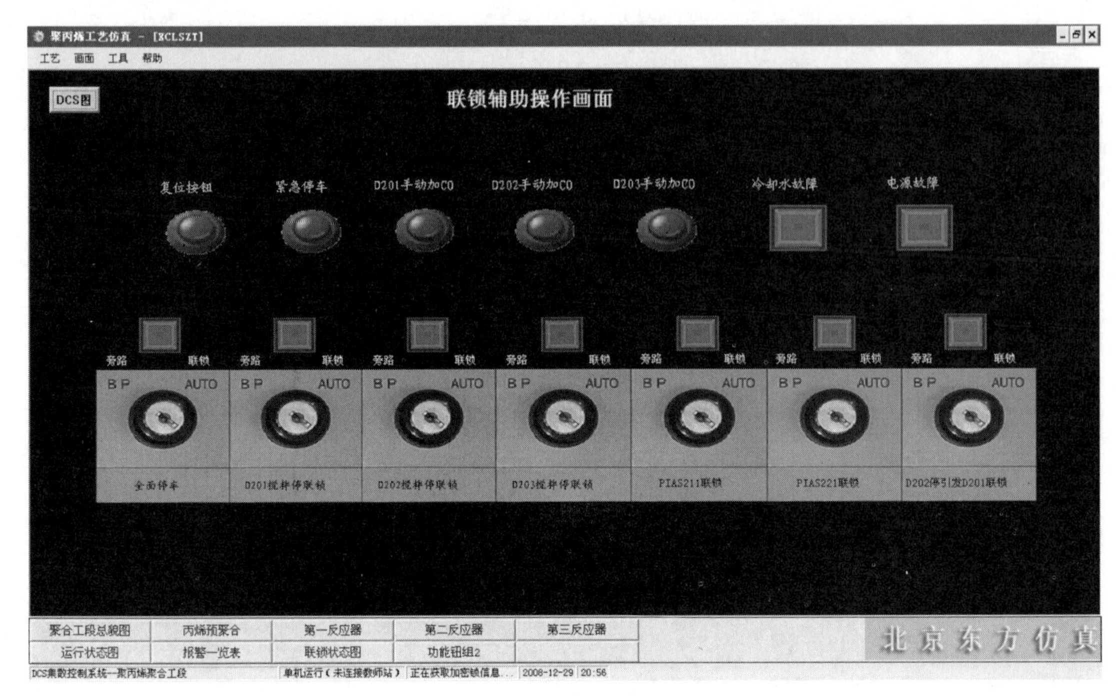

图 23-14　联锁辅助操作画面

23.7　操作规程

23.7.1　冷态开车操作规程

23.7.1.1　种子粉料加入 D203

① 启动种子粉料加入阀 POP2011。

② 料位达到 10%后，关 POP2011。

③ 开高压氮气阀 POP2012 充压。

④ 当 D203 充压至 0.5MPa，关氮气阀 POP2012。

⑤ 现场开 D203 气相至 E203 手阀 POP2043、POP2044，开 HC231。

⑥ 放空至 0.05MPa 后，关 HC231。

⑦ 总控室启动 D203 搅拌。

23.7.1.2　气态丙烯进 D200 置换

① 现场启动气态丙烯进料阀 POP2010。

② 开 FIC201 阀将丙烯引入 D200，使 D200 压力达到 0.5MPa。

③ D200 压力达 0.5MPa 后关 FIC201。

④ 开 D200 现场火炬阀 POP2003 进行放空，开 D200 现场火炬阀 AOA2007 进行放空，D200 开现场火炬阀放空至 0.05MPa。

⑤ 关现场火炬阀 AOA2007、POP2003。

23.7.1.3　D201 置换

① 开 FIC211 阀，将气态丙烯引入 D201。

② 开 D201 塔顶流量阀 FIC212，对 D201 系统进行置换。

③ 开 D201 塔釜温度 TIC211，引入气态丙烯，对 E201 进行置换。

④ 开 C201A 入口阀 POP2036，开 C201A 出口阀 POP2035。

⑤ 启动 C201A，打开 C201A 转速调节。

⑥ 开 C201B 入口阀 POP2038，开 C201B 出口阀 POP2037。

⑦ 启动 C201B，打开 C201B 转速调节。

⑧ 当 PIA211 达 0.5MPa 时，关阀 FIC211。

⑨ 停 D201 风机 C201A，停 D201 风机 C201B。

⑩ 开阀 HC211 放空，放至 0.05MPa，关 HC211。

⑪ 关闭阀 TV211。

⑫ 关出口阀 C201A，关出口阀 C201B。

⑬ 关入口阀 C201A，关入口阀 C201B。

23.7.1.4 D202 置换

① 开阀 FIC221，将气态丙烯引入 D202。

② 开阀 FIC222，引入气态丙烯，对 D202 系统进行置换，开阀 TV221，引入气态丙烯，对 E202 进行置换。

③ 开 C202 入口阀 POP2042。

④ 开 C202 出口阀 POP2041。

⑤ 启动压缩机 C202，打开压缩机 C202 转速调节。

⑥ 当 PIAS221 达 0.5MPa 时，关 FIC221。

⑦ 停压缩机 C202，关 C202 出口阀 POP2041、入口阀 POP2042。

⑧ 开 HC221 阀放空，放至 0.05MPa，关阀 HC221，关阀 TV221。

23.7.1.5 D203 置换

① 现场开 D007 来气相丙烯阀 AOA2013，现场开 D007 来气相丙烯阀 D203 充压大于 0.5MPa。

② 充压至 0.5MPa 后，关阀，AOA2013。

③ 开 HC231 阀，放空。放空至 PIC231 为 0.05MPa 后，关 HC231。

23.7.1.6 D200 升压

① 开 FIC201，D200 升压。D200 升压至 0.7MPa。

② PI201 指示为 0.7MPa 后，关 FIC201。

23.7.1.7 D201 升压

① 开 FIC211 引气相丙烯，D201 升压至 0.7MPa。

② PIA211 指示为 0.7MPa 后，关 FIC211。

23.7.1.8 D202 升压

① 开 FIC221 引气相丙烯，D202 升压至 0.7MPa。

② PIAS221 指示为 0.7MPa 后，关 FIC221。

23.7.1.9 向 D200 加液态丙烯

① 关气态丙烯进料阀 POP2010，开液态丙烯进料阀 POP2009。

② 开 E200BWR 循环冷却水阀门 POP2101。

③ 开 D200 夹套 BW 入口阀 POP2102。

④ 开 FIC201，引液态丙烯入 D200。

⑤ 启动 D200 搅拌。

⑥ 当 PI201 指示为 3.0MPa 时，开现场釜底阀 POP2119。

23.7.1.10 向 D201 加液态丙烯

① 开 FIC211，向 D201 进液态丙烯。

② 启动 D201 搅拌。

③ 现场开 E201CWR 循环冷却水阀门 POP2106。

④ 开 C201A 入口阀 POP2136，开 C201A 出口阀 POP2035。

⑤ 开压缩机 C201A。

⑥ 开 C201B 入口阀 POP2038，开 C201B 出口阀 POP2037。

⑦ 开压缩机 C201B。

⑧ 调整压缩机 C201A 转速。

⑨ 调整压缩机 C201B 转速。

⑩ 开启聚合釜 D201 夹套循环水泵 P211。

⑪ 调节 FIC212 为 $45m^3/h$。

⑫ 开 MS 阀，釜底 TIC212 升温，调节 TIC211，控制釜温为 70℃左右。

⑬ 调节 LICA211，控制聚合釜 D201 液位为 45%左右。

23.7.1.11 向 D202 加液态丙烯

① 开 FIC221，向 D202 进液相丙烯。

② 打开 D201 液相出料阀控制器 LICA211，向 D202 进液相丙烯。

③ 启动 D202 搅拌。

④ 现场开 E202CWR 循环冷却水阀 POP2133。

⑤ 现场开 E207CW 循环冷却水阀 POP2113。

⑥ 开 LICA221A 一条线前后阀 POP2127、POP2128。

⑦ 开 C202 入口阀 POP2042。

⑧ 开 C202 出口阀 POP2041。

⑨ 启动压缩机 C202。

⑩ 调节 C202 转速。

⑪ 调节 FIC222 为 $40m^3/h$ 以上。

⑫ 启动聚合釜 D202 循环水泵 P212。

⑬ 开 MS 阀，釜底 TIC222 升温。

⑭ 调节 TIC221，控制反应釜温度为 67℃左右。

⑮ 调节控制器 LIA221，控制聚合釜 D202 液位为 45%左右。

23.7.1.12 向 D203 加液态丙烯

① 打开 D202 聚合釜控制器 LICA221，向 D203 进液态丙烯。

② 开 E203 循环冷却水出口阀 POP2114。

③ 开 E203 循环冷却水进口阀 POP2115。

④ 启动反应釜夹套循环水泵 P213。

⑤ 开 MS 阀，釜底 TRC233 升温。

⑥ 调整 TRC231，控制釜温为 80℃。

⑦ 启动 P203A 泵。

⑧ 启动 P203B 泵。

23.7.1.13 加氢

打开 FIC213，加氢至 D201。

23.7.1.14 向系统加催化剂

① 现场打开阀门 AOA2004，调节 C Cat 进预聚合釜 D200 的量。

② 打开聚合釜 D201 的阻聚剂 CO 的现场阀门 POP2083。

③ 打开聚合釜 D202 的阻聚剂 CO 的现场阀门 POP2084。

④ 现场打开阀门 AOA2003，调节 B-Cat 进预聚合釜 D200 的量。

⑤ 现场打开阀门 AOA2002，调节 A-Cat 进预聚合釜 D200 的量。

23.7.2 正常操作

正常工况下的工艺参数如表 23-5 所示。

表 23-5 正常工况下的工艺参数

序号	名 称	仪表位号	单位	控制指标
1	D200 压力	PI201	MPa	3.1～3.7
2	D201 压力	PIA211	MPa	3.0～3.6
3	D201 压力	PIA221	MPa	3.0～3.6
4	D203 压力	PIC231	MPa	2.8
5	进 D200 丙烯总流量	FIC201	kg/h	450
6	进 D201 丙烯流量	FIC211	kg/h	3690
7	进 D201 循环气流量	FIC212	m^3/h	45
8	进 D202 丙烯流量	FIC221	kg/h	450
9	进 D202 循环气流量	FIC222	m^3/h	40
10	P203A/B 出口流量	FIC233	m^3/h	6
11	D201 液位	LICA211	%	45
12	D201 液位	LI212	mm	1848
13	D201 回流液管液位	LIA213	mm	2000
14	D202 液位	LICA221	%	45
15	D202 液位	LI222	mm	1848
16	D202 回流液管液位	LIA223	mm	2000
17	D203 料位	LICA231A	mm	900
18	D203 料位	LI231B	mm	900
19	D201 气相温度	TR210	℃	70
20	D201 液相温度	TIC211	℃	70
21	P211 出口温度	TIC212	℃	70
22	D202 气相温度	TR220	℃	70
23	D202 液相温度	TIC221	℃	67
24	P212 出口温度	TIC222	℃	67
25	D203 温度	TRC231	℃	80
26	D203 温度	TR232A/B/C	℃	80

续表

序号	名　　称	仪表位号	单位	控制指标
27	P213 出口温度	TIC233	℃	80
28	D201 气相压力	HC211	MPa	3.0～3.6
29	D202 气相压力	HC221	MPa	3.0～3.6
30	D203 压力	HC231	MPa	2.8～3.2
31	D201 气相色谱	ARC211	%	0.24～9.4
32	D202 气相色谱	ARC221	%	0.24～9.4

23.7.3 正常停车操作规程

23.7.3.1 停催化剂进料

① 停催化剂 A。

② 停催化剂 B。

③ 停催化剂 C。

④ 停止氢进入 D201，关 FIC213。

⑤ 停止氢进入 D201，关 AOA2040。

23.7.3.2 维持三釜的平稳操作

① D201 夹套 CW 切换至 MS（TIC212.OP>50）。

② 控制 D201 温度在 65～70℃。

③ D202 夹套 CW 切换至 MS（TIC222.OP>50）。

④ 控制 D202 温度在 60～64℃。

⑤ D203 夹套 CW 切换至 MS（TIC233.OP>50）。

⑥ 控制 D203 温度在 80℃左右。

23.7.3.3 D201，D202 排料

① 关闭丙烯进料 FV201，FV211，FV221。

② 停 E200，D200 冷冻水。

③ D200 停搅拌。

④ 从 D201 向 D202 泄料。

⑤ 当 D201 倒空后，停止 D201 出料。

⑥ 停 D201 搅拌。

⑦ 停 C201A，C201B。

⑧ 停 E201 冷却水。

⑨ 从 D202 向 D203 泄料。

⑩ 当 D202 倒空后，停止 D202 出料。

⑪ 停 D202 搅拌。

⑫ 停 C202，E202，E207。

⑬ 当 D203 倒空后，关闭 LICA231A。

⑭ 停 P203A/B。

⑮ 停 E203，E208。

⑯ 停 D203 搅拌。

⑰ 关闭 AV221，PV231。

23.7.3.4 放空

① 开 D200 放空阀 AOA2007。

② 开 D200 放空阀 POP2003。

③ 开 D201 放空阀 AOA2008。

④ 开 D201 放空阀 POP2005。

⑤ 开 D201 放空阀 HV211。

⑥ 开 D202 放空阀 AOA2009。

⑦ 开 D202 放空阀 POP2007。

⑧ 开 D202 放空阀 HV221。

⑨ 开 D203 放空阀 AOA2010。

⑩ 开 D203 放空阀 POP2008。

⑪ 开 D203 放空阀 HV231。

23.7.4 紧急停车操作规程

① 联锁旁路（全面停车旁路）。

② 现场 CO 截止阀关闭（D201）。

③ 现场 CO 截止阀关闭（D202）。

④ 控制 D201 温度在 65℃。

⑤ 控制 D202 温度在 60℃。

⑥ 保持 D201，D202 的压差。

⑦ 关闭 FIC201，FIC211。

⑧ 停 E200，D200 夹套冷冻水。

⑨ 当 D201 排净后，关闭 LICA211。

⑩ 停 C201。

⑪ 停 E201 冷却水。

⑫ 开 HC211 放空。

⑬ 排净 D202 后，关闭 LIC221。

⑭ 停 C202。

⑮ 停 E202，E207 冷却水。

⑯ 开 HC221 放空。

⑰ 当 D203 料位排完后，停止排料。

⑱ 停 E203，E208 冷却水。

⑲ 停 P203。

⑳ 开 D203 放空阀 HC231。

23.7.5 事故设置及处理

23.7.5.1 停电

（1）事故现象　停电。

（2）处理方法　紧急停车。

23.7.5.2　停水

（1）事故现象　冷却水停。

（2）处理方法　紧急停车。

23.7.5.3　停蒸汽

（1）事故现象　蒸汽停。

（2）处理方法　紧急停车。

23.7.5.4　停仪表风

（1）事故现象　仪表风停止供应。

（2）处理方法　紧急停车。

23.7.5.5　原料中断

（1）事故现象　原料流量剧降至零。

（2）处理方法　紧急停车。

23.7.5.6　氮气中断

（1）事故现象　造成干燥闪蒸单元不能正常操作。

（2）处理方法

① 关闭 LICA231 阀，停止向干燥系统放料。

② D201 隔离进行自循环，停止出料。

③ D202 隔离进行自循环，停止出料。

④ D203 隔离进行自循环，停止出料。

23.7.5.7　低压密封油中断

（1）事故现象　低压密封油中断（LSO），P812A/B 停泵出口压力下降很大各个用户 FG、PG 指示下降。

（2）处理方法　紧急停车。

23.7.5.8　高压密封油中断

（1）事故现象　高压密封油中断。

（2）处理方法　紧急停车。

23.7.5.9　A-CAT 不上量

（1）事故现象　A-CAT 不上量。

（2）处理方法

① 减小 FIC201 的进料量。

② 维持 D201 温度，压力控制。

23.7.5.10　聚合反应异常

（1）事故现象　聚合反应不正常。

（2）处理方法

① 调整 A-Cat 的转动周期，减小 A 催化剂的量。

② 适当增加 FIC201 的流量。

23.7.5.11　D201 的温度压力突然升高

（1）事故现象　D201 的温度压力突然升高。

（2）处理方法

① 提高 TIC212 的 CW 阀开度，减少蒸汽。

② 提高 FIC201 进料量。

23.7.5.12 D203 的温度压力突然升高

（1）事故现象　D203 的温度压力突然升高。

（2）处理方法

① 关闭 TRC231 前后手阀。

② 开副线阀调整流量。

23.7.5.13 D203 下料系统堵塞

（1）事故现象　下料堵塞。

（2）处理方法　紧急停车。

23.7.5.14 浆液管线不下料

（1）事故现象　浆液管线不下料。

（2）处理方法

① 增大 TIC212 蒸汽量，提高夹套水温。

② D202 向 T302 泄压。

③ 最终调节 D201 比 D202 压差为 0.2MPa。

23.7.5.15 D201 液封突然消失

（1）事故现象　液封突然消失。

（2）处理方法　紧急停车。

23.7.5.16 D201 搅拌停

（1）事故现象　搅拌器停。

（2）处理方法　紧急停车。

23.7.5.17 D201-D202 间 SL 管线全堵

（1）事故现象　D201～D202 间 SL 管线全堵。

（2）处理方法

① 现场开另一条 D201 至 D202 浆液调节阀前阀 POP2123。

② 现场开另一条 D201 至 D202 浆液调节阀后阀 POP2124。

③ 现场开另一条 D201 至 D203 浆液线调节阀前阀 POP2125。

④ 现场开另一条 D201 至 D203 浆液线调节阀后阀 POP2126。

思　考　题

1. 丙烯聚合分成哪几个工段？每个工段发生什么反应？
2. 生产聚丙烯的工艺条件主要有哪些，如何确定？
3. 不聚合的原因有哪些？如何判断？
4. 聚合工段的主要设备有哪些？
5. 为什么要进行预聚合？
6. 反应温度突然发生变化可能是什么原因造成？如何处理？

24 均苯四甲酸二酐生产工艺

24.1 实训目的

通过均苯四甲酸二酐生产工艺仿真，学生能够：

① 理解均四甲苯氧化制均苯四甲酸二酐生产工艺的反应原理和工艺流程；

② 掌握该系统的工艺参数调节及控制方法；

③ 熟练掌握均四甲苯氧化制均苯四甲酸二酐生产工艺各工段的开车操作，正常工况的维护，正常停车操作，会正确分析并排除操作过程中出现的典型事故。

24.2 工艺原理

固体的均四甲苯经加热熔化、汽化与热空气混合后，在固定床氧化反应器中，催化氧化生成均酐及副产物，经换热冷却再捕集得到均酐粗产品。整个反应机理较为复杂，现列出主副反应与完全燃烧反应方程式。

主反应：

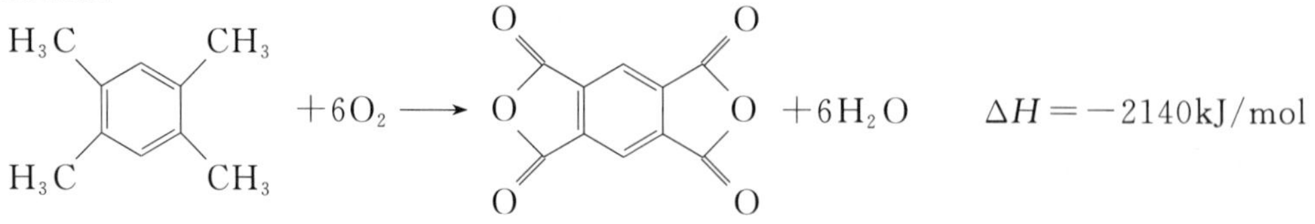

$$H_3C,\ CH_3,\ H_3C,\ CH_3\ (\text{benzene ring}) + 6O_2 \longrightarrow O,\ O,\ O,\ O,\ O,\ O\ (\text{dianhydride}) + 6H_2O \qquad \Delta H = -2140\text{kJ/mol}$$

副反应：

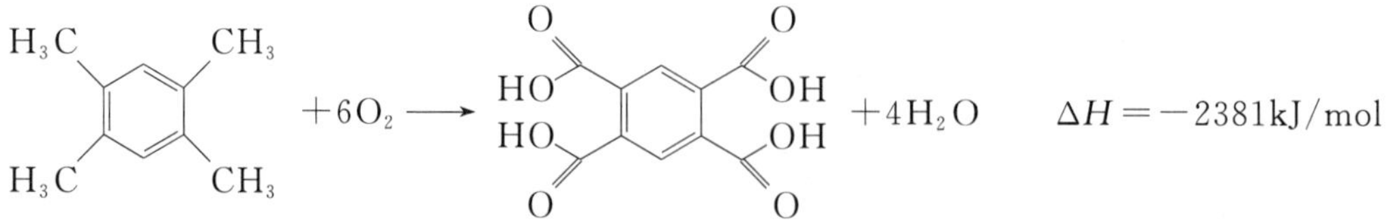

$$H_3C,\ CH_3,\ H_3C,\ CH_3\ (\text{benzene ring}) + 6O_2 \longrightarrow O,\ O,\ HO,\ OH,\ HO,\ OH,\ O,\ O\ (\text{tetracarboxylic acid}) + 4H_2O \qquad \Delta H = -2381\text{kJ/mol}$$

$$C_6H_2(CH_3)_4 + 9/2O_2 \longrightarrow C_6H_2(COOH)_3(CH_3) + 3H_2O \qquad \Delta H = -1165kJ/mol$$

$$C_6H_2(CH_3)_4 + 3O_2 \longrightarrow C_6H_2(COOH)_2(CH_3)_2 + 2H_2O \qquad \Delta H = -1190kJ/mol$$

$$C_6H_2(CH_3)_4 + 3O_2 \longrightarrow C_6H_2(CO)_2O(CH_3)_2 + 3H_2O \qquad \Delta H = -1070kJ$$

$$C_6H_2(CH_3)_4 + 3/2O_2 \longrightarrow C_6H_2(COOH)(CH_3)_3 + H_2O \qquad \Delta H = -594kJ$$

$$C_6H_2(CH_3)_4 + 27/2O_2 \longrightarrow 10CO_2 + 7H_2O \qquad \Delta H = -5579.4kJ/mol$$

$$C_6H_2(CH_3)_4 + 17/2O_2 \longrightarrow 10CO_2 + 7H_2O \qquad \Delta H = -2749.7kJ/mol$$

粗的均酐与水在一定温度下发生水解反应，生成均苯四酸，均苯四酸在一定温度下脱水生成均酐。

24.3 工艺流程

本工艺主要仿真系统包括：氧化工段、水解工段、精制工段和干燥工段。

24.3.1 氧化工段

将原料均四甲苯加入均四化料槽 V0101 中，打开蒸汽阀 V0101 及疏水器阀门，蒸汽加热熔化均四甲苯，经均四输送泵 P0101，加入均四计量罐 V0102 中。均四计量罐夹套需通少量蒸汽保温至（100±5)℃。液态均四甲苯经均四过滤器 V0109 过滤后由均四计量泵 P0102 定量地送入汽化混合器 X0101 内。

原料空气经罗茨风机 C0101、空气缓冲罐 V0104，经计量后在第三捕集器 V0107、第二捕集器 V0106、第一捕集器 V0105 的管间与反应混合气体换热后，再经空气预热器 E0104、第二换热器 E0103、第一换热器 E0102 进一步换热后进入汽化混合器 X0101。

在汽化混合器 X0101 中，均四甲苯与热空气均匀混合汽化后由氧化反应器 R0101 的上部进入。氧化反应器为列管式固定床反应器，列管内均匀填装催化剂，管外由熔盐加热。熔盐在熔盐槽 V0103 中由电热棒加热、控温，经熔盐液下泵 P0103 进入反应器下部，经分配后进入管间，由反应器上部经熔盐冷却器 E0101 管间返回熔盐槽。在反应过程中始终保持熔盐循环。氧化反应产生的多余热量在熔盐冷却器 E0101 中与通入的冷空气换热降温返回熔盐槽。

均四甲苯与空气混合物在氧化反应管内催化剂的作用下，反应生成均酐及副产物及完全氧化产物二氧化碳、水，反应后的反应气经第一换热器 E0102、第二换热器 E0103 管内与空气换热降温，再经热管换热器 E0105 降温后依次进入一、二、三、四捕集器，热管换热器冷端为水，水被加热汽化后放空。

捕集器一、二、三捕为列管式捕集器，四捕为隔板折流式，进入捕集器的反应气体与壳程的空气换热降温后凝华生成固体粗产品，依次经一、二、三、四捕后的反应尾气进入水洗塔 T0101，水洗后放空。捕集器为二列切换操作，一列捕集，另一列冷却后出料备用。

水洗池中的水经水洗泵 P0104，由水洗塔 T0101 上部喷入，水洗塔为（三层）湍流吸收塔，尾气经水吸收后放空，水洗液送浓缩釜浓缩处理。

24.3.2 水解工段

本工段包括水解和浓缩两个单元。

氧化工段得到的粗酐含有一定量的副产物，需经水解、脱水、升华进行精制，根据各捕集器得到粗产品的质量情况分别进行一次或两次水解。

在水解釜 R0201 中加入一定量的粗酐，由水计量罐 V0204 经水解泵 P0201 定量加入水，釜内根据需要加入一定量的活性炭，搅拌下通蒸汽加热水解，反应一定时间后，保温下经水解过滤器 V0206 热过滤。过滤前过滤器 V0206 需通蒸汽预热。为加速过滤，在过滤后期可向水解罐 R0201 内稍加空气压滤，空气由小空压机 C0201 提供。

热过滤滤液根据水解粗产物的质量不同作不同处理。一般情况下，一捕物料可进入中间槽 V0201，经中间槽泵 P0202 送至结晶釜 R0202。二捕、三捕产物进入结晶槽 V0202，自然冷却结晶。

来自结晶釜的物料经离心机 M0201 离心分离后，送脱水升华。母液进入母液槽，一次母液有时可循环使用一次。

来自结晶槽 V0202 的物料经离心机 M0201 离心分离后视质量情况送脱水、升华工序或返回水解釜二次水解，需进行两次水解的物料，一般第一次水解时不加活性炭，二次水解时再加活性炭。离心母液进入母液槽。

母液用真空抽吸入浓缩釜 R0203，真空下加热浓缩，真空由水喷射泵 P0305 及水循环泵 P0304 组成的真空系统提出。蒸出的水经 E0202 冷却后进入水接收罐 V0203，浓缩后的母液排入废渣池，冷却后作焚烧处理。

24.3.3 精制工段

该工段包括脱水和升华两个单元。

来自水解工段的物料，均匀加入不锈钢制小舟中，打开脱水釜 E0301 快开盖，将小舟放入列管中，脱水釜热量由熔盐提供，熔盐由电加热控制。

脱水在真空状态下进行，真空由水槽 V0304、水喷射泵 P0305、水循环泵 P0304 组成的水喷射系统，经缓冲罐 V0301 提供。在一定的温度和真空下脱水、脱副产物，副产物留在釜腔中。

脱水后，小舟从脱水釜取出送至装料间，冷却后在小舟表面加入一定量的硅胶。打开升华釜端盖，依次将小舟送入各列管中。升华釜热量由熔盐提供，熔盐由电加热控温。

升华在真空状态下进行，由真空泵 P0301 提供，该泵一组供三台升华釜同时使用。为避免升华釜并入真空系统初期可能大大降低系统的真空度而影响其他釜的正常操作，本工艺设置一套水喷射真空系统（V0304、P0304、P0305）作为升华釜的预抽真空系统，待真空基本达到时再切换至真实泵系统。

在一定的真空度、温度、时间里，升华后的产品附在釜结晶腔壁上，打开釜盖，稍冷后取出，送产品包装间，检验、包装、出厂。

24.3.4 干燥

氧化工段生产的湿物料经加料机与加热后的自然空气（有蒸汽加热和电加热两种方式）同时进入干燥器，两者充分混合，由于热质交换面积大，可以在很短的时间内完成蒸发干燥。干燥后的成品从旋风分离器排出，空气中携带的一小部分飞粉由布袋除尘器回收利用。

24.4 主要设备

均苯四甲酸二酐的氧化工段主要设备见表 24-1；均苯四甲酸二酐的水解工段主要设备见表 24-2；均苯四甲酸二酐的精制工段主要设备见表 24-3；均苯四甲酸二酐的干燥工段主要设备见表 24-4。

表 24-1 均苯四甲酸二酐的氧化工段主要设备

设备位号	设备名称	设备位号	设备名称
R0101	氧化反应器	E0101	熔盐冷却器
X0101	汽化器	E0102	第一冷却器
V0101	化料槽	E0103	第二冷却器
V0102	计量罐	E0104	空气预热器
V0103	熔盐槽	E0105	热管换热器
V0105A/B	第一捕集器	P0101	均四输送泵
V0106A/B	第二捕集器	P0102	均四计量泵
V0107A/B	第三捕集器	P0103	熔盐泵
V0108A/B	第四捕集器	P0104A/B	水洗泵
V0109	均四过滤器	T0101	水洗塔
C0101	罗茨风机		

表 24-2 均苯四甲酸二酐的水解工段主要设备

设备位号	设备名称	设备位号	设备名称
R0201	水解釜	R0203	浓缩釜
R0202	结晶釜	V0201	水解中间槽

续表

设备位号	设备名称	设备位号	设备名称
V0202A/B/C/D	结晶槽	P0201	水解泵
V0203	接收罐	P0202	中间槽泵
V0204	软水罐	P0203	母液泵
V0205	真空缓冲罐	P0304E	水循环泵
V0206	水解过滤器	P0305E	水喷射泵
E0201	水解冷凝器	C0201	空气压缩机
E0202	浓缩冷凝器	M0201A、B	离心机

表 24-3　均苯四甲酸二酐的精制工段主要设备

设备位号	设备名称	设备位号	设备名称
E0301A/B/C	脱水釜	V0303A/B/C	升华过滤罐
E0302A/B/C	脱水冷却器	P0301	真空泵
E0303A/B/C	升华釜	P0304A/B/C	水循环泵
E0304A/B/C	升华冷却器	P0305A/B/C	水喷射泵
V0301A/B/C	脱水真空缓冲罐	P0304D	水循环泵
V0301D	真空缓冲罐	P0305D	水喷射泵
V0302A/B/C	升华真空缓冲罐		

表 24-4　均苯四甲酸二酐的干燥工段主要设备

设备位号	设备名称	设备位号	设备名称
V0401	空气过滤器	M0401	加料器
V0402	干燥主机	M0402	气锁下料器
V0403	旋风分离器	P0401	送风机(罗茨风机)
V0404	布袋除尘器	P0402	引风机
E0401	加热器		

24.5　显示仪表

均苯四甲酸二酐的显示仪表见表 24-5。

表 24-5　均苯四甲酸二酐的显示仪表

位号	显示变量	正常值	单位
TI101	V0101 均四甲苯温度	100	℃
TI102	V0102 均四甲苯温度	100	℃
TI103	V0103 熔盐温度	400～450	℃

续表

位号	显示变量	正常值	单位
TI106	Tc106 熔盐温度	400～450	℃
TI121	入 R0101 前混合气温度	200	℃
PI105	V0104 空气压力	0.0588	MPa
L1101	V0102 液位	1150～1200	mm
FI102	反应器预热空气流量	1000	m^3/h
FI102	催化剂活化空气流量	1200	m^3/h
TI201	R0201 酸水温度	95	℃
TI202	R0202 酸水温度	30	℃
PI201	R0201 空气压力	0.1～0.15	MPa
PI202	R0203 空气压力	−0.08	MPa
HI102	R0203 液位	0.6～0.7	m
PI203	R0201 预热蒸汽压力	0.3	MPa

24.6 流程图画面

均苯四甲酸二酐的氧化工段流程图画面见图 24-1～图 24-6，水解工段流程图画面见图 24-7、图 24-8，干燥工段流程图画面见图 24-9、图 24-10，浓缩工段流程图画面见图 24-11，脱水工段流程图画面见图 24-12、图 24-13，升华工段流程图画面见图 24-14、图 24-15。

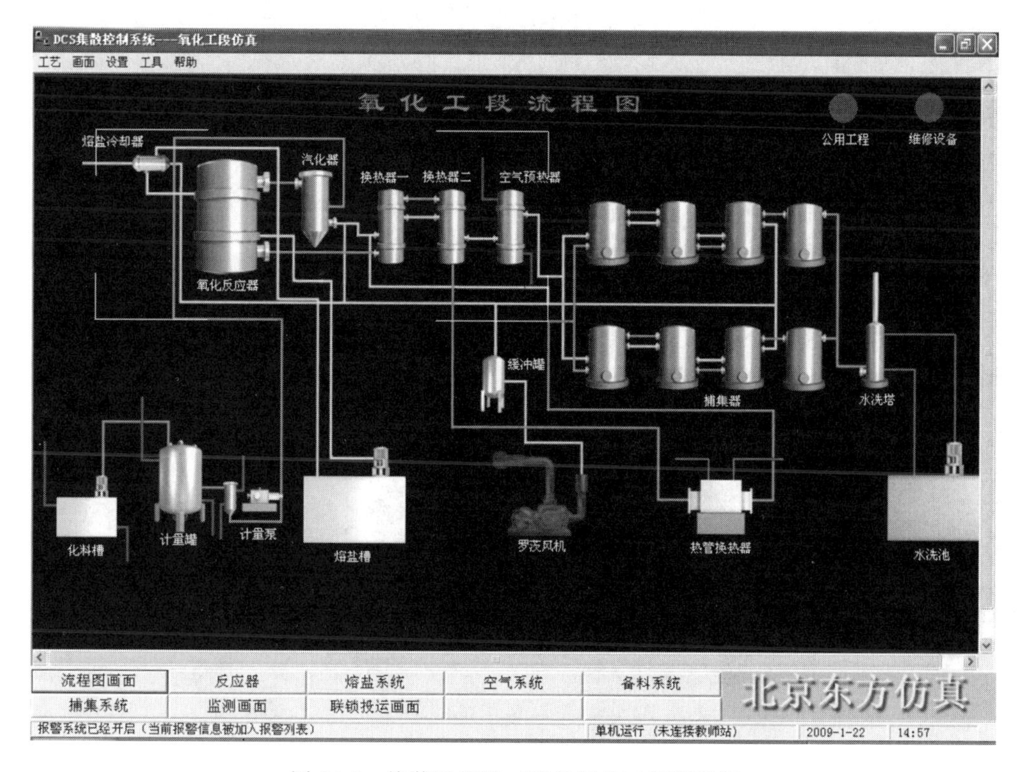

图 24-1 均苯四甲酸二酐的氧化工段流程图

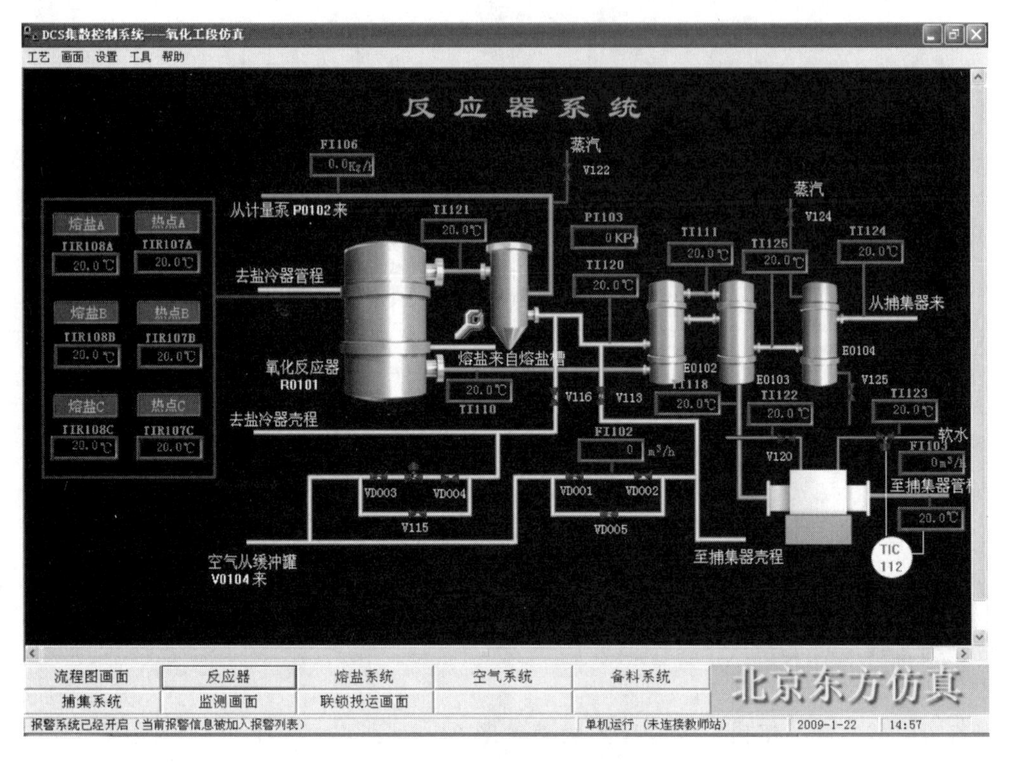

图 24-2　氧化工段反应器系统

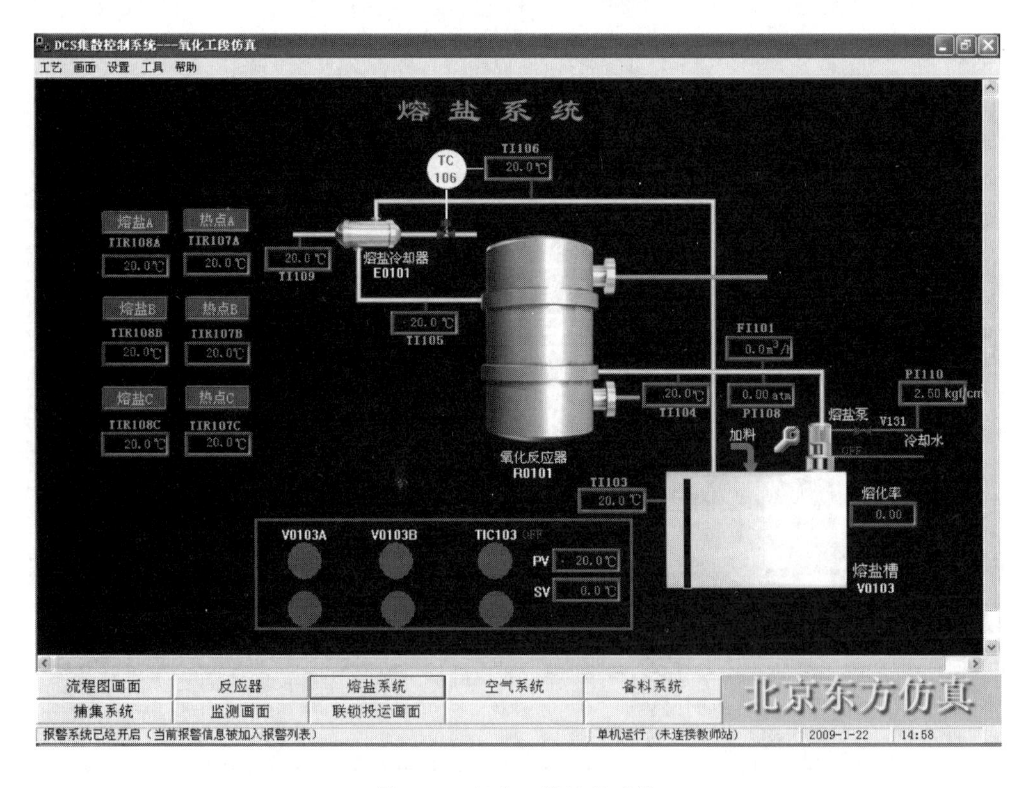

图 24-3　氧化工段熔盐系统

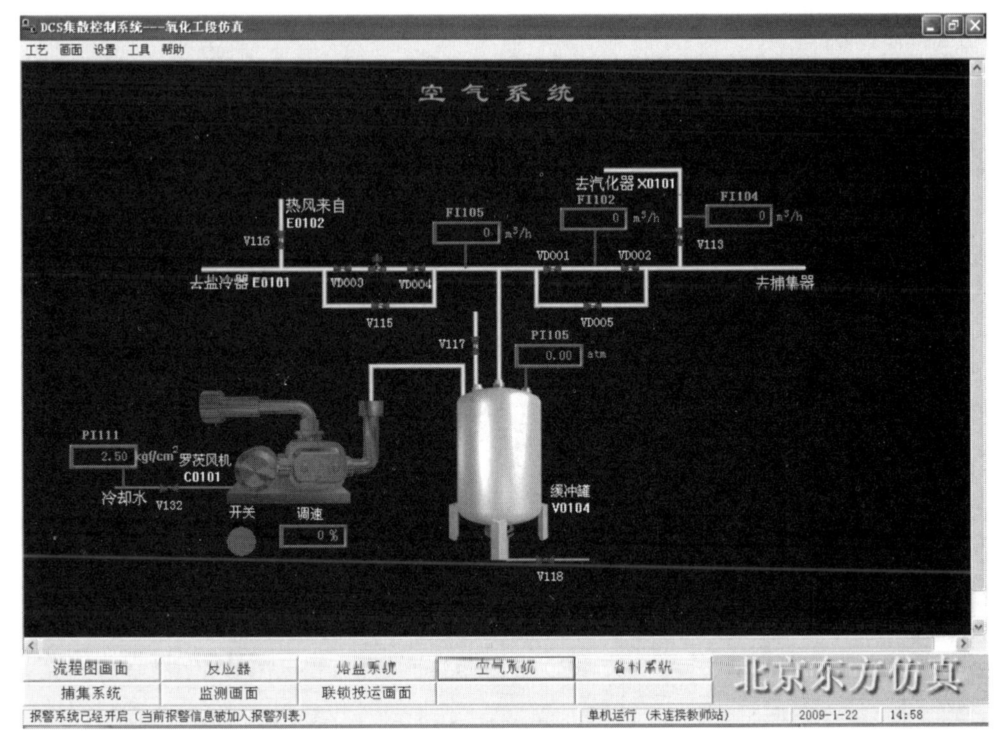

图 24-4 氧化工段空气系统

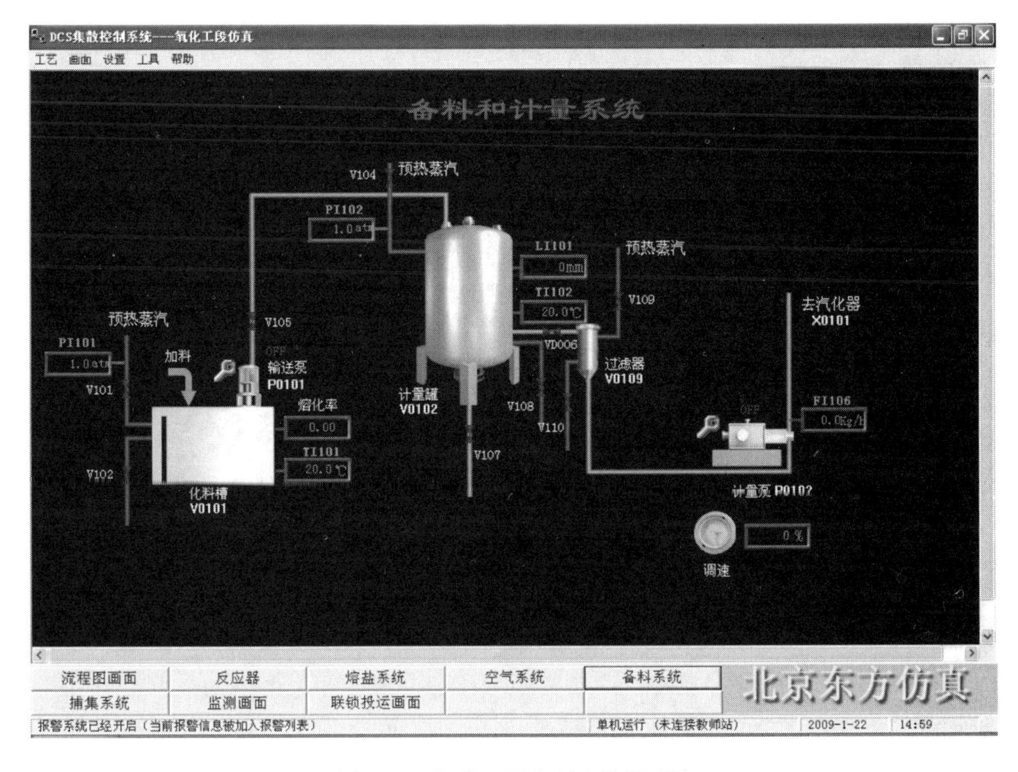

图 24-5 氧化工段备料和计量系统

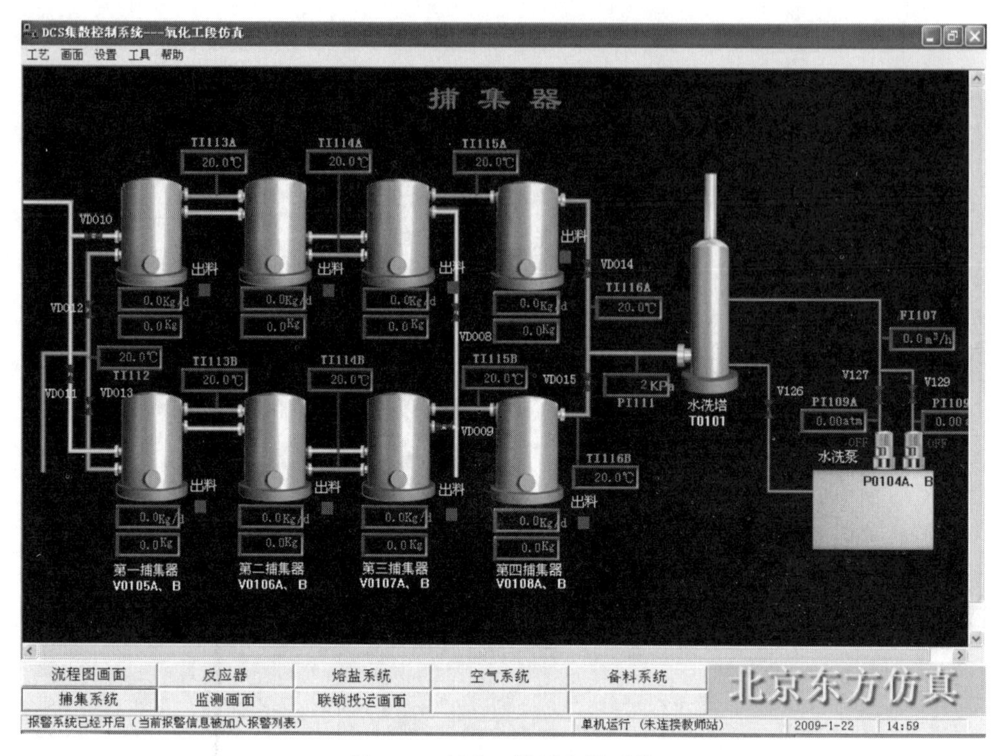

图 24-6 氧化工段捕集器系统

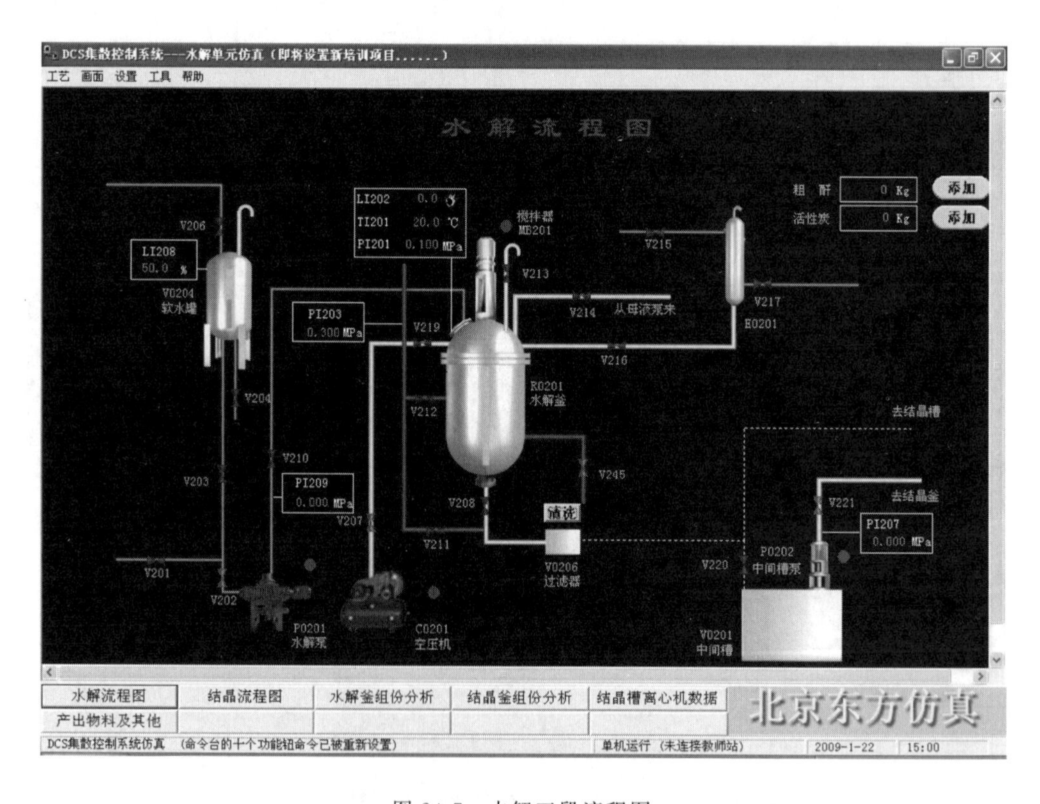

图 24-7 水解工段流程图

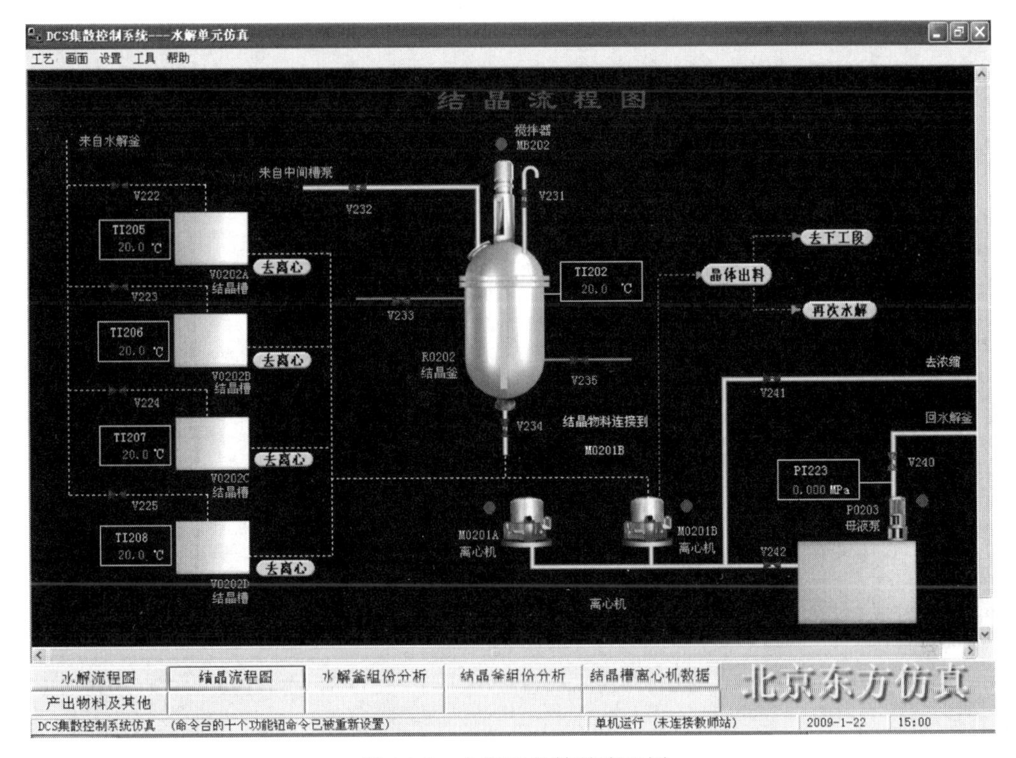

图 24-8　水解工段结晶流程图

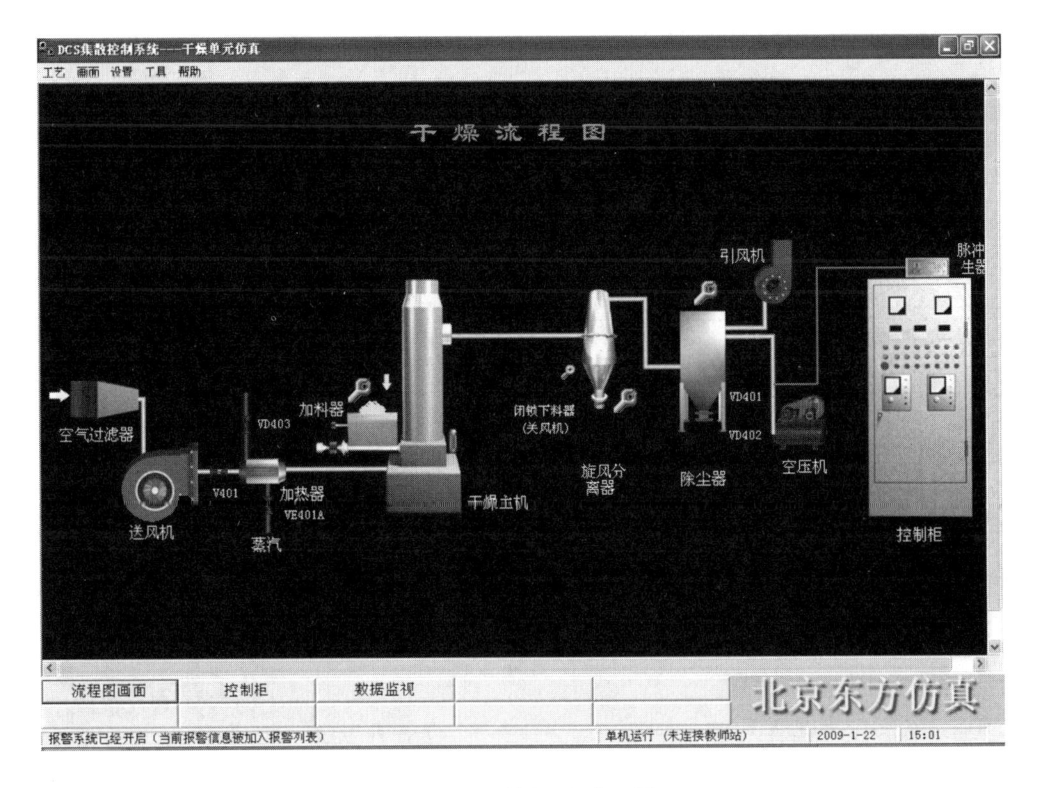

图 24-9　干燥工段流程图

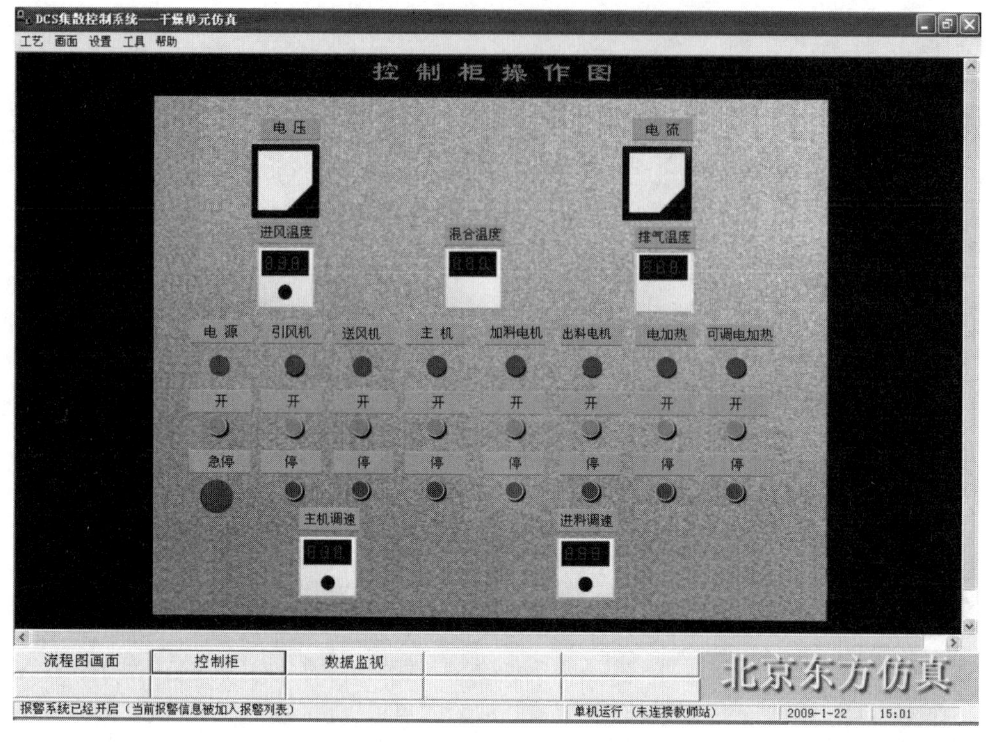

图 24-10　干燥工段控制柜操作图

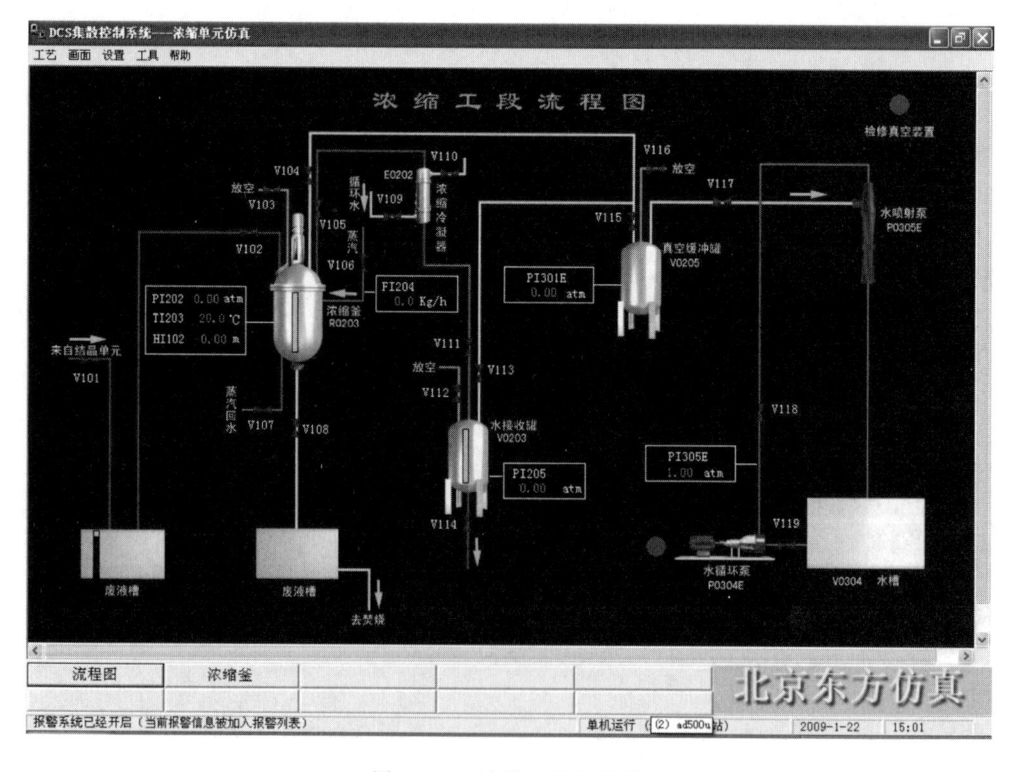

图 24-11　浓缩工段流程图

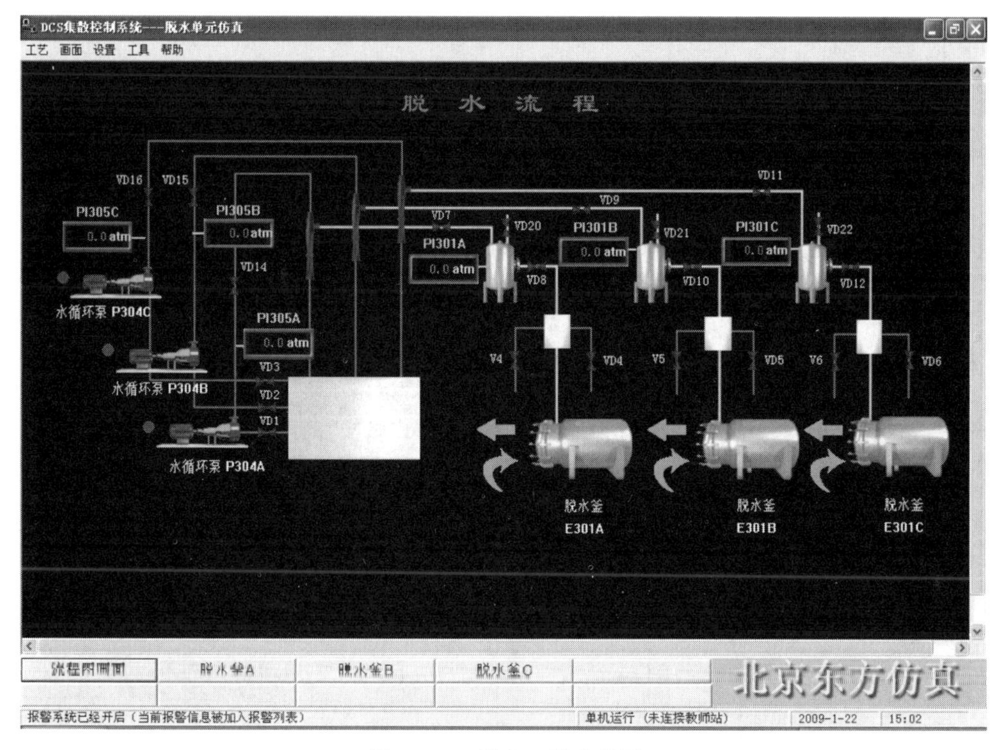

图 24-12　脱水工段流程图

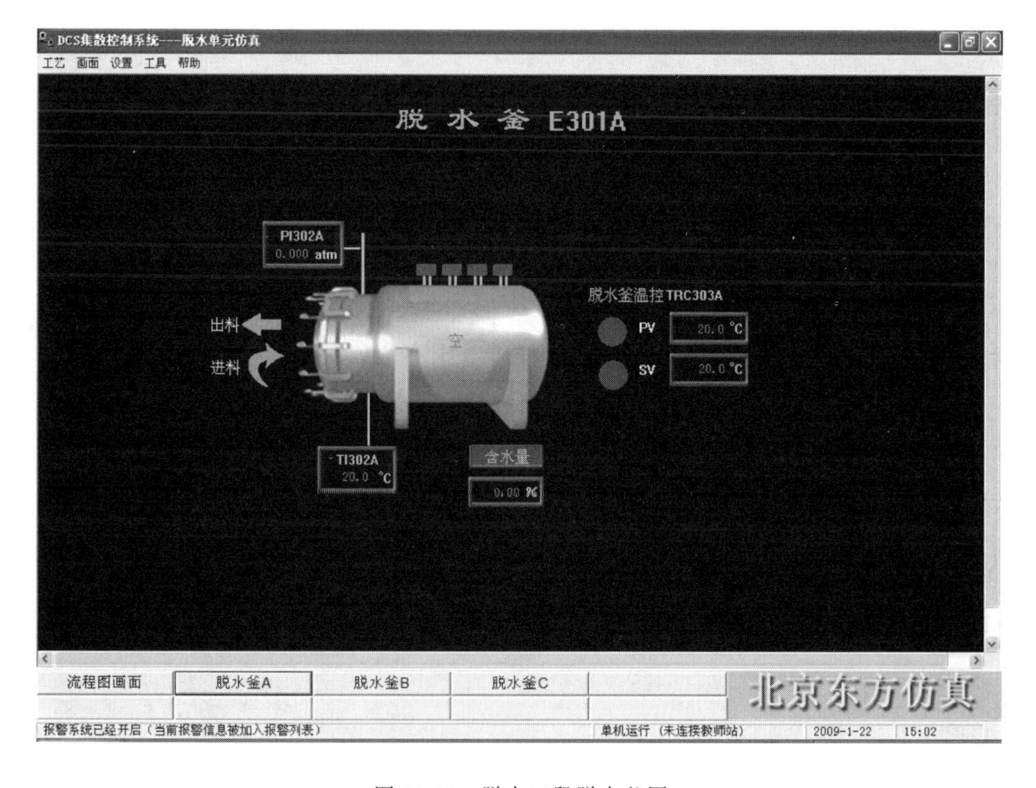

图 24-13　脱水工段脱水釜图

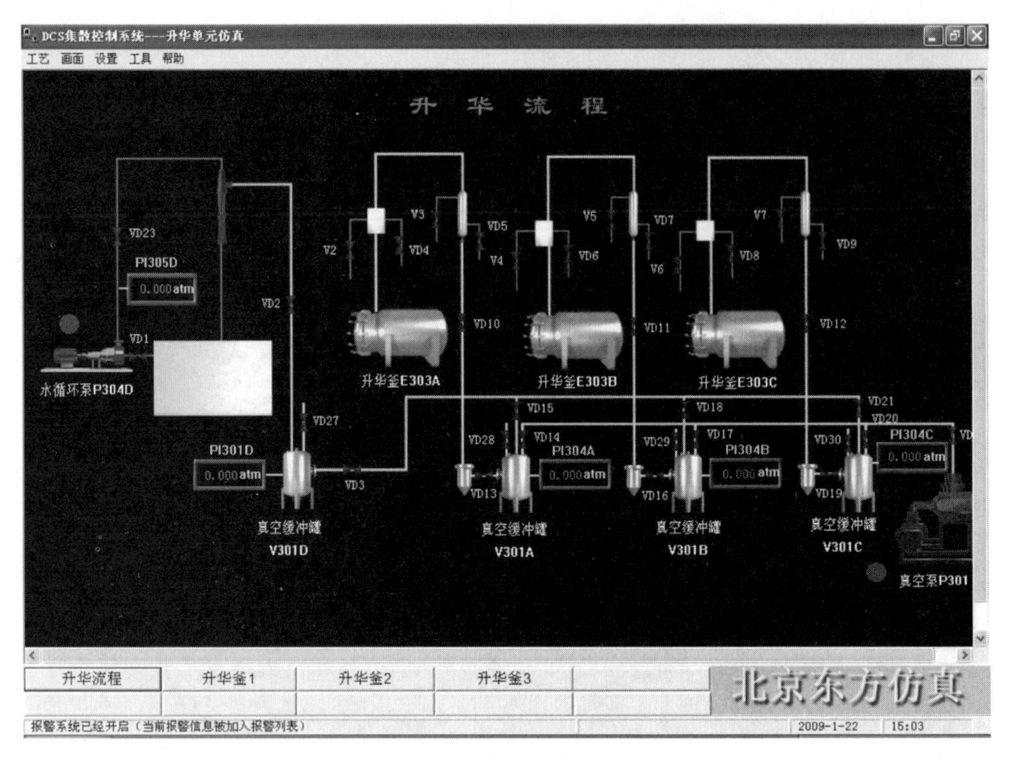

图 24-14　升华工段流程图

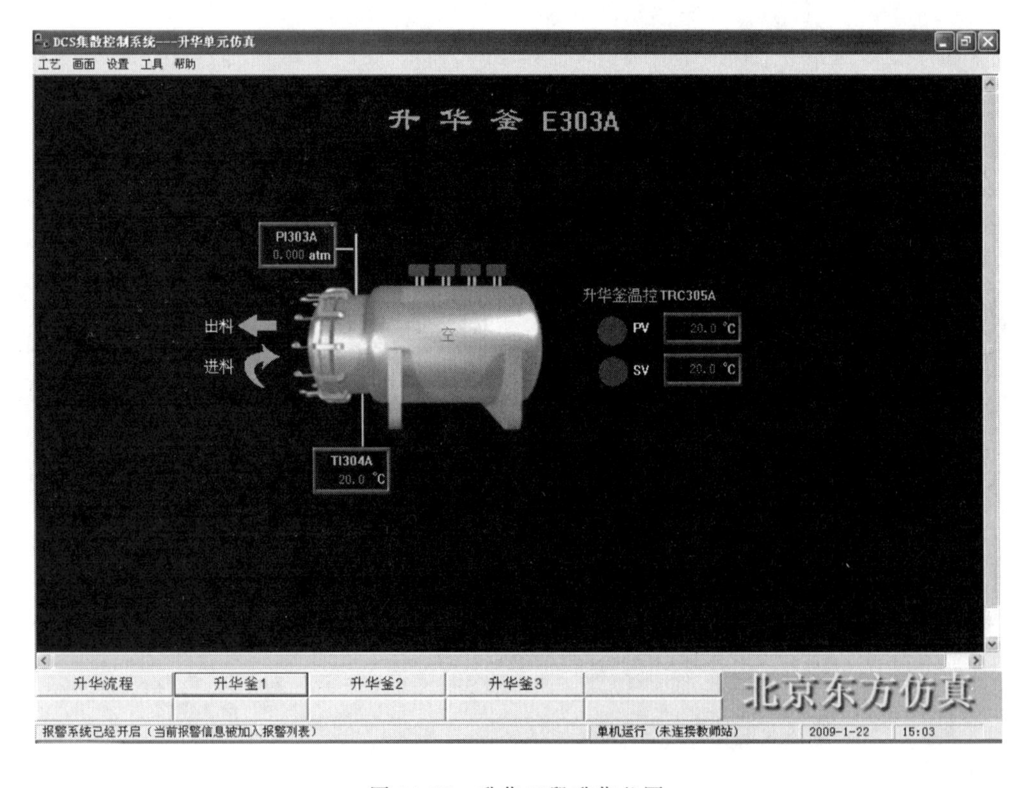

图 24-15　升华工段升华釜图

24.7 操作规程

24.7.1 氧化工段

24.7.1.1 系统开车

（1）开车前准备工作

① 启动公用工程（流程画面右上角按钮）。

② 检查各设备（流程画面右上角按钮）。

（2）熔盐的熔化、升温

① 向熔盐罐中加料（按加料按钮）。

② 开熔盐槽加热棒组一 V0103A，给熔盐加热。

③ 开熔盐槽加热棒组二 V0103B，给熔盐加热。

④ 调节 TIC103，给熔盐加热。

⑤ 熔盐熔化并升温（熔化率 0.99 以上）。

⑥ 熔盐升温至 TI103 显示 250～300℃。

（3）反应器的预热

① 打开捕集系统空气路阀 VD008。

② 打开捕集系统空气路阀 VD010。

③ 打开捕集系统反应气阀 VD012。

④ 打开捕集系统反应气阀 VD014。

⑤ 打开进捕集系统流量计前阀 VD001。

⑥ 打开进捕集系统流量计前阀 VD002。

⑦ 开启罗茨风机冷却水 V132。

⑧ 启动罗茨风机 C0101。

⑨ 调节风机调速，使 FI102 风量为 $1000m^3/h$。

⑩ 开空气预热器蒸汽阀门 V124，为空气加热。

⑪ 开空气预热器蒸汽排凝水阀门 V125，为空气加热。

⑫ 待 TI121 温度达到 100℃时关闭罗茨风机。

⑬ 开熔盐泵冷却水 V131。

⑭ 停空气后立即启动熔盐泵进行熔盐循环。

（4）催化剂活化

① 熔盐槽中熔盐继续升温至 TI103 为 450℃左右。

② 开罗茨风机送空气，FI102 流量为 $1200m^3/h$。

③ 活化结束后熔盐降温 TI103 为 400℃以下。

（5）均四甲苯标定化料

① 向化料槽中加料（按加料按钮）。

② 开蒸汽阀门 V101，向化料槽加热。

③ 开蒸汽回水阀门 V102。

④ 开蒸汽阀门预热计量罐。

⑤ 开计量罐蒸汽回水阀门 V108。

⑥ 等待原料熔化后（熔化率 0.99 以上），开输送泵 P0101 向计量罐进料。

⑦ 开输送泵泵后阀 V105，向计量罐进料。

⑧ 控制计量罐液位，使 LI101 小于 1250，防止计量罐漫料。

⑨ 开蒸汽阀 V109 预热过滤器。

⑩ 开蒸汽回水阀 V110。

（6）投料

① 开水洗泵 P0104A。

② 开水洗泵泵后阀 V127。

③ 开水洗塔釜液出料阀 V126。

④ 调节 FI102 流量为 1000m^3/h，开计量罐出口阀 VD006。

⑤ 开计量泵 P0102 进料。

⑥ 调整计量泵流量。

⑦ 开去熔盐冷却器进空气调节阀组前后截止阀 VD003、VD004。

⑧ 开 TC106 调整熔盐温度。

（7）质量指标

① 熔盐 B 点温度 TIR108B 为 377℃。

② 热点 B 温度 TIR108B 为 437℃。

24.7.1.2 系统停车

（1）系统正常停车

① 关闭 P0102 停止进料。

② 待反应器热点温度低于 400℃时，关闭罗茨风机 C0101，停风。

③ 关停熔盐泵，使反应器熔盐全部自流回熔盐槽。

④ 停止空气预热器蒸汽加热，关掉蒸汽阀门 V124。

⑤ 停止送风后，关停水洗泵 P0104A。

⑥ 间歇开动熔盐泵，使反应器温度不低于 200℃。

（2）系统紧急停车

操作规程同系统正常停车。

24.7.1.3 事故设置及处理

（1）计量泵坏，不打料

① 事故原因

- 蒸汽压力过高。
- 均四甲苯含水过多。

② 事故处理

- 关闭计量泵 P0102。
- 维修计量泵（按维修按钮）。
- 重新开启计量泵并调节进料量。

（2）输送泵坏，不打料

① 事故原因　输送泵被堵。

② 事故处理

- 关闭输送泵 P0101。

- 维修输送泵（按维修按钮）。
- 重新开启输送泵。

（3）盐冷器调节阀门失灵

① 事故原因　室外温度过低，调节阀门被冻。

② 事故处理

- 关闭盐冷器阀门前阀 VD003。
- 关闭盐冷器阀门后阀 VD004。
- 打开盐冷器调节阀门旁路阀 V115。

（4）热管换热器 E0105 出口温度过高

事故处理　调节软水流量使温度降到正常值 TI112 小于 218℃。

（5）漫料

① 事故原因　计量罐打入均四甲苯量过多。

② 事故处理　关闭均四甲苯输送泵 P0101。

（6）汽化器内自燃

① 事故原因　重组分积累及结焦。

② 事故处理

- 停风机 C0101 停止进料。
- 按维修按钮清理汽化器。

（7）反应器热点升高

① 事故原因　负荷过高。

② 事故处理

- 调整计量泵 P0102 的进料量，降低负荷。
- 进料流量 FI106 为 $27m^3/h$。

（8）反应器热点升高

① 事故原因　熔盐温度过高。

② 事故处理

- 开大熔盐冷却器的冷风量，使 V114.OP＞50％。
- 开大风机，保持反应风量不变。
- 反应风量保持在 FI102 为 $2200m^3/h$。

（9）反应器热点升高

① 事故原因　空气量不足。

② 事故处理

- 调节罗茨风机转速。
- 空气流量控制在 FI102 为 $2195m^3/h$。

（10）氧化反应器的进料流量波动

① 事故原因　均四原料进料不稳。

② 事故处理

- 关闭计量泵 P0102。
- 维修计量泵（按维修按钮）。
- 重新开启计量泵并调节进料量。

24.7.2 水解工段

24.7.2.1 一捕水解工段

(1) 准备工作

① 水解过滤器清洗 V0206 或加滤布。

② 开水解釜压缩空气阀 V219。

③ 开空压机 C0201。

④ 开空压机给水解釜加压至 0.1～0.15MPa。

⑤ 关空压机 C0201。

(2) 水解釜水解

① 开软水罐出口阀 V203。

② 开水解泵 P0201。

③ 开水解泵出口阀 V210。

④ 水解釜打入软水 1500kg（水解釜液位 LI202 为 50%）。

⑤ 关水解泵 P0201。

⑥ 开搅拌机 MB201。

⑦ 加料一捕粗酐 300kg。

⑧ 加料活性炭 15kg。

⑨ 开蒸汽阀 V212。

⑩ 釜温 TI201 为 95℃。

⑪ 关蒸汽阀 V212，釜温 95℃恒温 2min。

⑫ 关搅拌机 MB201。

⑬ 开过滤器 V0206 预热蒸汽阀 V211。

⑭ 关过滤器 V0206 预热蒸汽阀 V211。

⑮ 开釜底阀 V208 过滤。

⑯ 开中间槽进料阀 V220。

⑰ 开空压机 C0201。

⑱ 开空压机加压（PI201＞0.15MPa）水解釜加速过滤。

⑲ 关空压机 C0201。

⑳ 水解釜排空。

㉑ 关水解釜底阀 V208。

㉒ 开冷凝器冷却水阀 V215。

㉓ 开冷凝器冷却水阀 V217。

㉔ 放空水解釜压力（PI201＜0.02MPa）。

㉕ 关放空阀 V216。

㉖ 清洗过滤器 V0206。

(3) 结晶釜结晶

① 开阀 V232。

② 开中间槽泵 P0202。

③ 中间槽排空。

④ 关中间槽泵 P0202。
⑤ 开结晶釜搅拌机 MB202。
⑥ 开循环冷却水阀 V233。
⑦ 开循环冷却水阀 V235。
⑧ 结晶釜温度 30℃以下。
⑨ 关结晶釜搅拌机 MB202。
⑩ 关循环冷却水阀 V235。
⑪ 关循环冷却水阀 V233。
（4）离心出料
① 开结晶釜釜底阀 V234。
② 开离心机 M0201B（A）。
③ M0201B（A）离心完毕。
④ 关离心机 M0201B（A）。
⑤ 开离心机去母液槽阀 V242。
⑥ 离心机 B（A）液位降到 3%以下。
⑦ 关离心机去母液槽阀 V242。
⑧ 离心机晶体出料。
⑨ 将结晶送下一工段。

24.7.2.2 二捕水解工段

（1）准备工作　操作规程同一捕水解准备工作。
（2）水解釜水解
① 开软水罐出口阀 V203。
② 开水解泵 P0201。
③ 开水解泵出口阀 V210。
④ 水解釜打入软水 1500kg（水解釜液位 LI202 为 50%）。
⑤ 关水解泵 P0201。
⑥ 开搅拌机 MB201。
⑦ 加料二捕粗酐 240kg。
⑧ 开蒸汽阀 V212。
⑨ 釜温 TI201 为 95℃。
⑩ 关蒸汽阀 V212。
⑪ 釜温 95℃恒温 2min。
⑫ 开过滤器 V0206 预热蒸汽阀 V211。
⑬ 关过滤器 V0206 预热蒸汽阀 V211。
⑭ 关搅拌机 MB201。
⑮ 开釜底阀 V208 过滤。
⑯ 开结晶槽进料阀 V222。
⑰ 开结晶槽进料阀 V223。
⑱ 开结晶槽进料阀 V224。
⑲ 开结晶槽进料阀 V225。

⑳ 开空压机 C0201。

㉑ 开空压机加压（PI201＞0.15MPa）水解釜加速过滤。

㉒ 关空压机 C0201。

㉓ 水解釜排空。

㉔ 关水解釜底阀 V208。

㉕ 关结晶槽进料阀 V222。

㉖ 关结晶槽进料阀 V223。

㉗ 关结晶槽进料阀 V224。

㉘ 关结晶槽进料阀 V225。

㉙ 开冷凝器冷凝水阀 V215。

㉚ 开冷凝器冷凝水阀 V217。

㉛ 水解釜泄压阀 V216。

㉜ 关掉放空阀 V216。

㉝ 清洗过滤器 V0206。

（3）结晶槽结晶

① 结晶槽温度 TI205 显示 30℃以下。

② 结晶槽温度 TI206 显示 30℃以下。

③ 结晶槽温度 TI207 显示 30℃以下。

（4）离心出料到水解釜

① V0202A 去离心。

② V0202B 去离心。

③ V0202B 去离心。

④ V0202B 去离心。

⑤ 开离心机 M0201B（A）。

⑥ M0201B（A）离心完毕。

⑦ 关离心机 M0201B（A）。

⑧ 开离心机去母液槽阀 V242。

⑨ 离心机 B（A）液位降到 3%以下。

⑩ 关离心机去母液槽阀 V242。

⑪ 离心机晶体出料。

⑫ 开母液回水解釜进料阀 V214。

⑬ 开母液泵 P0203。

⑭ 关母液泵 P0203。

⑮ 关水解釜进料阀 V214。

⑯ 将结晶出料选择再水解。

（5）水解釜水解

除第⑦步加料应为活性炭外，其他步骤同“（2）水解釜水解”。

（6）结晶槽结晶

操作同“（3）结晶槽结晶”。

（7）离心出料到水解釜

除第⑧步将离心液出料到浓缩（V241）外，其他操作同（4）。

24.7.2.3 三捕水解工段

操作同二捕水解。

24.7.2.4 事故设置及处理

（1）结晶产品色泽过深

① 事故原因

- 水解水量偏低。
- 水解温度偏低。
- 水解时间不够。
- 活性炭加入量不足。
- 活性炭渗漏。

② 事故处理

- 调整物料、水比例。
- 保证水解温度。
- 保证水解时间。
- 增加活性炭量或更换活性炭。
- 换新滤布或更换细密滤布。

（2）结晶物料量收率偏低

① 事故原因

- 结晶时间不足。
- 温度偏高。

② 事故处理

- 增加结晶时间。
- 降低结晶温度。

24.7.3 干燥工段

24.7.3.1 正常开车

① 接通电源。

② 打开蒸汽加热器蒸汽阀 VE401A。

③ 打开送风机出口阀 V401。

④ 启动送风机。

⑤ 启动引风机。

⑥ 打开电加热开关。

⑦ 打开电加热调温。

⑧ 打开电加热调温（进风温度调速）。

⑨ 调节温度达到要求（进风温度大于 200℃）。

⑩ 开启主机电机。

⑪ 调节主机转速。

⑫ 调节主机转速到要求转速。

⑬ 开启加料器，均匀加料。

⑭ 调整加料电机转速。

⑮ 调整加料电机转速（进料转速大于 150rpm）。

⑯ 开启空压机。

⑰ 开启脉冲发生器。

⑱ 开启出料电机。

⑲ 手动出料开上闸门 VD401。

⑳ 手动出料关上闸门 VD401。

㉑ 手动出料开下闸门 VD402。

㉒ 手动出料关下闸门 VD402。

24.7.3.2 正常生产停车

① 停止加热（关可调电加热开关）。

② 停止加热（关电加热开关）。

③ 停止加热（关 VE401A）。

④ 停进料电机（关进料调速）。

⑤ 停进料电机（关进料电机开关）。

⑥ 出完料后关闭出料器（关风机）。

⑦ 出完料后清理布袋除尘器并出料（开 VD401）。

⑧ 关 VD401。

⑨ 出完料后清理布袋除尘器并出料（开 VD402）。

⑩ 关 VD402。

24.7.3.3 事故设置及处理

(1) 进风温度偏低

事故处理：调节可调电加热（进风温度调速）；使进风温度达到正常值。

(2) 下料速度慢

① 事故原因　出料口阻塞。

② 事故处理　检修出料口。

(3) 产量不足，风量偏小

① 事故原因　热风不畅。

② 事故处理　疏通过滤器、布袋。

(4) 产量不足

① 事故原因

- 粉碎区阻塞。
- 搅拌粉碎速度不够。

② 事故处理

- 清理粉碎区。
- 提升搅拌速度（进料调速大于 190rpm）。

(5) 成品粒度不均

① 事故原因　风速太高。

② 事故处理　检查电路及机械部分，调小风门。

24.7.4 浓缩工段

24.7.4.1 正常开车

（1）准备进料

① 打开废液槽到浓缩釜（R0203）阀门 V102。

② 打开浓缩釜（R0203）到真空缓冲罐（V0205）阀门 V104。

③ 打开浓缩釜（R0203）到真空缓冲罐（V0205）阀门 V115。

（2）启动泵

① 打开阀门 V118。

② 打开阀门 V119。

③ 打开阀门 V117。

④ 启动水循环泵 P0304E。

（3）进料结束

① 当浓缩釜中液位达到 2/3 时，关闭废液槽到浓缩釜的阀门 V102。

② 浓缩釜液位超高（HI102 液位超过 0.8m，质量得分会降低）。

③ 关闭浓缩釜（R0203）到真空缓冲罐的阀门 V104。

（4）准备浓缩

① 打开浓缩釜到浓缩冷凝器的阀门 V105。

② 打开浓缩冷凝器到水接收罐的阀门 V111。

③ 打开水接收罐到真空缓冲罐的阀门 V113。

④ 打开浓缩冷凝器冷水循环系统阀门 V109。

⑤ 打开浓缩冷凝器冷水循环系统阀门 V110。

（5）用蒸汽开始浓缩

① 打开蒸汽循环阀门 V106。

② 打开蒸汽循环阀门 V107。

24.7.4.2 正常停车

（1）停止通蒸汽

① 关闭蒸汽阀门 V106。

② 关闭蒸汽阀门 V107。

（2）停止通蒸汽

打开浓缩釜放空阀 V103。

（3）停止抽真空

关闭水循环泵（P0304E）。

（4）排污

① 打开浓缩釜排污阀 V108。

② 排污结束后关闭 V108。

24.7.4.3 事故设置及处理

浓缩釜内压力偏高

① 事故原因　真空装置漏气。

② 事故处理　检修真空装置（流程图画面右上角按钮），检查过后，重新抽真空。

24.7.5 脱水工段

24.7.5.1 正常开车

（1）脱水釜 A 开车预热

① 脱水釜 A 加热系统启动（开脱水釜温控绿色按钮）。

② 设定预热温度（预设温度大于 20℃）。

（2）脱水釜 A 加料

脱水釜 A 加料（点进料箭头）。

（3）脱水釜 A 抽真空

① 开水循环泵前阀 VD1。

② 开水循环泵 P304A。

③ 开水循环泵后阀 VD14。

④ 开冷却水阀 V4。

⑤ 开冷却水回水阀 VD4。

⑥ 开 VD7、VD8 打通脱水釜 A 的真空系统。

⑦ 脱水釜 A 真空指标达标（PI302A 显示小于－0.94atm）。

（4）加热脱水

① 设定脱水釜 A 预热温度为 230℃。

② 温度指标 TRC303A 达标。

③ 保持真空度（PI302A 指示小于－0.94atm）。

④ 保持温度（TRC303A 指示 230℃）。

（5）脱水釜 A 出料

① 停加热棒（开脱水釜温控红色按钮）。

② 停抽真空（关 VD7）。

③ 真空缓冲罐放空（开 VD20）。

④ 脱水釜 A 出料（点出料箭头）。

24.7.5.2 正常停车

① 关闭加热棒，降温。

② 关闭真空泵后阀 VD14，关闭真空系统。

③ 停真空泵 P304A。

④ 关闭真空泵前阀 VD1。

⑤ 真空缓冲罐放空（开 VD20）。

⑥ 脱水釜 A 出料（点出料箭头）。

24.7.5.3 事故设置及处理

（1）脱水不完全

① 事故原因

- 水解料未干。
- 真空度不够，真空系统不严密，管道不通畅。

② 事故处理

- 脱水完全（含水量小于 0.2%）。

- 保持温度和真空度继续脱水达到要求。

(2) 真空度波动大和达不到要求

① 事故原因　真空泵故障。

② 事故处理　真空泵故障，维修真空泵（水循环泵）P0304A。

(3) 脱水釜温度低

① 事故原因　加热系统故障。

② 事故处理　检修加热系统，调节 TRC303A，使温度设定值满足要求。

24.7.6 升华工段

24.7.6.1 升华釜 A 正常开车

(1) 升华釜 A 开车预热

① 升华釜 A 加热系统启动（升华釜温控绿色按钮）。

② 设定预热温度 200℃，等待熔盐熔化。

(2) 升华釜 A 加料

升华釜 A 加料（进料箭头）。

(3) 升华釜 A 预抽真空

① 开水循环泵前阀 VD1。

② 开水循环泵 P304D。

③ 开水循环泵后阀 VD23。

④ 开冷却水阀 V2。

⑤ 开冷却水回水阀 VD4。

⑥ 开冷却水阀 V3。

⑦ 开冷却水回水阀 VD5。

⑧ 打通升华釜 A 的真空系统（开 VD10）。

⑨ 打通升华釜 A 的真空系统（开 VD13）。

⑩ 打通升华釜 A 的真空系统（开 VD15）。

⑪ 打通升华釜 A 的真空系统（开 VD3）。

⑫ 打通升华釜 A 的真空系统（开 VD2）。

(4) 升华釜 A 抽真空

① 开真空泵 P0301。

② 打通升华釜 A 的真空系统（开 VD22）。

③ 切断升华釜 A 的预真空系统（关 VD15）。

④ 打通升华釜 A 的真空系统（开 VD14）。

⑤ 升华釜 A 真空指标达标（PI303A 指示小于－0.95atm）

(5) 加热脱水

① 设定温度（TRC305A）为 250℃。

② 温度指标（TIC305A）达标。

③ 保持真空度。

④ 保持温度。

(6) 升华釜 A 出料

① 停升华釜电加热（升华釜温控红色按钮）。

② 关闭真空阀 VD14。

③ 真空缓冲罐 V301A 放空（开 VD28）。

④ 升华釜 A 出料（出料箭头）。

24.7.6.2 升华釜 B 正常开车

操作同 24.7.6.1。

24.7.6.3 升华釜正常停车

操作同“24.7.6.1(6) 升华釜 A 出料”。

24.7.6.4 事故设置及处理

（1）升华釜温度波动大

① 事故原因：电热棒烧坏或温控系统出现问题。

② 事故处理。

- 及时更换电热棒或请仪表工及时修理，排除故障。
- 调整温控系统的设定值。
- 温度达到指定值。

（2）真空度波动大和达不到要求

① 事故原因：

- 真空系统有泄漏，真空泵有故障。
- 真空泵油变质，系统管路有物料堵塞现象。

② 事故处理　检查真空泵排除故障，调换新油，检查管路系统密封性，清除管路堵塞物料。

思　考　题

1. 氧化反应过程如何操作才能保证反应器热点温度符合要求？
2. 氧化工段均四甲苯加料过程如何操作使计量罐不漫料？
3. 氧化工段主要设备有哪些？
4. 粗酐水解过程怎样控制水解釜的液位和温度？
5. 水解过程加活性炭的目的是什么？
6. 干燥过程进风温度偏低时如何处理？
7. 浓缩工段浓缩釜的工作原理是什么？
8. 如何防止浓缩釜液位超高？
9. 脱水不完全的因素有哪些？
10. 升华釜预热到 145℃左右时会停顿一段时间才接着继续升温，为什么？

25 乙醛氧化制乙酸生产工艺

25.1 实训目的

通过乙醛氧化制乙酸生产工艺仿真实训，学生能够：

① 理解乙醛氧化制乙酸的反应原理，工艺流程；

② 掌握该系统的工艺参数调节及控制方法；

③ 熟练掌握乙醛氧化制乙酸工艺氧化工段及精制工段的冷态开车操作，正常工况的维护，正常停车操作，能够正确分析并排除氧化工段操作过程中出现的典型事故。

25.2 工艺原理

以重金属乙酸锰为催化剂，乙醛在加压下与氧气进行液相氧化反应生成乙酸的主反应方程式为

$$CH_3CHO + \frac{1}{2}O_2 \longrightarrow CH_3COOH \qquad \Delta H = -292.02 kJ/mol$$

在主反应进行的同时，还伴随有以下主要副反应：

$$CH_3CHO + O_2 \longrightarrow CH_3COOOH\text{(过氧乙酸)}$$

$$3CH_3CHO + 3O_2 \longrightarrow HCOOH + 2CH_3COOH + CO_2 + H_2O$$

$$2CH_3CHO + 5O_2 \longrightarrow 4CO_2 + 4H_2O$$

$$2CH_3COH + \frac{3}{2}O_2 \longrightarrow CH_3COOCH_3 + CO_2 + H_2O$$

$$3CH_3CHO + O_2 \longrightarrow CH_3CH(OCOCH_3)_2 + H_2O$$

（二乙酸亚乙酯）

$$CH_3CH(OCOCH_3)_2 \longrightarrow (CH_3CO)_2O + CH_3CHO$$

（乙酐）

所以，主要副产物有甲酸、乙酸甲酯、二氧化碳等。

乙醛氧化制乙酸可以在气相或液相中进行，气相氧化较液相氧化容易进行，不必使用催化剂。但是，由于乙醛的爆炸极限范围宽，生产不安全；而且乙醛氧化是强放热反应，气相氧化不能保证反应热均匀移出，会引起局部过热，使乙醛深度氧化等副反应增多，乙酸收率低，因此工业生产中都采用液相氧化法。

在氧化剂选择方面，原则上采用空气或氧气均可。当用空气作为氧化剂时，大量氮气易在气液接触面上形成很厚的气膜，阻止氧的有效扩散和吸收，从而降低设备的利用率。若用氧气氧化，应充分保证氧气和乙醛在液相中反应，避免反应在气相进行；且在塔顶应引入氮气以稀释尾气，使尾气组成不致达到爆炸范围，氧化塔顶部尾气中氧气含量应在5%以下。目前生产中采用氧气作氧化剂的较多。

乙醛氧化生产乙酸的反应机理比较复杂，认识不完全统一，一般认为自由基链反应机理较为成熟。自由基链反应理论认为，乙醛氧化反应存在诱导期。诱导期时，乙醛以很慢的速率吸收氧气生成过氧乙酸，过氧乙酸可将催化剂乙酸锰中的二价锰离子氧化为三价锰离子；三价锰离子存在于溶液中，可引发原料乙醛产生自由基；自由基引发一系列的反应生成乙酸。整个自由基链反应由链引发、链增长、链终止三个阶段组成。但过氧乙酸是一个极不安定的化合物，积累到一定程度就会分解而引起爆炸。因此，该反应必须在催化剂存在下才能顺利进行。催化剂的作用是既加速过氧乙酸的生成，又能促使其迅速分解，使反应系统中过氧乙酸的浓度维持在最低限度，从而防止过氧乙酸的积累、分解和爆炸。工业上普遍采用乙酸锰作为催化剂，有时也可适量加入其他金属的醋酸盐。乙酸锰的用量为原料乙醛量（质量分数）的0.1%～0.2%。由于乙醛氧化生成乙酸的反应是在液相中进行的，因此催化剂应能充分溶解于氧化液中，才能发挥其催化作用。通常加入反应体系的催化剂为乙酸锰的乙酸溶液。

25.3 工艺流程

25.1 动画
止逆阀结构展示

25.2 动画
止逆阀原理展示

本工艺仿真根据大庆10万吨/年乙酸装置开发，反应装置系统采用双塔串联氧化流程，乙醛和氧气首先在全返混型的反应器——第一氧化塔T101中反应（生产中加入的催化剂为乙酸锰的乙酸溶液，催化剂溶液直接进入T101内），然后到第二氧化塔T102中再加氧气进一步反应，不再加催化剂。一塔反应热由外冷却器移走，二塔反应热由内冷却器移除，反应系统生成的粗乙酸进入蒸馏回收系统，蒸馏采用先脱高沸物，后脱低沸物的双塔精馏流程，制得成品醋酸。

25.3.1 氧化工段流程

乙醛和氧气按配比流量进入第一氧化塔T101，氧气分两个入口入塔，上口和下口通氧量比约为1∶2，氮气通入塔顶气相部分，以稀释气相中的氧和乙醛。

乙醛与催化剂全部进入第一氧化塔，第二氧化塔不再补充。氧化反应的反应热由氧化液冷却器 E102A/B 移去，氧化液从塔下部用循环泵 P101A/B 抽出，经过冷却器 E102 A/B 循环回塔中，循环比（循环量：出料量）为（110～140）：1。冷却器出口氧化液温度为 60℃，塔中最高温度为 75～78℃，塔顶气相压力 0.2MPa（表），出第一氧化塔的氧化液中乙酸浓度在 92%～95%，从塔上部溢流去第二氧化塔 T102。

第二氧化塔为内冷式，塔底部补充氧气，塔顶也加入保安氮气，塔顶压力 0.1MPa（表），塔中最高温度约 85℃，出第二氧化塔的氧化液中乙酸含量为 97%～98%。

第一氧化塔和第二氧化塔的液位显示设在塔上部，显示塔上部的部分液位（全塔高 90%以上的液位）。

出氧化塔的氧化液一般直接去蒸馏系统，也可以放到氧化液中间贮罐 V102 暂存。中间贮罐的作用是：正常操作情况下做氧化液缓冲罐，停车或事故时存氧化液，乙酸成品不合格需要重新蒸馏时，由成品泵 P402 送来中间贮存，然后用泵 P102 送蒸馏系统回炼。

两台氧化塔的尾气分别经循环水冷却的冷却器 E101 中冷却，凝液主要是醋酸，带少量乙醛，回到塔顶，尾气最后经过尾气洗涤塔 T103 吸收残余乙醛和乙酸后放空，洗涤塔采用下部为新鲜工艺水，上部为碱液，分别用泵 P103、P104 循环。洗涤液温度常温，洗涤液含乙酸达到一定浓度后（70%～80%），送精馏系统回收乙酸，碱洗段定期排放至中和池。

25.3.2　精制工段流程

从氧化塔来的氧化液进入氧化液蒸发器 E201，乙酸等以气相去高沸塔（T201），蒸发温度 120～130℃。蒸发器上部装有四块大孔筛板，用回收乙酸喷淋，减少蒸发气体中夹带催化剂和胶状聚合物等，以免堵塞管道和蒸馏塔塔板。乙酸锰和多聚物等不挥发物质留在蒸发器底部，定期排入高沸物贮罐 V202，一部分去催化剂系统循环使用。

高沸塔常压蒸馏，塔釜液为含乙酸 90%（质量分数）以上的高沸物混合物，排入高沸物贮罐，去回收塔 T205。塔顶蒸出乙酸和全部低沸点组分（乙醛，酯类、水、甲酸等）。回流比为 1：1，乙酸和低沸物去低沸塔 T202 分离。

低沸塔也常压蒸馏，回流比 15：1，塔顶蒸出低沸物和部分醋酸，含酸 70%～80%，去脱水塔（T203）。

低沸塔釜的醋酸已经分离了高沸物和低沸物，为避免铁离子和其他杂质影响质量，在成品蒸发器（E206）中再进行一次蒸发，经冷却后为成品，送进成品贮罐 V402。

脱水塔同样常压蒸馏，回流比 20：1，塔顶蒸出水和酸、醛、酯类，其中含酸<5%（质量分数），去甲酯回收塔 T204 回收甲酯。塔中部甲酸的浓集区侧线抽出甲酸、乙酸和水的混合酸，由侧线液泵 P206 送至混酸贮罐（V405）。塔釜为回收酸，进入回收贮罐 V209。

脱水塔顶蒸出的水和酸、醛、酯进入甲酯塔回收甲酯，甲酯塔常压蒸馏，回流比 8.4：1。塔顶蒸出含 86.2%（质量分数）的乙酸甲酯，由 P207 泵送往甲酯罐 V404 塔底。含酸废水放入中和池，然后去污水处理场。

含大量酸的高沸物由高沸物输送泵（P202）送至高沸物回收塔 T205 回收乙酸，常压操作，回流比 1：1。回收醋酸由 P211 泵送至脱高沸塔 T-201，部分回流到 T205，塔釜留下的残渣排入高沸物贮罐 V406 装桶外销。

25.4 主要设备

乙醛氧化制乙酸氧化工段主要设备见表25-1；乙醛氧化制乙酸精制工段主要设备见表25-2。

表25-1 乙醛氧化制乙酸氧化工段主要设备

设备位号	设备名称	设备位号	设备名称
T101	第一氧化塔	E102A/B	第一氧化塔循环冷却器
T102	第二氧化塔	P101A/B	第一氧化塔循环泵
T103	尾气洗涤塔	P102	氧化液输送泵
V102	氧化液中间贮罐	P103A/B	洗涤液循环泵
V103	洗涤液贮罐	P104A/B	碱液循环泵
V105	碱液贮罐		

表25-2 乙醛氧化制乙酸精制工段主要设备

设备位号	设备名称	设备位号	设备名称
T201	高沸塔	V203	低沸塔塔顶回流罐
T202	低沸塔	V204	乙酸贮罐
T203	脱水塔	V205	脱水塔塔顶回流罐
E201	氧化液蒸发器	V206	混酸中间罐
E202	高沸塔再沸器	V209	乙酸回收贮罐
E203	高沸塔塔顶冷凝器	V402	成品贮罐
E204	低沸塔再沸器	V405	混酸贮罐
E205	低沸塔塔顶冷凝器	P201	高沸塔回流泵
E206	成品乙酸蒸发器	P202	高沸物输送泵
E207	成品乙酸冷凝器	P203	低沸塔回流泵
E209	脱水塔再沸器	P204	成品乙酸泵
E210	脱水塔塔顶冷凝器	P205	脱水塔回流泵
E211	混酸冷凝器	P206	混酸输送泵
E212	回收乙酸冷凝器	P209	回收乙酸输送泵
V201	高沸塔塔顶回流罐	P303	回收催化剂输送泵
V202	高沸物贮罐		

25.5 调节器、显示仪表及现场阀说明

25.5.1 氧化工段调节器、显示仪表及现场阀说明

乙醛氧化制乙酸氧化工段调节器见表25-3，乙醛氧化制乙酸显示仪表见表25-4，乙醛氧化制乙酸现场阀见表25-5。

表 25-3 乙醛氧化制乙酸氧化工段调节器

位 号	正常值	正常工况	位 号	正常值	正常工况
FIC101	$120m^3/h$	投自动	FIC114	$1914m^3/h$	投自动
FICSQ102	9582kg/h	投自动	FIC206	$0m^3/h$	
FIC103	$0m^3/h$		FIC301	1702kg/h	投自动
FIC104	1518000kg/h	投自动	TIC104A/B	(60±2)℃	投自动
FIC105	$90m^3/h$	投自动	TIC107	84℃	投自动
FICSQ106	$122m^3/h$	投自动	LIC101	(35±15)%	投自动
FIC110	$0m^3/h$		LIC102	(35±15)%	投自动
FIC112	0kg/h		PIC109A/B	(0.19±0.01)MPa	投自动
FIC113	$957m^3/h$	投自动	PIC112A/B	(0.1±0.02)MPa	投自动

表 25-4 乙醛氧化制乙酸氧化工段显示仪表

位号	显示变量	正常值	单位
TI103A	T101 底温度	77	℃
TI103B	T101 中温度	73	℃
TI103C	T101 上部液相温度	68	℃
TI103E	T101 气相温度	与上部液相温差大于 13℃	℃
TI106A	T102 底温度	83	℃
TI106B	T102 温度	85～70	℃
TI106C	T102 温度	85～70	℃
TI106D	T102 温度	85～70	℃
TI106E	T102 温度	85～70	℃
TI106F	T102 温度	85～70	℃
TI106G	T102 温度	85～70	℃
TI106H	T102 气相温度	与上部液相温差大于 15℃	℃

表 25-5 乙醛氧化制乙酸氧化工段现场阀

位号	名 称	位号	名 称
V12	T101 塔顶冷凝器进口阀	V47	洗涤液回料阀
V13	T101 塔顶冷凝器出口阀	V48	碱液贮罐进料阀
V16	T101 塔底阀	V49	T103 的进水调节阀
V17	P101A/B 泵前阀	V50	T103 塔底调节阀
V20	E102A 进口阀	V54	洗涤液调节阀
V21	E102B 进口阀	V55	排水阀
V22	E102A 出口阀	V59	V102 的回酸阀
V23	E102B 出口阀	V61	T102 冷却水出口阀
V32	T102 塔底阀	V62	T102 冷却水出口阀
V33	T102 塔底部控制阀	V63	T102 冷却水出口阀
V39	T102 塔顶冷凝器进口阀	V64	T102 冷却水出口阀
V40	T102 塔顶冷凝器出口阀	V65	T102 加热蒸汽出口阀
V44	氧化液蒸发器 E201 进料阀	V66	酸洗回路阀
V46	碱液调节阀	V67	酸洗回路阀

25.5.2 精制工段调节器、显示仪表及现场阀说明

乙醛氧化制乙酸精制工段调节器见表 25-6，乙醛氧化制乙酸显示仪表见表 25-7，乙醛氧化制乙酸现场阀见表 25-8。

表 25-6　乙醛氧化制乙酸精制工段调节器

位　号	正常值	正常工况	位　号	正常值	正常工况
LIC201	50%	投自动	TIC205	108℃	投自动
FIC201	1106kg/h	投自动	LIC205	50%	投自动
FIC202	4962kg/h	投串级	LIC206	50%	投自动
FIC215	1688kg/h	投自动	FIC208	1536kg/h	投串级
LIC202	50%	投自动	FIC209	3419kg/h	投自动
FIC203	4141kg/h	投自动	FIC214	1590kg/h	投自动
TIC202	116℃	投自动	LIC207	50%	投自动
FIC204	14591kg/h	投串级	FIC210	2089kg/h	投自动
LIC203	50%	投自动	TIC212	95℃	投自动
FIC205	14591kg/h	投自动	LIC210	50%	投自动
TIC204	129℃	投自动	LIC208	50%	投自动
FIC206	9139kg/h	投串级	FIC211	286kg/h	投自动
FIC207	23047kg/h	投串级			

表 25-7　乙醛氧化制乙酸精制工段显示仪表

位号	显示变量	正常值	单位
TI201	蒸发器 E201 蒸发温度	125	℃
TI213	蒸发器 E201 进料温度	80	℃
PI302	蒸发器 E201 顶部压力	0.50	atm
FI215	蒸发器 E201 进料流量	14868	kg/h
TI2016	高沸塔 T201 塔底温度	131	℃
PI211	高沸塔 T201 塔顶压力	0.10	atm
PI212	高沸塔 T201 塔底压力	0.50	atm
FI216	高沸塔 T201 进料流量	14286	kg/h
TI2043	低沸塔 T202 塔底温度	131	℃
PI213	低沸塔 T202 塔顶压力	0.10	atm
PI214	低沸塔 T202 塔底压力	0.50	atm
FI221	低沸塔 T202 塔顶流量	24610	kg/h
TI206	V204 温度	70	℃
TI207	蒸发器 E206 温度	120	℃
PI215	蒸发器 E206 出料压力	0.20	atm
FI222	蒸发器 E206 进料流量	13029	kg/h
FI223	蒸发器 E206 出料流量	14119	kg/h
LI212	蒸发器 E206 液位	50	%
TI2072	脱水塔 T203 塔顶温度	110	℃
TI2073	脱水塔 T203 塔底温度	130	℃
PI216	脱水塔 T203 塔顶压力	0.10	atm
PI217	脱水塔 T203 塔底压力	0.50	atm
FI228	脱水塔 T203 塔顶流量	6018h	kg/h
FI208	脱水塔 T203 进料流量	1536	kg/h
FI226	脱水塔 T203 回流流量	5732	kg/h

表 25-8　乙醛氧化制乙酸精制工段现场阀

位号	名　　称	位号	名　　称
V1	E201 进料阀	V25	P203 泵前阀
V4	P303 泵前阀	V32	E207 进口阀
V5	E201 底阀	V34	P204 泵前阀
V11	T201 底回收醋酸阀	V37	E206 底阀
V13	E203 进口阀	V42	E210 进口阀
V14	V201 放空阀	V43	V205 放空阀
V15	P201 泵前阀	V44	P205 泵前阀
V18	T201 底阀	V49	P206 泵前阀
V19	P202 泵前阀	V51	P209 泵前阀
V23	E205 进口阀	V52	E212 进口阀
V24	V203 放空阀	V54	V204 放空阀

25.6　流程图画面

乙醛氧化制乙酸氧化工段流程图画面见图 25-1～图 25-7，精制工段流程图画面见图 25-8～图 25-18。

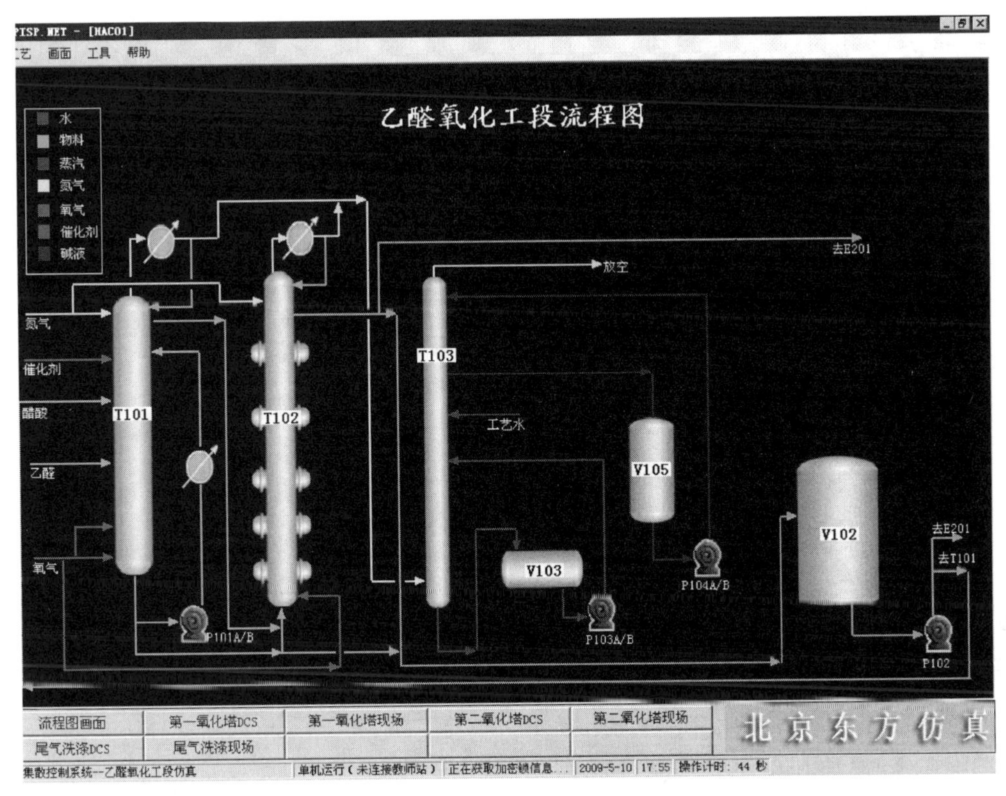

图 25-1　氧化工段流程图

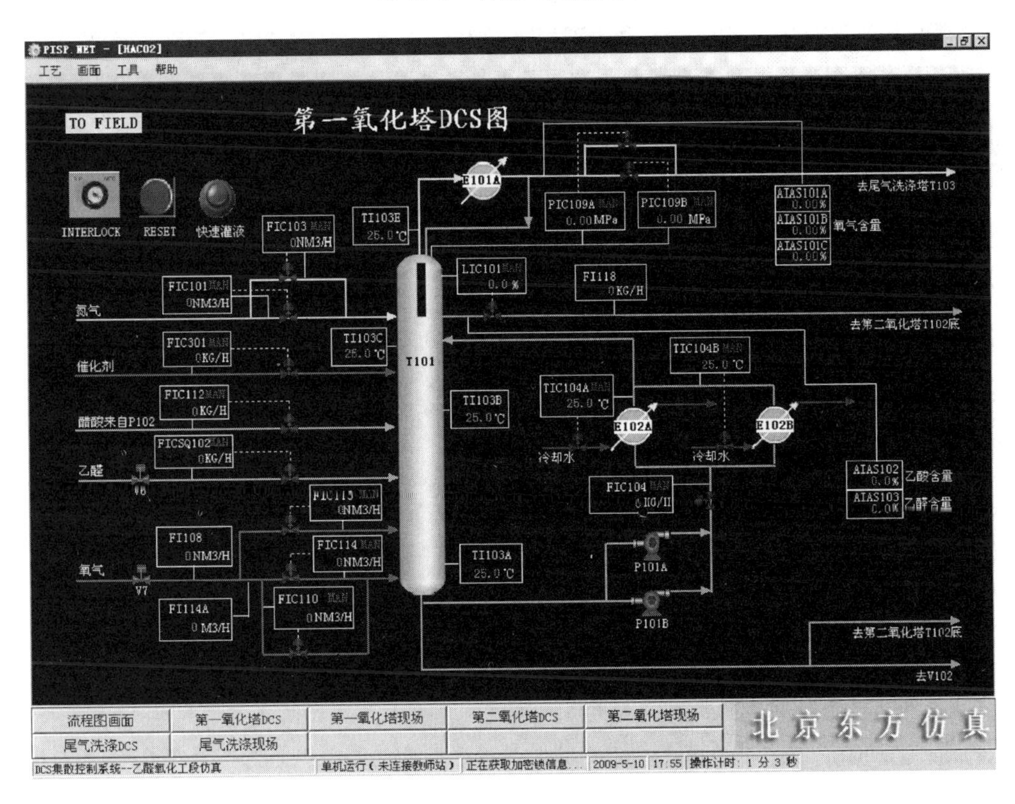

图 25-2　第一氧化塔仿 DCS 图

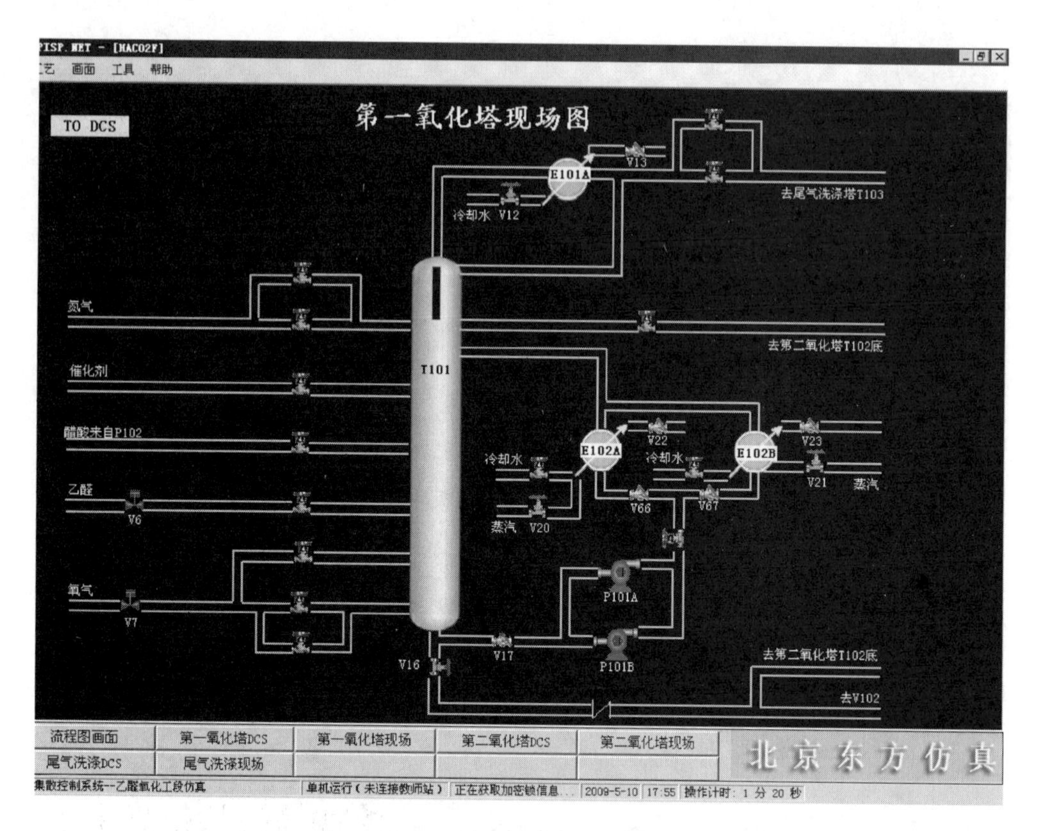

图 25-3 第一氧化塔仿现场图

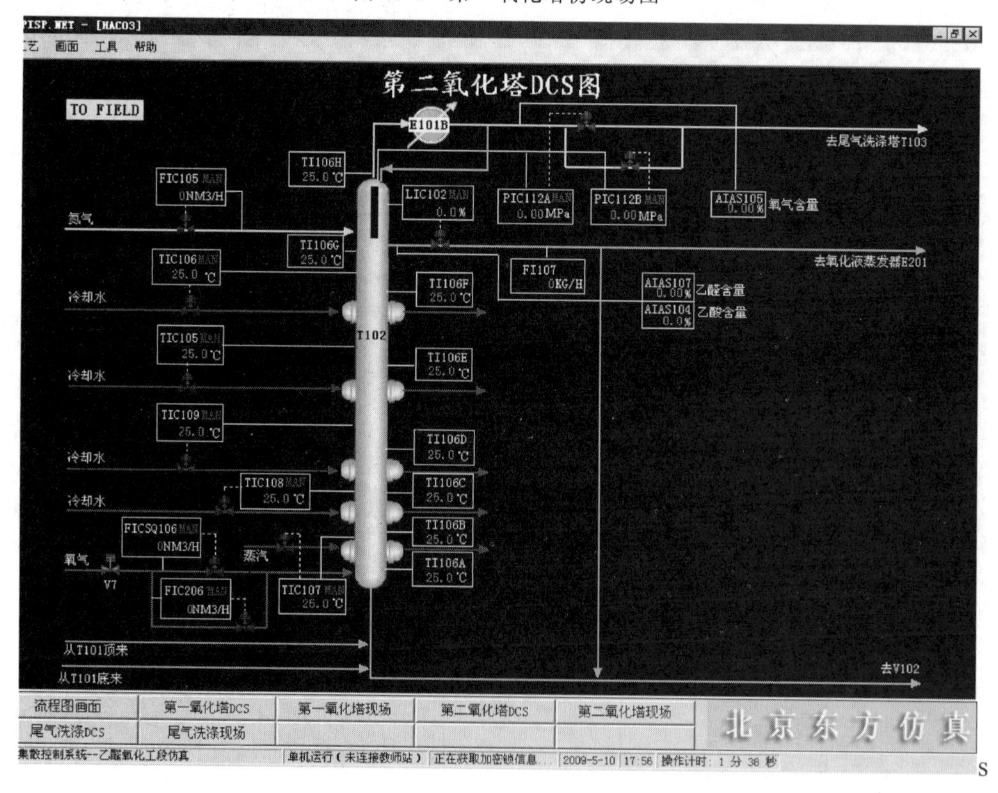

图 25-4 第二氧化塔仿 DCS 图

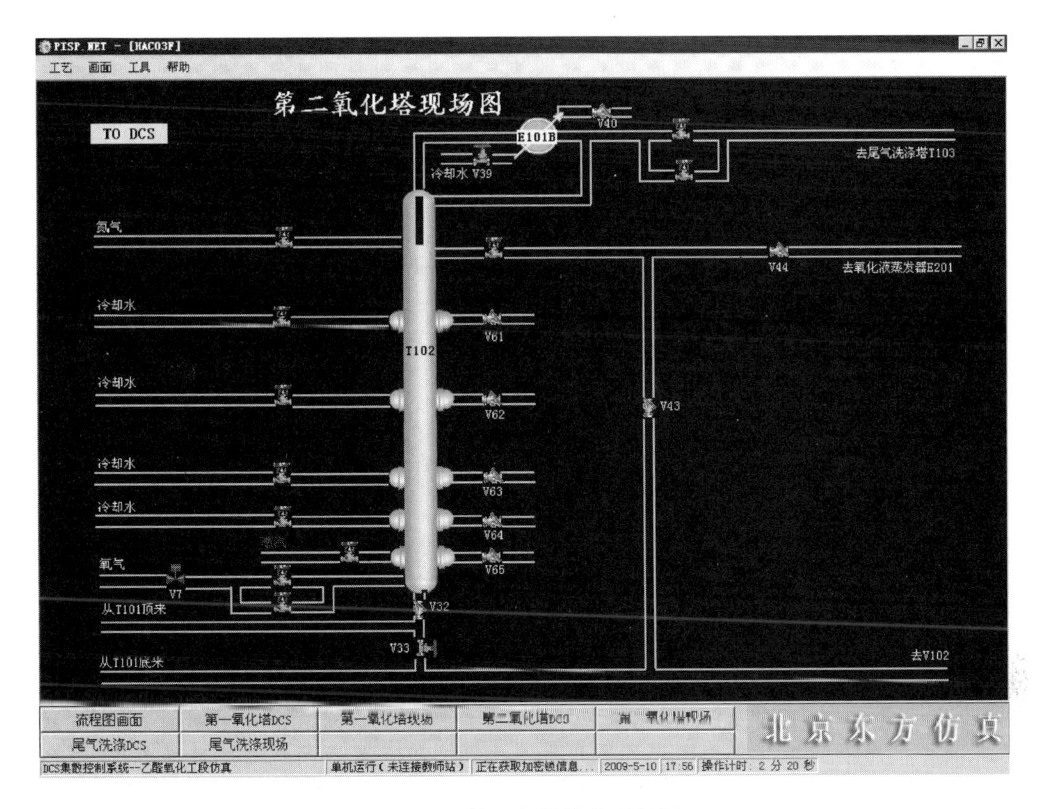

图 25-5　第二氧化塔仿现场图

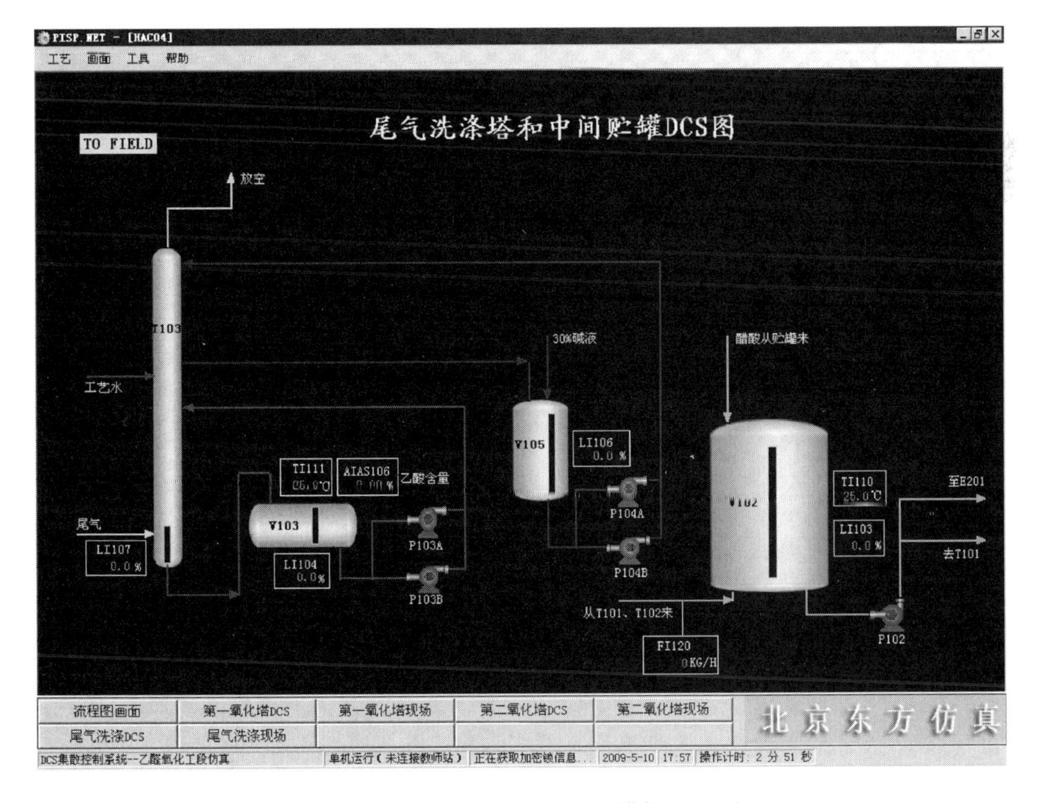

图 25-6　尾气洗涤塔和中间贮罐仿 DCS 图

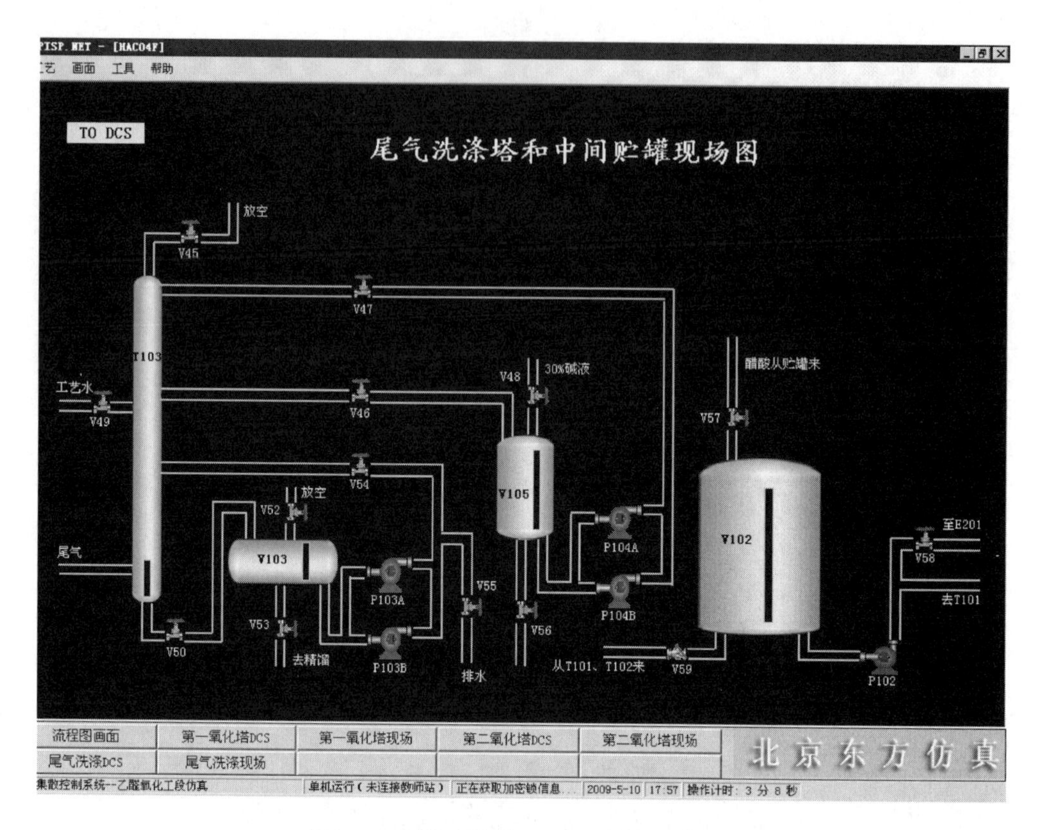

图 25-7　尾气洗涤塔和中间贮罐仿现场图

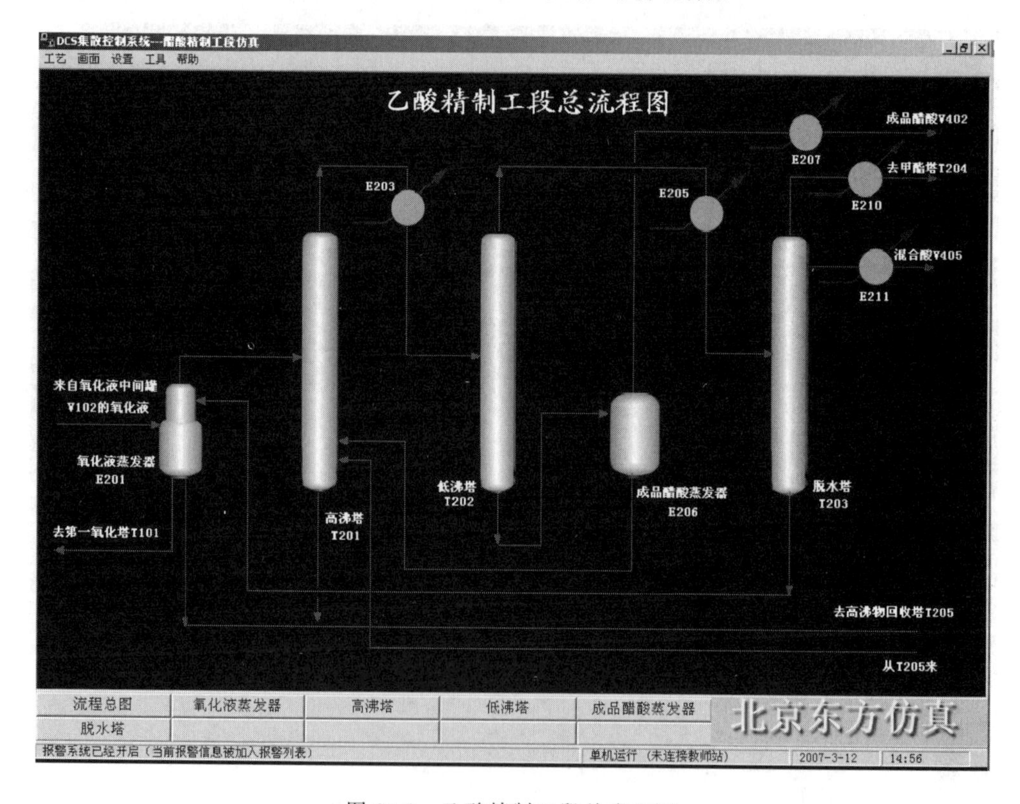

图 25-8　乙酸精制工段总流程图

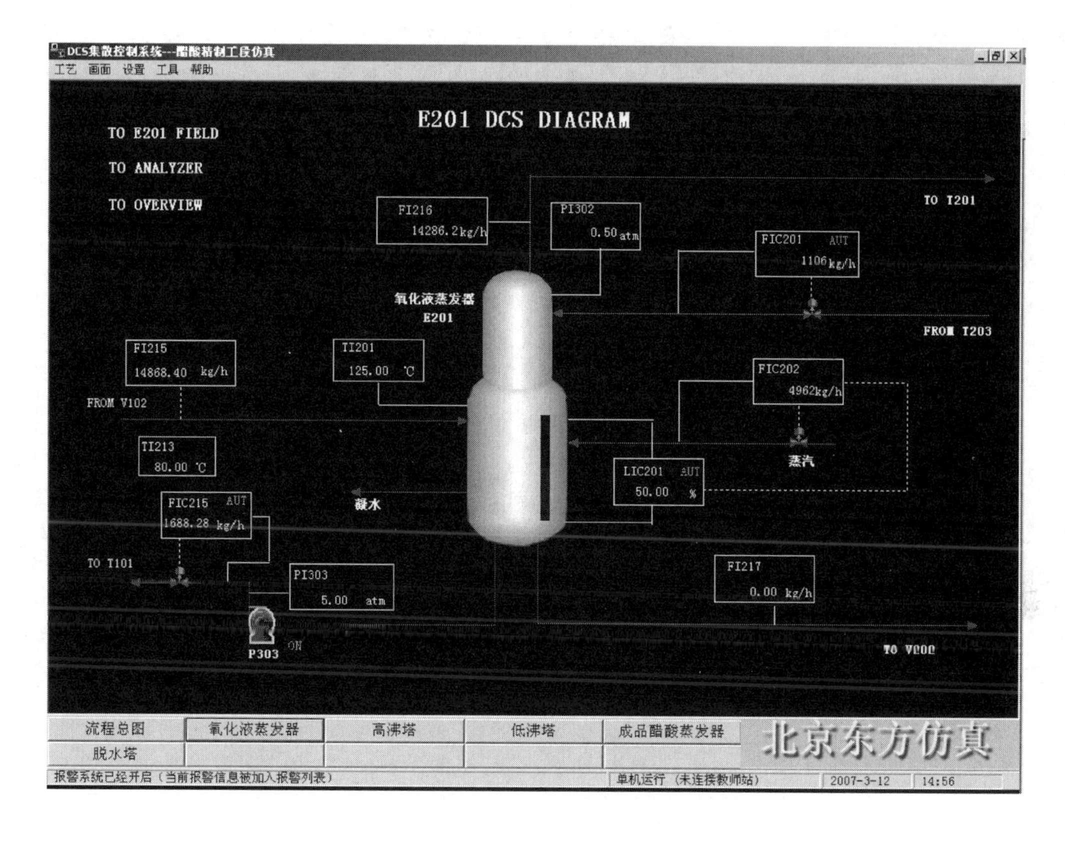

图 25-9　E201 仿 DCS 图

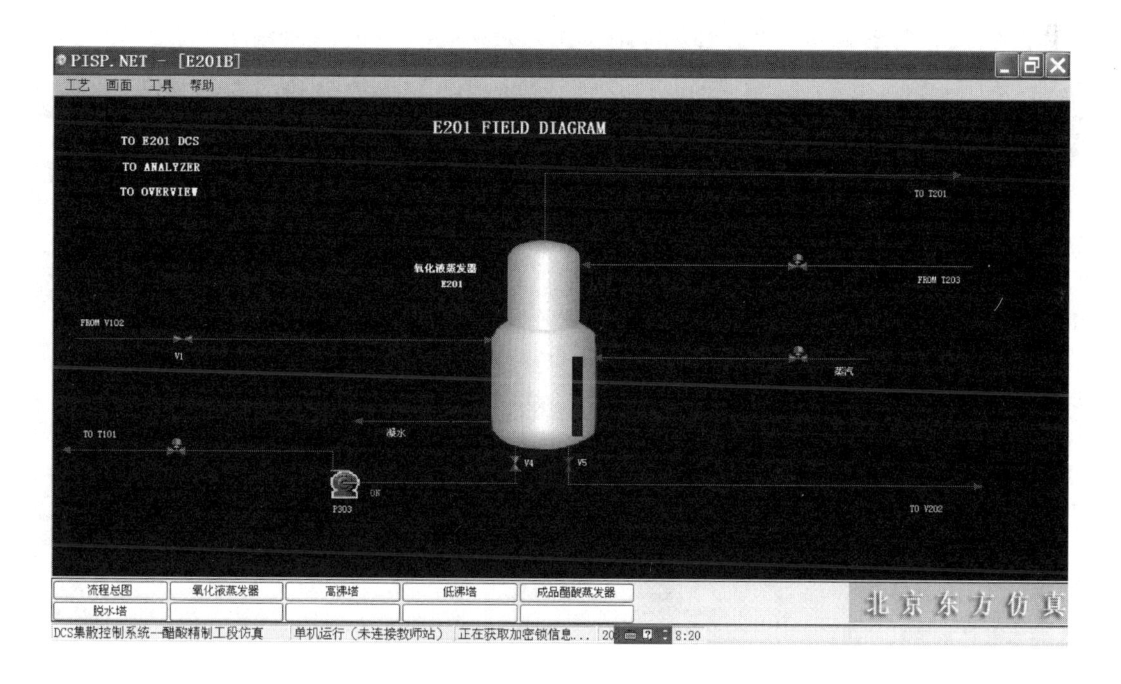

图 25-10　E201 仿现场图

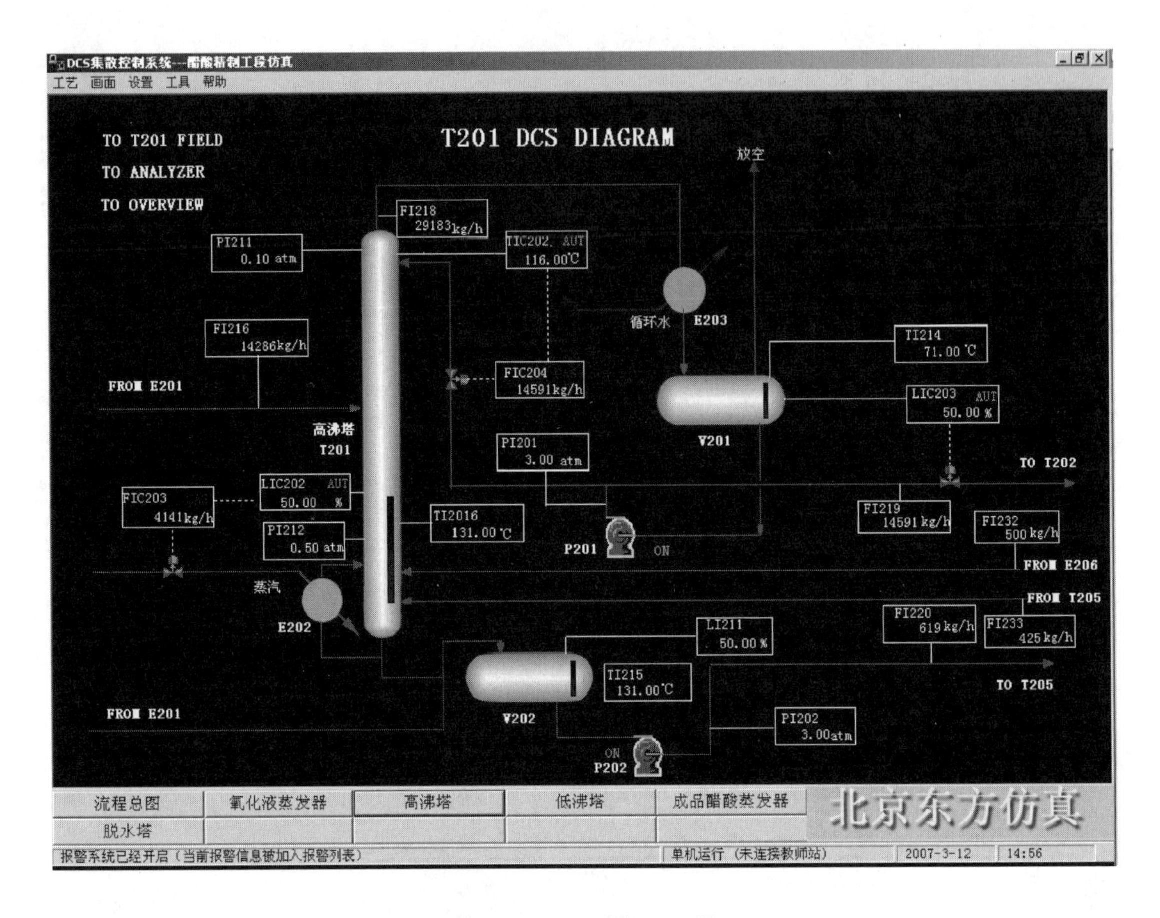

图 25-11 T201 仿 DCS 图

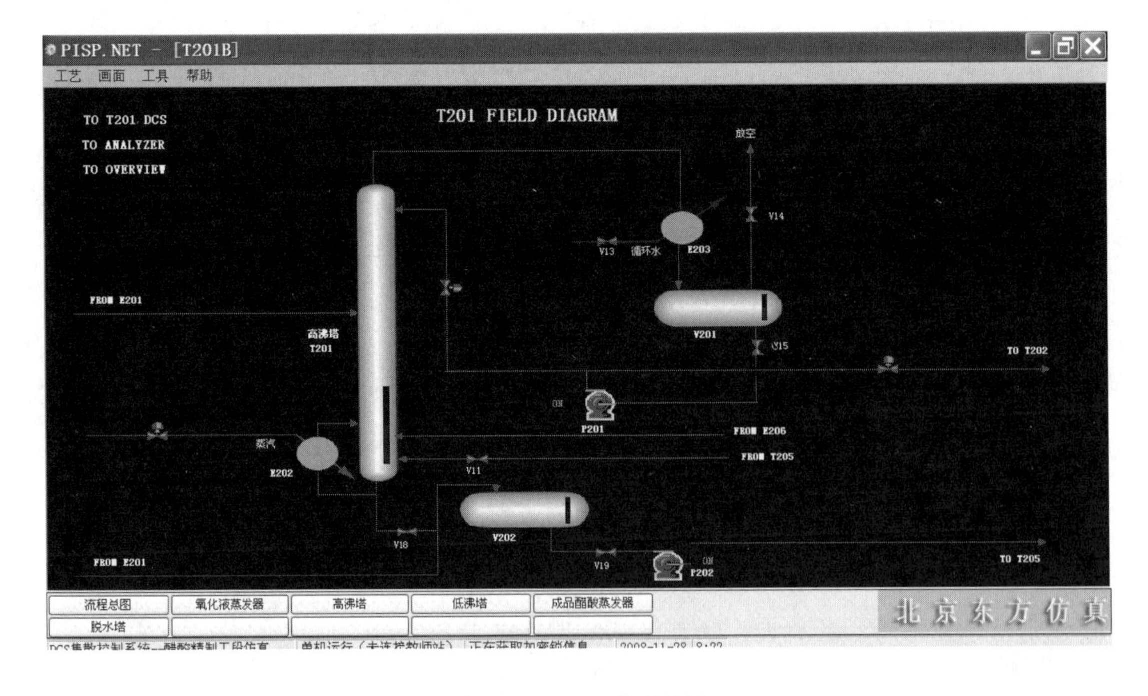

图 25-12 T201 仿现场图

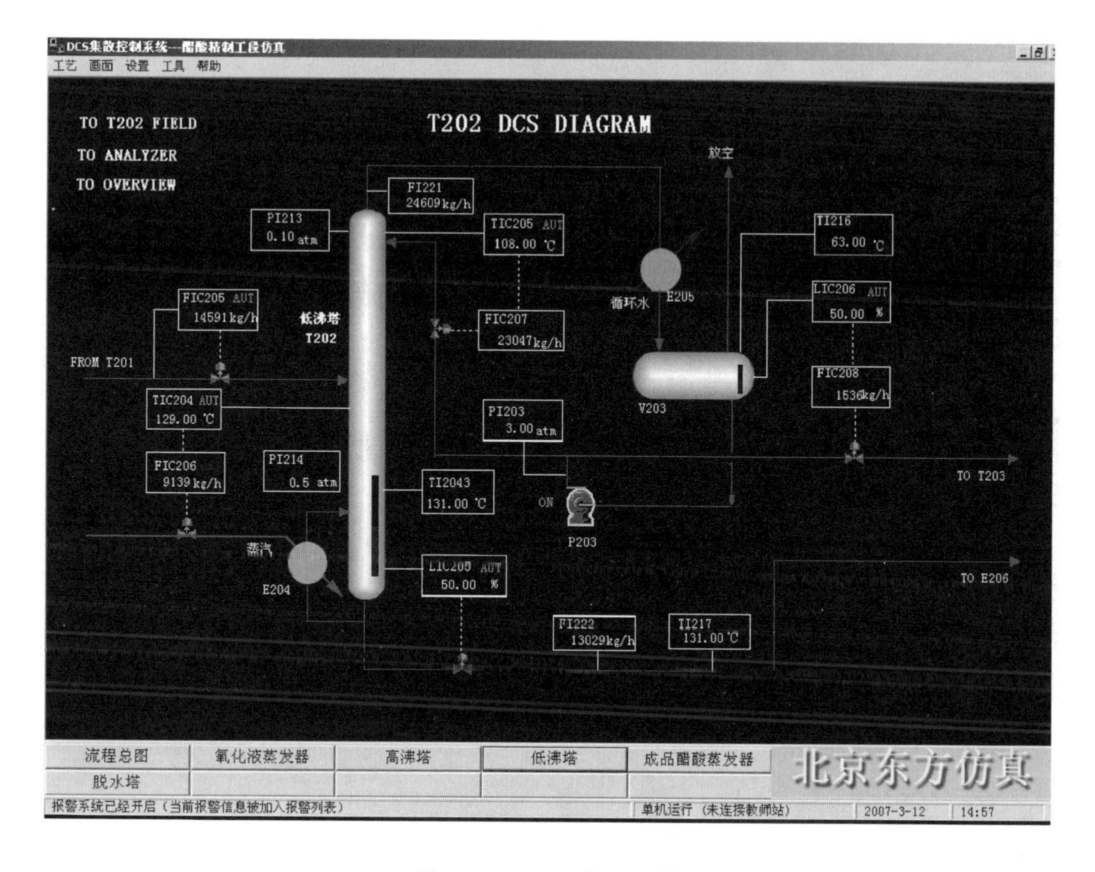

图 25-13 T202 仿 DCS 图

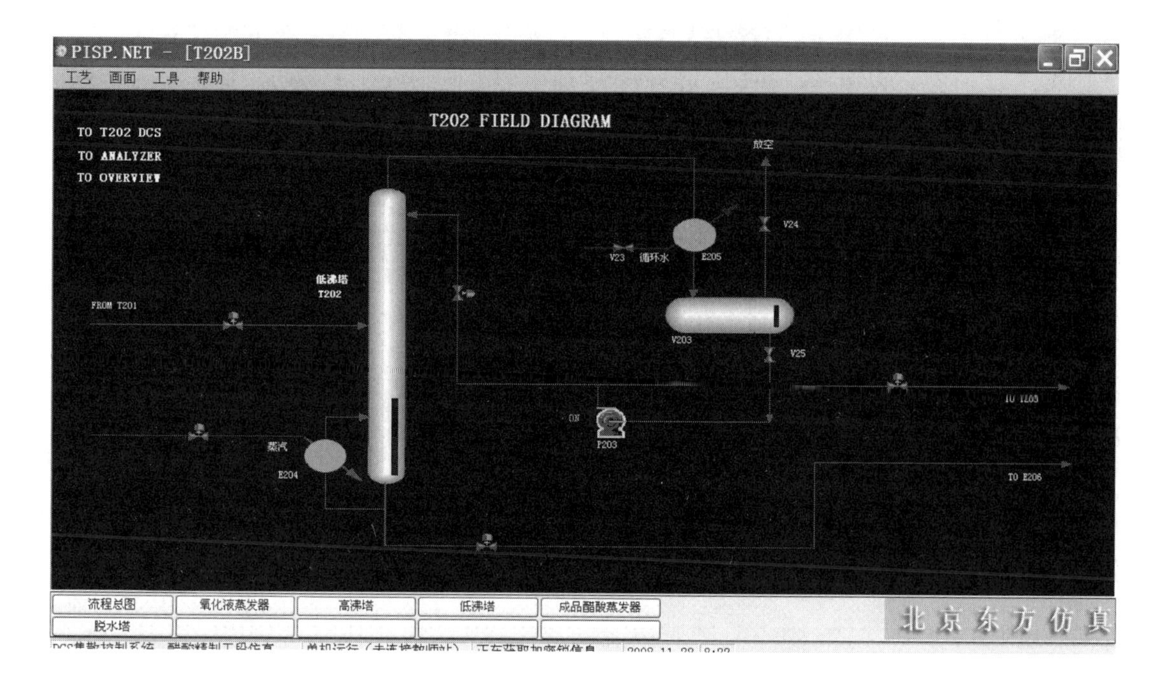

图 25-14 T202 仿现场图

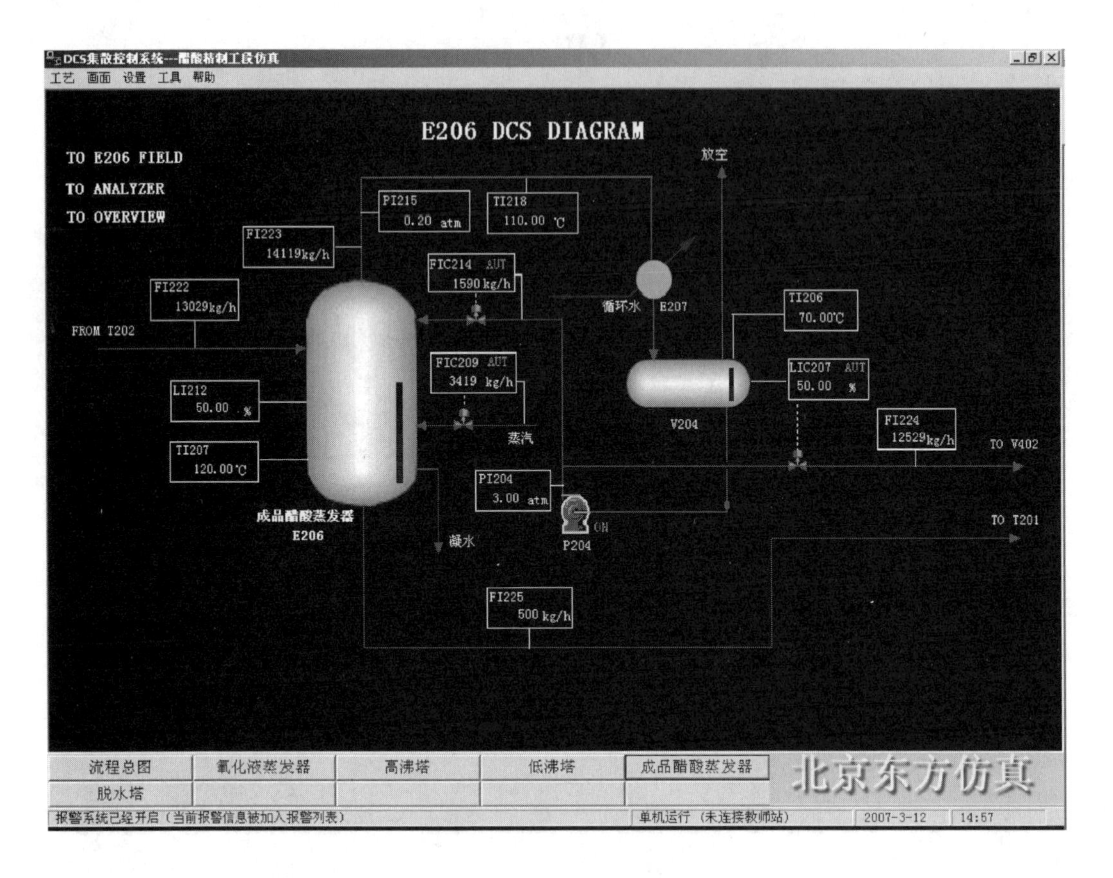

图 25-15 E206 仿 DCS 图

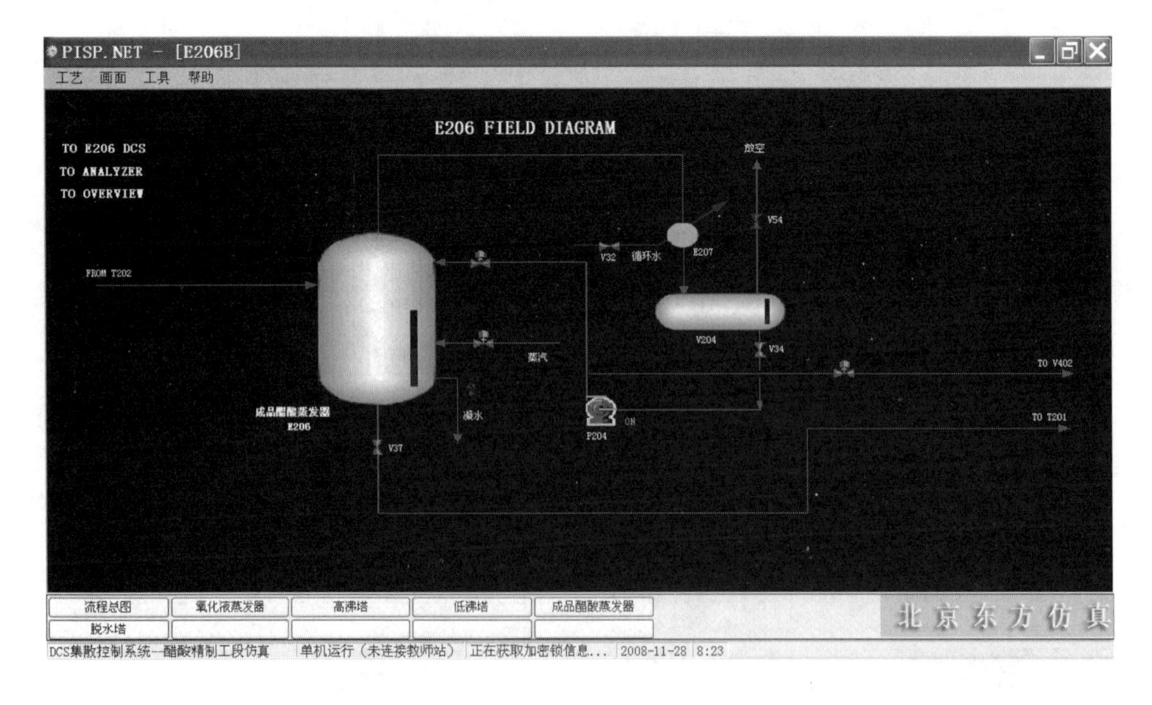

图 25-16 E206 仿现场图

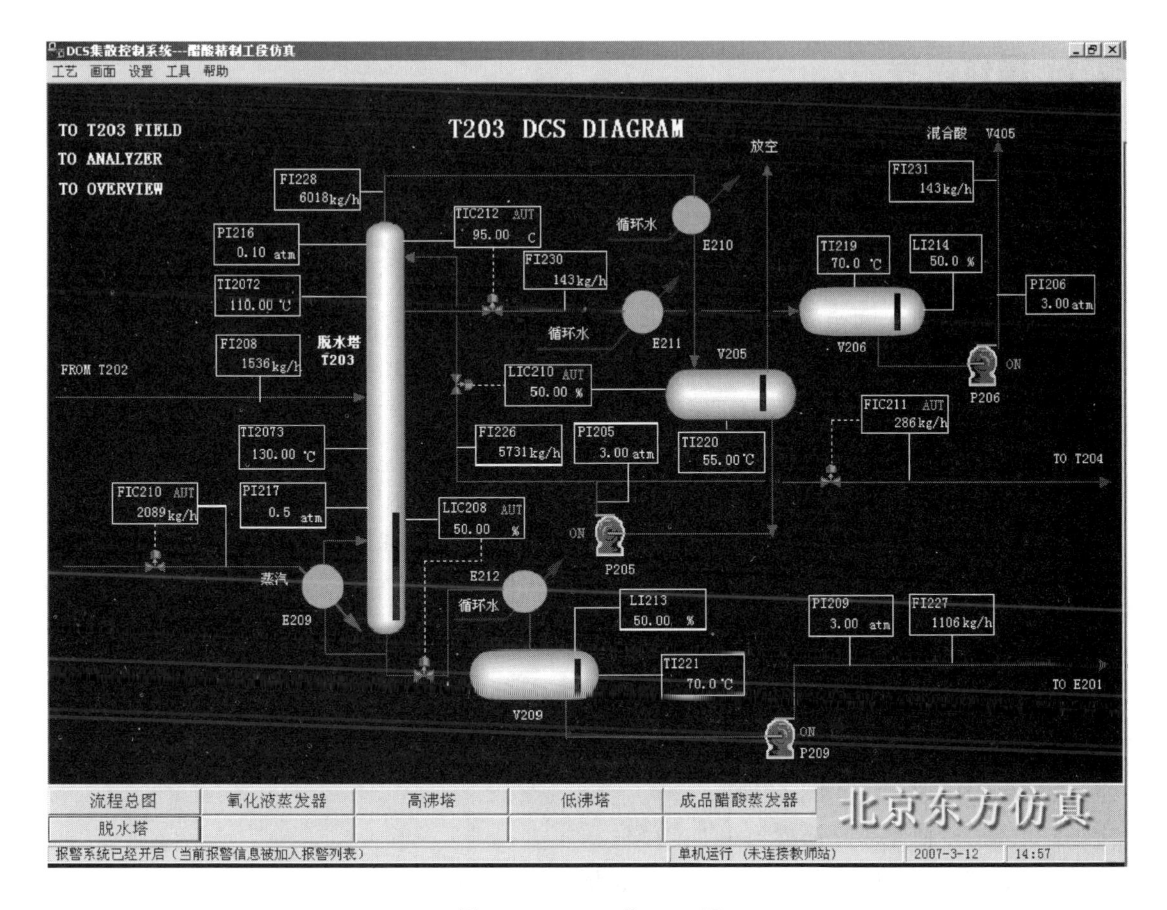

图 25-17　T203 仿 DCS 图

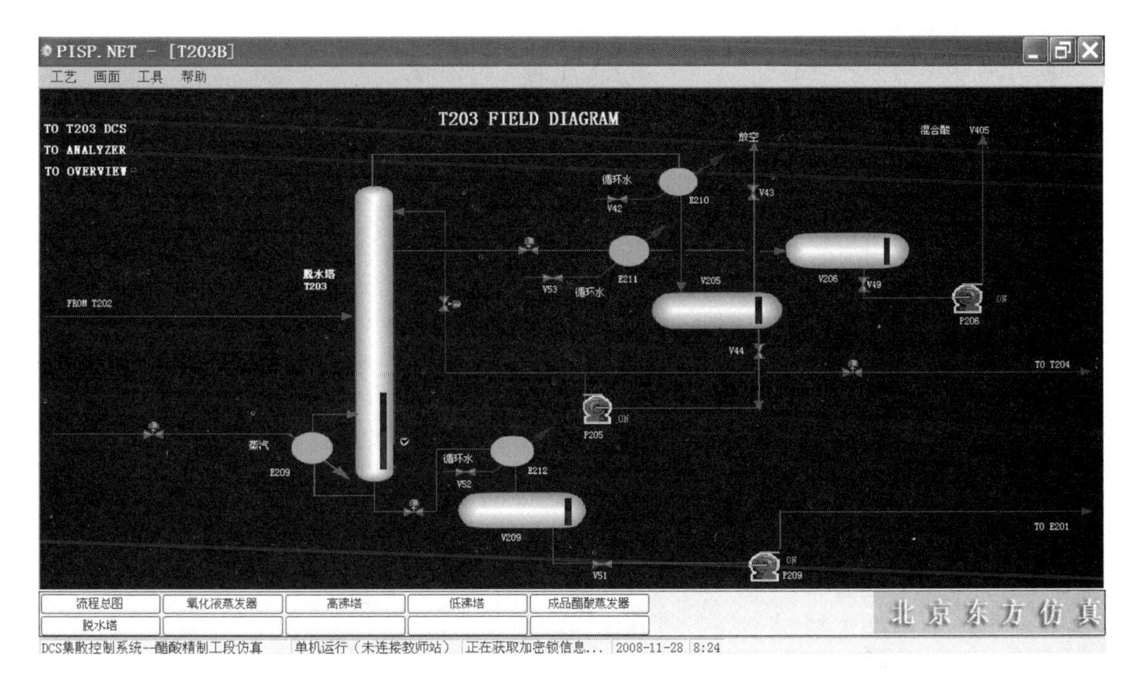

图 25-18　T203 仿现场图

25.7 操作规程

25.7.1 氧化工段操作规程

25.7.1.1 冷态开车操作规程

（1）开车前准备（酸洗反应系统）

① 开启尾气吸收塔 T103 的放空阀 V45（50%）（为节省时间，可使用“快速灌液”）。

② 开启氧化液中间贮罐 V102 的现场阀 V57（50%），向其中注酸。

③ 开启 V102 的输液泵 P102，向第一氧化塔 T101 注酸。

④ 打开 T101 进酸控制阀 FIC112。

⑤ V102 的液位 LI103 超过 50%后，关闭阀 V57，停止向 V102 注酸。

⑥ T101 的液位 LIC101 大于 2%后，关闭泵 P102，停止向 T101 注酸。

⑦ 关闭 T101 注酸控制阀 FIC112。

⑧ 开启 T101 的循环泵 P101A/B 的前阀 V17。

⑨ 开启泵 P101A，酸洗第一氧化塔 T101。

⑩ 打开酸洗回路阀 V66。

⑪ 打开酸洗回路的流量控制阀 FIC104（20%）。

⑫ 关闭 P101A 泵，停止酸洗。

⑬ 关闭酸洗回路的流量控制阀 FIC104。

⑭ 开启 T101 的氮气控制阀 FIC101，将酸压至第二氧化塔 T102 中。

⑮ 开启 T101 底阀 V16，向 T102 压酸。

⑯ 开启 T102 底阀 V32，由 T101 向 T102 压酸。

⑰ 开启 T102 的底部控制阀 V33，由 T101 向 T102 压酸。

⑱ T102 液位 LIC102 大于 0 后，关闭 T101 的进氮气控制阀 FIC101。

⑲ 关闭 FIC103。

⑳ 开启 T102 的进氮气控制阀 FIC105，向 V102 压酸。

㉑ 开启 V102 的回酸阀 V59，将 T101、T102 中的酸打回 V102。

㉒ 压酸结束后，关闭 T102 的进氮气控制阀 FIC105。

㉓ 压酸结束后，关闭 T101 的底阀 V16。

㉔ 压酸结束后，关闭 T102 底阀 V32。

㉕ 压酸结束后，关闭 T102 的底部控制阀 V33。

㉖ 压酸结束后，关闭 V102 的回酸阀 V59。

㉗ 开启 T101 的压力调节阀 PIC109A，放空 T101 内的气体。

㉘ 开启 T102 的压力调节阀 PIC112A，放空 T102 内的气体。

㉙ 放空结束，关闭 T101 的压力调节阀 PIC109A。

㉚ 放空结束，关闭 T102 的压力调节阀 PIC112A。

（2）建立循环

① 开启 P102 泵，由 V102 向 T101 中注酸。

② 全开 T101 注酸控制阀 FIC112。

③ 当 LIC101 大于 30%时，开启 LIC101（开度约 50%），根据 LIC101 液位随时调整。

④ 开启 T102 底阀 V32，向 T102 注酸。

⑤ 当 LIC102 大于 30%时，开启 LIC102（开度约 50%），根据 LIC102 液位随时调整。

⑥ 开启 T102 的现场阀 V44，向精馏系统出料，建立循环。

（3）配制氧化液

① 将 LIC101 调至 30%左右，停 P102 泵。

② 关闭 T101 注酸控制阀 FIC112。

③ 关闭 T101 的液位控制器 LIC101。

④ 开启乙醛进料调节阀 FICSQ102（缓加，根据乙醛含量 AIAS103 来调整其开度），使 AIAS103 约为 7.5%。

⑤ 开启催化剂进料调节阀 FIC301（缓加，根据乙醛进量调整其开度，使其流量约为 FICSQ102 的 1/6），向第一氧化塔 T101 中注入催化剂。

⑥ 开启 T101 顶部冷却水的进水阀 V12。

⑦ 开启 T101 顶部冷却水的出水阀 V13。

⑧ 开启 P101A 泵，将酸打循环。

⑨ 打开 FIC104，将流量控制在 700000kg/h（通氧前）。

⑩ 开换热器 E102 的入口调节阀 V20（开度为 50%），为循环的氧化液加热。

⑪ 开启换热器 E102 的出口阀 V22，使液相温度 TI103A 升高。

⑫ 关闭 T102 的液位调节器 LIC102。

⑬ 关闭 T102 的现场阀 V44。

⑭ 当 T101 的乙醛含量 AIAS103 约为 7.5%时，关闭乙醛进料调节阀 FICSQ102。

⑮ 关闭进催化剂阀 FIC301。

⑯ 通氧前将 T101 塔底的温度 TI103A 控制在 70～76℃。

（4）第一氧化塔投氧开车

① 投氧开车前联锁 INTERLOCK 投入自动 AUTO，使 T101、T102 的氧含量不高于 8%，液位不高于 80%。

② 开启 FIC101，使进氮气量为 $120m^3/h$。

③ 将 T101 的塔顶压力调节器 PIC109A 投自动，设为 0.19MPa。

④ 投氧前将 T101 的液位 LIC101 调至 20%～30%。

⑤ 关闭 T101 的液位控制器 LIC101。

⑥ 按如下方式通氧。

● 当 T101 的液相温度 TI103A 高于 70℃时，开启进氧气控制阀 FIC110（小投氧阀），初始投氧量小于 $100m^3/h$。

注意两个参数的变化：LIC101 液位上涨情况；尾气含氧量 AIAS101 三块表是否上升。其次，随时注意塔底液相温度、尾气温度和塔顶压力等工艺参数的变化。如果液位上涨停止然后下降，同时尾气含氧稳定，说明初始引发较理想，可逐渐提高投氧量。

● 开启乙醛进料阀 FICSQ102（根据投氧量来调整其开度），使 FICSQ102 的流量为投氧量的 2.5～3 倍。

● 开启催化剂进料阀 FIC301（根据乙醛进量调整其开度，使其流量约为 FICSQ102 的 1/6）。

● 逐渐增大 FIC110 到 $320m^3/h$，并开 FIC114 投氧（开度小于 50%）。

● 逐渐增大 FIC114 到 $620m^3/h$，关闭小投氧阀 FIC110。

● 增大 FIC114 到 $1000m^3/h$，开启 FIC113，使其流量约为 FIC114 的 1/2（原则要求：投氧在 $0\sim400m^3/h$，投氧要慢；如果吸收状态好，要多次小量增加氧量；投氧在 $400\sim1000m^3/h$，如果反应状态好要加大投氧幅度，特别注意尾气的变化并及时加大塔顶保安气 N_2 量）。

⑦ 当换热器 E-102A 的出口温度上升至 85℃时，关闭阀 V20，停止蒸汽加热。

⑧ 当 T101 的投氧量达到 $1000m^3/h$ 时，且液相温度达到 90℃时，全开 TIC104A 投冷却水。

⑨ LIC101 超过 60%且投氧正常后，将 LIC101 投自动设为 35%，向 T102 出料。

注意：T101 塔液位过高时要及时向 T102 塔出料，调节 T101 塔液位为（25±5）%，同时观察液位、气液相温度及塔顶、尾气中含氧量变化情况。

在投氧后，来不及反应或吸收不好，液位升高不下降或尾气含氧增高到 5%时，关小氧气，增大氮气量后，液位继续上升至 80%或含氧继续上升至 8%，联锁停车，继续加大氮气量，关闭氧气调节阀。取样分析氧化液成分，确认无问题时，再次投氧开车。

（5）第二氧化塔投氧开车

① 开启 T102 顶部的冷却水进水阀 V39 及出口阀 V40。

② 开启 FIC105，使进氮气量为 $90m^3/h$。

③ 将 T102 的塔顶压力调节器 PIC112A 投自动，设为 0.1MPa。

④ 开启蒸汽阀 TIC107 和 V65，使 TI106B 保持在 70～85℃。

⑤ 开启 T102 的进氧控制阀 FICSQ106，投氧。

⑥ 开启 TIC106 和 V61，使 TI106F 保持在 70～85℃。

⑦ 开启 TIC105 和 V62，使 TI106E 保持在 70～85℃。

⑧ 开启 TIC108 和 V64，使 TI106D 保持在 70～85℃。

⑨ 开启 TIC109 和 V63，使 TI106C 保持在 70～85℃。

注意：控制第二氧化塔液位（35±5）%，并向蒸馏系统出料。取 T-102 塔氧化液分析。

由 T102 塔底部进氧口，以最小的通氧量投氧，注意尾气含氧量。在各项指标不超标的情况下，通氧量逐渐加大到正常值。当氧化液温度升高时，表示反应在进行。停蒸汽开冷却水 TIC-106，TIC-105，TIC-108，TIC-109 使操作逐步稳定。

（6）吸收塔投用

① 打开 T103 的进水调节阀 V49（50%），向塔中加工艺水湿塔，将 LIC107 维持在 50%左右。

② 开启阀 V50，向 V103 中备工艺水，将 LIC104 维持在 50%左右。

③ 氧化塔投氧前，开启泵 P103A。

④ 开启调节阀 V54（50%），投用工艺水。

⑤ 开启排水阀 V55。

⑥ 开启阀 V48，向碱液贮罐 V105 中备料（碱液）。

⑦ 当碱液贮罐 V105 中的液位超过 50%时，关阀 V48。

⑧ 投氧后开 P104A，向 T103 中投用吸收碱液。

⑨ 开启调节阀 V47，投用碱吸收液。

⑩ 开启调节阀 V46，回流洗涤塔 T103 内的碱液。

⑪ 如工艺水中醋酸含量达到 80%时，开阀 V53 向精馏系统排放工艺水。

⑫ 将尾气吸收塔 T103 的液位 LI107 维持在 30%～70%；将洗涤液贮罐 V103 的液位 LI104 维持在 30%～70%；将碱液贮罐的液位 LI106 维持在 30%～70%。

(7) 氧化系统出料

当氧化液符合要求时，氧化系统向氧化液蒸发器 E201 出料。

① 将 T102 的液位 LIC102 投自动，设为 35%。

② 开 T102 的现场阀 V44，向精馏系统出料。

(8) 调至平衡

① 将 FICSQ102 投自动，设为 9582kg/h。

② 将 FIC301 投自动，设为 1702kg/h，约为进酸量的 1/6。

③ 将 FIC114 投自动，设为 $1914m^3/h$，为投醛量的 0.35～0.4 倍。

④ 将 FIC113 投自动设为 $957m^3/h$，约为 FIC114 流量的 1/2。

⑤ 将 FIC101 投自动，设为 $120m^3/h$。

⑥ 将 FIC104 投自动，设为 1518000kg/h。

⑦ 将 TIC104A 投自动，设为 60℃。

⑧ 将 TIC107 投自动，设为 84℃。

⑨ 将 FIC105 投自动，设为 $90m^3/h$。

⑩ 将 FICSQ106 投自动，设为 $122m^3/h$。

25.7.1.2 正常操作要点及控制指标

(1) 正常操作要点

熟悉工艺流程，维持各工艺参数稳定，密切注意各工艺参数的变化，发现突发事故时，应先分析事故原因，并及时正确排除。

① 第一氧化塔 T101。

- 塔顶压力 0.18～0.2MPa（表），由 PIC109A/B 控制。
- 循环比（循环量与出料量之比）为 110～140，由循环泵进出口跨线截止阀 FIC104 控制，液位 (35±15)%，由 LIC101 控制。
- 进醛量满负荷为 9.86t/h，由 FICSQ102 控制，根据经验最低投料负荷为 66%，一般不许低于 60%，投氧量不许低于 $1500m^3/h$。
- 满负荷进氧量设计为 $2871m^3/h$，由 FI108 计量。进氧进醛配比为氧：醛＝0.35～0.4（质量分数），根据分析氧化液中含醛量，对氧配比进行调节。氧化液中含醛量一般控制为 3%～4%（质量分数）。
- 上下进氧口进氧的配比约为 1∶2。
- 塔顶气相温度控制与上部液相温差大于 13℃，主要由充氮量控制。
- 塔顶气相中的含氧量<5%，主要由充氮量控制。
- 塔顶充氮量根据经验一般不小于 $80m^3/h$，由 FIC101 调节阀控制。

• 循环液（氧化液）出口温度 TI103F 为（60±2)℃，由 TIC104 控制 E102 的冷却水量来控制。

• 塔底液相温度 TI103A 为（77±1)℃，由氧化液循环量和循环液温度来控制。

② 第二氧化塔 T102。

• 塔顶压力为（0.1±0.02)MPa，由 PIC112A/B 控制。

• 液位（35±15)%，由 LIC102 控制。

• 进氧量为 0～160m^3/h，由 FICSQ106 控制。根据氧化液含醛来调节。

• 氧化液含醛为 0.3%以下。

• 塔顶尾气含氧量<5%，主要由充氮量来控制。

• 塔顶气相温度（TI106H）控制与上部液相温差大于 15℃，主要由氮气量来控制。

• 塔中液相温度主要由各节换热器的冷却水量来控制。

• 塔顶 N_2 流量根据经验一般不小于 60m^3/h 为好，由 FIC105 控制。

③ 洗涤液贮罐 V103。V103 液位控制在 0～80%，含酸大于 80%则送往蒸馏系统处理。送完后，加盐水至液位的 35%。

（2）正常操作工艺参数　正常工况下的工艺参数如表 25-9 所示。正常工况下的分析项目如表 25-10 所示。

表 25-9　正常工况下的工艺参数

序号	名　　称	仪表信号	单位	控制指标
1	T101 压力	PIC109A/B	MPa	0.19±0.01
2	T102 压力	PIC112A/B	MPa	0.1±0.02
3	T101 底温度	TI103A	℃	77±1
4	T101 中温度	TI103B	℃	73±2
5	T101 上部液相温度	TI103C	℃	68±3
6	T101 气相温度	TI103E	℃	与上部液相温差大于 13℃
7	E102 出口温度	TIC104A/B	℃	60±2
8	T102 底温度	TI106A	℃	83±2
9	T102 温度	TI106B	℃	85～70
10	T102 温度	TI106C	℃	85～70
11	T102 温度	TI106D	℃	85～70
12	T102 温度	TI106E	℃	85～70
13	T102 温度	TI106F	℃	85～70
14	T102 温度	TI106G	℃	85～70
15	T102 气相温度	TI106H	℃	与上部液相温差大于 15℃
16	T101 液位	LIC101	%	35±15
17	T102 液位	LIC102	%	35±15
18	T101 加氮量	FIC101	m^3/h	150±50
19	T102 加氮量	FIC105	m^3/h	75±25

表 25-10 正常工况下的分析项目

序号	名 称	位号	单位	控制指标
1	T101 出料含乙酸	AIAS102	%	92～95
2	T101 出料含醛	AIAS103	%	<4
3	T102 出料含乙酸	AIAS104	%	>97
4	T102 出料含醛	AIAS107	%	<0.3
5	T101 尾气含氧	AIAS101A、B、C	%	<5
6	T102 尾气含氧	AIAS105	%	<5
7	T103 中含乙酸	AIAS106	%	<80

25.7.1.3 停车操作规程

(1) 氧化塔停车

① 关闭 T101 的进醛控制阀 FICSQ102，并逐渐减少进氧量。

② 关闭 T101 的进催化剂控制阀 FIC301。

③ 当 T101 中醛的含量 AIAS103 降至 0.1%以下时，关闭其主进氧阀 FIC114。

④ 关闭 T101 的副进氧阀 FIC113。

⑤ 关闭 T102 的进氧阀 FICSQ106。

⑥ 关闭 T102 的蒸汽控制阀 TIC107 和 V65。

⑦ 醛被氧化完后，开启 T101 塔底阀门 V16。

⑧ 开启 T102 塔底阀门 V33，逐步退料到 V102 中。

⑨ 开启氧化液中间贮罐 V102 的回料阀 V59。

⑩ 开 P102 泵。

⑪ 开阀 V58，送精馏处理。

⑫ 将 T101 的循环控制阀 FIC104 设为手动，关闭。

⑬ 关闭 T101 的泵 P101A，停循环。

⑭ 将 T101 的换热器 E102A 的冷却水控制阀 TIC104A 设为手动，关闭。

⑮ 将 T101 液位控制阀 LIC101 设为手动，关闭。

⑯ 将 T102 液位控制阀 LIC102 设为手动，关闭。

⑰ 关闭 V44。

⑱ 关闭 T102 的冷却水控制阀 TICC106 和 V61。

⑲ 关闭 T102 的冷却水控制阀 TIC105 和 V62。

⑳ 关闭 T102 的冷却水控制阀 TIC109 和 V63。

㉑ 关闭 T102 的冷却水控制阀 TIC108 和 V64。

㉒ 将 T101 的进氮气阀 FIC101 设为手动，关闭。

㉓ FIC101 未关闭。

㉔ 将 T101 压力控制阀 PIC109A 设为手动，关闭。

㉕ PIC109A 未关闭。

㉖ 将 T102 的进氮气阀 FIC105 设为手动，关闭。

㉗ FIC105 未关闭。

㉘ 将 T102 压力控制阀 PIC112A 设为手动，关闭。

㉙ PIC112A 未关闭。

㉚ 将联锁打向“BP”。

注意：随意摘除联锁会扣分。

（2）洗涤塔停车

① 关工艺水入口阀 V49。

② 关阀 V54。

③ 关阀 V55。

④ 停泵 P103A。

⑤ 开阀 V53，将洗涤液送往精馏工段。

⑥ T103 排空后，关闭阀 V50。

⑦ T103 和 V103 都排空后，关闭阀 V53。

⑧ 关闭 V47，停止碱循环。

⑨ 停 P104A 泵。

⑩ T103 中碱液全排至 V105 后，关阀 V46。

25.7.1.4 事故设置及处理

（1）T101 进醛流量降低

① 将 T101 的进醛控制阀 FICSQ102 增大至 50%以上。

② 将 FICSQ102 调至 9852kg/h，投自动。

③ 将 T101 的塔底温度 TI103A 调至 77℃。

④ 将 T101 的液位 LIC101 调至 35%。

⑤ 将 T101 的压力 PIC109A 调至 0.19MPa。

注意：T101 尾气中氧气的含量不能高于 7.5%，T102 尾气中氧气的含量不能高于 7.5%。

（2）T101 泵 P101A 坏

① 开 P101B。

② 关闭 P101A。

③ 将 T101 循环温度 TIC104A 调至 60℃。

④ 将 T101 塔釜温度 TI103A 调至 77℃。

⑤ 将 T101 循环流量 FIC104 调至 1518000kg/h。

（3）T101 顶压力升高

① 打开 T101 的塔顶压力控制阀 PIC109B。

② 将 PIC109B 投自动，设为 0.19MPa。

③ 将 PIC109A 关闭。

④ 将 T101 塔釜温度 TI103A 调至 77℃。

（4）T102 顶压力升高

① 打开 T102 的塔顶压力控制阀 PIC112B。

② 将 PIC112B 阀改为自动，设为 0.1MPa。

③ 关闭 PIC112A。

注意：控制塔顶压力不超过 0.2MPa。

（5）T101 内温度升高

① 开启 T101 的换热器 E102B 的调节阀 TIC104B

② 开阀 V23，开阀 V67，关阀 V66。

③ 将 TIC104B 设定为自动，设为 60℃。

④ 将 T101 的换热器 E102A 的调节阀 TIC104A 关闭。

注意控制以下指标：冷却器 E102 的出口温度 TIC104A/B，T101 的塔底温度 TI103A，T101 塔釜温度 TI103A 不超过 80℃。

(6) T101 氮气进量波动

① 开 FIC103，关 FIC101。

② 将 T101 的塔顶压力 PIC109 调至 0.19MPa。

③ 将 T101 塔釜温度 TI103A 调至 77℃。

注意：T101 尾气中氧气的含量不能高于 7.5%，T102 尾气中氧气的含量不能高于 7.5%。

(7) T101 塔顶管路不畅

① 打开 T101 的塔顶压力控制阀 PIC109B。

② 关闭 T101 的塔顶压力控制阀 PIC109A。

③ 将 PIC109B 投自动，设为 0.19MPa。

(8) T102 塔顶管路不畅

① 打开 T102 的塔顶压力控制阀 PIC112B。

② 关闭 T102 的塔顶压力控制阀 PIC112A。

③ 将 PIC112B 阀投自动，设为 0.1MPa。

(9) E102 结垢

① 开启 T101 的换热器 E102B 的调节阀 TIC104B

② 开阀 V23，开阀 V67，关阀 V66。

③ 将 TIC104B 设定为自动，设为 60℃。

④ 将 T101 的换热器 E102A 的调节阀 TIC104A 关闭。

注意控制以下指标：冷却器 E102 的出口温度 TIC104A/B，T101 的塔底温度 TI103A，T101 塔釜温度 TI103A 不能超过 80℃。

(10) 乙醛入口压力升高

① 将 T101 的进醛控制阀 FICSQ102 关小。

② 将 FICSQ102 投自动，设为 9852kg/h。

③ 维持醛进料量为 9852kg/h。

注意控制以下指标：T101 的塔底温度 TI103A，T101 的液位 LIC101，T101 尾气中氧气的含量不能高于 7.5%，T102 尾气中氧气的含量不能高于 7.5%，T101 塔釜温度 TI103A 不能超过 80℃。

(11) 催化剂入口压力升高

① 关小 T101 的进催化剂控制阀 FIC301，维持催化剂的用量。

② 将 FIC301 投自动，设为 1702kg/h。

(12) T102N_2 入口压力升高

① 关小 T102 的 N_2 控制阀 FIC105。

② 将 FIC105 投自动。

25.7.2 精制工段操作规程

粗产品精制工段控制的好坏直接影响产品的质量和产品收率。精馏系统的各个工艺参数之间都有着密切的关系，相互影响，因此整个系统要有良好的操作状态。要求各工艺条件在稳定的情况下运行，波动要求尽量小。在改变任何一个工艺参数时，都应稳准调节，决不能操之过急。尤其是加热蒸汽用量（或压力）和冷却水用量，决不能大开大闭，否则易造成工艺条件失常。

25.7.2.1 冷态开车操作规程

（1）换热器投入循环水

① 打开 V13 开度 50%，换热器 E203 投入循环水。

② 打开 V23 开度 50%，换热器 E205 投入循环水。

③ 打开 V32 开度 50%，换热器 E207 投入循环水。

④ 打开 V42 开度 50%，换热器 E210 投入循环水。

⑤ 打开 V53 开度 50%，换热器 E211 投入循环水。

⑥ 打开 V52 开度 50%，换热器 E212 投入循环水。

（2）E201 进酸

① 打开 FIC202 开度 10%加热蒸汽到 E201。

② E201 预热到 45℃。

③ 打开 V1 至 50%，由 V102 向氧化液蒸发器 E201 进酸。

（3）出料到高沸塔 T201

① 打开 T201 加热蒸汽 FIC203，开度为 5%。

② T201 预热到 45℃。

③ E201 液位达 30%。

④ 逐渐开大加热蒸汽 FIC202 开度至 50%，出料到高沸塔 T201。

（4）P201 泵建立回流并出料到 T202

① T201 液位达 30%，逐渐开大加热蒸汽 FIC203 到 50%。

② 打开阀 V14 至 50%。

③ 高沸塔凝液罐 V201 液位达 30%，打开 V15 至 50%，启动高沸塔回流泵 P201 建立回流。

④ 逐渐打开 FIC204 至 50%，逐渐打开 FIC205 至 50%，逐渐打开 LIC203 至 50%，向低沸塔 T202 出料。

⑤ 稳定如下控制参数：LI201 50%；LI202 50%；LI203 50%；TI201 125℃；TI2016 131℃。

⑥ 当 T201 塔釜液位超过 50%，打开 V18 至 50%，塔釜出液。

⑦ 当 V202 液位超过 50%，打开 V19 至 50%，打开泵 P202。

⑧ 打开阀 V11 至 50%。

⑨ 打开 T202 加热蒸汽 FIC206 到 10%。

⑩ T202 预热到 45℃。

（5）P203 泵建立回流并出料到 T203

① T202 液位达 30%，逐渐开大加热蒸汽 FIC206 至 50%。

② 打开阀 V24 至 50%。

③ 低沸塔凝液罐 V203 液位达 30%，打开阀 V25 至 50%，启动低沸物回流泵 P203 建立回流，逐渐打开 FIC207 至 50%。

④ 打开 T203 加热蒸汽 FIC210 至 10%，T203 预热到 45℃。

⑤ 适当向脱水塔 T203 出料，略微打开 FIC208。

⑥ 稳定如下控制参数：TI2016 131℃；TI201 125℃；LI201 50%；TI2043 131℃；LI205 50%；TI205 108℃；LI206 50%。

(6) T202 出料到成品醋酸蒸发器 E206

① 打开 E206 加热蒸汽 FIC209 至 10%，E206 预热到 45℃。

② 当 T202 塔各操作指标稳定后，打开 LIC205 向成品乙酸蒸发器 E206 出料。

③ 逐渐开大 FIC209 加热蒸汽 FIC209 至 50%。

④ 打开阀 V54 至 50%。

⑤ 乙酸储罐 V204 液位达 30%，打开 V34 至 50%，启动成品乙酸泵 P204 建立 E206 喷淋，逐渐打开 FIC214 至 50%。

⑥ 产品合格后向罐区出料，打开 LIC207。

⑦ 打开 V37。

⑧ 稳定如下控制参数：LI212 50%；LI207 50%；TI207 120℃。

(7) 回流泵 P205 建立全回流

① T203 液位达 30%，逐渐开大加热蒸汽 FIC210 至 50%。

② 打开阀 V43 至 50%。

③ 脱水塔凝液罐 V205 液位达 30%，打开 V44 至 50%，启动脱水塔回流泵 P205 全回流操作，逐渐打开 LIC210 至 50%。

④ 逐渐打开 FIC211 至 50%。

⑤ 当 T203 塔釜液位超过 50%，逐渐打开 LIC208 至 50%，塔釜出料。

⑥ 当 V209 液位超过 50%时，打开 V51 至 50%，打开泵 P209，打开 FIC201 至 50%。

⑦ 打开 V4 至 50%，打开泵 P303，打开 FIC215 至 50%。

⑧ 打开 TIC212 至 50%，侧采向 V206 进料，当 V206 液位超过 50%，打开 V49 至 50%，打开 P206 泵。

⑨ 稳定如下控制参数：LI208 50%；LI210 50%；TI2073 130℃。

25.7.2.2 正常操作要点及控制指标

(1) 正常操作要点

① 粗醋酸蒸发器 E201。

- 蒸发器温度控制为 (122±3)℃。
- 釜液位控制为 50%通过调节蒸汽加入量来控制。
- 喷淋量控制为 1000kg/h。

② 高沸塔 T201。

- 釜温控制为 (131±3)℃，通过调节加入蒸汽量，排放釜料量等来实现。
- 釜液位控制为 50%，通过调节加入蒸汽量来控制。

● 塔顶温度控制为（115±3)℃，通过调节回流量来控制；回流比一般为 1∶1；回流罐液位控制为 50%；回流液温度一般为 70℃。

③ 低沸塔 T202。

● 釜温控制为（131±2)℃，通过调节加热蒸汽量等来控制。

● 顶温控制为（109±2)℃，通过调节回流量来控制。回流比一般为 15∶1。回流液温度一般为 70℃。

● 釜液位控制为 50%，通过调节加热蒸汽量，底出料量等来控制。

④ 成品乙酸蒸发器 E206。

● 蒸发器温度控制为（120±3)℃。

● 釜液位控制为 50%，通过调节加热蒸汽和进料量来控制。

● 喷淋量控制为 1550kg/h。

⑤ 脱水塔 T203。

● 釜温控制为（130±2)℃，通过调节加热蒸汽量等来实现。

● 顶温控制为（95±2)℃，通过调节出料量等实现，回流比 20∶1。回流罐液位控制为 50%。

● 釜液位控制为 50%，通过调节加入蒸汽量和调节出料量等来实现。

● 侧线采出根据温度及分析结果来决定采出量。

（2）正常工况下的分析项目

正常工况下的分析项目如表 25-11 所示。

表 25-11　正常工况下的分析项目

序号	名　　称	单　位	控制指标
1	P209 回收乙酸	%	＞98.5
2	T203 侧采含乙酸	%	50～70
3	T204 顶采出料含乙醛	%	12.75
4	T204 顶采出料含乙酸甲酯	%	86.21
5	成品乙酸 P204 出口含乙酸	%	＞99.5

25.7.2.3　精制单元停车操作规程

（1）过程一

① E201 液位降至 20%。

② 关闭 E201 蒸汽，关闭 FIC202。

③ T201 液位降至 20%。

④ 关闭 T201 蒸汽，关闭 FIC203。

⑤ 关 T201 回流泵的出口阀 FIC204。

⑥ V201 内物料全部打入 T202。

⑦ 将 V201 内物料全部打入 T202 后停 P201 泵。

⑧ 关 T201 回流泵的进口阀 V15。

⑨ 将 E201 内物料由 P202 泵全部送往 T205 内。

⑩ 将 T201 内物料由 P202 泵全部送往 T205 内。

⑪ 将 V202 内物料由 P202 泵全部送往 T205 内。

⑫ 关闭 T201 底排 V18。

（2）过程二

① 待物料蒸干后，停 T202 加热蒸汽 FIC206。

② 关闭 LIC205。

③ 关闭 T202 回流 FIC207。

④ 停 E206 喷淋 FIC214。

⑤ 将 V203 内物料全部打入 T203 塔。

⑥ 停 P203 泵。

（3）过程三

① 将 E206 蒸干。

② 停 E206 加热蒸汽 FIC209。

③ 将 V204 内成品酸全部打入 V402。

④ 停 P204 泵。

⑤ 关闭阀门 V34。

⑥ 关闭 LIC207。

（4）过程四

① 停 T203 加热蒸汽 FIC210。

② 关 T203 回流 LIC210。

③ 将 V205 内物料全部打入 T204 塔。

④ 停 P205 泵。

⑤ 将 V206 内混酸全部打入 V405。

⑥ 停 P206 泵。

⑦ T203 塔内物料由再沸器倒淋装桶。

蒸馏系统的物料全部退出后，用氮气吹扫，进行水蒸馏（仿真未体现）。

思　考　题

1. 如何控制第一氧化塔的反应温度？控制指标如何？
2. 为什么要密切注意氧化塔塔顶尾气中的氧含量？氧化塔塔顶尾气中的氧含量最高不能超过多少？
3. 乙酸正常生产过程中，通入第一氧化塔的物料有哪些？
4. 氧化工段的主要设备有哪些？
5. T101 塔进醛流量计严重波动是何原因？可能引发的后果如何？如何排除？
6. T101 塔或 T102 塔尾气含 O_2 量超限是何原因？如何排除？
7. 试分析乙醛氧化生产乙酸氧化过程中存在的不安全因素以及生产中所采取的安全措施。
8. 乙醛氧化制乙酸生产过程中应注意控制哪些指标？
9. 生产过程中为何要配制碱液？
10. 生产过程中如果突然停氮气应如何处理？
11. 精制工段的主要设备有哪些？
12. 生产过程中，如乙酸质量不合格应如何处理？

26

鲁奇甲醇合成生产工艺

26.1 实训目的

通过鲁奇甲醇合成生产工艺仿真，学生能够：

① 理解鲁奇甲醇合成工艺的工艺原理和工艺流程；

② 掌握该系统的工艺参数调节及控制方法；

③ 能熟练进行鲁奇甲醇合成工段及精制工段的冷态开车操作，正常停车操作，能对正常工况的维护，能正确分析并排除操作过程中出现的典型事故。

26.2 工艺原理

采用一氧化碳、二氧化碳加压催化氢化法合成甲醇，在合成塔内主要发生的反应式

$$CO_2+3H_2 \rightleftharpoons CH_3OH+H_2O \quad \Delta H=-49kJ/mol$$

$$CO+H_2O \rightleftharpoons CO_2+H_2 \quad \Delta H=-41kJ/mol$$

两式反应的总反应式为

$$CO+2H_2 \rightleftharpoons CH_3OH \qquad \Delta H=-90kJ/mol$$

26.1 动画
固定床反应器
结构展示

26.2 动画
固定床反应器
原理展示

甲醇的合成是在高温、高压、催化剂存在下进行的，是典型的复合气-固相催化反应过程。随着甲醇合成催化剂技术的不断发展，目前总的趋势是由高压向低、中压发展。

26.3 工艺流程

26.3.1 合成工段流程

甲醇合成装置仿真系统的设备包括蒸汽透平（K601）、循环气压缩机（C601）、甲醇分离器（V602）、精制水预热器（E602）、中间换热器（E601）、最终冷却器（E603）、甲醇合成塔（R601）、蒸汽包（F601）以及开工喷射器（X601）等。甲醇合成是强放热反应，进入催化剂层的合成原料气需先加热到反应温度（>210℃）才能反应，而低压甲醇合成催化剂（铜基催化剂）又易过热失活（>280℃），因此必须将甲醇合成反应热及时移走。本反应系统将原料气加热和反应过程中的移热结合，反应器和换热器结合连续移热，同时达到缩小设备体积和减少催化剂层温差的作用。低压合成甲醇的理想合成压力为4.8～5.5MPa，在本仿真中，假定压力低于3.5MPa时反应即停止。

从上游低温甲醇洗工段来的合成气通过蒸汽驱动透平带动压缩机运转，提供循环气连续运转的动力，并同时向循环系统中补充 H_2 和混合气（$CO+H_2$），使合成反应能够连续进行。反应放出的大量热通过蒸汽包F601移走，合成塔入口气在中间换热器E601中被合成塔出口气预热至46℃后进入合成塔R601，合成塔出口气由255℃依次经中间换热器E601、精制水预热器E602、最终冷却器E603换热至40℃，与补加的 H_2 混合后进入甲醇分离器V602，分离出的粗甲醇送往精馏系统进行精制，气相的一小部分送往火炬，气相的大部分作为循环气被送往压缩机C601，被压缩的循环气与补加的混合气混合后经E601进入反应器R601。

合成甲醇流程控制的重点是反应器的温度、系统压力以及合成原料气在反应器入口处各组分的含量。

反应器的温度主要是通过汽包来调节。如果反应器的温度较高并且升温速度较快，这时应将汽包蒸汽出口开大，增加蒸汽采出量，同时降低汽包压力，使反应器温度降低或温升速度变小；如果反应器的温度较低并且升温速度较慢，这时应将汽包蒸汽出口关小，减少蒸汽采出量，慢慢升高汽包压力，使反应器温度升高或温降速度变小；如果反应器温度仍然偏低或温降速度较大，可通过开启开工喷射器X601来调节。

系统压力主要靠混合气入口量FIC6001、H_2 入口量FIC6002、放空量FIC6004以及甲醇在分离罐中的冷凝量来控制。在原料气进入反应塔前有一安全阀，当系统压力高于5.7MPa时，安全阀会自动打开，当系统压力降回5.7MPa以下时，安全阀自动关闭，从而保证系统压力不至过高。

合成原料气在反应器入口处各组分的含量通过混合气入口量FIC6001、H_2 入口量FIC6002以及循环量来控制。冷态开车时，由于循环气的组成没有达到稳态时的循环气组成，需要慢慢调节才能达到稳态时的循环气的组成。调节组成的方法是：

① 如果增加循环气中 H_2 的含量，应开大FIC6002、增大循环量并减小FIC6001，经过一段时间后，循环气中 H_2 含量会明显增大；

② 如果减小循环气中 H_2 的含量，应关小FIC6002、减小循环量并增大FIC6001，经过一段时间后，循环气中 H_2 含量会明显减小；

③ 如果增加反应塔入口气中 H_2 的含量，应关小FIC6002并增加循环量，经过一段时间后，入口气中 H_2 含量会明显增大；

④ 如果降低反应塔入口气中 H_2 的含量，应开大 FIC6002 并减小循环量，经过一段时间后，入口气中 H_2 含量会明显增大。

循环量主要是通过透平来调节。由于循环气组分多，所以调节起来难度较大，不可能一蹴而就，需要一个缓慢的调节过程。调平衡的方法是：通过调节循环气量和混合气入口量使反应入口气中 H_2/CO（体积比）在 7～8，同时通过调节 FIC6002，使循环气中 H_2 的含量尽量保持在 79%左右，同时逐渐增加入口气的量直至正常（FIC6001 的正常量为 14877m^3/h，FIC6002 的正常量为 13804m^3/h），达到正常后，新鲜气中 H_2 与 CO 之比（FFI6002）在 2.05～2.15。

26.3.2 精制工段流程

软件是根据甘肃某化工厂甲醇生产项目开发的，本工段采用四塔（3+1）精馏工艺，包括预塔、加压塔、常压塔及甲醇回收塔。预塔的主要目的是除去粗甲醇中溶解的气体（如 CO_2、CO、H_2 等）及低沸点组分（如二甲醚、甲酸甲酯），加压塔及常压塔的目的是除去水及高沸点杂质（如异丁基油），同时获得高纯度的优质甲醇产品。另外，为了减少废水中甲醇的含量，增设甲醇回收塔，进一步回收甲醇。

从甲醇合成工段来的粗甲醇进入粗甲醇预热器（E701）与预塔再沸器（E702）、加压塔再沸器（E706B），和回收塔再沸器（E714）来的冷凝水进行换热后进入预塔（T701），经 T701 分离后，塔顶气相为二甲醚、甲酸甲酯、二氧化碳、甲醇等蒸气。经二级冷凝后，不凝气通过火炬排放，冷凝液中补充脱盐水返回 T701 作为回流液，塔釜为甲醇水溶液，经 P703 增压后用加压塔（T702）塔釜出料液在 E705 中进行预热，然后进入 T702。

经 T702 分离后，塔顶气相为甲醇蒸气，与常压塔（T703）塔釜液换热后部分返回 T702 打回流，部分采出作为精甲醇产品，经 E707 冷却后送中间罐区产品罐，塔釜出料液在 E705 中与进料换热后作为 E703 塔的进料。

在 T703 中甲醇与轻重组分以及水得以彻底分离，塔顶气相为含微量不凝气的甲醇蒸气，经冷凝后，不凝气通过火炬排放，冷凝液部分返回 T703 打回流，部分采出作为精甲醇产品，经 E710 冷却后送中间罐区产品罐，塔下部侧线采出杂醇油作为回收塔（T704）的进料。塔釜出料液为含微量甲醇的水，经 P709 增压后送污水处理厂。

经 T704 分离后，塔顶产品为精甲醇，经 E715 冷却后部分返回 T704 回流，部分送精甲醇罐，塔中部侧线采出异丁基油送中间罐区副产品罐，底部的少量废水与 T703 塔底废水合并。

26.4 主要设备

甲醇合成工段主要设备见表 26-1，甲醇精制工段主要设备见表 26-2。

表 26-1 甲醇合成工段主要设备

设备位号	设备名称	设备位号	设备名称
K601	蒸汽透平	C601	循环压缩机
V601	废热锅炉	V602	甲醇分离器
E601	中间换热器	E602	精制水预热器
E603	最终冷却器	R601	甲醇合成塔
X601	开工喷射器		

表 26-2 甲醇精制工段主要设备

设备位号	设备名称	设备位号	设备名称
V702	碱液储罐	P701	注碱泵
E701	粗甲醇预热器	E702	预塔再沸器
T701	预塔	E703	预塔一级冷凝器
P702	预塔回流泵	V703	预塔回流罐
E704	预塔二级冷凝器	P703	预塔塔底泵
V709	转化气分离器	T702	加压塔
E705	加压塔预热器	E706A	加压塔蒸汽再沸器
E706B	加压塔转化气再沸器	E707	精甲醇冷凝器
E708	冷凝再沸器	T703	常压塔
V705	加压塔回流罐	P704	加压塔回流泵
E713	加压塔二级冷凝器	E709	常压塔顶冷凝器
V706	常压塔顶回流罐	P705	常压塔顶回流泵
E714	回收塔底再沸器	T704	回收塔
E715	回收塔冷凝器	V707	回收塔回流罐
P711	回收塔回流泵	V708	回收塔产品分液罐

26.5 调节器、显示仪表及现场阀说明

26.5.1 调节器

合成工段调节器见表 26-3，精制工段调节器见表 26-4。

表 26-3 合成工段调节器

位号	正常值	单位	说明
FIC6101		m^3/h	压缩机 C601 防喘振流量控制
FIC6001	14877	m^3/h	H_2、CO 混合气进料控制
FIC6002	13804	m^3/h	H_2 进料控制
PIC6004	4.9	MPa	循环气压力控制
PIC6005	4.3	MPa	汽包 F601 压力控制
LIC6001	50	%	分离罐 V602 液位控制
LIC6003	50	%	汽包 F601 液位控制
SIC6202	50	%	透平 K601 蒸汽进量控制

表 26-4 精制工段调节器

位号	正常值	单位	说明
FIC7002	35176	kg/h	T701 塔釜采出量控制
FIC7004	16690	kg/h	T701 塔顶回流量控制
FIC7005	11200	kg/h	T701 加热蒸汽量控制
TIC7001	72	℃	T701 进料温度控制
PIC7003	0.03	MPa	T701 塔顶气相压力控制
LIC7005	50	%	V703 液位控制
LIC7001	50	%	T701 塔釜液位控制
FIC7007	22747	kg/h	T702 塔釜采出量控制
FIC7013	37413	kg/h	T702 塔顶回流量控制
FIC7014	15000	kg/h	E706B 蒸汽流量控制
TIC7027	134.8	℃	T702 塔釜温度控制
PIC7007	0.65	MPa	T702 塔顶气相压力控制
LIC7014	50	%	V705 液位控制

续表

位号	正常值	单位	说明
LIC7011	50	%	T702 塔釜液位控制
FIC7022	27621	kg/h	T703 塔顶回流量控制
FIC7023	658	kg/h	T703 侧线采出异丁基油量控制
LIC7024	50	%	V706 液位控制
LIC7021	50	%	T703 塔釜液位控制
FIC7032	1188	kg/h	T704 塔顶回流量控制
FIC7036	135	kg/h	T704 塔顶采出量
FIC7034	175	kg/h	T704 侧线采出异丁基油量控制
FIC7031	700	kg/h	E714 蒸汽流量控制
FIC7035	347	kg/h	T704 塔釜采出量控制
LIC7016	50	%	V707 液位控制
LIC7031	50	%	T704 塔釜液位控制

26.5.2 显示仪表

合成工段显示仪表见表 26-5，精制工段显示仪表见表 26-6。

表 26-5 合成工段显示仪表

位号	正常值	单位	说明
PI6201	3.9	MPa	蒸汽透平 K601 蒸汽压力
PI6202	0.5	MPa	蒸汽透平 K601 进口压力
PI6205	3.8	MPa	蒸汽透平 K601 出口压力
TI6201	270	℃	蒸汽透平 K601 进口温度
TI6202	170	℃	蒸汽透平 K601 出口温度
SI6201	13700	r/min	蒸汽透平转速
PI6101	4.9	MPa	循环压缩机 C601 入口压力
PI6102	5.7	MPa	循环压缩机 C601 出口压力
TI6101	40	℃	循环压缩机 C601 进口温度
TI6102	44	℃	循环压缩机 C601 出口温度
PI6001	5.2	MPa	合成塔 R601 入口压力
PI6003	5.05	MPa	合成塔 R601 出口压力
TI6001	224	℃	合成塔 R601 进口温度
TI6003	255	℃	合成塔 R601 出口温度
TI6006	255	℃	合成塔 R601 温度
TI6001	90	℃	中间换热器 E601 热物流出口温度
TI6004	40	℃	分离罐 V602 进口温度
FI6006	13904	kg/h	粗甲醇采出量
FI6005	5.5	t/h	汽包 F601 蒸汽采出量
TI6005	250	℃	汽包 F601 温度
PDI6002	0.15	MPa	合成塔 R601 进出口压差
AI6011	3.5	%	循环气中 CO_2 的含量
AI6012	6.29	%	循环气中 CO 的含量
AI6013	79.31	%	循环气中 H_2 的含量
TI6002	270	℃	喷射器 X601 入口温度
TI6003	104	℃	汽包 F601 入口锅炉水温度
LI6001	50	%	分离罐 V602 现场液位显示
FFI6001	1.07		H_2 与混合气流量比
FFI6002	2.05～2.15		新鲜气中 H_2 与 CO 比

表 26-6 精制工段显示仪表

位号	正常值	单位	说明
FI7001	33201	kg/h	T701 进料量
FI7003	2300	kg/h	T701 脱盐水流量
TI7075	95	℃	E701 热侧出口温度
TI7002	73.9	℃	T701 塔顶温度
TI7003	75.5	℃	T701 Ⅰ与Ⅱ填料间温度
TI7004	76	℃	T701 Ⅱ与Ⅲ填料间温度
TI7005	77.4	℃	T701 塔釜温度控制
TI7007	70	℃	E703 出料温度
TI7010	68.2	℃	T701 回流液温度
PI7001	0.03	MPa	T701 塔顶压力
PI7002	0.038	MPa	T701 塔釜压力
PI7004	1.27	MPa	P703A/B 出口压力
PI7010	0.49	MPa	P702A/B 出口压力
FI7011	12430	kg/h	T702 塔顶采出量
TI7021	116.2	℃	T702 进料温度
TI7022	128.1	℃	T702 塔顶温度
TI7023	128.2	℃	T702 Ⅰ与Ⅱ填料间温度
TI7024	128.4	℃	T702 Ⅱ与Ⅲ填料间温度
TI7025	128.6	℃	T702 Ⅱ与Ⅲ填料间温度
TI7026	132	℃	T702 Ⅱ与Ⅲ填料间温度
TI7051	127	℃	E713 热侧出口温度
TI7032	125	℃	T702 回流液温度
TI7029	40	℃	E707 热侧出口温度
PI7005	0.70	MPa	T702 塔顶压力
PI7011	1.18	MPa	P704A/B 出口压力
PI7006	0.71	MPa	T702 塔釜压力
FI7021	13950	kg/h	T703 塔顶采出量
TI7041	66.6	℃	T703 塔顶温度
TI7042	67	℃	T703 Ⅰ与Ⅱ填料间温度
TI7043	67.7	℃	T703 Ⅱ与Ⅲ填料间温度
TI7044	68.3	℃	T703 Ⅲ与Ⅳ填料间温度
TI7045	69.1	℃	T703 Ⅳ与Ⅴ填料间温度
TI7046	73.3	℃	T703 Ⅴ填料与塔盘间温度
TI7047	107	℃	T703 塔釜温度控制
TI7048	50	℃	T703 回流液温度
TI7049	52	℃	E709 热侧出口温度
TI7052	40	℃	E710 热侧出口温度
TI7053	66.6	℃	E709 入口温度
PI7008	0.01	MPa	T703 塔顶压力
PI7024	0.01	MPa	V706 平衡管线压力
PI7012	0.64	MPa	P705A/B 出口压力
PI7013	0.54	MPa	P706A/B 出口压力

续表

位号	正常值	单位	说明
PI7020	0.32	MPa	P709A/B出口压力
PI7009	0.03	MPa	T703塔釜压力
TI7061	87.6	℃	T704进料温度
TI7062	66.6	℃	T704塔顶温度
TI7063	67.4	℃	T704Ⅰ与Ⅱ填料间温度
TI7064	68.8	℃	T704第Ⅱ层填料与塔盘间温度
TI7056	89	℃	T704第14与15间温度
TI7055	95	℃	T704第10与11间温度
TI7054	106	℃	T704塔盘6、7间温度
TI7065	107	℃	T704塔釜温度控制
TI7066	45	℃	T704回流液温度
TI7072	47	℃	E715壳程出口温度
PI7021	0.01	MPa	T704塔顶压力
PI7033	0.44	MPa	P711A/B出口压力
PI7022	0.03	MPa	T704塔釜压力

26.5.3 现场阀

合成工段现场阀见表26-7。

表26-7 合成工段现场阀

位号	说明	位号	说明
VD6001	FIC6001前阀	VD6002	FIC6001后阀
VD6003	PIC6004前阀	VD6004	PIC6004后阀
VD6005	LIC6001前阀	VD6006	LIC6002后阀
VD6007	PIC6005前阀	VD6008	PIC6005后阀
VD6009	LIC6003前阀	VD6010	LIC6003后阀
VD6011	压缩机前阀	VD6012	压缩机后阀
VD6013	透平蒸汽入口前阀	VD6014	透平蒸汽入口后阀
V6001	FIC6001副线阀	V6002	PIC6004副线阀
V6003	LIC6001副线阀	V6004	PIC6005副线阀
V6005	LIC6003副线阀	V6006	开工喷射器蒸汽入口阀
V6007	FIC6002副线阀	V6008	低压N_2入口阀
V6009	E602冷物流入口阀	V6010	E603冷物流入口阀
V6011	E603冷物流入口阀	V6012	R601排污阀
V6014	R601排污阀	V6015	C601开关阀
SP6001	K601入口蒸汽电磁阀	SV6001	R601入口气安全阀
SV6002	F601安全阀		

26.6 流程图画面

流程图画面见图26-1～图26-13。

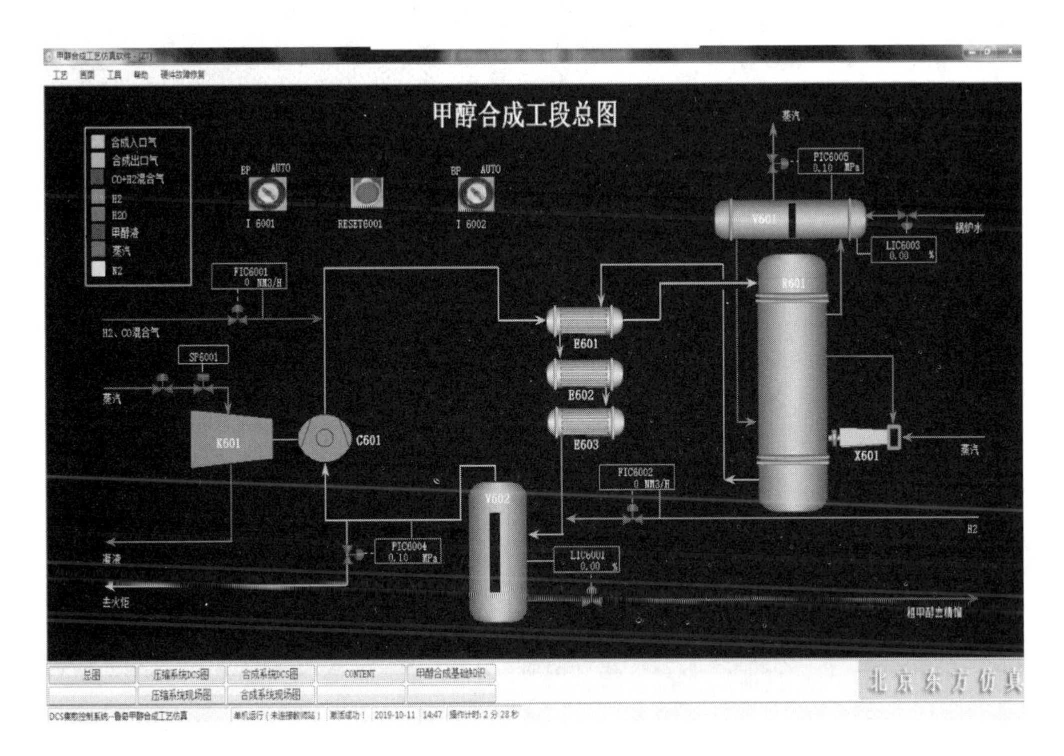

图 26-1 甲醇合成工段总图

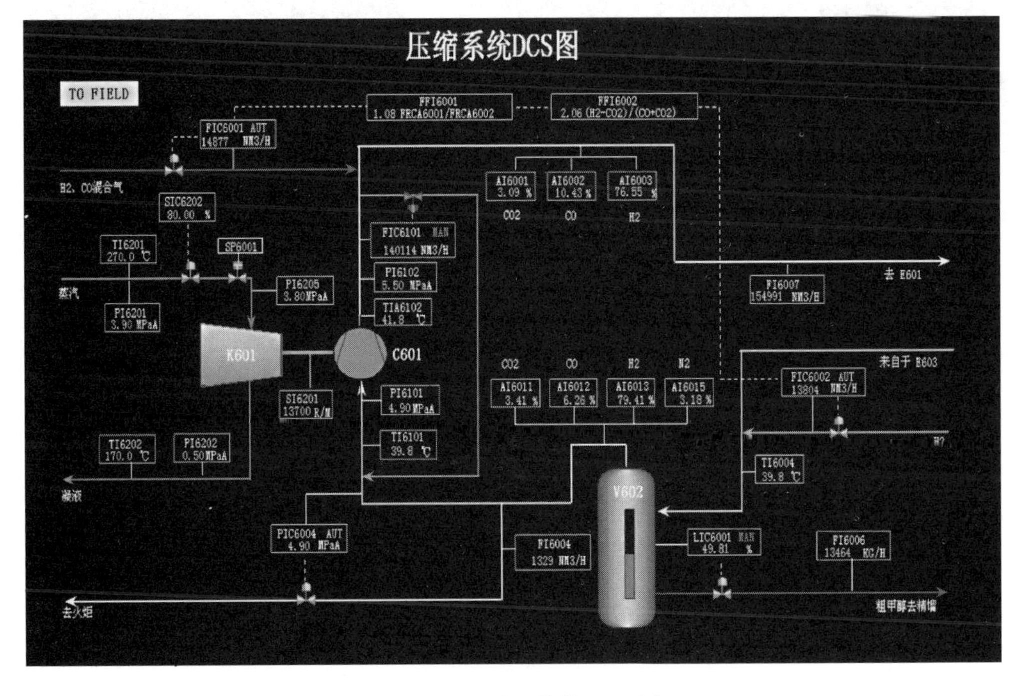

图 26-2 压缩系统仿 DCS 图

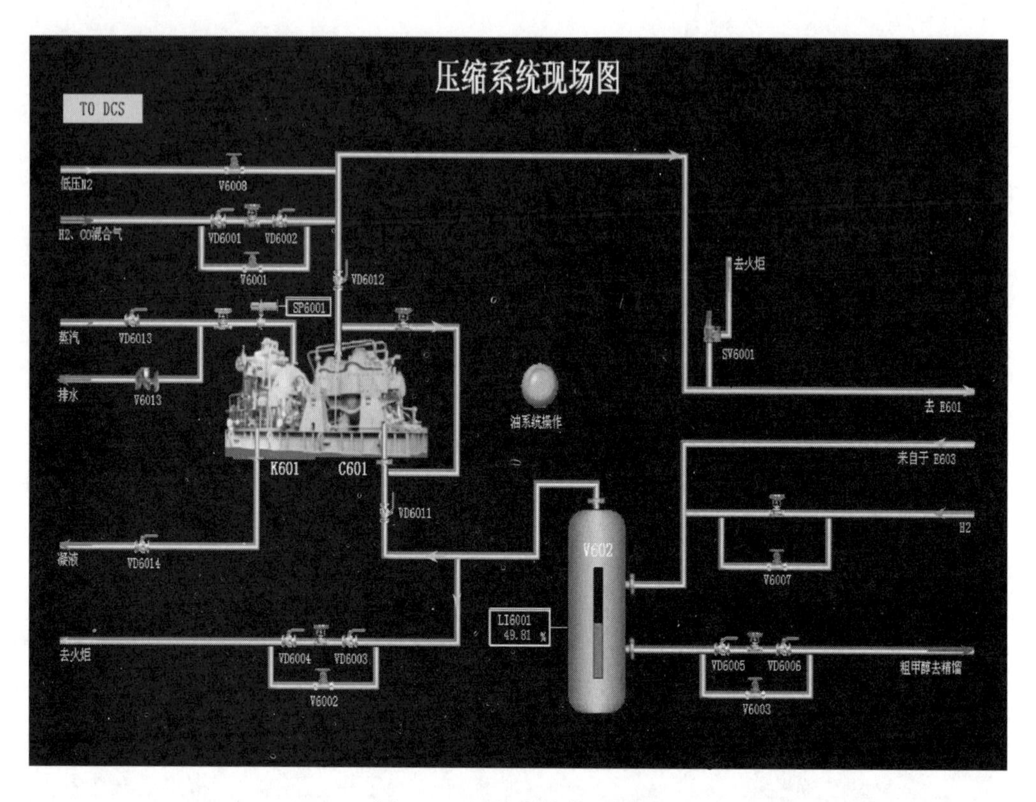

图 26-3　压缩系统仿现场图

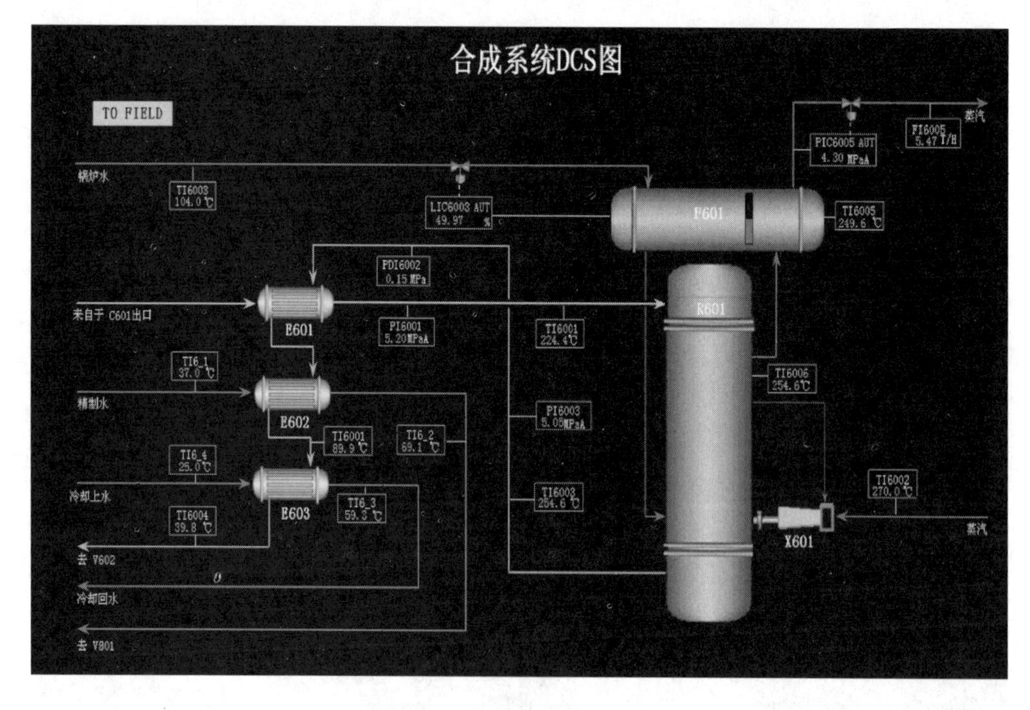

图 26-4　合成系统仿 DCS 图

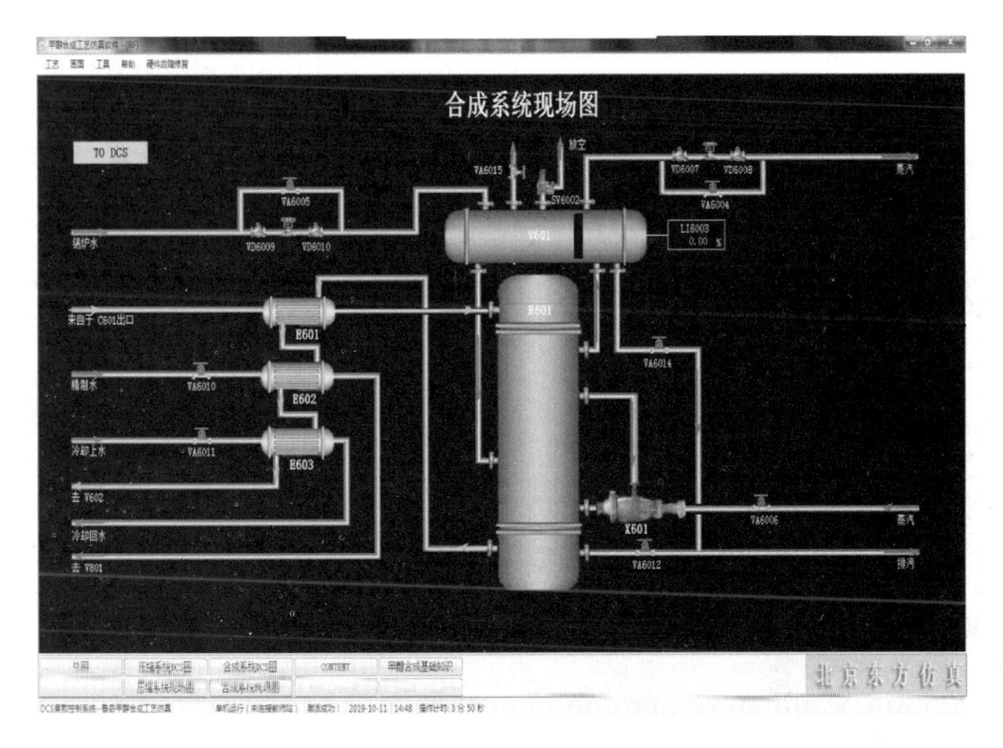

图 26-5　合成系统仿现场图

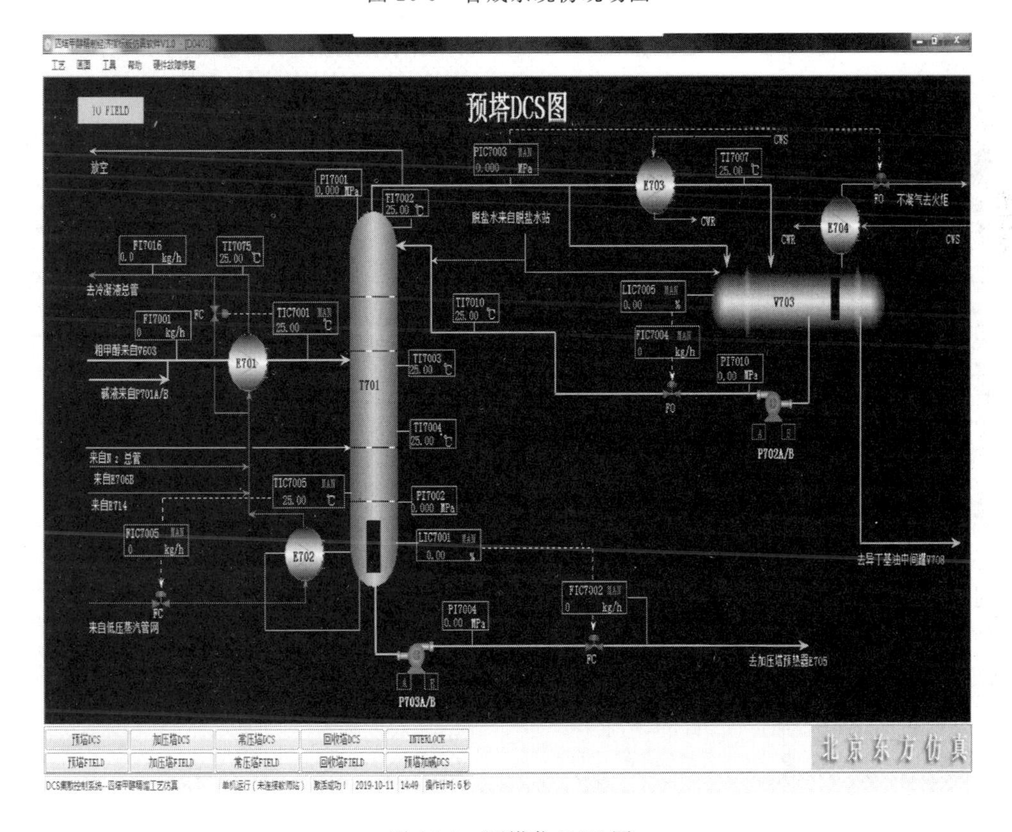

图 26-6　预塔仿 DCS 图

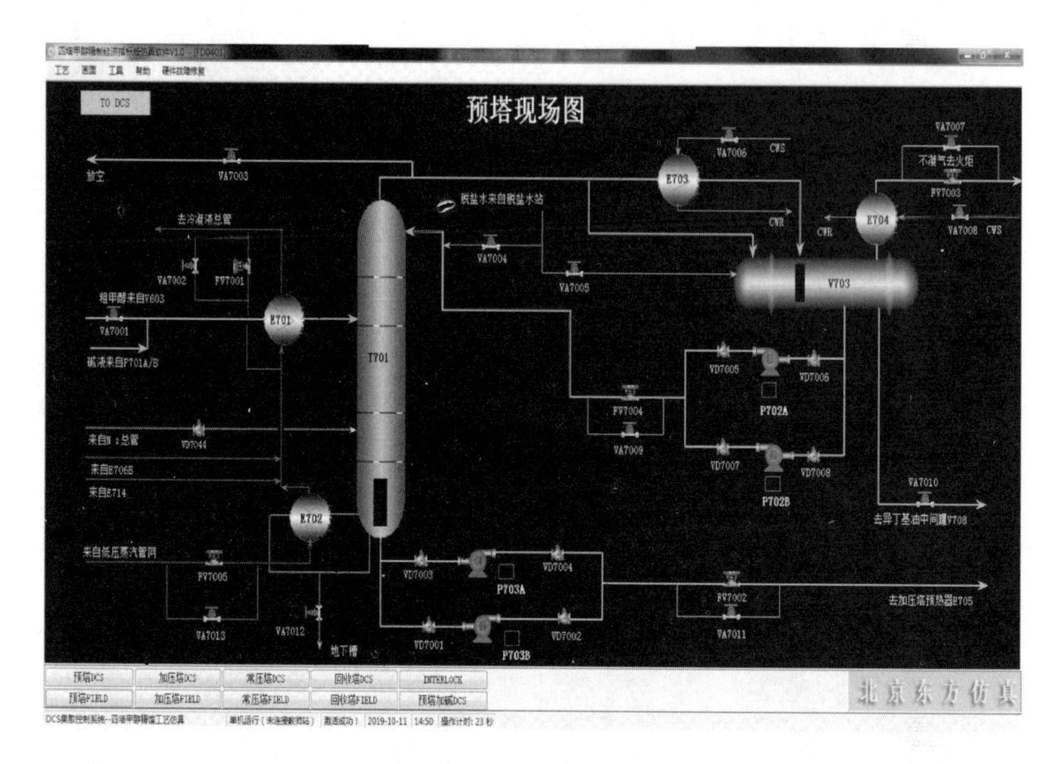

图 26-7　预塔仿现场图

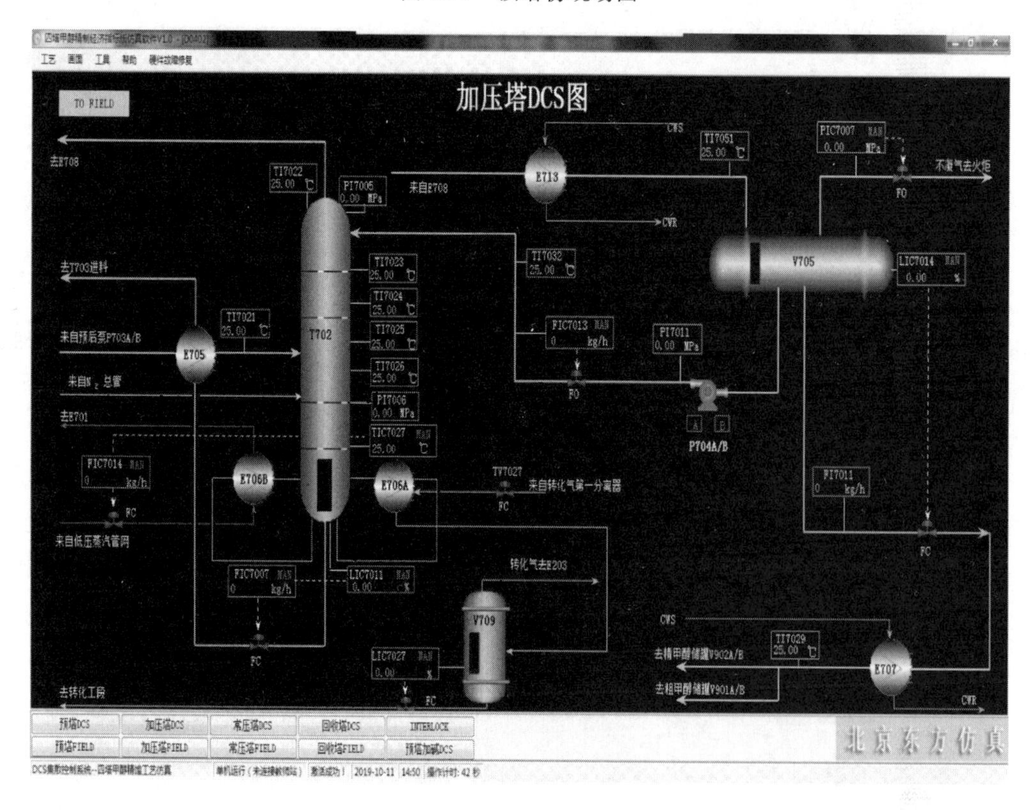

图 26-8　加压塔仿 DCS 图

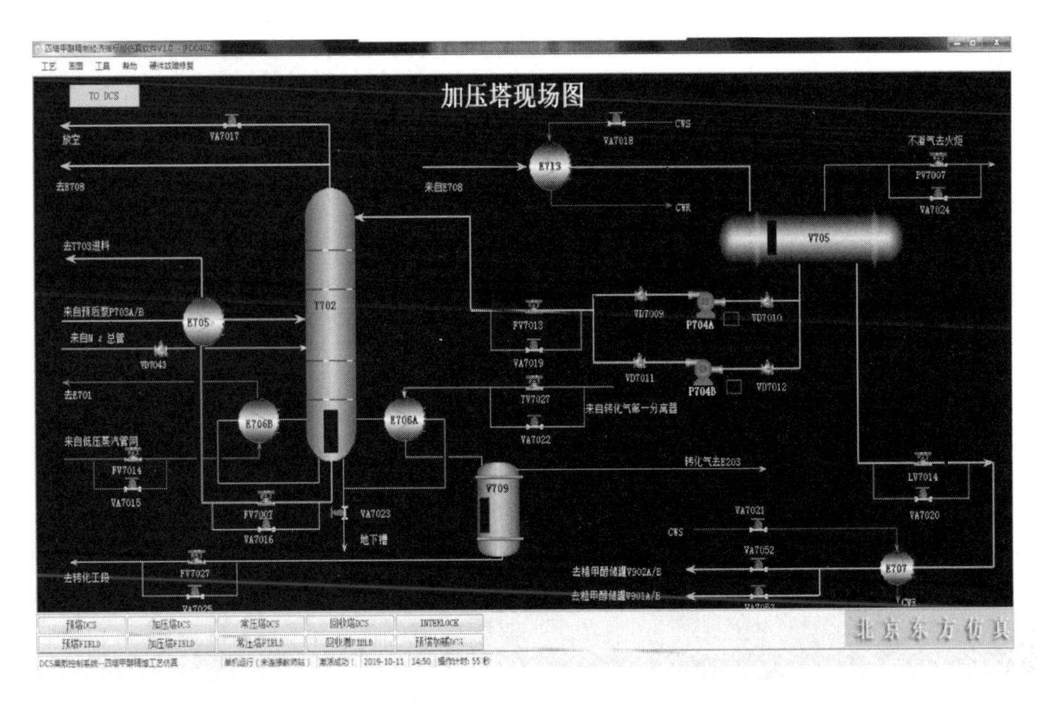

图 26-9　加压塔仿现场图

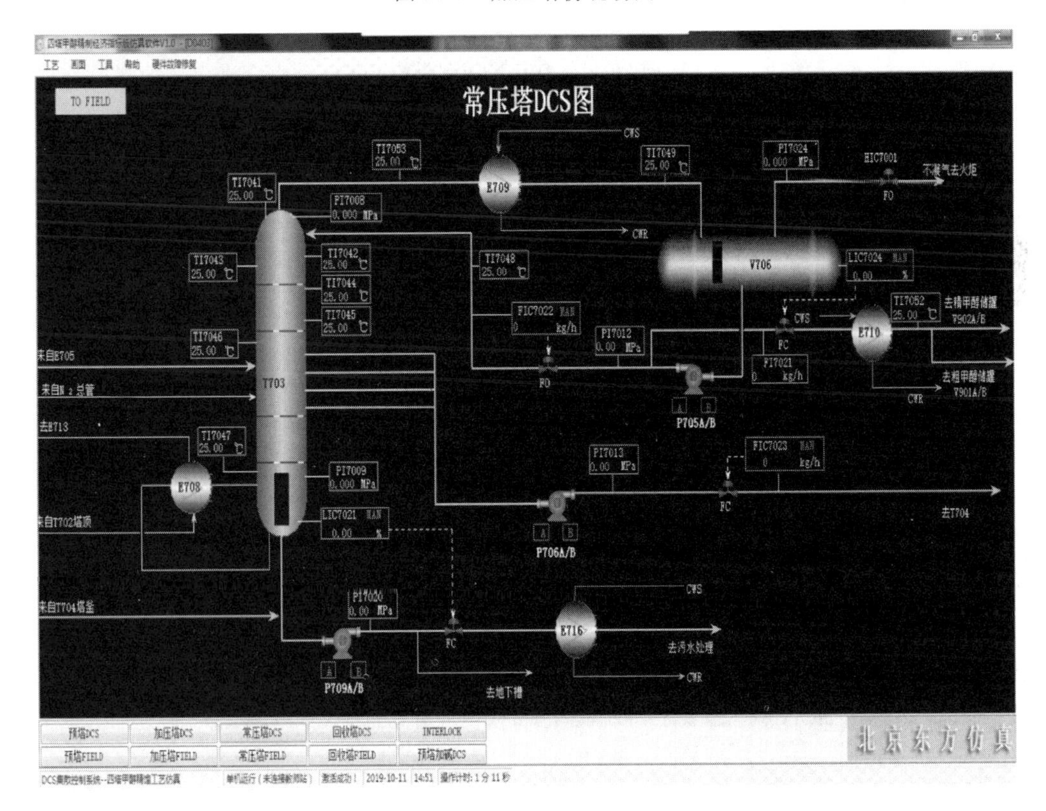

图 26-10　常压塔仿 DCS 图

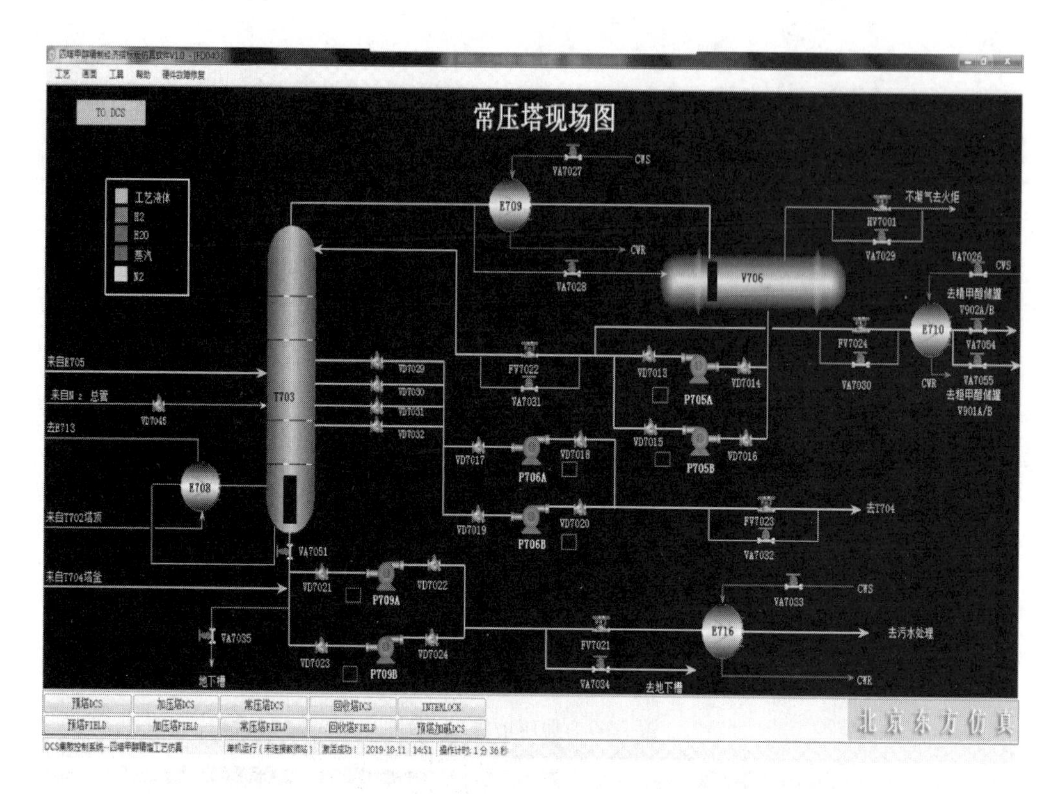

图 26-11 常压塔仿现场图

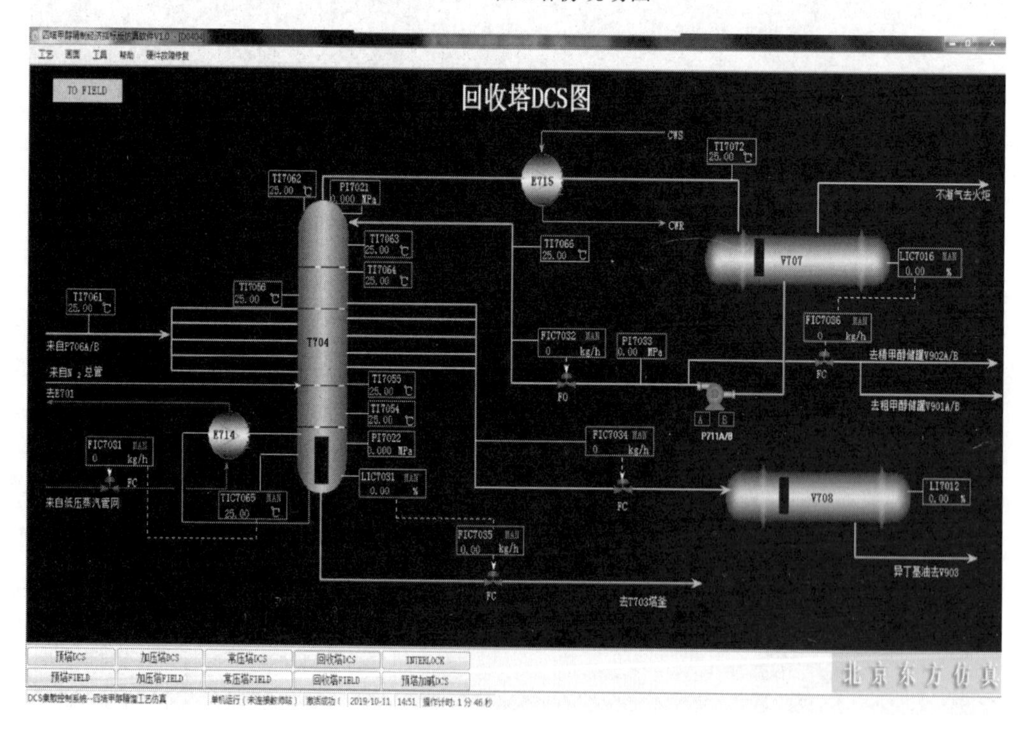

图 26-12 回收塔仿 DCS 图

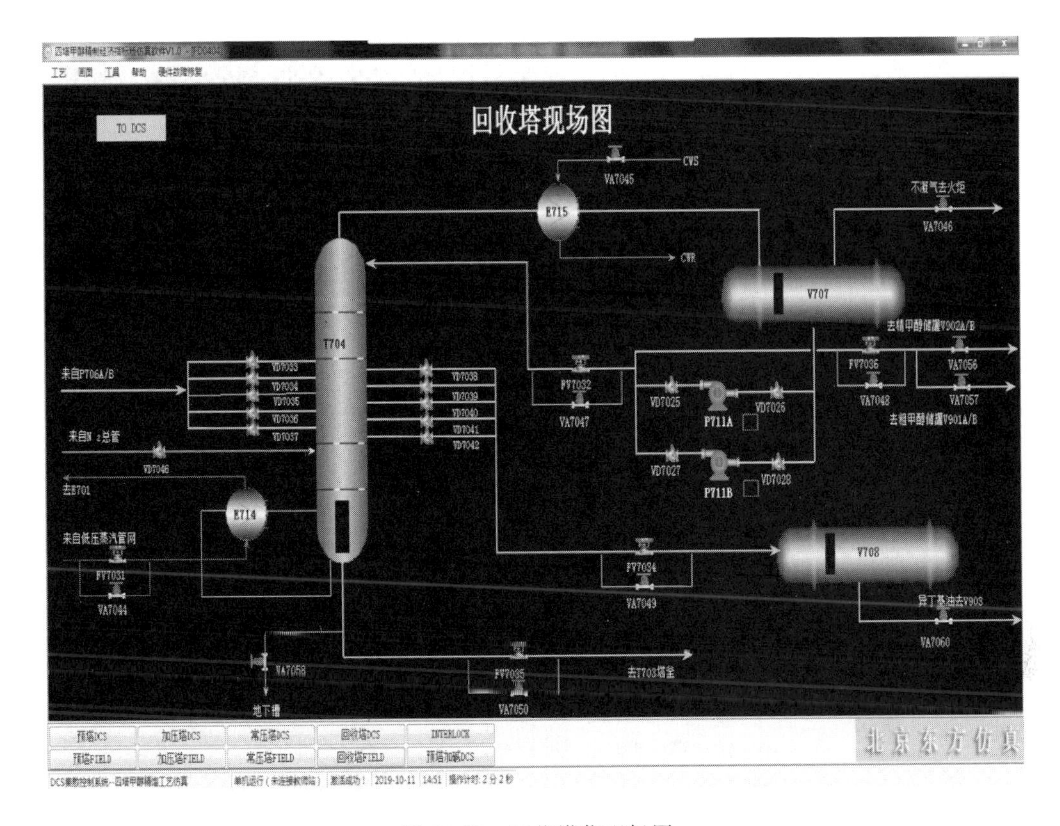

图 26-13 回收塔仿现场图

26.7 操作规程

26.7.1 合成工段操作规程

26.7.1.1 冷态开车

(1) 开工具备的条件

① 与开工有关的修建项目全部完成并验收合格。

② 设备、仪表及流程符合要求。

③ 水、电、汽、风及化验能满足装置要求。

④ 安全设施完善，排污管道具备投用条件，操作环境及设备要清洁整齐卫生。

(2) 开工前的准备

① 仪表空气、中压蒸汽、锅炉给水、冷却水及脱盐水均已引入界区内备用。

② 盛装开工废甲醇的废油桶已准备好。

③ 仪表校正完毕。

④ 催化剂还原彻底。

⑤ 粗甲醇贮槽皆处于备用状态，全系统在催化剂升温还原过程中出现的问题都已解决。

⑥ 净化运行正常，新鲜气质量符合要求，总负荷≥30%。

⑦ 压缩机运行正常，新鲜气随时可导入系统。

⑧ 本系统所有仪表再次校验，调试运行正常。

⑨ 精馏工段已具备接收粗甲醇的条件。

⑩ 总控、现场照明良好，操作工具、安全工具、交接班记录、生产报表、操作规程、工艺指标齐备，防毒面具、消防器材按规定配好。

⑪ 微机运行良好，各参数已调试完毕。

（3）系统置换

① 确认 V602 液位调节阀 LIC6001 的前阀 VD6005 关闭。

② 确认 V602 液位调节阀 LIC6001 的后阀 VD6006 关闭。

③ 确认 V602 液位调节阀 LIC6001 的旁路阀 VA6003 关闭。

④ 缓慢开启低压 N_2 入口阀 VA6008。

⑤ 开启 PIC6004 前阀 VD6003。

⑥ 开启 PIC6004 后阀 VD6004。

⑦ 开启 PIC6004。

⑧ 当 PI6001 接近 0.5MPa，系统中含氧量降至 0.25%以下时，关闭 VA6008。

⑨ 关闭 PIC6004，进行 N_2 保压。

⑩ 系统压力 PI6001 维持 0.5MPa 保压。

⑪ 将系统中含氧量稀释至 0.25%以下。

（4）建立氮气循环

① 开 VA6010，投用换热器 E602。

② 开 VA6011，投用换热器 E603，使 TI6004 不超过 60℃。

③ 使“油系统操作”按钮处于按下状态，完成油系统操作。

④ 开启 FIC6101，防止压缩机喘振。

⑤ 开启压缩机 C601 前阀 VD6011。

⑥ 按 RESET6001 按钮，使 SP6001 复位。

⑦ 开启透平 K601 前阀 VD6013。

⑧ 开启透平 K601 后阀 VD6014。

⑨ 开启透平 K601 控制阀 SIC6202。

⑩ PI6102 大于 PI6001 后，开启压缩机 C601 后阀 VD6012。

⑪ 当 PI6102 大于 PI6001 且压缩机运转正常后关闭防喘振阀。

（5）建立汽包液位

① 开汽包放空阀 VA6015。

② 开汽包 F601 进锅炉水控制阀 LV6003 前阀 VD6009。

③ 开汽包 F601 进锅炉水控制阀 LV6003 后阀 VD6010。

④ 开汽包 F601 进锅炉水入口控制器 LIC6003。

⑤ 液位超过 20%后，关汽包放空阀 VA6015。

⑥ 汽包液位 LIC6003 接近 50%时，投自动。

⑦ 将 LIC6003 的自动值设置为 50%。

⑧ 将汽包液位 LIC6003 控制在 50%。

（6）氢气置换充压

① 现场开启 VA6007，进行 H_2 置换、充压。

② 开启 PIC6004。
③ 将 N_2 的体积含量降至 1%。
④ 将系统压力 PI6001 升至 2.0MPa。
⑤ N_2 的体积含量和系统压力合格后，关闭 VA6007。
⑥ N_2 的体积含量和系统压力合格后，关闭 PIC6004。
(7) 投原料气
① 开启 FIC6001 前阀 VD6001。
② 开启 FIC6001 后阀 VD6002。
③ 开启 FIC6001（缓开），同时注意调节 SIC6202，保证循环压缩机的正常运行。
④ 开启 FIC6002。
⑤ 系统压力 PI6001 在 5.0MPa 时，关闭 FIC6001。
⑥ 系统压力 PI6001 在 5.0MPa 时，关闭 FIC6002。
(8) 反应器升温
开启喷射器 X601 的蒸汽入口阀 VA6006，使反应器温度 TI6006 缓慢升至 210℃。
(9) 调至正常
① 反应稳定后关闭开工喷射器 X601 的蒸汽入口阀 VA6006。
② 缓慢开启 FIC6001，调节 SIC6202，最终加量至正常（14877nm^3/h）。
③ 缓慢开启 FIC6002，投料达正常时 FFI6001 约为 1。
④ 当 PIC6004 接近 4.9 的时候，将 PIC6004 投自动。
⑤ 将 PIC6004 设为 4.90MPa。
⑥ 开启粗甲醇采出现场前阀 VD6005。
⑦ 开启粗甲醇采出现场后阀 VD6006。
⑧ 当 V602 液位超过 30%，开启 LIC6001。
⑨ LIC6001 接近 50%，投自动。
⑩将 LIC6001 设为 50%。
⑪ 开启汽包蒸汽出口前阀 VD6007。
⑫ 开启汽包蒸汽出口后阀 VD6008。
⑬ 当汽包压力达到 2.5MPa 后，开 PIC6005 并入中压蒸汽管网。
⑭ 汽包蒸汽出口控制器 PIC6005 接近 4.3MPa，投自动。
⑮ 将 PIC6005 设定为 4.3MPa。
⑯ 调至正常后，在总图上将“I 6001”打向 AUTO。
⑰ 调至正常后，在总图上将“I 6002”打向 AUTO。
⑱ 将新鲜气中 H_2 与 CO 比 FFI6002 控制在 2.05～2.15。
⑲ 将分离罐液位 LIC6001 控制在 50%。
⑳ 将循环气中 CO_2 的含量调至 3.5%左右。
㉑ 将循环气中 CO 的含量调至 6.29%左右。
㉒ 将循环气中 H_2 的含量调至 79.3%左右。
㉓ 将系统压力 PI6001 控制在 5.2MPa。
㉔ 将反应器温度 TI6006 控制在 255℃

㉕ 将汽包温度 TI6005 控制在 250℃。

㉖ 将汽包压力 PIC6005 控制在 4.3MPa。

㉗ 压缩机转速控制在 13700R/M。

㉘ 将 FIC6001 控制在 14877。

26.7.1.2 正常停车

(1) 停原料气

① 将 FIC6001 改为手动。

② 将 FIC6001 关闭。

③ 现场关闭 FIC6001 前阀 VD6001。

④ 现场关闭 FIC6001 后阀 VD6002。

⑤ 将 FIC6002 改为手动。

⑥ 将 FIC6002 关闭。

⑦ 将 PIC6004 改为手动调节，以一定的速度降压。

⑧ 将 PIC6005 改为手动调节，尽量维持 4.3MPa。

⑨ 使 H_2、CO 混合气进量为 0。

⑩使 H_2 进量为 0。

(2) 开蒸汽喷射器

① 开蒸汽阀 VA6006，投用 X601，使 TI6006 维持在 210℃以上。

② 开大 PIC6004，降低系统压力，同时关小压缩机。

③ 将 LIC6003 改为手动。

④ 将反应器温度 TI6006 控制在 210℃以上

⑤ 反应阶段反应器温度 TI6006 低于 210℃。

(3) 降温降压

① 残余气体反应一段时间后，关蒸汽阀 VA6006。

② 全开 E602 冷却水阀 VA6010。

③ 全开 E603 冷却水阀 VA6011。

④ 全开 PIC6005。

⑤ 全开 PIC6004，并逐渐减小压缩机转速。

⑥ 当汽包压力降至接近 2.5MPa 后，关闭 PIC6005。

⑦ 现场关闭 PIC6005 前阀 VD6007。

⑧ 现场关闭 PIC6005 后阀 VD6008。

⑨ 开现场放空阀 VA6015，泄压至常压。

⑩ 将 LIC6003 关闭。

⑪ 关闭 LIC6003 的前阀 VD6010。

⑫ 关闭 LIC6003 的后阀 VD6009。

⑬ 汽包压力降至常压后，关闭 VA6015。

(4) 停 C/K601

① 逐渐关闭 SIC6202。

② 关闭现场阀 VD6013。

③ 关闭现场阀 VD6014。

④ 关闭现场阀 VD6011。

⑤ 关闭现场阀 VD6012。

⑥ 使“油系统操作”按钮处于弹起状态，停用压缩机油系统和密封系统。

⑦ 将 I 6001 打向 Bypass。

⑧ 将 I 6002 打向 Bypass。

(5) 氮气置换

① 开启现场阀 VA6008，进行 N_2 置换，使 $H_2+CO_2+CO<1\%$ (V)。

② 待置换合格后关闭 VA6008。

③ 保持 PI6001 在 0.5MPa 时，关闭 PIC6004。

④ 关闭 PIC6004 的前阀 VD6003。

⑤ 关闭 PIC6004 的后阀 VD6004。

⑥ 将 N_2 的体积含量升至 99.9%。

⑦ 维持系统压力 PI6001 为 0.5MPa，N_2 保压。

(6) 停冷却水

① 关闭现场阀 VA6010。

② 关闭现场阀 VA6011。

26.7.1.3 紧急停车

(1) 停原料气

① 将 I 6001 打向 Bypass。

② 将 I 6002 打向 Bypass。

③ 将 FIC6001 改为手动。

④ 将 FIC6001 关闭。

⑤ 现场关闭 FIC6001 前阀 VD6001。

⑥ 现场关闭 FIC6001 后阀 VD6002。

⑦ 将 FIC6002 改为手动。

⑧ 将 FIC6002 关闭。

⑨ 使 H_2、CO 混合气进量为 0。

⑩使 H_2 进量为 0。

(2) 停 C/K601

① 逐渐关闭 SIC6202。

② 关闭现场阀 VD6013。

③ 关闭现场阀 VD6014。

④ 关闭现场阀 VD6011。

⑤ 关闭现场阀 VD6012。

(3) 泄压

① 将 PIC6004 改为手动。

② 将 PIC6004 全开，给系统泄压。

③ 当 PI6001 降至 0.3MPa 以下时关小。

（4）氮气置换

① 开启现场阀 VA6008，进行 N_2 置换。

② 当 $CO+H_2<5\%$后，关闭 VA6008，用 0.5MPa 的 N_2 保压。

③ 将 PIC6004 关闭，保压。

④ 将 N_2 的体积含量升至 99.9%。

⑤ 维持系统压力 PI6001 为 0.5MPa，N_2 保压。

26.7.1.4 事故设置及处理

（1）V602 液位高或 R601 温度高联锁

① 事故现象。分离罐 V602 的液位 LICA6001 高于 70%，或反应器 R601 的温度 TI6006 高于 270℃。原料气进气阀 FIC6001 和 FIC6002 关闭，透平电磁阀 SP6001 关闭。

② 处理方法 等联锁条件消除后，按“SP6001 复位”按钮，透平电磁阀 SP6001 复位；手动开启进料控制阀 FIC6001 和 FIC6002。

（2）汽包液位低联锁

① 事故现象 汽包 F601 液位 LIC6003 低于 5%，温度高于 100℃；锅炉水入口阀 LIC6003 全开。

② 处理方法 等联锁条件消除后，手动调节锅炉水入口控制阀 LIC6003 至正常。

（3）混合气入口阀 FIC6001 阀卡

① 事故现象 混合气进料量变小，造成系统不稳定。

② 处理方法 开启混合气入口副线阀 V6001，将流量调至正常。

（4）透平坏

① 事故现象 透平运转不正常，循环压缩机 C601 停。

② 处理方法 正常停车，修理透平。

（5）催化剂老化

① 事故现象 反应速率降低，各成分的含量不正常，反应器温度降低，系统压力升高。

② 处理方法 正常停车，更换催化剂后重新开车。

（6）循环压缩机坏

① 事故现象 压缩机停止工作，出口压力等于入口，循环不能继续，导致反应不正常。

② 处理方法 正常停车，修好压缩机后重新开车。

（7）反应塔温度高报警

① 事故现象 反应塔温度 TI6006 高于 265℃但低于 270℃。

② 处理方法 PIC6005 控制阀手动，全开释放蒸汽热量；打开现场锅炉水进料旁路阀 V6005，增大汽包的冷水进量；将程控阀门 LIC6003 手动，全开增大冷水进量；正常后调至自动。

（8）反应塔温度低报警

① 事故现象 反应塔温度 TI6006 高于 210℃但低于 220℃。

② 处理方法 将调节阀 PIC6005 调为手动，关小，使压力恢复；缓慢打开喷射器入口阀 V6006；当 TI6006 温度为 255℃时，逐渐关闭 V6006。正常后调至自动。

（9）离罐液位高报警

① 事故现象 分离罐液位 LIC6001 高于 65%，但低于 70%。

② 处理方法 打开现场旁路阀 V6003；控制阀 LIC6001 手动全开；当液位正常之后，关闭 V6003；调节阀 LIC6001 投自动。

（10）系统压力 PI6001 高报警

① 事故现象 系统压力 PI6001 高于 5.5MPa，但低于 5.7MPa。

② 处理方法 关小 FIC6001 的开度至 30%，压力正常后调回；关小 FIC6002 的开度至 30%，压力正常后调回。

（11）汽包液位低报警

① 事故现象 汽包液位 LIC6003 低于 10%，但高于 5%。

② 处理方法 开现场旁路阀 V6005；全开 LIC6003，增大入水量；当汽包液位正常后，关现场阀 V6005；调节阀 LIC6003 投自动。

26.7.2 精制工段操作规程

26.7.2.1 冷态开车

（1）开车前准备

① 打开预塔冷凝器 E703 的冷却水阀 VA7006。

② 开二级冷凝器 E704 的冷却水阀 VA7008。

③ 打开加压塔冷凝器 E713 的冷却水阀 VA7018。

④ 开冷凝器 E707 的冷却水阀 VA7021。

⑤ 打开常压塔冷凝器 E709 的冷却水阀 VA7027。

⑥ 打开冷凝器 E710 的冷却水阀 VA7026。

⑦ 打开冷凝器 E716 的冷却水阀 VA7033。

⑧ 打开回收塔冷凝器 E715 的冷却水阀 VA7045。

⑨ 打开 VA7100 阀，给 V702 建立一定液位。

⑩ 打开 N_2 阀，给加压塔 T702 充压至 0.65MPa。

⑪ 关闭 VD7043。

（2）预塔、加压塔和常压塔开车

① 开粗甲醇预热器 E701 的进口阀门，向预塔 T701 进料。

② 打开碱液计量泵 P701A 的入口阀 VD7065。

③ 打开碱液计量泵 P701A 的出口阀 VD7066。

④ 打开计量泵 P701A。

⑤ 加碱液，流量在 60kg/h 左右。

⑥ 待 T701 塔顶压力大于 0.02MPa 时，调节预塔排气阀 PIC7003 开度，使塔顶压力维持在 0.03MPa 左右。

⑦ 待预塔 T701 塔底液位超过 80%后，打开 P703A 泵的入口阀。

⑧ 启动泵。

⑨ 打开泵出口阀。

⑩ 手动打开调节阀 FV7002，向加压塔 T702 进料。

⑪ 当加压塔 T702 塔底液位超过 60%后，手动打开塔釜液位调节阀 FV7007，向常压塔 T703 进料。

⑫ 待常压塔 T703 塔底液位超过 50%后，打开塔底阀门 VA7051。
⑬ 打开 P709A 泵的入口阀 VD7021。
⑭ 启动泵。
⑮ 打开泵出口阀 VD7022。
⑯ 手动打开调节阀 FV7021，塔釜残液去污水处理。
⑰ 通过调节 FV7005 开度，给再沸器 E702 加热。
⑱ 通过调节阀门 PV7007 的开度，使加压塔回流罐 V705 压力维持在 0.65MPa。
⑲ 通过调节 FV7014 开度，给再沸器 E706B 加热。
⑳ 通过调节 TV7027 开度，给再沸器 E706A 加热。
㉑ 投用转化气分离器 V709 液位控制阀 LIC7027，设定 50%投自动。
㉒ 通过调节阀门 HV7001 的开度，使常压塔回流罐压力维持在 0.01MPa。
㉓ 开脱盐水阀 VA7005。
㉔ 开回流泵 P702A 入口阀 VD7006。
㉕ 启动泵。
㉖ 开泵出口阀。
㉗ 手动打开调节阀 FV7004，维持回流罐 V703 液位在 40%以上。
㉘ 回流罐 V703 液位维持在 50%。
㉙ 手动打开调节阀 FV7013，维持回流罐 V705 液位在 40%以上。
㉚ 开回流泵 P704A 入口阀 VD7010。
㉛ 启动泵。
㉜ 开泵出口阀。
㉝ 回流罐 V705 液位维持在 50%。
㉞ 保证回流罐 V705 回流量，液位无法维持时，逐渐打开 LV7014。
㉟ 打开 VA7052，采出 T702 塔顶产品。
㊱ 维持常压塔塔釜液位在 80%左右。
㊲ 手动打开调节阀 FV7022，维持回流罐 V706 液位在 40%以上。
㊳ 开回流泵 P705A 入口阀。
㊴ 启动泵。
㊵ 开泵出口阀。
㊶ 回流罐 V706 液位维持在 50%。
㊷ 保证回流罐 V706 回流量，液位无法维持时，逐渐打开 FV7024。
㊸ 打开 VA7054，采出 T703 塔顶产品。

(3) 回收塔开车

① 常压塔侧线采出杂醇油作为回收塔 T704 进料，分别打开侧线采出阀 VD7029。
② 开侧线采出阀 VD7030。
③ 开侧线采出阀 VD7031。
④ 开侧线采出阀 VD7032。
⑤ 开回收塔 T704 进料泵入口阀。
⑥ 启动泵。

⑦ 开泵出口阀。

⑧ 手动打开调节阀 FV7023（开度＞40%）。

⑨ 打开回收塔进料阀 VD7033。

⑩ 打开回收塔进料阀 VD7034。

⑪ 打开回收塔进料阀 VD7035。

⑫ 打开回收塔进料阀 VD7036。

⑬ 打开回收塔进料阀 VD7037。

⑭ 待回收塔 T704 塔底液位超过 50%后，手动打开流量调节阀 FV7035，与 T703 塔底污水合并。

⑮ 通过调节 FV7031 开度，给再沸器 E714 加热。

⑯ 通过调节阀门 VA7046 的开度，使回收塔压力维持在 0.01MPa。

⑰ 开回流泵 P711A 入口阀。

⑱ 启动泵。

⑲ 开泵出口阀。

⑳ 手动打开调节阀 FV7032，维持回流罐 V707 液位在 40%以上。

㉑ 保证回流罐 V707 回流量，液位无法维持时，逐渐打开 FV7036。

㉒ 打开 VA7056，采出 T704 塔顶产品。

㉓ 回收塔侧线采出异丁基油，分别打开侧线采出阀 VD7038。

㉔ 打开侧线采出阀 VD7039。

㉕ 打开侧线采出阀 VD7040。

㉖ 打开侧线采出阀 VD7041。

㉗ 打开侧线采出阀 VD7042。

㉘ 手动打开调节阀 FV7034（开度＞40%）。

㉙ 调节阀门 VA7060，使异丁基油中间罐 V708 液位维持在 50%。

（4）调节至正常

① 待预塔塔压稳定后，设定 PIC7003 为 0.03MPa 投自动。

② 预塔塔压控制在 0.03MPa 左右。

③ T701 进料温度稳定在 72℃后，将 TIC7001 设置为自动。

④ 当 FIC7004 稳定后设置 16690kg/h 投自动。

⑤ 设定 LIC7005 为 50%。

⑥ 将 FIC7004 设为串级。

⑦ FIC4004 流量稳定在 16690kg/h。

⑧ 当 P703 出口流量稳定，设定 FIC7002 为 35176kg/h 投自动。

⑨ 待 LIC7001 稳定后，设定为 50%。

⑩ 将 FIC7002 设为串级。

⑪ FIC7002 流量稳定在 35176kg/h。

⑫ 当 FIC7005 为 11200kg/h 稳定后，投自动。

⑬ 设定 TIC7005 为 77.4℃。

⑭ 将 FIC7005 设为串级。

⑮ 塔釜温度稳定在77.4℃。
⑯ FIC7005流量稳定在11200kg/h。
⑰ 加压塔压力控制在0.7MPa。
⑱ 设定LIC7014为50%。
⑲ 当FIC7013为37413kg/h稳定后，投自动。
⑳ FIC7013流量稳定在37413kg/h。
㉑ 当FIC7007为22747kg/h稳定后，投自动。
㉒ 设定LIC7011为50%。
㉓ 将FIC7007设为串级。
㉔ FIC7007流量稳定在22747kg/h
㉕ 当FIC7014为15000kg/h稳定后，投自动。
㉖ 设定TIC7027为134.8℃。
㉗ 将FIC7014设为串级。
㉘ 加压塔塔釜温度稳定在134.8℃。
㉙ FIC7005流量稳定在11200kg/h。
㉚ 设定LIC7024为50%。
㉛ 当FIC7022为27621kg/h稳定后，投自动。
㉜ FIC7022流量稳定在27621kg/h。
㉝ 设定LIC7021为50%。
㉞ 当FIC7036为135kg/h稳定后，投自动。
㉟ 设定LIC7016为50%。
㊱ 将FIC7036设为串级。
㊲ FIC7036流量稳定在135kg/h。
㊳ 设定FIC7032为1188kg/h。
㊴ FIC7032流量稳定在1188kg/h。
㊵ 当FIC7035为346kg/h稳定后，投自动。
㊶ 设定LIC7031为50%。
㊷ FIC7035流量稳定在346kg/h。
㊸ 当FIC7031为700kg/h稳定后，投自动。
㊹ 设定TIC7065为107℃。
㊺ 将FIC7031设为串级。
㊻ 回收塔塔釜温度稳定在107℃。
㊼ FIC7031流量稳定在700kg/h。

（5）投用联锁

① 待泵运行稳定后，投用P702联锁。
② 待泵运行稳定后，投用P703联锁。
③ 待泵运行稳定后，投用P704联锁。
④ 待泵运行稳定后，投用P705联锁。
⑤ 待泵运行稳定后，投用P706联锁。

⑥ 待泵运行稳定后，投用 P709 联锁。

⑦ 待泵运行稳定后，投用 P711 联锁。

26.7.2.2 正常停车

（1）预塔停车

① 手动逐步关小进料阀 VA7001，使进料降至正常进料量的 70%。

② 停 P701A 泵。

③ 关闭计量泵 P701A 出口阀 VD7066。

④ 关闭计量泵 P701A 入口阀 VD7065。

⑤ 断开 LIC7001 和 FIC7002 的串级，手动开大 FV7002，使液位 LIC7001 降至 30%。

⑥ 停预塔进料，关闭调节阀 VA7001。

⑦ 停预塔加热蒸汽，关闭阀门 FV7005。

⑧ 关闭加压塔进料泵出口阀 VD7004。

⑨ 停 P703A 泵。

⑩ 关泵入口阀 VD7003。

⑪ 手动关闭 FV7002。

⑫ 打开塔釜泄液阀 VA7012，排出不合格产品。

⑬ 关闭脱盐水阀门 VA7005。

⑭ 断开 LIC7005 和 FIC7004 的串级，手动开大 FV7004，将回流罐内液体全部打入精馏塔，以降低塔内温度。

⑮ 当回流罐液位降至<5%，停回流，关闭调节阀 FV7004。

⑯ 关闭泵出口阀 VD7005。

⑰ 停 P702A 泵。

⑱ 关闭泵入口阀 VD7006。

⑲ 当塔压降至常压后，关闭 FV7003。

⑳ 预塔温度降至 30℃左右时，关冷凝器冷凝水 VA7006。

㉑ 关 VA7008。

㉒ 当塔釜液位降至 0%，关闭泄液阀 VA7012。

（2）加压塔停车

① 关闭精甲醇采出阀 VA7052。

② 打开粗甲醇阀 VA7053。

③ 手动开大 LV7014，使液位 LIC7014 降至 20%。

④ 手动关闭 LV7014。

⑤ 停加压塔加热蒸汽，关闭阀门 FV7014。

⑥ 关闭阀门 TV7027。

⑦ 断开 LIC7011 和 FIC7007 的串级，手动关闭 FV7007。

⑧ 打开塔釜泄液阀 VA7023，排出不合格产品。

⑨ 手动开大 FV7013，将回流罐内液体全部打入精馏塔，以降低塔内温度。

⑩ 当回流罐液位降至<5%，停回流，关闭调节阀 FV7013。

⑪ 关闭泵出口阀 VD7009。

⑫ 停 P704A 泵。

⑬ 关闭泵入口阀 VD7010。

⑭ 塔釜液位降至 5%左右，开大 PV7007 进行降压。

⑮ 当塔压降至常压后，关闭 PV7007。

⑯ 加压塔温度降至 30℃左右时，关冷凝器冷凝水 VA7018。

⑰ 关 VA7021。

⑱ 当塔釜液位降至 0%后，关闭泄液阀 VA7023。

(3) 常压塔停车

① 关闭精甲醇采出阀 VA7054。

② 打开粗甲醇阀 VA7055。

③ 手动开大 FV7024，使液位 LIC7024 降至 20%。

④ 手动开大 FV7021，使液位 LIC7021 降至 30%。

⑤ 手动关闭 FV7024。

⑥ 打开塔釜泄液阀 VA7035，排出不合格产品。

⑦ 手动开大 FV7022，将回流罐内液体全部打入精馏塔，以降低塔内温度。

⑧ 当回流罐液位降至<5%，停回流，关闭调节阀 FV7022。

⑨ 关闭泵出口阀 VD7013。

⑩ 停 P705A 泵。

⑪ 关闭泵入口阀 VD7014。

⑫ 关闭侧采产品出口阀 FV7023。

⑬ 关闭阀 VD7029。

⑭ 关闭阀 VD7030。

⑮ 关闭阀 VD7031。

⑯ 关闭阀 VD7032。

⑰ 关闭回收塔进料泵 P706A 的出口阀 VD7018。

⑱ 停 P706A 泵。

⑲ 关闭泵入口阀 VD7017。

⑳ 当塔压降至常压后，关闭 HV7001。

㉑ 常压塔温度降至 30℃左右时，关冷凝器冷凝水 VA7027。

㉒ 关 VA7026。

㉓ 关 VA7033。

㉔ 当塔釜液位降至 0%后，关闭泄液阀 VA7035。

㉕ 关闭阀 VA7051。

(4) 回收塔停车

① 关闭精甲醇采出阀 VA7056。

② 打开粗甲醇阀 VA7057。

③ 关闭回收塔进料阀 VD7033。

④ 关 VD7034。

⑤ 关 VD7035。

⑥ 关 VD7036。
⑦ 关 VD7037。
⑧ 停回收塔加热蒸汽阀 FV7031。
⑨ 断开 LIC7016 和 FIC7036 的串级，手动开大 FV7036，使液位 LIC7016 降至 20%。
⑩ 断开 LIC7031 和 FIC7035 的串联，手动开大 FV7035，使液位 LIC7031 降至 30%。
⑪ 手动关闭 FV7036。
⑫ 手动开大 FV7032，将回流罐内液体全部打入精馏塔，以降低塔内温度。
⑬ 当回流罐液位降至<5%，停回流，关闭调节阀 FV7032。
⑭ 关闭泵出口阀 VD7025。
⑮ 停 P711A 泵。
⑯ 关闭泵入口阀 VD7026。
⑰ 关闭侧采产品出口阀 FV7034。
⑱ 关闭阀 VD7038。
⑲ 关闭阀 VD7039。
⑳ 关闭阀 VD7040。
㉑ 关闭阀 VD7041。
㉒ 关闭阀 VD7042。
㉓ 当塔压降至常压后，关闭 VA7046。
㉔ 回收塔温度降至 30℃左右时，关冷凝器冷凝水 VA7045。
㉕ 当塔釜液位降至 0%后，关闭污水阀 FV7035。
㉖ 关闭釜底废液泵 P709A 的出口阀 VD7022。
㉗ 停 P709A 泵。
㉘ 关闭入口阀 VD7021。
㉙ 手动关闭 FV7021。

26.7.2.3 事故设置及处理

(1) 回流控制阀 FV7004 阀卡
① 事故现象　回流量减小，塔顶温度上升，压力增大。
② 处理方法　打开旁路阀 VA7009，保持回流。
(2) 回流泵 P702A 泵坏
① 事故现象　P702A 断电，回流中断，塔顶压力、温度上升。
② 处理方法　启动备用泵 P702B。
(3) 回流罐 V703 液位超高
① 事故现象　回流罐 V703 液位超高，塔温度下降。
② 处理方法　开启备用泵 P702B。

思考题

1. 合成甲醇的主要反应和影响因素是什么？
2. 压力对甲醇生产有何影响？压力的选择原则是什么？
3. 温度对甲醇生产有何影响？温度的选择原则是什么？

4. 汽包排污有几种形式，其作用是什么？
5. 汽包液位是如何控制的？
6. 系统压力是如何控制的？
7. 为什么甲醇分离器的物料温度要控制在40℃以下？
8. 新鲜气 H/C 比是如何确定的？其目的是什么？
9. 合成塔温度为什么能够借助于汽包压力来控制？

27

丙烯酸甲酯生产工艺

27.1 实训目的

通过丙烯酸甲酯生产工艺仿真实训，学生能够：

① 理解丙烯酸甲酯生产工艺的反应原理，工艺流程；

② 掌握该系统的工艺参数调节及控制方法；

③ 掌握丙烯酸甲酯生产工艺的操作规程。

27.2 工艺原理

以磺酸型离子交换树脂为催化剂，丙烯酸与甲醇反应，生成丙烯酸甲酯。其主反应方程式如下：

$$\underset{AA}{CH_2=CHCOOH}+\underset{MEOH}{CH_3OH}\xrightleftharpoons{H^+\ (IER)^*}\underset{MA}{CH_2=CHCOOCH_3}+H_2O$$

式中，IER 指离子交换树脂

这是一个可逆反应，要使反应向有利于产品生成的方向进行，一种方法是酸或醇过量，另一种方法是不断从反应系统中移出产物。

在主反应进行的同时，还伴随有以下主要副反应：

$$CH_2=CHCOOH+2CH_3OH\xrightleftharpoons{H^+\ (IER)^*}(CH_3O)\ CH_2CH_2COOCH_3+H_2O$$

$$2CH_2=CHCOOH+CH_3OH\xrightleftharpoons{H^+\ (IER)^*}CH_2=CHCOOCH_2CH_2COOCH_3+H_2O$$

$$CH_2=CHCOOH+CH_3OH\xrightleftharpoons{H^+\ (IER)^*}HOCH_2CH_2COOCH_3$$

$$CH_2=CHCOOH+CH_3OH\xrightleftharpoons{H^+\ (IER)^*}CH_3OCH_2CH_2COOH$$

$$2CH_2=CHCOOH \rightleftharpoons CH_2=CHCOOCH_2CH_2COOH$$

其他副产物是由于原料中杂质的反应形成的。典型反应如下：

$$CH_3COOH+R—OH \rightleftharpoons CH_3COOR+H_2O$$

$$CH_3CH_2COOH+R—OH \rightleftharpoons CH_3CH_2COOR+H_2O$$

本工艺中丙烯酸甲酯的酯化反应在固定床反应器内进行，反应温度75℃，醇/酸摩尔比为0.75，通过酸过量使反应向正方向进行。

由于丙烯酸甲酯易于通过蒸馏的方法从丙烯酸中分离出来，从经济性角度，醇的转化率被设在60%～70%的中等程度。未反应的丙烯酸从精制部分被再次循环回反应器后转化为酯。

用于甲酯单元的离子交换树脂的恶化因素有：金属离子的玷污、焦油性物质的覆盖、氧化、不可撤回的溶胀等。因此，如果催化剂有意被长期使用，这些因素应引起注意。尤其对金属铁离子玷污导致的不可撤回的溶胀更应特别注意。

丙烯酸回收是利用丙烯酸分馏塔精馏的原理，轻组分甲酯、甲醇和水从塔顶蒸出，重组分丙烯酸从塔底排出。

27.3 工艺流程

丙烯酸甲酯生产工艺流程示意见图27-1。

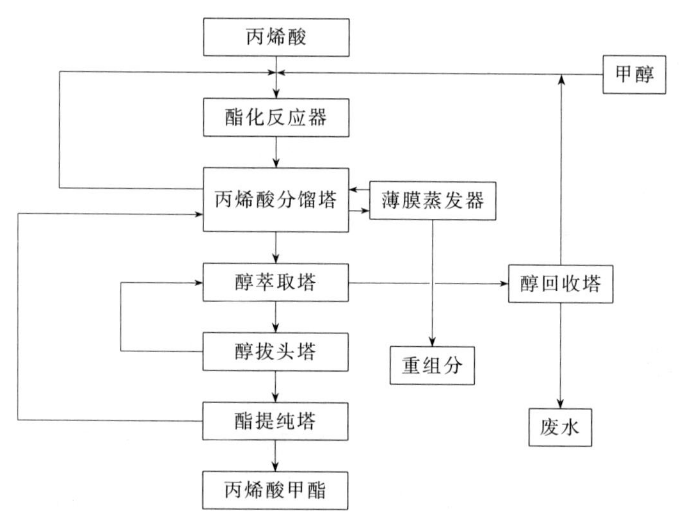

图27-1 丙烯酸甲酯生产工艺流程示意

从罐区来的新鲜的丙烯酸和甲醇，与从醇回收塔（T140）顶回收的循环的甲醇以及从丙烯酸分馏塔（T110）底回收的经过循环过滤器（FL101）的部分丙烯酸作为混合进料，经过反应预热器（E101）预热到指定温度后送至酯化反应器（R110）进行反应。为了使可逆反应向产品方向移动，同时降低醇回收时的能量消耗，进入R110的丙烯酸过量。

从R110排出的产品物料送至丙烯酸分馏塔（T110）。在该塔内，粗丙烯酸甲酯、水、甲醇作为一种均相共沸混合物从塔顶回收，作为主物流进一步提纯，经过E112冷却进入T110回流罐（V111），在此罐中分为油相和水相，油相由P111A/B抽出，一路作为T110塔顶回流，另一路和P112A/B泵抽出的水相一起作为醇萃取塔（T130 ）的进料。同时，从塔底回收未转化的丙烯酸。

T110塔底，一部分的丙烯酸及酯的二聚物、多聚物和阻聚剂等重组分送至薄膜蒸发器（E114）分离出丙烯酸，回收到T110中，重组分送至废水处理单元重组分储罐。

T110的塔顶馏出物经醇萃取塔进料冷却器（E130）冷却后被送往醇萃取塔（T130）。由于水-甲醇-甲酯为三元共沸系统，很难通过简单的蒸馏从水和甲醇中分离出甲酯，因此采用萃取的方法把甲酯从水和甲醇中分离出来。从V130由泵P130A/B抽出溶剂（水）加至萃取塔的顶部，通过液-液萃取，将未反应的醇从粗丙烯酸甲酯物料中萃取出来。

从T130底部得到的萃取液进到V140，再经P142A/B泵抽出，经过E140与醇回收塔底分离出的水换热后进入醇回收塔（T140）。在此塔中，在顶部回收醇并循环至R110。基本上由水组成的T140的塔底物料经E140与进料换热后，再经过E144用10℃的冷冻水冷却后，进入V130，再经泵抽出循环至T130重新用作溶剂（萃取剂），同时多余的水作为废水送到废水罐。T140顶部是回收的甲醇，经E142循环水冷却进入到V141，再经由P141A/B抽出，一路作为T140塔顶回流，另一路是回收的醇与新鲜的醇合并为反应进料。

抽余液从T130的顶部排出并进入到醇拔头塔（T150）。在此塔中，塔顶物流经过E152用循环水冷却进入到V151，油水分成两相，水相自流入V140，油相再经由P151A/B抽出，一路作为T150塔顶回流，另一路循环回至T130作为部分进料以重新回收醇和酯。塔底含有少量重组分的甲酯物流经P150A/B进入塔提纯。

T150的塔底流出物送往酯提纯塔（T160）。在此，将丙烯酸甲酯进行进一步提纯，含有少量丙烯酸、丙烯酸甲酯的塔底物流经P160A/B循环回T110继续分馏。塔顶作为丙烯酸甲酯成品在塔顶馏出，经E162A/B冷却进入丙烯酸产品塔塔顶回流罐（V161）中，由P161A/B抽出，一路作为T160塔顶回流返回T160塔，另一路出装置至丙烯酸甲酯成品贮罐。

27.4 主要设备

丙烯酸甲酯生产工艺主要设备见表27-1。

表27-1 丙烯酸甲酯生产工艺主要设备

设备位号	设备名称	设备位号	设备名称
T110	丙烯酸分馏塔	V111	T110回流罐
T130	醇萃取塔	V130	T130塔底液罐
T140	醇回收塔	V140	萃取液贮罐
T150	醇拔头塔	V141	T140回流罐
T160	酯提纯塔	V151	T150回流罐
FL101	循环过滤器	V161	T160回流罐
R110	酯化反应器	P111A/B	T110塔顶回流泵
E101	反应预热器	P112A/B	V111水相抽出泵
E112	T110塔顶冷却器	P130A/B	T130进料泵
E114	薄膜蒸发器	P141A/B	V141输出泵
E130	进料冷却器	P142A/B	V140输出泵
E140	T140再沸器	P150A/B	T150塔釜液输出泵
E142	T140塔顶冷却器	P151A/B	V151输出泵
E144	E140换热器	P160A/B	T160塔釜液输出泵
E152	T150塔顶冷却器	P161A/B	V161输出泵
E162A/B	T160塔顶冷却器		

27.5 调节器、显示仪表及现场阀说明

丙烯酸甲酯生产工艺调节器见表 27-2，丙烯酸甲酯生产工艺显示仪表见表 27-3，丙烯酸甲酯生产工艺现场阀见表 27-4。

表 27-2 丙烯酸甲酯生产工艺调节器

位号	正常值	正常工况	位号	正常值	正常工况
PIC101	301kPa	投自动	FIC144	1242kg/h	投串级
PIC109	28kPa	投自动	FIC145	45kg/h	投串级
PIC117	301kPa	投自动	FIC149	952kg/h	投串级
PIC123	61kPa	投自动	FIC150	3287kg/h	投自动
PIC128	62kPa	投自动	FIC151	65kg/h	投串级
PIC133	61kPa	投自动	FIC153	2192kg/h	投串级
FIC101	1842kg/h	投自动	TIC101	75℃	投自动
FIC104	745kg/h	投自动	TIC108	80℃	投自动
FIC106	0kg/h	投自动	TIC115	120℃	投自动
FIC107	2135kg/h	投串级	TIC133	81℃	投自动
FIC109	3038kg/h	投自动	TIC140	68℃	投自动
FIC110	1519kg/h	投串级	TIC148	45℃	投自动
FIC112	6747kg/h	投自动	LIC101	50%	投自动
FIC113	1963kg/h	投串级	LIC103	50%	投自动
FIC117	1400kg/h	投串级	LIC104	50%	投自动
FIC119	462kg/h	投串级	LIC106	50%	投自动
FIC122	75kg/h	投串级	LIC110	50%	投自动
FIC129	4145kg/h	投自动	LIC111	50%	投自动
FIC131	5372kg/h	投串级	LIC115	50%	投自动
FIC134	1400kg/h	投串级	LIC117	50%	投自动
FIC135	2210kg/h	投自动	LIC119	50%	投自动
FIC137	780kg/h	投串级	LIC121	50%	投自动
FIC140	896kg/h	投串级	LIC123	50%	投自动
FIC141	2195kg/h	投串级	LIC125	50%	投自动
FIC142	2026kg/h	投自动	LIC126	50%	投自动

表 27-3 丙烯酸甲酯生产工艺显示仪表

位号	显示变量	正常值	位号	显示变量	正常值
PDI101	FL101A/B 压力	72kPa	TI131	T140 塔底温度	92℃
PI103	T110 塔底压力	35kPa	TI132	T140 塔中温度	89℃
PI104	T110 塔顶压力	29kPa	TI134	T140 塔顶温度	60℃
PI110	E114 压力	36kPa	TI135	T140 塔底回流料温度	95℃
PI120	T140 塔底压力	76kPa	TI139	T150 塔底温度	71℃
PI121	T140 塔顶压力	63kPa	TI141	T150 塔中温度	65℃
PI125	T150 塔顶压力	63kPa	TI142	T150 塔顶温度	61℃
PI126	T150 塔釜压力	73kPa	TI143	T150 塔底回流料温度	74℃
PI130	T160 塔顶压力	22kPa	TI147	T160 塔釜温度	56℃
PI131	T160 塔釜压力	27kPa	TI150	T160 塔中温度	40℃
TI104	R101 温度	75℃	TI151	T160 塔顶温度	38℃
TI109	T110 塔中温度	69℃	FI120	E114 顶回流量	700kg/h
TI111	T110 塔顶温度	41℃	FI128	T150 进料量	3445kg/h
TI113	T110 塔底回料温度	89℃	LI113	V130 液位	50%
TI125	T130 塔底温度	25℃			

表 27-4 丙烯酸甲酯生产工艺现场阀

位号	名称	位号	名称
VD105	甲醇进料阀	VD607	T150 通阻聚剂空气阀
VD108	R101 进料阀	VD613	V151 通 E130 料阀
VD109	T110 底部物料排出阀	VD614	物料排至不合格罐阀
VD117	R101 顶部排气阀	VD615	T150 底部物料至不合格罐阀
VD118	T110 粗液引入阀	VD616	物料排至不合格罐阀
VD205	T110 通阻聚剂空气阀	VD619	V151 供阻聚剂阀
VD213	排液阀	VD620	T150 供阻聚剂阀
VD218	排水阀	VD621	P150A 泵入口阀
VD220	P111A 泵入口阀	VD622	P150A 泵出口阀
VD221	P111A 泵出口阀	VD623	P151A 泵入口阀
VD224	V111 加阻聚剂阀	VD624	P151A 泵出口阀
VD225	T110 加阻聚剂阀	VD701	T160 通阻聚剂空气阀
VD232	P110A 泵入口阀	VD706	废洗液排出阀
VD233	P110A 泵出口阀	VD707	T160 塔底物料至不合格罐阀
VD226	P112A 泵入口阀	VD708	T160 底部物料至 T110 阀
VD227	P112A 泵出口阀	VD709	V161 供阻聚剂阀
VD305	E114 通阻聚剂空气阀	VD710	T160 供阻聚剂阀
VD309	通重组分回收阀	VD711	MA 洗涤进料阀
VD310	排液阀	VD713	产品至日罐阀
VD311	P114A 泵入口阀	VD714	V161 物料至不合格罐阀
VD312	P114A 泵出口阀	VD715	P160A 泵入口阀
VD401	T130 顶部排气阀	VD716	P160A 泵出口阀
VD402	P130A 泵入口阀	VD717	P161A 泵入口阀
VD403	P130A 泵出口阀	VD718	P161A 泵出口阀
VD405	T130 顶部物料至 T150 阀	V203	E112 投冷却水阀
VD406	T130 顶部物流排至不合格罐阀	V401	E130 投冷却水阀
VD408	P142A 泵入口阀	V402	FCW 入口阀
VD409	P142A 泵出口阀	V501	E144 投冷却水阀
VD504	T140 通阻聚剂空气阀	V502	E142 投冷却水阀
VD507	V141 中多余物料排至不合格罐阀	V601	E152 冷却水阀
VD508	V141 通 R101 物料阀	V701	E162 冷却水阀
VD509	P140A 泵入口阀	XV103	蒸汽阀
VD510	P140A 泵出口阀	XV104	蒸汽阀
VD511	P141A 入口阀	XV106	蒸汽阀
VD512	P141A 出口阀	XV107	蒸汽阀
VD519	T140 阻聚剂输送阀	XV108	蒸汽阀

27.6 流程图画面

甲酯生产工艺流程图画面见图 27-2～图 27-18。

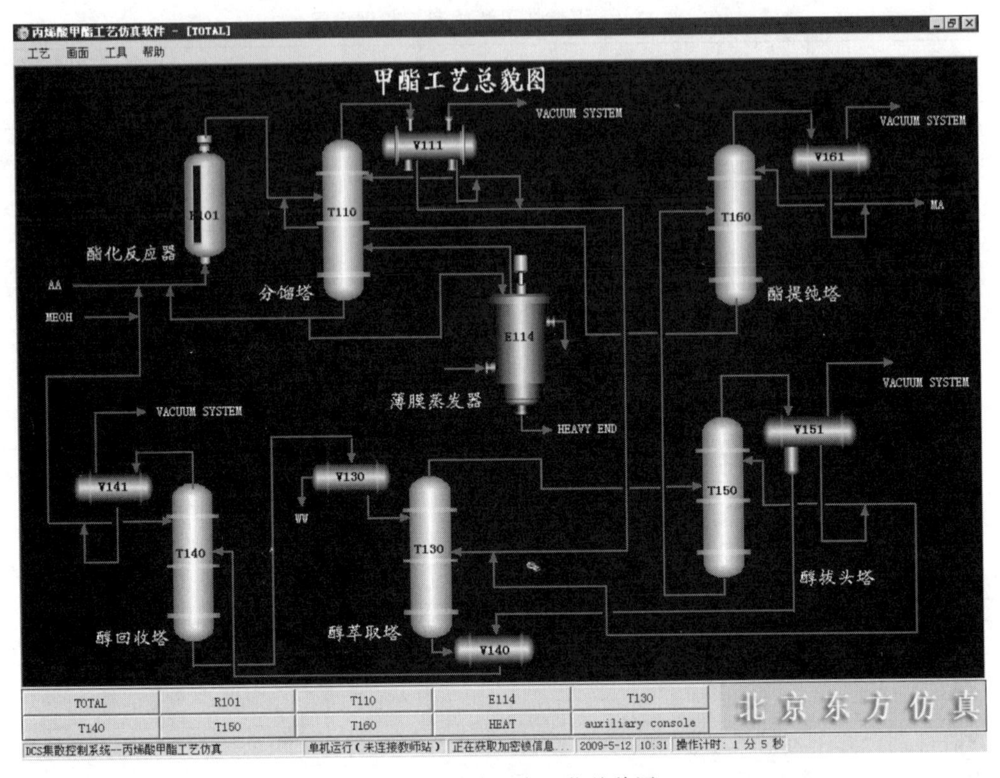

图 27-2 甲酯生产工艺总貌图

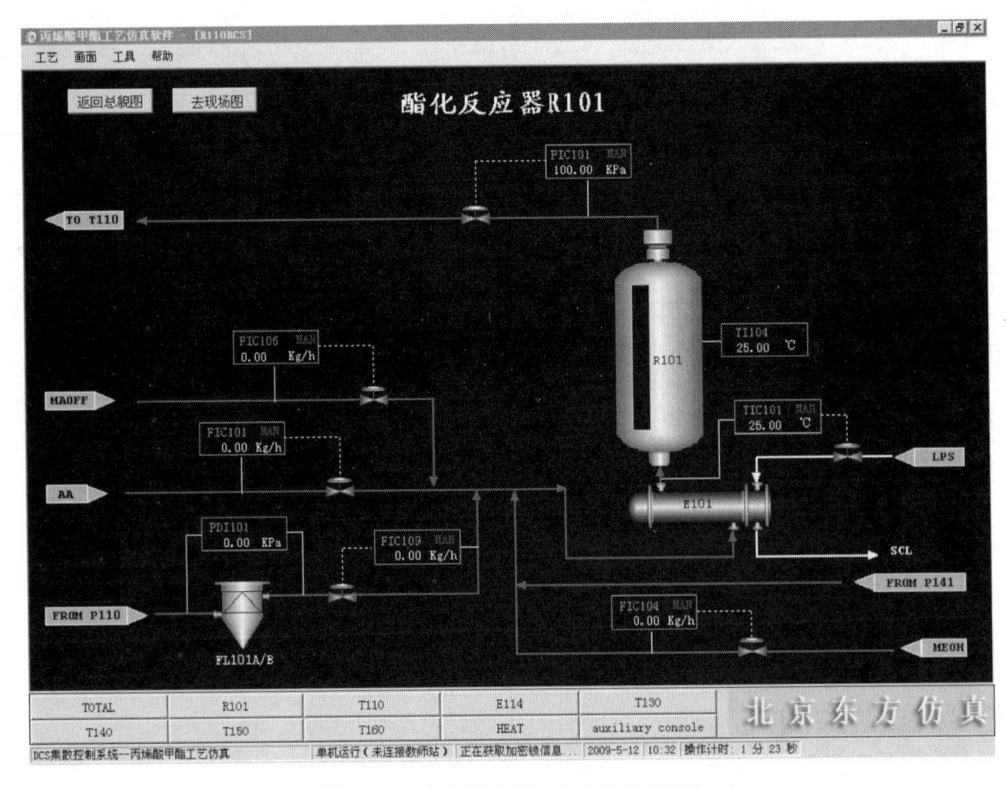

图 27-3 酯化反应器 R101 仿 DCS 图

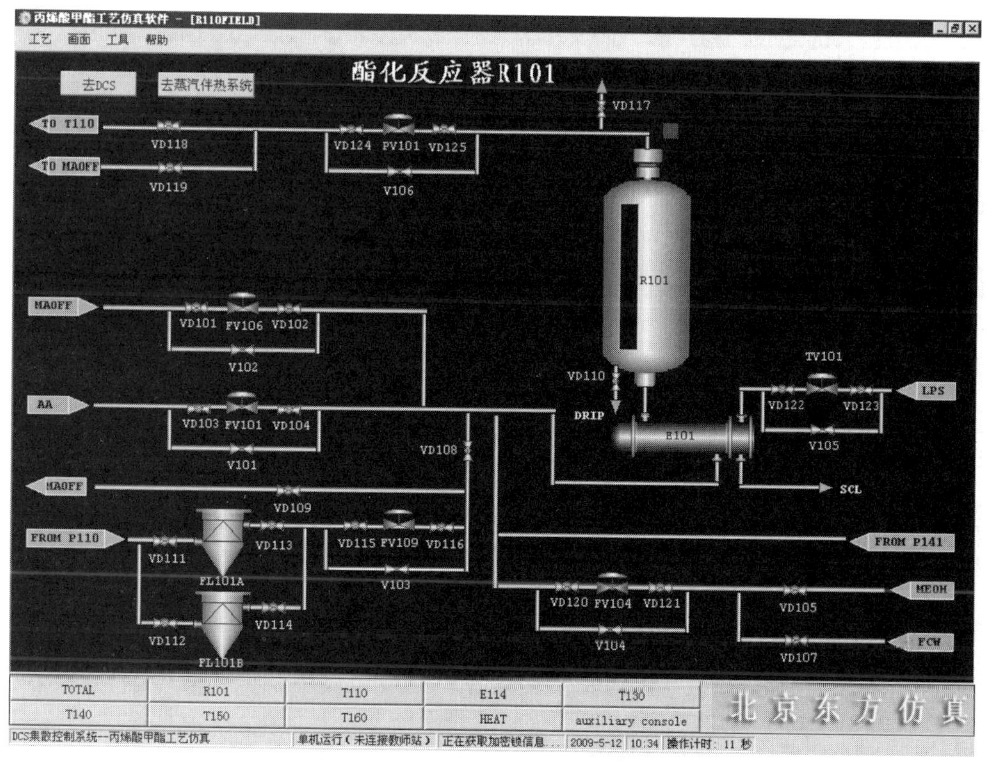

图 27-4 酯化反应器 R101 仿现场图

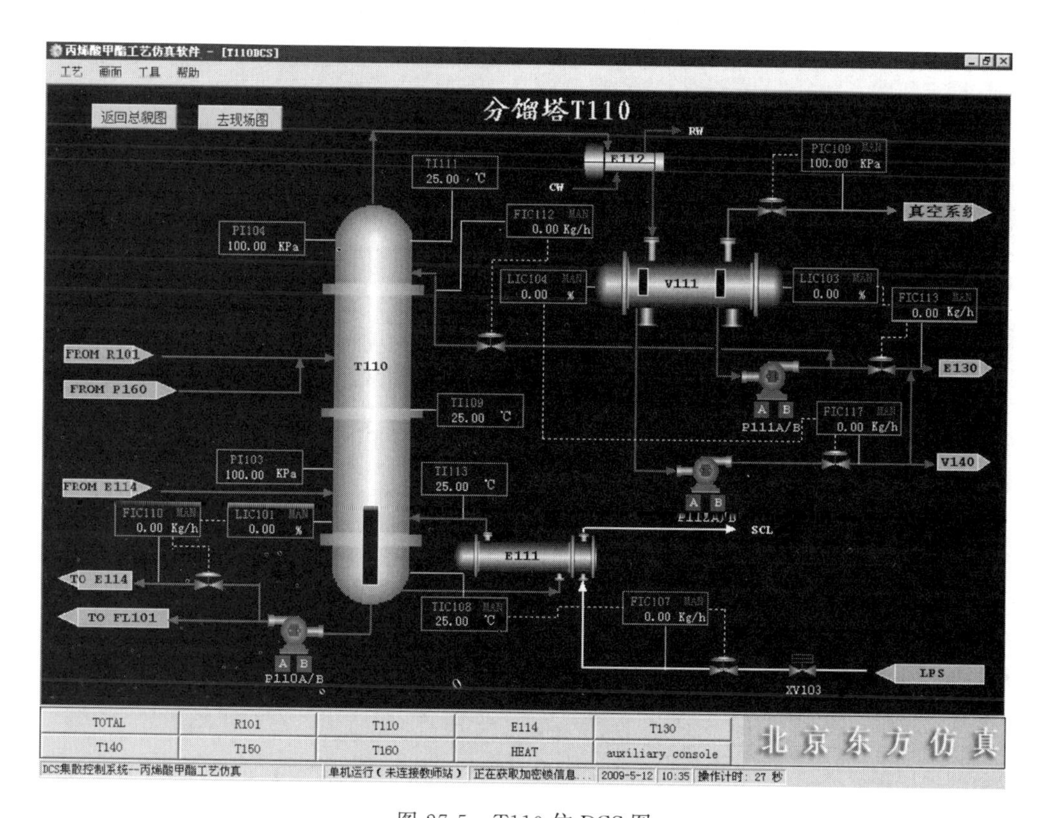

图 27-5 T110 仿 DCS 图

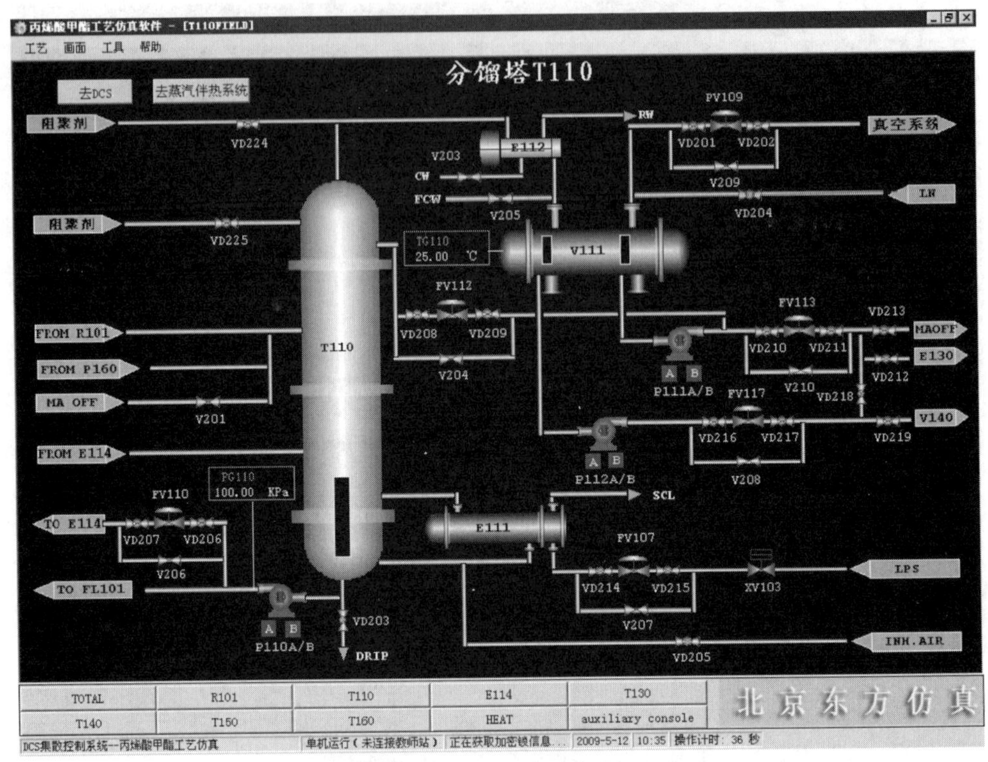

图 27-6 T110 仿现场图

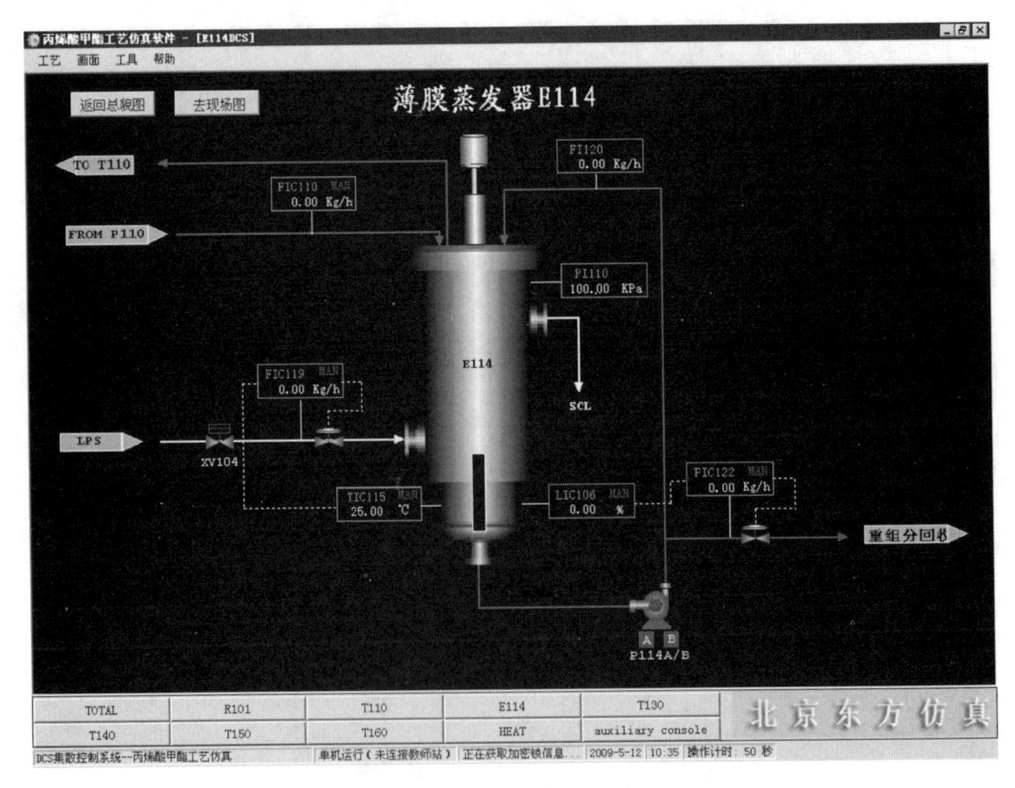

图 27-7 E114 仿 DCS 图

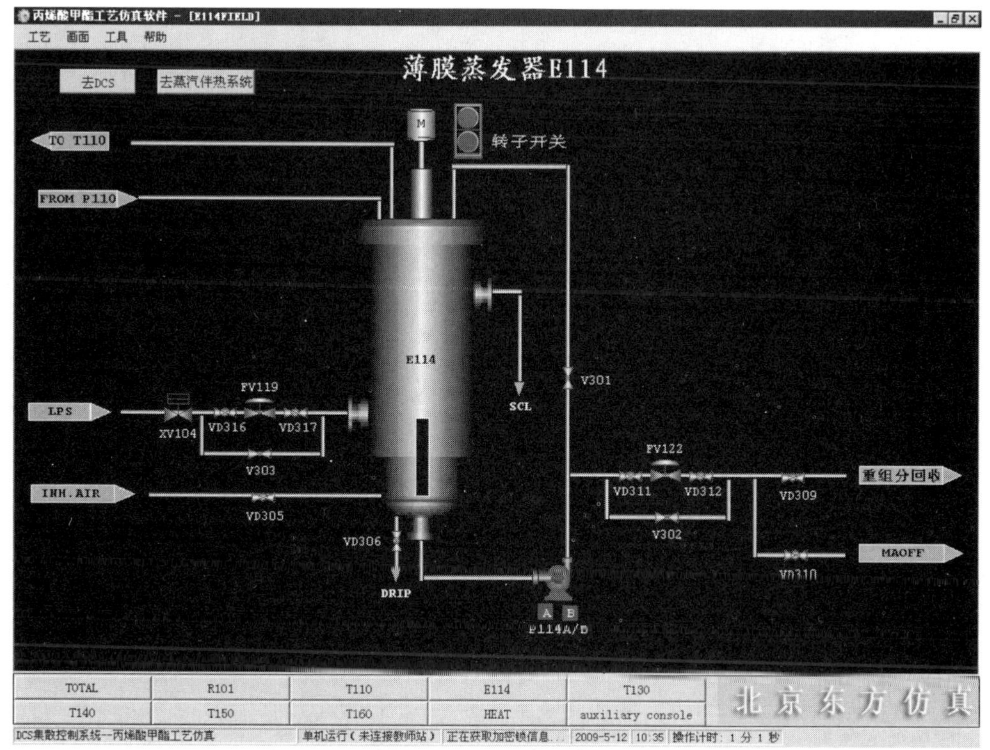

图 27-8 E114 仿现场图

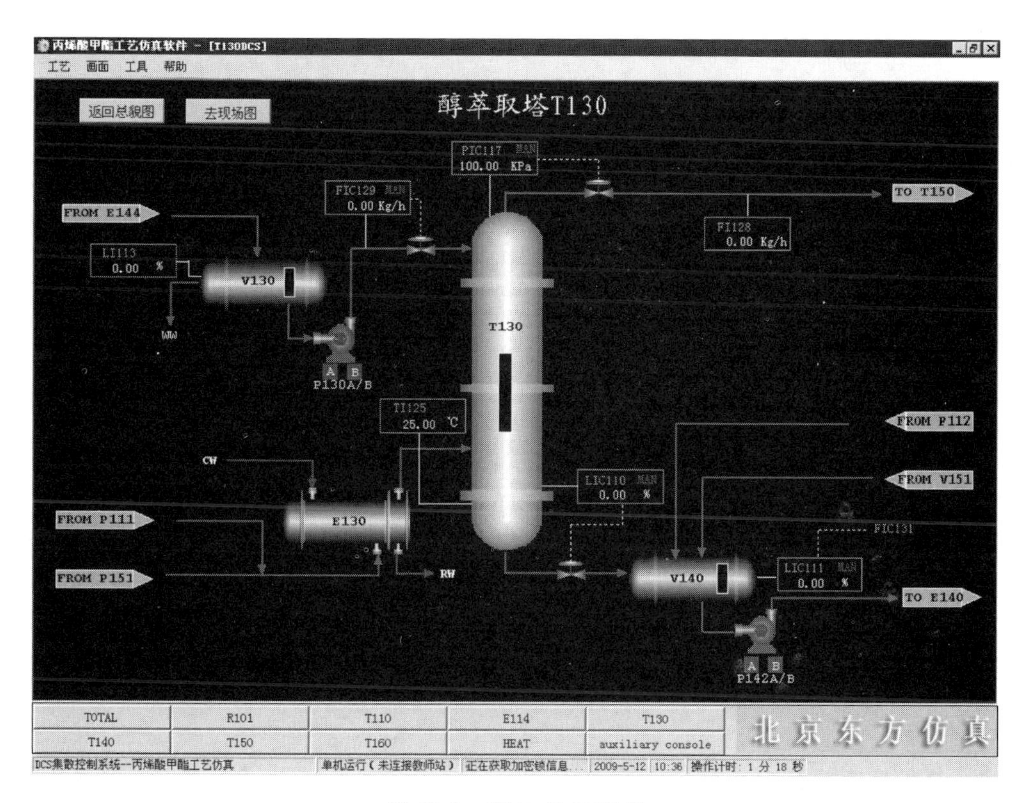

图 27-9 T130 仿 DCS 图

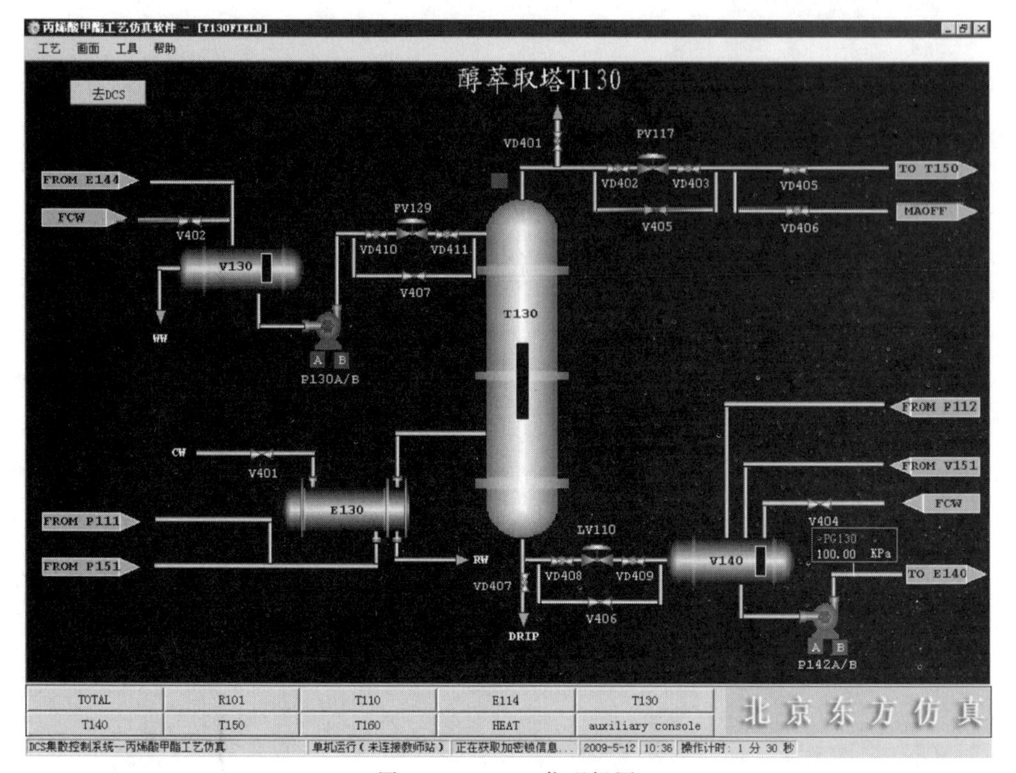

图 27-10 T130 仿现场图

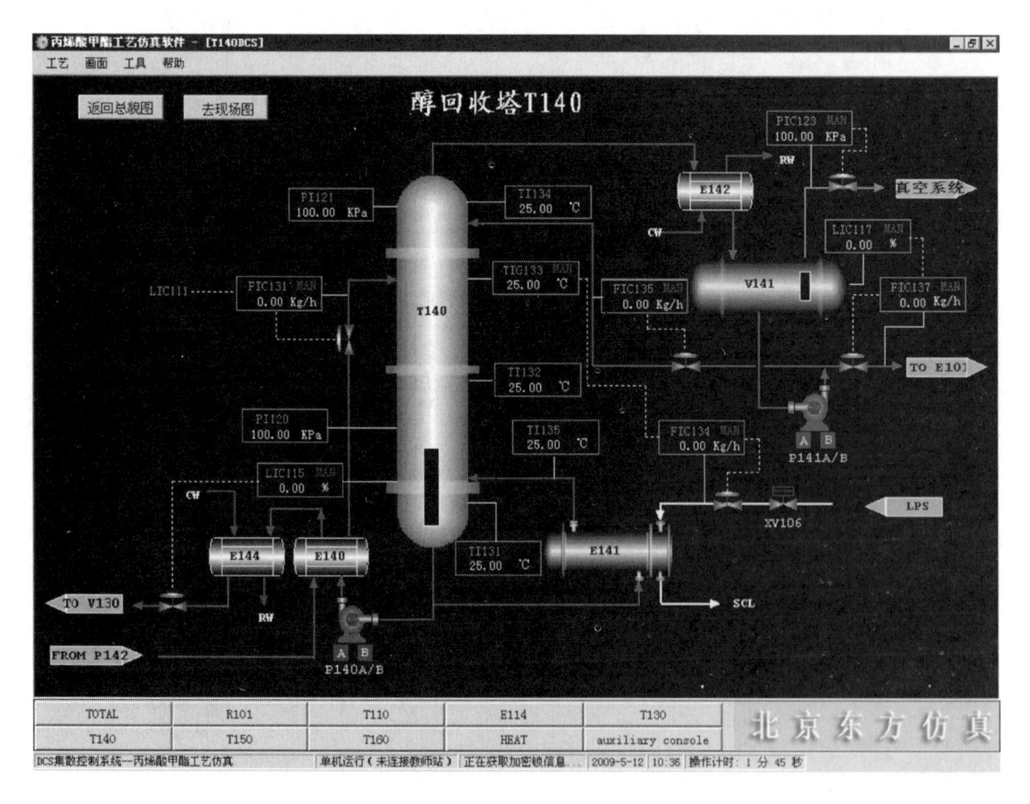

图 27-11 仿 T140 DCS 图

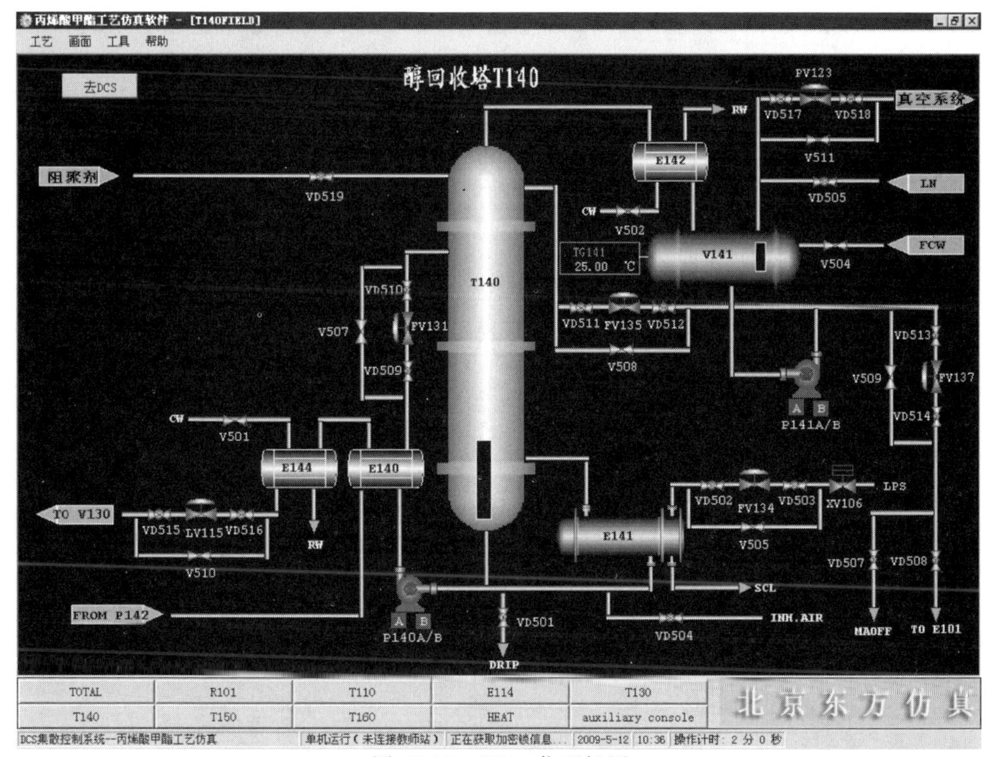

图 27-12 T140 仿现场图

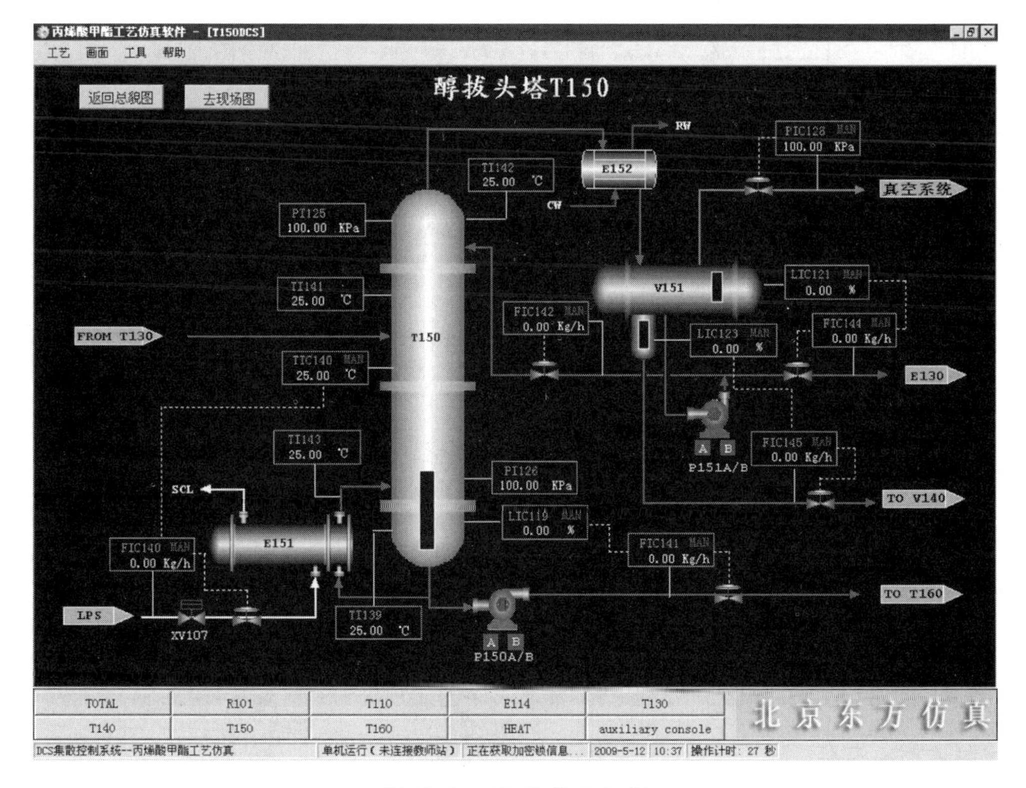

图 27-13 T150 仿 DCS 图

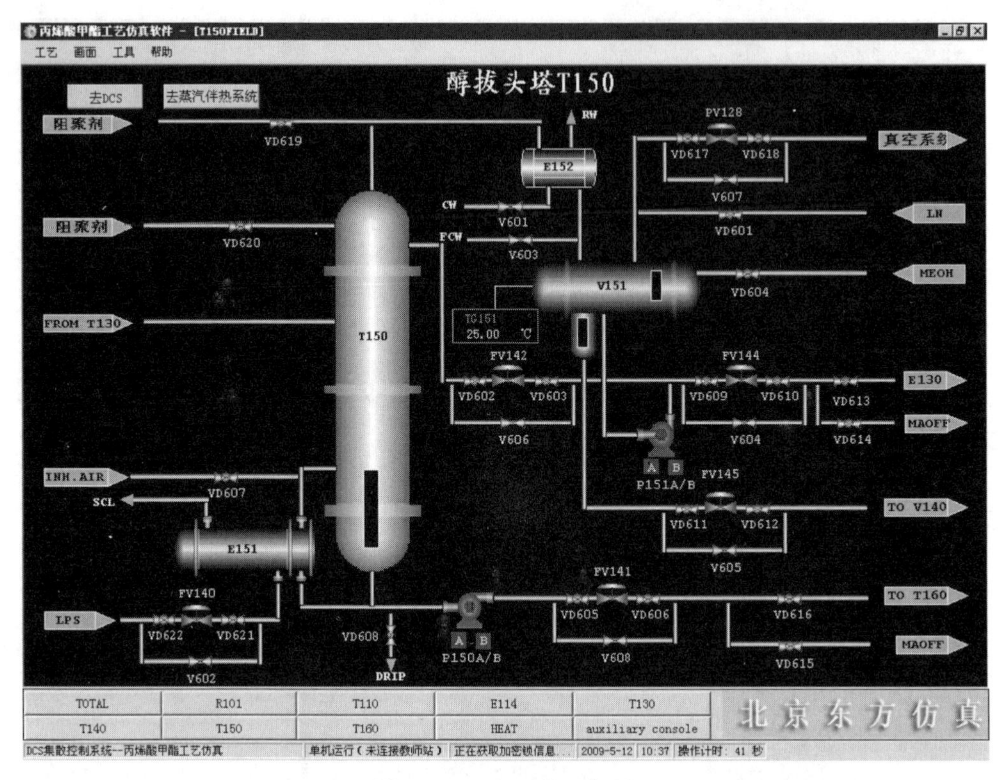

图 27-14　T150 仿现场图

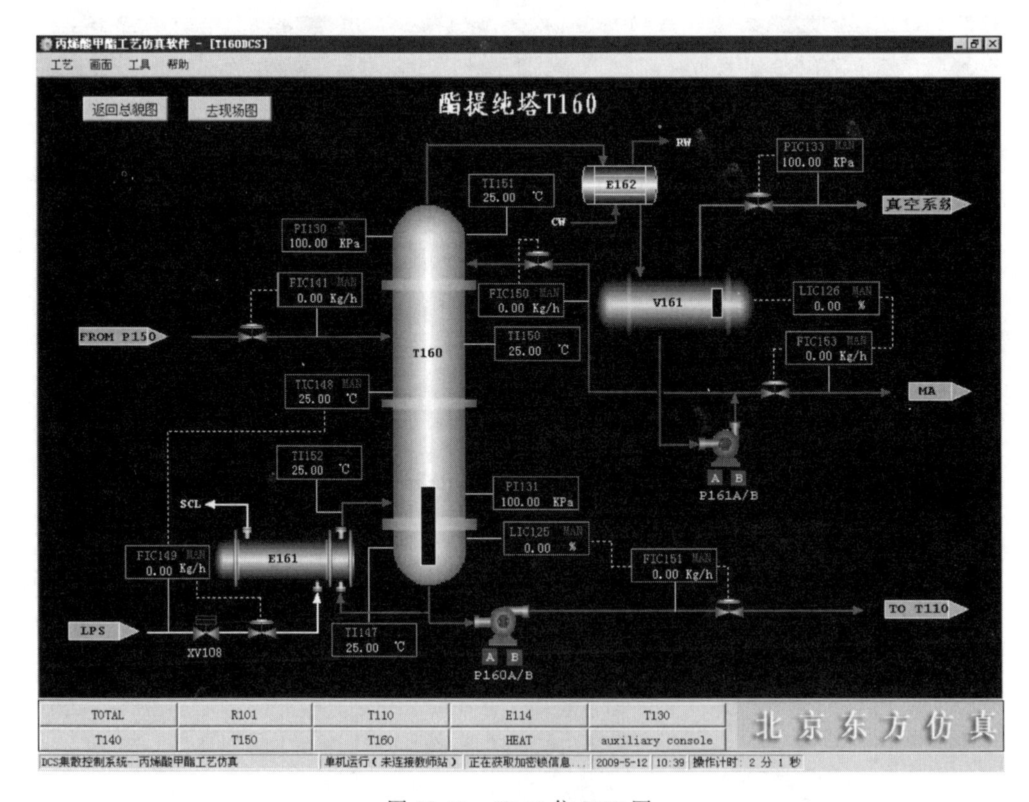

图 27-15　T160 仿 DCS 图

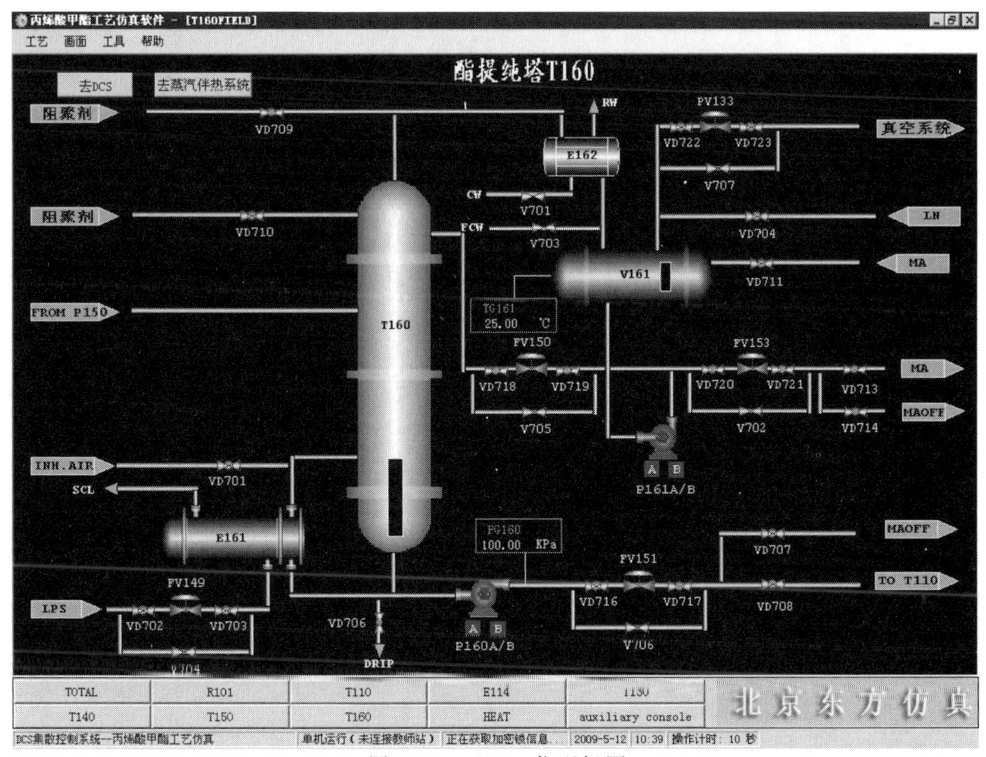

图 27-16　T160 仿现场图

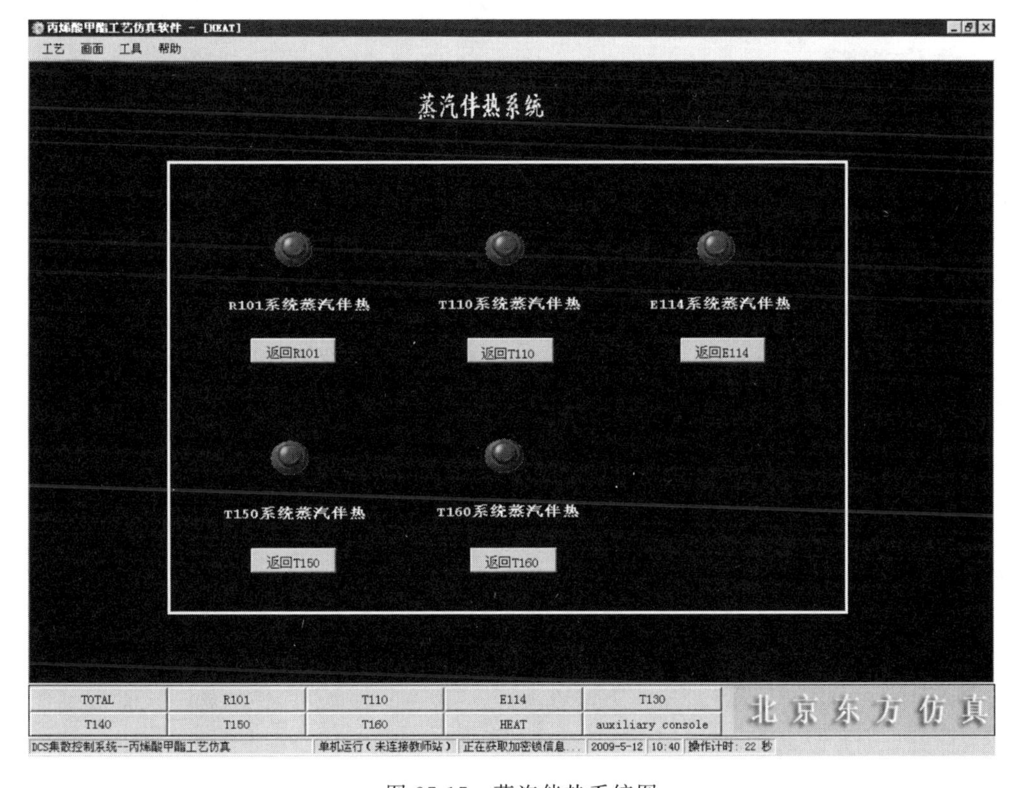

图 27-17　蒸汽伴热系统图

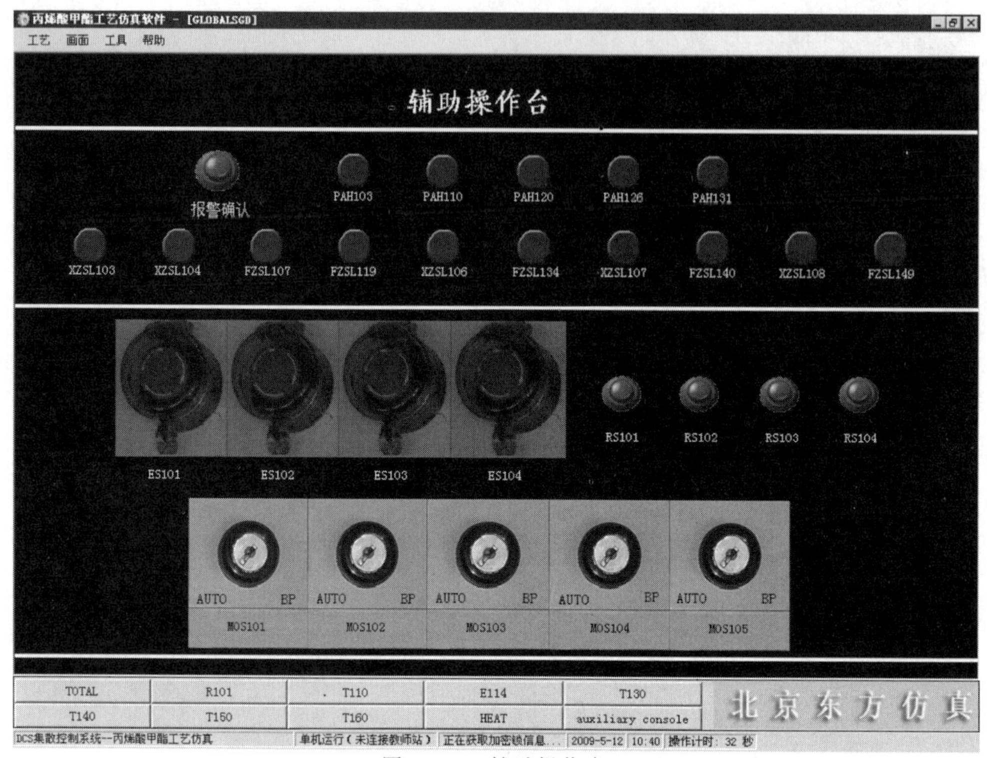

图 27-18 辅助操作台

27.7 操作规程

27.7.1 冷态开车操作规程

27.7.1.1 抽真空

① 打开压力控制阀 PV109 前阀 VD201。

② 打开压力控制阀 PV109 后阀 VD202。

③ 打开压力控制阀 PV109，给 T110 系统抽真空。

④ 打开压力控制阀 PV123 前阀 VD517，打开压力控制阀 PV123 后阀 VD518，打开压力控制阀 PV123，给 T140 系统抽真空。

⑤ 打开压力控制阀 PV128 前阀 VD617，打开压力控制阀 PV128 后阀 VD618，打开压力控制阀 PV128 给 T150 系统抽真空。

⑥ 打开压力控制阀 PV133 前阀 VD722，打开压力控制阀 PV133 后阀 VD723，打开压力控制阀 PV133，给 T160 系统抽真空。

⑦ 打开阀 VD205，T110 投用阻聚剂空气。

⑧ 打开阀 VD305，E114 投用阻聚剂空气。

⑨ 打开阀 VD504，T140 投用阻聚剂空气。

⑩ 打开阀 VD607，T150 投用阻聚剂空气。

⑪ 打开阀 VD701，T160 投用阻聚剂空气。

⑫ V141 罐压力稳定在 61.33kPa 后，将 PIC123 设置为自动。

⑬ V151 罐压力稳定在 61.33kPa 后，将 PIC128 设置为自动。

⑭ V111 罐压力稳定在 27.86kPa 后，将 PIC109 设置为自动。

⑮ V161 罐压力稳定在 20.7kPa 后，将 PIC133 设置为自动。

操作过程中，维持 V141 罐压力为 61.33kPa；维持 V151 罐压力为 61.33kPa；维持 V111 罐压力为 27.86kPa；维持 V161 罐压力为 20.7kPa。

27.7.1.2 T160、V161 脱水

① 打开阀 VD711，引产品 MA 洗涤回流罐 V161。

② 待 V161 液位达到 10%后，启动 P161A。

③ 打开控制阀 FV150 前阀 VD719、VD718，打开控制阀 FV150，引 MA 洗涤 T160。

④ 待 T160 底部液位达到 5%后，关闭 MA 进料阀 VD711。

⑤ 待 V161 中洗液全部引入 T160 后，关闭泵 P161A。

⑥ 关闭控制阀 FV150。

⑦ 打开 VD706，将废洗液排出。

⑧ 关闭 VD706，然后按照上述步骤重新给 V161、T160 引 MA。

27.7.1.3 T130、T140 建立水循环

① 打开 V130 顶部手阀 V402，引 FCW 到 V130。

② 待 V130 液位达到 25%后，启动 P130A。打开控制阀 FV129 前阀 VD410、后阀 VD411，打开控制阀 FV129，将水引入 T130。

③ 打开 T130 顶部排气阀 VD401，并通过排气阀观察 T130 是否装满水。

④ 待 T130 装满水后，关闭排气阀 VD401。

⑤ 打开控制阀 LV110 前阀 VD408、后阀 VD409，打开控制阀 LV110、向 V140 注水（可以同时打开 V404 阀补水）。

⑥ 待 V140 液位达到 25%后，启动 P142A。

⑦ 打开控制阀 FV131 前阀 VD509、后阀 VD510，打开控制阀 FV131，向 T140 引水。

⑧ 打开阀 V502，给 E142 投冷却水。

⑨ 待 T140 液位达到 25%后，打开蒸汽阀 XV106。

⑩ 打开控制阀 FV134 前阀 VD503、后阀 VD502，打开控制阀 FV134，给 E141 通蒸汽，控制 T140 塔底温度到 92℃。

⑪ 打开阀 V501，给 E144 投冷却水。

⑫ 启动 P140A。

⑬ 打开控制阀 LV115 前阀 VD516、后阀 VD515，打开控制阀 LV115，使 T140 底部液体经 E140、E144 排放到 V130。

⑭ 调整 V130 的 FCW 量，建立 T130 与 T140 水循环稳定后，关闭 FCW 手阀 V402。

⑮ T140 塔顶的水蒸气经 E142 冷却后进入 V141，当 V141 液位达到 25%后，启动 P141A。

⑯ 打开控制阀 FV135 前阀 VD512、后阀 VD511，打开控制阀 FV135，向 T140 打回流，控制 V141 液位在 65%左右。

27.7.1.4 R101 引粗液，并循环升温

① R101 进料前去伴热系统投用 R101 系统伴热。

② 打开控制阀 FV106 前阀 VD101、后阀 VD102，打开控制阀 FV106，将粗液（阀门开度为 60%）引入 R101。

③ 打开 R101 顶部排气阀 VD117 排气。

④ 待 R101 装满粗液后，关闭排气阀 VD117。

⑤ 打开 VD119。

⑥ 打开控制阀 PV101 前阀 VD125、后阀 VD124，打开控制阀 PV101，将粗液排出，保持粗液循环。

⑦ 打开控制阀 TV101 前阀 VD123、后阀 VD122，打开控制阀 TV101，向 E101 供给蒸汽。

⑧ 调节 PV101 的开度，控制 R110 压力 301kPa。

⑨ 调节 TV101 的开度，控制反应器入口温度为 75℃。

27.7.1.5 启动 T110 系统

① 打开阀 VD225，向 T110 加入阻聚剂。

② 打开阀 VD224，向 V111 加入阻聚剂。

③ 打开阀 V203，给 E112 投冷却水。

④ 打开阀 V401，给 E130 投冷却水。

⑤ T110 进料前去伴热系统投用 T110 系统伴热。

⑥ 待 R101 出口温度、压力稳定后，打开去 T110 手阀 VD118，将粗液引入 T110。

⑦ 关闭手阀 VD119。

⑧ 待 T110 液位达到 25%后，启动 P110A。

⑨ 打开 FL101A 前阀 VD111。

⑩ 打开 FL101A 后阀 VD113。

⑪ 打开控制阀 FV109 前阀 VD115、后阀 VD116，打开控制阀 FV109。

⑫ 打开 VD109，将 T110 底部物料经 FL101 排出。

⑬ 投用 E114 系统伴热。

⑭ 打开阀 XV103。

⑮ 打开控制阀 FV107 前阀 VD215、后阀 VD214，打开控制阀 FV107，控制 T110 塔底温度为 80℃。

⑯ 待 V111 油相液位 LIC103 液位达到 25%后，启动 P111A。

⑰ 打开控制阀 FV112 前阀 VD209、后阀 VD208，打开控制阀 FV112，给 T110 打回流。

⑱ 打开控制阀 FV113 前阀 VD210、后阀 VD211，打开控制阀 FV113。

⑲ 打开阀 VD213，将部分液体排出，控制液位稳定。

⑳ 待 V111 水相液位 LIC104 液位达到 25%后，启动泵 P112A。

㉑ 打开控制阀 FV117 前阀 VD216、后阀 VD217，打开控制阀 FV117。

㉒ 打开阀 VD218，将水排出，控制水相液位稳定。

㉓ 待 T110 液位稳定后，打开控制阀 FV110 前阀 VD206。

㉔ 打开控制阀 FV110 后阀 VD207。

㉕ 打开控制阀 FV110，将 T110 底部物料引至 E114。

㉖ 启动 P114A。

㉗ 打开阀 V301，向 E114 打循环。

㉘ 打开控制阀 FV122 前阀 VD311、后阀 VD312，待 E114 液位稳定后，打开控制阀 FV122。

㉙ 打开 VD310，将物料排出。

㉚ 按 MD101 按钮，启动 E114 转子。

㉛ 打开阀 XV104。

㉜ 打开控制阀 FV119 前阀 VD316、后阀 VD317，打开控制阀 FV119，向 E114 通入蒸汽 LP5S。

㉝ 待 E114 底部温度控制在 120.5℃后，关闭 VD310。

㉞ 打开 VD309，将不合格罐改至重组分回收。

㉟ 控制 TG110 温度为 36℃。

27.7.1.6 反应器进原料

① 打开手阀 VD105。

② 打开控制阀 FV104 前阀 VD121。

③ 打开控制阀 FV104 后阀 VD120。

④ 打开控制阀 FV104，新鲜原料进料流量为正常量的 80%（控制阀开度为 40%）。

⑤ 打开控制阀 FV101 前阀 VD103、后阀 VD104，打开控制阀 FV101，新鲜原料进料流量为正常量的 80%（控制阀开度为 40%）。

⑥ 关闭控制阀 FV106 及其前后阀，停止进粗液。

⑦ 打开阀 VD108，将 T110 底部物料打入 R101。

⑧ 同时关闭阀 VD109。

27.7.1.7 T130、T140 进料

① 打开手阀 VD519，向 T140 输送阻聚剂。

② 关闭阀 VD213。

③ 打开阀 VD212，由至不合格罐改至 T130。

④ T130 进油后顶部暂不排放，调整萃取水量，界位慢慢形成，控制界位 LIC110 在 50%。

⑤ 控制 V401 开度，调节 T125 温度为 25℃。

⑥ 打开控制阀 PV117 前阀 VD402、后阀 VD403，界位稳定后，打开控制阀 PV117。

⑦ 打开阀 VD406，将 T130 顶部物流排至不合格罐。

⑧ 调节 PV117，控制 T130 压力为 301kPa。

⑨ T130 底部排至 V140 水相增多，使 T140 的进料也相应增多，T140 底部温度会下降，及时调整再沸器蒸汽量，控制塔底温度 TI131 在 92℃。

⑩ 控制 TG141 温度为 40℃。

⑪ 打开控制阀 FV137 前阀 VD513、后阀 VD514，打开控制阀 FV137。

⑫ 打开 VD507，将 V141 中多余物料排至不合格罐。

⑬ 待 T140 稳定后，关闭 V141 去不合格罐手阀 VD507。

⑭ 打开 VD508，将物流引向 R101。

27.7.1.8 启动 T150

① 打开手阀 VD620，向 T150 供阻聚剂。

② 打开手阀 VD619，向 V151 供阻聚剂。

③ 打开 E152 冷却水阀 V601，E152 投用。

④ 打开 VD405，将 T130 顶部物料改至 T150。

⑤ 关闭去不合格罐手阀 VD406。

⑥ 投用 T150 蒸汽伴热系统。

⑦ 当 T150 底部液位达到 25%后，启动 P150A。

⑧ 打开控制阀 FV141。前阀 VD605、后阀 VD606，打开控制阀 FV141。

⑨ 打开手阀 VD615，将 T150 底部物料排放至不合格罐，控制好塔液面。

⑩ 打开阀 XV107。

⑪ 打开控制阀 FV140 前阀 VD621、后阀 VD622，打开控制阀 FV140。给 E151 引蒸汽。

⑫ 待 V151 液位达到 25%后，启动 P151A。

⑬ 打开控制阀 FV142 前阀 VD6030、后阀 VD602，打开控制阀 FV142。给 T150 打回流。

⑭ 打开控制阀 FV144 前阀 VD609、后阀 VD610，打开控制阀 FV144。

⑮ 打开阀 VD614，将部分物料排至不合格罐。

⑯ 打开控制阀 FV145 前阀 VD611、后阀 VD612，待 V151 水包出现界位后，打开 FV145 向 V140 切水。

⑰ 待 T150 操作稳定后，打开阀 VD613。

⑱ 关闭 VD614，将 V151 物料从不合格罐改至 T130。

⑲ 关闭阀 VD615。

⑳ 打开阀 VD616，将 T150 底部物料由至不合格罐改去 T160 进料。

㉑ 控制 TG151 温度为 40℃。

㉒ 控制塔底温度 TI139 为 71℃。

27.7.1.9 启动 T160

① 打开手阀 VD710，向 T160 供阻聚剂。

② 打开手阀 VD709，向 V161 供阻聚剂。

③ 打开阀 V701，E162 冷却器投用。

④ 投用 T160 蒸汽伴热系统。

⑤ 待 T160 液位达到 25%后，启动 P160A。

⑥ 打开控制阀 FV151 前阀 VD716、后阀 VD717，打开控制阀 FV151。

⑦ 打开 VD707，将 T160 塔底物料送至不合格罐。

⑧ 打开阀 XV108。

⑨ 打开控制阀 FV149 前阀 VD702、后阀 VD703，打开控制阀 FV149，向 E161 引蒸汽。

⑩ 待 V161 液位达到 25%后，启动 P161A。

⑪ 打开塔顶回流控制阀 FV150 打回流。

⑫ 打开控制阀 FV153 前阀 VD720、后阀 VD21，打开控制阀 FV153。

⑬ 打开阀 VD714，将 V161 物料送至不合格罐。

⑭ T160 操作稳定后，关闭阀 VD707。

⑮ 打开阀 VD708，将 T160 底部物料由至不合格罐改至 T110。

⑯ 关闭阀 VD714。

⑰ 打开阀 VD713，将合格产品由至不合格罐改至日罐。

⑱ 控制 TG161 温度为 36℃。

⑲ 控制塔底温度 TI147 为 56℃。

27.7.1.10 提负荷，质量评定

① 调整控制阀 FV101 开度，把 AA 负荷提高至 1841.36kg/h。

② 调整控制阀 FV104 开度，把 MEOH 负荷提高至 744.75kg/h。

③ 控制 FIC109 流量在 3037.3kg/h。

④ 控制 LIC103 液位稳定在 50%。

⑤ 控制 FIC113 流量稳定在 1962.79kg/h。

⑥ 控制 LIC104 液位在 50%。

⑦ 控制 FIC117 流量稳定在 1400kg/h。

⑧ 控制 LIC101 液位在 50%。

⑨ 控制 FIC110 流量稳定在 1518.76kg/h。

⑩ 控制 FIC112 流量稳定在 6746.34kg/h。

⑪ 控制 TIC108 温度为 80℃。

⑫ 控制 TIC115 温度为 120.5℃。

⑬ 控制 LIC106 液位在 50%。

⑭ 控制 FIC122 流量稳定在 74.24kg/h。

⑮ 控制 FIC129 流量稳定在 4144.91kg/h。

⑯ 控制 LIC111 液位在 50%。

⑰ 控制 FIC131 流量稳定在 5371.93kg/h。

⑱ 控制 LIC115 液位在 50%。

⑲ 控制 TIC133 温度为 81℃。

⑳ 控制 LIC117 液位在 50%。

㉑ 控制 FIC137 流量稳定在 779.16kg/h。

㉒ 控制 FIC135 流量稳定在 2210.8kg/h。

㉓ 控制 TIC140 温度为 70℃。

㉔ 控制 LIC119 液位在 50%。

㉕ 控制 FIC141 流量稳定在 2194.77kg/h。

㉖ 控制 FIC142 流量稳定在 2026.01kg/h。

㉗ 控制 LIC123 液位在 50%。

㉘ 控制 FIC145 流量稳定在 44.29kg/h。

㉙ 控制 LIC121 液位在 50%。

㉚ 控制 FIC144 流量稳定在 1241.50kg/h。

㉛ 控制 TIC148 温度 45℃。

㉜ 控制 LIC125 液位在 50%。

㉝ 控制 FIC151 流量稳定在 64.04kg/h。

㉞ 控制 FIC150 流量稳定在 3286.67kg/h。

㉟ 控制 LIC126 液位在 50%。

㊱ 控制 FIC153 流量稳定在 2191.08kg/h。

27.7.1.11 正常操作控制指标

正常工况下的工艺参数如表 27-5 所示。

表 27-5 正常工况下的工艺参数

序号	名称	仪表信号	单位	控制指标
1	丙烯酸进料量	FIC101	kg/h	1841.36
2	甲醇进料量	FIC104	kg/h	744.75
3	回收丙烯酸进料量	FIC109	kg/h	3037.31
4	T110 去 E114 流量	FIC110	kg/h	1518.76
5	T110 塔顶回流量	FIC112	kg/h	6746.34
6	E130 进料量	FIC113	kg/h	1962.79
7	V140 进料量	FIC117	kg/h	1400
8	重组分回收进料量	FIC122	kg/h	74.24
9	T130 塔顶进料量	FIC129	kg/h	4144.91
10	V140 输出量	FIC131	kg/h	5371.93
11	T140 塔顶回流量	FIC135	kg/h	2210.8
12	V141 去 E101 流量	FIC137	kg/h	779.16
13	T150 去 T160 输出量	FIC141	kg/h	2194.77
14	T150 塔顶回流量	FIC142	kg/h	2026.01
15	V151 去 E130 输出量	FIC144	kg/h	1241.50
16	V151 去 V140 输出量	FIC145	kg/h	44.29
17	T160 塔顶回流量	FIC150	kg/h	3286.67
18	T160 去 T110 输出量	FIC151	kg/h	64.04
19	甲酯输出量	FIC153	kg/h	2191.08
20	T110 液位	LIC101	%	50
21	V111 油相液位	LIC103	%	50
22	V111 水相液位	LIC104	%	50
23	E114 液位	LIC106	%	50
24	V140 液位	LIC111	%	50
25	T140 液位	LIC115	%	50
26	V141 液位	LIC117	%	50
27	T150 液位	LIC119	%	50
28	V151 油相液位	LIC121	%	50
29	V151 水相液位	LIC123	%	50
30	T160 液位	LIC125	%	50

续表

序　号	名　称	仪表信号	单　位	控制指标
31	V161 液位	LIC126	%	50
32	T110 塔釜温度	TIC108	℃	80
33	E114 底温度	TIC115	℃	120.5
34	T140 塔温	TIC133	℃	81
35	T150 塔温	TIC140	℃	70
36	T160 塔温	TIC148	℃	45

27.7.2 正常停车操作规程

27.7.2.1 停止供给原料

① 关闭控制阀 FV101 及其前后阀 VD103、VD104。

② 关闭控制阀 FV104 及其前后阀 VD120、VD121。

③ 关闭 TV101 及其前后阀 VD122、VD123，停止向 E101 供蒸汽。

④ 关闭手阀 VD713。

⑤ 同时打开阀 VD714，D161 产品出日罐切换至不合格罐。

⑥ 关闭阀 VD108，停止 T110 底部到 E101 循环的 AA。

⑦ 打开阀 VD109，将 T110 底部物料改去不合格罐。

⑧ 关闭阀 VD508，停从 T140 顶部到 E101 循环的醇。

⑨ 打开阀 VD507，将 T140 顶部物料改去不合格罐。

⑩ 关闭 VD118。

⑪ 同时打开阀 VD119，将 R110 出口由去 T110 改去不合格罐。

⑫ 去伴热系统，停 R110 伴热。

⑬ 当反应器温度降至 40℃，关闭阀 VD119，同时关闭 PV101 及前后阀。

⑭ 打开阀 VD110，将 R110 内的物料排出，直到 R110 排空。

⑮ 并打开 VD117，泄压。

⑯ 待压力达到常压后，关闭 VD117，并关闭 VD110。

27.7.2.2 停 T110 系统

① 关闭阀 VD224，即停止向 V111 供阻聚剂。

② 关闭阀 VD225，即停止向 T110 供阻聚剂。

③ 关闭阀 VD708，停止 T160 底物料到 T110。

④ 打开阀 VD707，将 T160 底部物料改去不合格罐。

⑤ 关闭阀 FV107 及其前后阀，即停止向 E111 供给蒸汽。

⑥ 去伴热系统，停 T110 蒸汽伴热。

⑦ 关闭手阀 V203。

⑧ 关闭控制阀 FV109 及其前后阀。

⑨ 关闭阀 VD212。

⑩ 同时打开阀 VD213，将 V111 出口物料切至不合格罐，同时适当调整 FV129 开度，

保证 T130 的进料量。

⑪ 待 V111 水相全部排出后，停 P112A/B。

⑫ 关闭控制阀 FV117 及其前后阀。

⑬ 关闭控制阀 FV110 及其前后阀，停止向 E114 供物料

⑭ 关闭阀 V301，停止 E114 自身循环。

⑮ 关闭控制阀 FV119，停止向 E114 供给蒸汽。

⑯ 去伴热系统，停 E114 蒸汽伴热。

⑰ 停止 E114 的转子。

⑱ 关闭阀 VD309，同时打开阀 VD310，将 E114 底部物料改至不合格罐。

⑲ 将 V111 油相全部排出后，停 P111A。

⑳ 将 P111A/B 出口（V111 油相侧物料）到 E130 阀 FV113 关闭，关闭 FV112。

㉑ 打开阀 VD203，将 T110 底物料排放出。

㉒ 打开阀 VD306，将 E114 底物料排放出。

㉓ 待 T110 底物料排尽后，停止 P110A，关闭 VD203，FV109，VD109。

㉔ 待 E114 底物料排尽后，停止 P114A，关闭 FV122，VD306。

27.7.2.3 T150 和 T160 停车

① 关闭阀 VD619，即停止向 V151 供阻聚剂。

② 关闭阀 VD709，即停止向 V161 供阻聚剂。

③ 关闭阀 VD620，即停止向 T150 供阻聚剂。

④ 关闭阀 VD710，即停止向 T160 供阻聚剂。

⑤ 停 T150 进料，关闭进料阀 VD405。

⑥ 同时打开阀 VD406，将 T130 出口物料排至不合格罐。

⑦ 停 T160 进料，关闭进料阀 VD616。

⑧ 同时打开阀 VD615，将 T150 出口物料排至不合格罐。

⑨ 关闭阀 VD613。

⑩ 打开阀 VD614，将 V151 油相改至不合格罐。

⑪ 关闭控制阀 FV140，停向 E151 供给蒸汽。

⑫ 同时停 T150 蒸汽伴热，关闭 V601，并关闭 PV128。

⑬ 关闭控制阀 FV149，停向 E161 供给蒸汽。

⑭ 同时停 T160 的蒸汽伴热，关闭 V701，并关闭 PV133。

⑮ 将 V151 水包水排净后将 V151 去 V140 阀 FV145 关闭。

⑯ 待回流罐 V151 的物料全部排至 T150 后，停 P151A，关闭 FV144，FV142，VD614。

⑰ 待回流罐 V161 的物料全部排至 T160 后，停 P161A，关闭 FV153，FV150，VD714。

⑱ 打开阀 VD608，将 T150 底物料排放出。

⑲ 打开阀 VD706，将 T160 底物料排放出。

⑳ T150 底部物料排空后，停 P150A，关闭 VD608，FV141，VD615。

㉑ T160 底部物料排空后，停 P160A，关闭 VD706，FV151，VD707。

27.7.2.4 T130 和 T140 停车

① 关闭阀 VD519，即停止向 T140 供阻聚剂。

② 当 T130 顶油相全部排出后，停 P130A 泵，关闭控制阀 FV129，停 T130 萃取水，T130 内的水经 V140 全部去 T140。

③ 关闭控制阀 PV117。

④ 关闭控制阀 FV134，停向 E141 供给蒸汽，关闭 V502，PV123。

⑤ 待 V141 物料全部排出后，停泵 P141A，关闭 FV137，FV135，VD507。

⑥ 关闭 LV110，停泵 P142A，并关闭 FV131。

⑦ 打开 VD501 给 T140 排液。

⑧ 待 T140 物料全部排出后，停泵 P140A，关闭 VD501，LV115。

⑨ 打开阀 VD407 给 T130 排液。

⑩ 待 T130 物料全部排出后，关闭 VD407。

27.7.2.5 T110、T140、T150、T160 系统打破真空

① 关闭阀 VD205，T110 停止供应阻聚剂空气。

② 关闭阀 VD305，E114 停止供应阻聚剂空气。

③ 关闭阀 VD504，T140 停止供应阻聚剂空气。

④ 关闭阀 VD607，T150 停止供应阻聚剂空气。

⑤ 关闭阀 VD701，T160 停止供应阻聚剂空气。

⑥ 打开阀 VD204，向 V111 充入 LN。

⑦ 打开阀 VD505，向 V141 充入 LN。

⑧ 打开阀 VD601，向 V151 充入 LN。

⑨ 打开阀 VD704，向 V161 充入 LN。

⑩ 直至 T110 系统达到常压状态，关闭阀 VD204，停 LN。

⑪ 直至 T140 系统达到常压状态，关闭阀 VD505，停 LN。

⑫ 直至 T150 系统达到常压状态，关闭阀 VD601，停 LN。

⑬ 直至 T160 系统达到常压状态，关闭阀 VD704，停 LN。

27.7.3 事故设置及处理

27.7.3.1 停电

(1) 停止进料

① 关闭控制阀 FV101，停 AA 进料。

② 关闭控制阀 FV104，停 MEOH 进料。

(2) 停蒸汽

① 关闭控制阀 TV101，停 E101 蒸汽。

② 关闭控制阀 FV107，停 E111 蒸汽。

③ 关闭控制阀 FV119，停 E114 蒸汽。

④ 关闭控制阀 FV134，停 E141 蒸汽。

⑤ 关闭控制阀 FV140，停 E151 蒸汽。

⑥ 关闭控制阀 FV149，停 E161 蒸汽。

(3) 停系统伴热

① 去蒸汽伴热系统停 R101 系统伴热。

② 去蒸汽伴热系统停 T110 系统伴热。

③ 去蒸汽伴热系统停 E114 系统伴热。

④ 去蒸汽伴热系统停 T150 系统伴热。

⑤ 去蒸汽伴热系统停 T160 系统伴热。

（4）去现场关闭泵及其前后阀

① 去现场关闭 P110A 泵及其前后阀 VD232、VD233。

② 去现场关闭 P111A 泵及其前后阀 VD220、VD221。

③ 去现场关闭 P112A 泵及其前后阀 VD226、VD227。

④ 去现场关闭 P114A 泵及其前后阀 VD311、VD312。

⑤ 去现场关闭 P130A 泵及其前后阀 VD402、VD403。

⑥ 去现场关闭 P142A 泵及其前后阀 VD408、VD409。

⑦ 去现场关闭 P140A 泵及其前后阀 VD509、VD510。

⑧ 去现场关闭 P141A 泵及其前后阀 VD511、VD512。

⑨ 去现场关闭 P150A 泵及其前后阀 VD621、VD622。

⑩ 去现场关闭 P151A 泵及其前后阀 VD623、VD624。

⑪ 去现场关闭 P160A 泵及其前后阀 VD715、VD716。

⑫ 去现场关闭 P161A 泵及其前后阀 VD717、VD718。

（5）关闭 E114 搅拌器开关 MD101。

（6）停止抽真空

① 关闭控制阀 PV109，停止 T110 抽真空。

② 关闭控制阀 PV123，停止 T140 抽真空。

③ 关闭控制阀 PV128，停止 T150 抽真空。

④ 关闭控制阀 PV133，停止 T160 抽真空。

（7）关闭阻聚剂手阀

① 关闭 V111 阻聚剂手阀 VD224。

② 关闭 T110 阻聚剂手阀 VD225。

③ 关闭 T110 阻聚剂空气手阀 VD205。

④ 关闭 E114 阻聚剂空气手阀 VD305。

⑤ 关闭 T140 阻聚剂手阀 VD519。

⑥ 关闭 T140 阻聚剂空气手阀 VD504。

⑦ 关闭 V151 阻聚剂手阀 VD619。

⑧ 关闭 T150 阻聚剂手阀 VD620。

⑨ 关闭 T150 阻聚剂空气手阀 VD607。

⑩ 关闭 V161 阻聚剂手阀 VD709。

⑪ 关闭 T160 阻聚剂手阀 VD710。

⑫ 关闭 T160 阻聚剂空气手阀 VD701。

27.7.3.2 停仪表风

① 停止 E114 转子 MD101。

② 打开 VD714，将 V161 出口物料排至不合格罐。

③ 关闭 VD713。

④ 关闭 FV101，停止 AA 进料。

⑤ 关闭 FV104，停止 MEOH 进料。

⑥ 关闭蒸汽加热：

- 关闭 E101 的蒸汽加热控制阀 TV101。
- 关闭 E111 的蒸汽加热控制阀 FV107。
- 关闭 E114 的蒸汽加热控制阀 FV119。
- 关闭 E141 的蒸汽加热控制阀 FV134。
- 关闭 E151 的蒸汽加热控制阀 FV140。
- 关闭 E161 的蒸汽加热控制阀 FV149，然后按正常停车处理。

27.7.3.3 停蒸汽

同停仪表风操作。

27.7.3.4 原料中断

① 关闭 FV101 及其前后阀。

② 迅速打开 FV101 的旁路阀 V101，并将压力、温度、液位等调节至正常。

③ 调整 V101 开度，控制反应器压力为 301kPa。

④ 控制反应器入口温度为 75℃。

27.7.3.5 T110 塔压增大

① 关闭 PV109 及其前后阀。

② 迅速打开 FV101 的旁路阀 V209，并将压力、温度、液位等调节至正常。

③ 控制 V111 罐压力为 27.86kPa。

27.7.3.6 原料供应不足

① 关闭 FV104 及其前后阀。

② 迅速打开 FV104 的旁路阀 V104，并将压力、温度、液位等调节至正常。

③ 调整 V104 开度，控制反应器压力为 301kPa。

④ 控制反应器入口温度为 75℃。

27.7.3.7 P110A 泵坏

① 迅速打开 P110B 泵入口阀 VD234，启动 P110B 泵，打开 P110B 泵出口阀 VD235。

② 关闭 P110A 泵出口阀 VD233，停止 P110A 泵，关闭 P110A 泵入口阀 VD232。

③ 控制 LIC101 液位在 50%。

④ 控制 LIC103 液位在 50%。

⑤ 控制 LIC104 液位在 50%。

⑥ 控制 LIC106 液位在 50%。

27.7.3.8 P111A/B 泵坏

同正常停车操作。

27.7.3.9 换热器 E140 故障

同正常停车操作。

27.7.3.10 V161 罐漏

同正常停车操作。

思 考 题

1. 提高丙烯酸甲酯收率的方法有哪些？
2. 离子交换树脂催化甲酯反应的特点有哪些？
3. 试述丙烯酸甲酯生产的工艺流程。
4. 丙烯酸甲酯粗品的分离是采用什么方法？为什么？
5. 为什么循环使用未反应的甲醇和丙烯酸？生产中都采取了哪些措施？
6. 精制部分的主要设备有哪些？
7. 甲酯生产过程中应注意控制哪些指标？
8. 生产过程中，如丙烯酸甲酯质量不合格应如何处理？

28

聚氯乙烯生产工艺

28.1 实训目的

通过聚氯乙烯（简称 PVC）生产工艺仿真实训，学生能够：

① 理解聚氯乙烯生产的原理、工艺流程。

② 掌握该系统的工艺参数调节方法及控制。

③ 能熟练进行聚氯乙烯生产冷态开车操作。

28.2 工艺原理

氯乙烯（简称 VC 或 VCM）悬浮聚合反应，属于自由基型聚合反应过程，反应式如下：

$$n(CH_2{=}CHCl) \longrightarrow \left[CH_2-\underset{\displaystyle Cl}{\underset{|}{CH}} \right]_n \quad \Delta H = -96.3kJ/mol$$

氯乙烯聚合过程反应的活性中心是自由基，其反应机理分为链引发、链增长和链终止几个步骤，此外还可能伴有链转移反应。

28.3 生产原料

28.3.1 主要原料

主要原料为氯乙烯单体，分子式为：C_2H_3Cl，结构式：

H　　H
C═C
H　　Cl

氯乙烯分子中，有一个双键和一个氯原子，化学反应大都发生在这两个部位。

28.3.2　辅助原料

（1）脱盐水　水在氯乙烯悬浮聚合的作用是使VCM液滴中的反应热传到釜壁和冷却挡板面移出，降低PVC浆料的黏度，使搅拌和聚合后的产品输送变得更加容易，同时也是一种分散剂，影响着PVC颗粒形态。

（2）分散剂　稳定由搅拌形成的单体油滴，并阻止油滴相互聚集或合并。

（3）消泡剂　消泡剂是一种非离子表面活性剂，在配制分散剂溶液时加入，可保证分散剂溶液配制过程中以及以后的加料、反应过程中不至于产生泡沫，从而影响传热及造成管路堵塞。

（4）引发剂　引发剂的选择对PVC的生产来说是至关重要的，主要考虑的因素有：活性、水溶性、水解性、黏釜性、毒性、贮存条件和价格等。

（5）缓冲剂　主要中和聚合体系中的H^{+}，保证聚合反应在中性体系中进行，并提供Ca^{2+}，增加分散剂的保胶和分散能力，使PVC树脂具有较高的孔隙率。

（6）终止剂　加入终止剂使反应减慢或完全终止。在聚合反应达到理想的转化率，或因其他设备原因等需要立即终止聚合反应时，都可以加入终止剂。

（7）涂壁剂　可以减轻氯乙烯单体在聚合过程中的黏釜现象。

（8）链转移剂　用来调节聚氯乙烯分子量和降低聚合反应温度。

28.4　工艺流程

本仿真流程采用悬浮聚合法。将各种原料与助剂加入反应器（又称聚合釜）内在搅拌下充分均匀分散，然后加入适量的引发剂开始反应，并不断地向反应器的夹套和挡板通入冷却水，达到移出反应热的目的，当氯乙烯转化成聚氯乙烯的百分率达到一定时，出现一个适当的压降，即终止反应出料，反应完成后的浆料经汽提分离出内含氯乙烯后送到干燥工序脱水干燥。

聚氯乙烯生产过程由聚合、汽提、脱水干燥、氯乙烯回收系统等部分组成，同时还包括主料、辅料供给系统，真空系统等，其生产流程见图28-1。

28.4.1　进料、聚合

首先向反应器内注入脱盐水，启动反应釜搅拌，加入引发剂如偶氮类、过氧化物类。接下来加入分散剂。对反应器加热到预定温度后加入氯乙烯，氯乙烯单体包括两部分，一是来自氯乙烯车间的新鲜氯乙烯，二是聚合反应后回收的未反应的氯乙烯。控制反应时间和反应温度，当反应器内的聚合反应进行到比较理想的转化率时，加入终止剂使反应立即终止。（当聚合反应特别剧烈而难以控制时，或是釜内出现异常情况，或者设备出现异常都可加入终止剂使反应减慢或是完全终止。）

反应生成物称为浆料，转入下道工序，并放空反应器，用水清洗反应器后在密闭条件下进行涂壁操作，涂壁剂溶液在蒸汽作用下被雾化，冷凝在反应器的釜壁和挡板上，形成一层疏油亲水的膜，从而减轻了单体在聚合反应过程中的黏釜现象，然后重新投料生产。

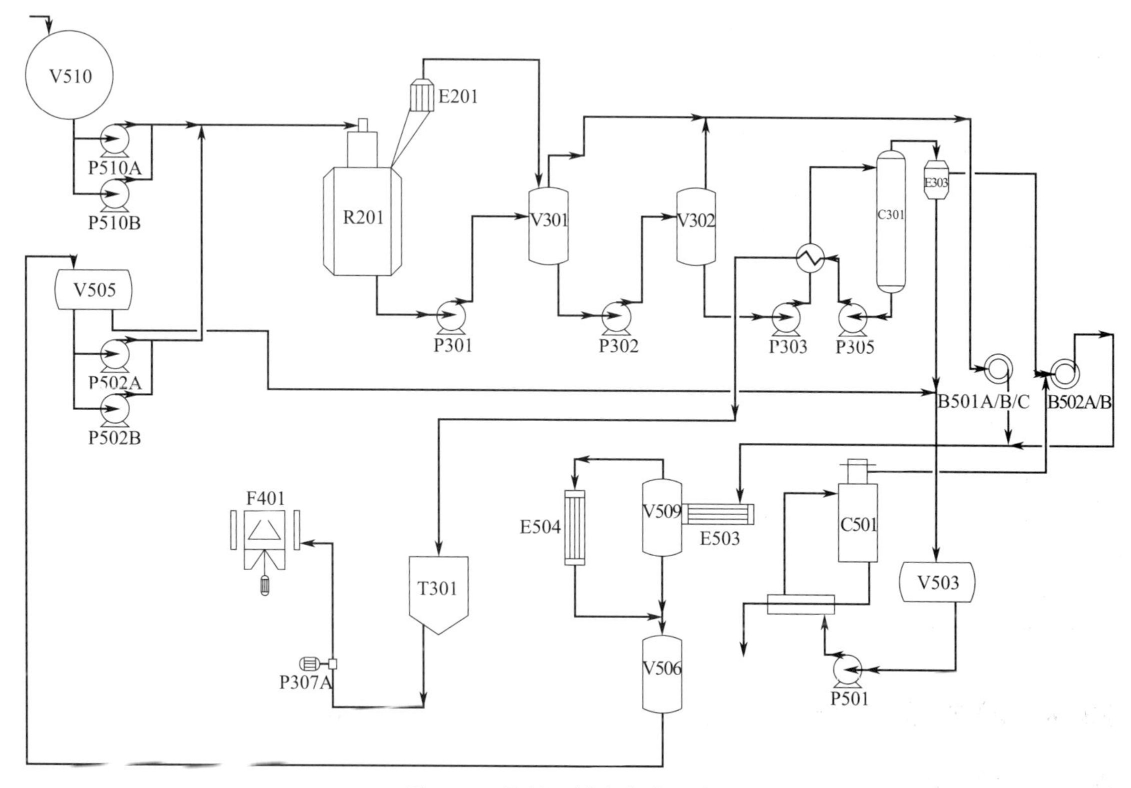

图 28-1 聚氯乙烯生产流程总图

28.4.2 汽提

反应后的 PVC 浆料由反应器送至浆料槽，再由汽提塔加料泵送至汽提工序。蒸汽总管来的蒸汽对浆料中的 VCM 进行汽提。浆料供料进入到一个热交换器中，并在热交换器中被从汽提塔底部来的热浆料预热。氯乙烯单体随汽提汽从浆料中带出。汽提汽冷凝后，排入气柜或去聚合工序回收压缩机，不合格时排空。冷凝水送至聚合工序废水汽提塔。

28.4.3 干燥

汽提后的浆料进入脱水干燥系统，以离心方式对物料进行甩干，由浆料管送入的浆料在强大的离心作用下，密度较大的固体物料沉入转鼓内壁，在螺旋输送器推动下，由转鼓的前端进入 PVC 储罐，母液排入沉降池。

28.4.4 氯乙烯回收

生产系统中，含氯乙烯的气体均送入气柜暂存贮，气柜的气体经泵送入水分离器，分出液相和气相，液相为水，内含有氯乙烯再送到汽提塔。气相为氯乙烯和氮气进入液化器，经加压冷凝使氯乙烯液化，液相氯乙烯送氯乙烯单体贮槽，不液化的气体外排。

28.5 主要设备

聚氯乙烯生产中主要设备见表 28-1。

表 28-1 聚氯乙烯生产主要设备

设备位号	设备名称	设备位号	设备名称
V510	新鲜氯乙烯储罐	V508	密封水分离器
V506	回收氯乙烯储罐	V503	废水储罐
P510	新鲜氯乙烯加料泵	P501	废水进料泵
P502	回收氯乙烯加料泵	E501	废水热交换器
R201	反应器(聚合釜)	C501	废水汽提塔
P301	浆料输送泵	E503	氯乙烯回收冷凝器
V301	出料槽	E504	氯乙烯二级冷凝器
P302	出料槽浆料输送泵	V509	RVCM 缓冲罐
V302	汽提塔进料槽	T301	浆料混合槽
P303	气体塔加料泵	F401	离心分离机
C301	浆料汽提塔	P307	离心进料泵
P305	汽提塔底泵	B201	真空泵
E301	浆料热交换器	V203	真空分离罐
E303	塔顶冷凝器	E201	蒸汽净化冷凝器
B501	间歇回收压缩机	T901	脱盐水罐
B502	连续回收压缩机	P901A/B,P902A/B,P903A/B	脱盐水泵
V507	密封水分离器		

28.6 调节器、显示仪表、现场阀及复杂控制说明

28.6.1 调节器

聚氯乙烯生产中所用调节器见表 28-2。

表 28-2 聚氯乙烯生产调节器

位号	被控调节阀	正常值	单位	位号	被控调节阀	正常值	单位
LICA1001	LV1001	40	%	FIC2001	FV2001	51288	kg/h
LIC2003	LV2003	40	%	FIC2002		5	t/h
LIC2004	LV2004	30	%	TIC1002		64	℃
LIC6001	LV6001	30	%	TIC1003	TV1003A	30	℃
LIC6002	LV6002	50	%	PIC2010	PV2010	0.5	MPa
LIC4001	LV4001	40	%				

28.6.2 显示仪表

聚氯乙烯生产中所用显示仪表见表 28-3。

表 28-3 聚氯乙烯生产显示仪表

位号	显示变量	正常值	单位	位号	显示变量	正常值	单位
LI6002	回收 VCM 贮罐液位显示	50	%	FI3004	C501 加热蒸汽流量	6	t/h
LI1002	反应器(聚合釜)液位显示	60	%	TI2001	V301 进料温度	64	℃
LI2001	出料槽液位显示	60	%	TI2002	V302 进料温度	64	℃
LI2002	汽提塔进料槽液位显示	60	%	TI2003	C301 进料温度	90	℃
LI3005	废水汽提塔液位控制	30	%	TI2005	C301 温度	110	℃
LI5001	浆料混合槽液位显示	30	%	TI2006	V507 温度	64	℃
FI1001	反应器(聚合釜)进料流量显示	143	t/h	TI2007	V508 温度	64	℃
FIA1003	浆料去出料槽流量	513	t/h	TI3006	C501 温度	90	℃
FI3003	废水汽提塔	5	t/h	PI1001	新鲜 VCM 贮罐压力显示	0.2	MPa

续表

位号	显示变量	正常值	单位	位号	显示变量	正常值	单位
PI1005	反应器(聚合釜)压力显示	0.7～1.2	MPa	PI2011	B502 出口压力	1.2	MPa
PI2001	P301 出口压力	1.2	MPa	PI2012	V507 压力	0.56	MPa
PI2002	V301 压力	0.5	MPa	PI2013	B501 压力	1.2	MPa
PI2003	P302 出口压力	1.2	MPa	PI2014	V508 压力	0.56	MPa
PI2004	V302 压力	0.5	MPa	PI3001	V503 压力	0.5	MPa
PI2006	P303 出口压力	1	MPa	PI3007	C501 压力	0.6	MPa
PI2007	P305 出口压力	2	MPa	PI6001	V509 压力	0.5	MPa
PI2009	C301 压力	0.5	MPa				

28.6.3 现场阀

聚氯乙烯生产中所用现场阀见表 28-4。

表 28-4 聚氯乙烯生产现场阀

位号	名称	位号	名称
VA1003	进反应器 R201 N_2 阀门	XV1006	反应器涂壁剂加入阀
VA1004	泵 P510 前阀	XV1007	反应器 R201 缓冲剂加入阀门
VA1005	泵 P510 后阀	XV1008	反应器 R201 终止剂加入阀门
VA1006	泵 P201 后阀	XV1010	V510 出口阀门
VA2002	V302 至 B201 抽真空阀	XV1014	VCM 入口管线阀门
VA2003	V301 至 B201 抽真空阀	XV1015	蒸汽入口阀
VA2005	V301 进 N_2 阀门	XV1016	R201 至 B201 抽真空阀
VA2007	V302 进 N_2 阀门	XV1017	反应器 R201 向 V301 泄压阀
VA2011	压缩机 B502 后阀	XV1018	反应器 R201 出料阀
VA2012	B501 后阀	XV2003	V301 消泡剂注入阀
VA2014	泵 P301 前阀	XV2006	V301 入口阀
VA2015	泵 P301 后阀	XV2007	V301 出料阀
VA2016	泵 P302 前阀	XV2010	V302 进口阀门
VA2017	泵 P302 后阀	XV2013	V302 向 V303 泄压阀
VA2018	泵 P303 前阀	XV2014	V302 出料阀
VA2019	泵 P303 后阀	XV2018	C301 进口阀
VA2020	泵 P305 前阀	XV2019	C301 出料阀
VA2021	泵 P305 后阀	XV2023	C301 至 T301 出料阀
VA3001	V503 出口阀	XV2024	压缩机 B502 前阀
VA3004	C501 向 V509 泄压阀	XV2027	V303 出口阀
VA7001	T901 进水阀	XV2028	B501 前阀
VA7002	泵 P901A 前阀	XV2032	V508 注水阀门
VA7004	泵 P902A 前阀	XV2034	V507 注水阀门
VA7006	泵 P901A 后阀	XV3003	V503 向 V509 泄压阀
VA7008	泵 P902A 去往 V203 后阀	XV4004	V203 加水阀门
VA7010	脱盐水去往 V508 阀门	XV5002	T301 出料阀
VA7011	脱盐水去往 V507 阀门	XV5003	F401 入口阀
XV1001	反应器 R201 注水阀门	VD4001	E201 进水阀
XV1004	反应器 R201 引发剂加入阀门	VD6003	换热器 E504 冷水阀
XV1005	反应器 R201 分散剂加入阀门	VD6004	换热器 E503 冷水阀

28.6.4 复杂控制

反应器的温度控制，是一个串级调节系统。聚合反应温度是由一个可将信号传送聚合反应温度调节器的热电阻体测得的，这个调节器可以在所测得的温度与调节器的设定点的差值的基础上产生一个反作用输出信号，因为这个信号是个反作用信号，所以较高的信号说明反应器要求冷却水量较少，反之，较低信号说明反应器要求冷却水量较多。反应器温度调节器输出信号是分成几个梯度的，这样当聚合反应放热量较少时，即调节器输出信号在较高的区域时，这个输出信号即可输送到挡板调节阀，并进一步送到副调节器即夹套水温调节器。

聚合反应温度调节器可以将挡板冷却水调节阀持续打开，直到达到最大经济流量设定点为止。当聚合反应放热量较高时，反应器温度调节器输出信号就会处在要求高冷却水量的范围中即低输出信号区域内，然后，这个反应器调节器的输出信号作为一个设定点，输入到副调节器上，这个调节器就会去检测夹套出口水温，打开夹套调节阀，直到达到温度设定点为止。

28.7 流程图画面

本工艺仿真系统流程图画面见图 28-2～图 28-16。

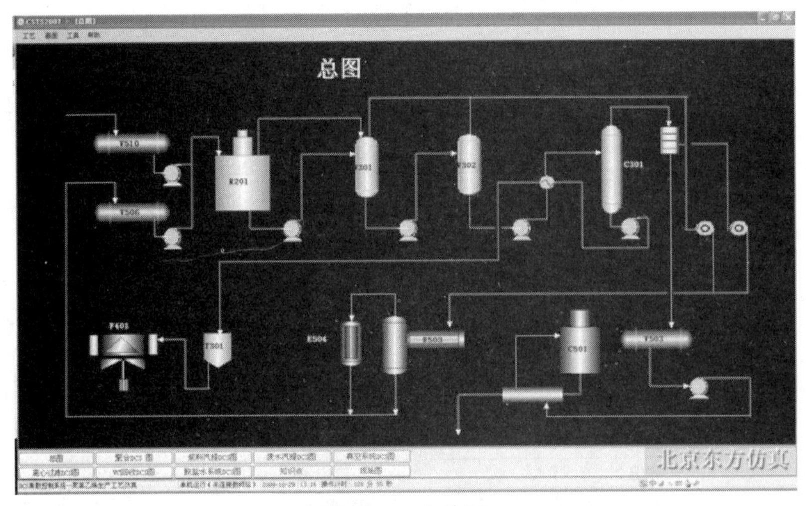

图 28-2　总貌图

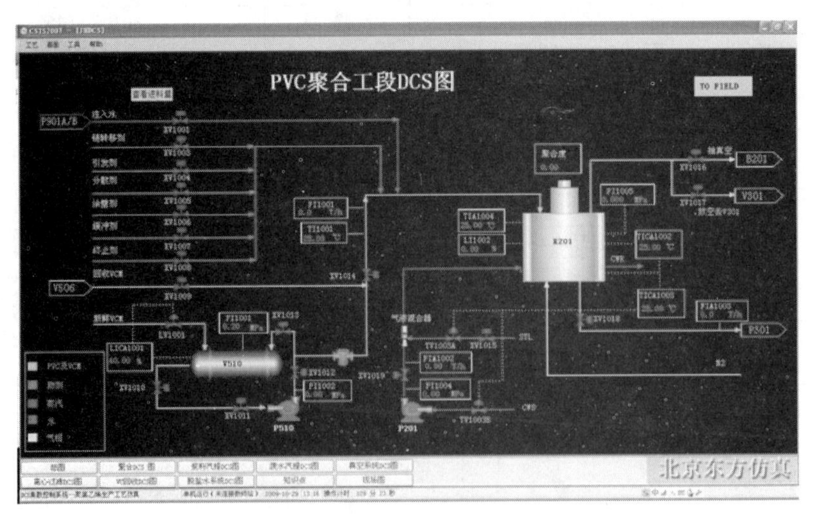

图 28-3　聚合工段仿 DCS 图

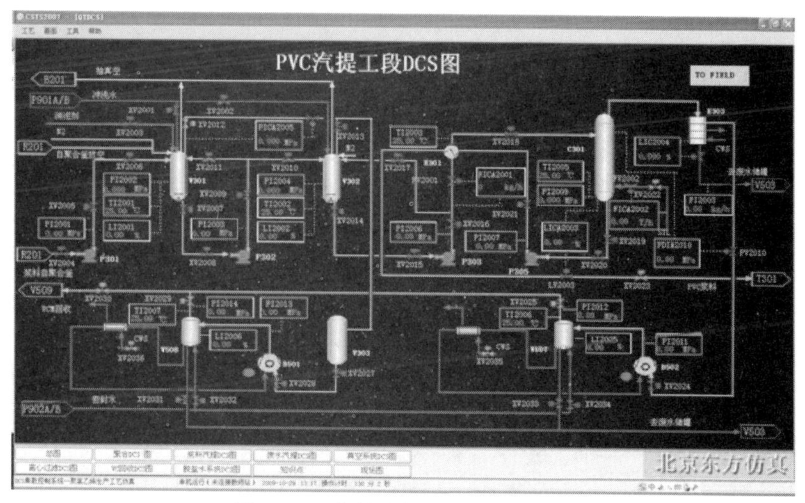

图 28-4 浆料汽提工段仿 DCS 图

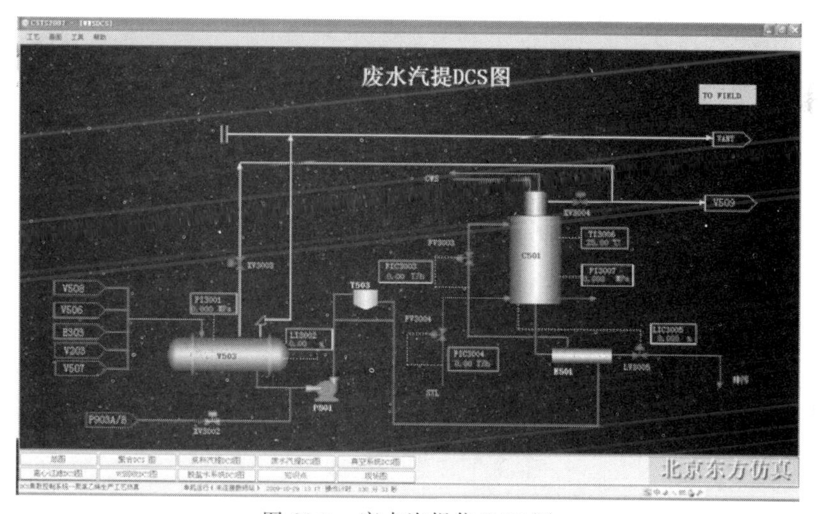

图 28-5 废水汽提仿 DCS 图

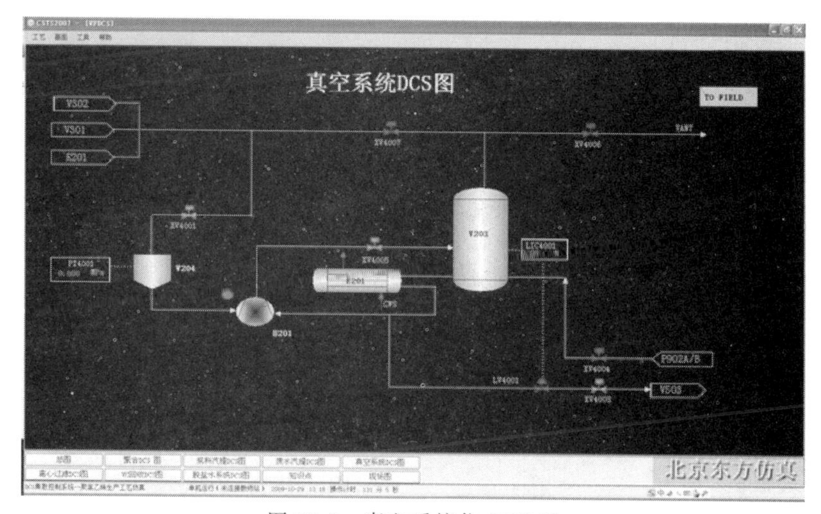

图 28-6 真空系统仿 DCS 图

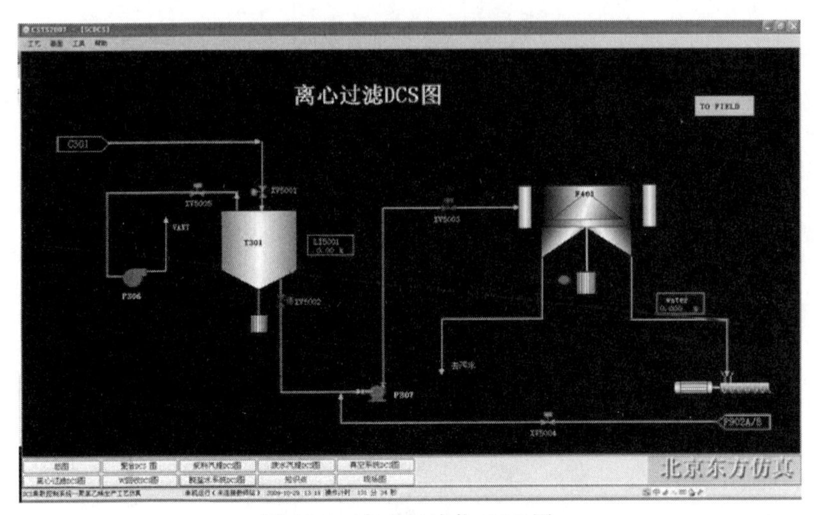

图 28-7　离心过滤仿 DCS 图

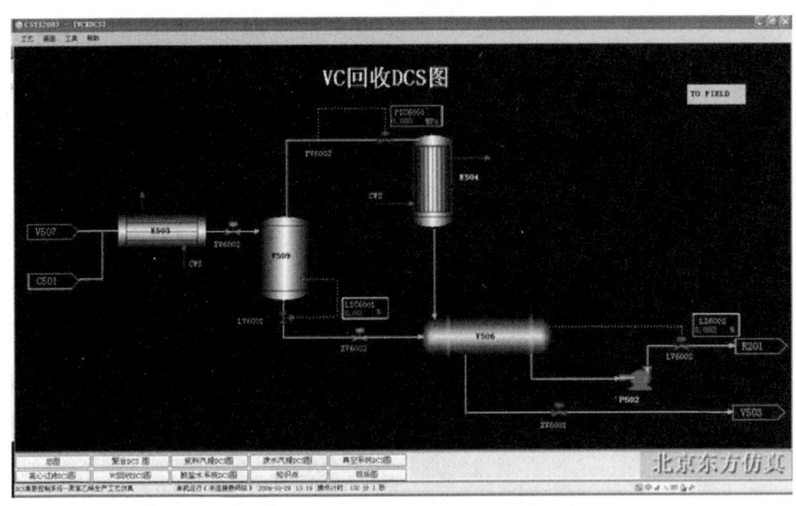

图 28-8　VC 回收仿 DCS 图

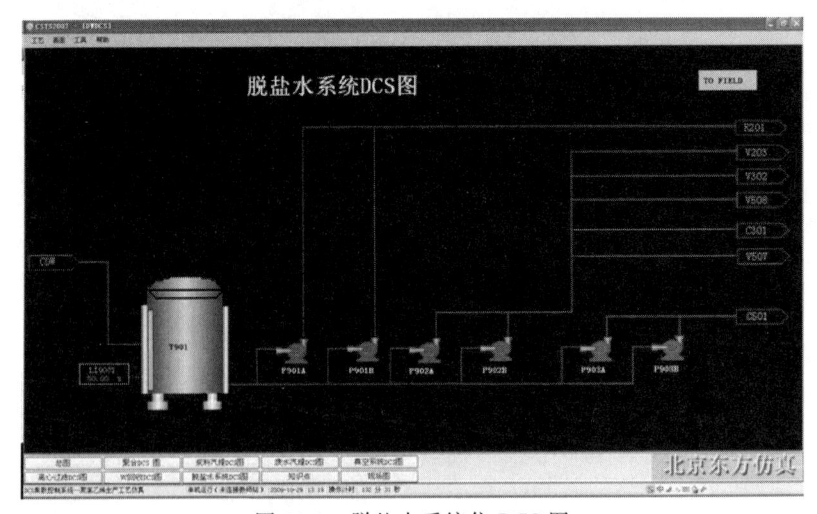

图 28-9　脱盐水系统仿 DCS 图

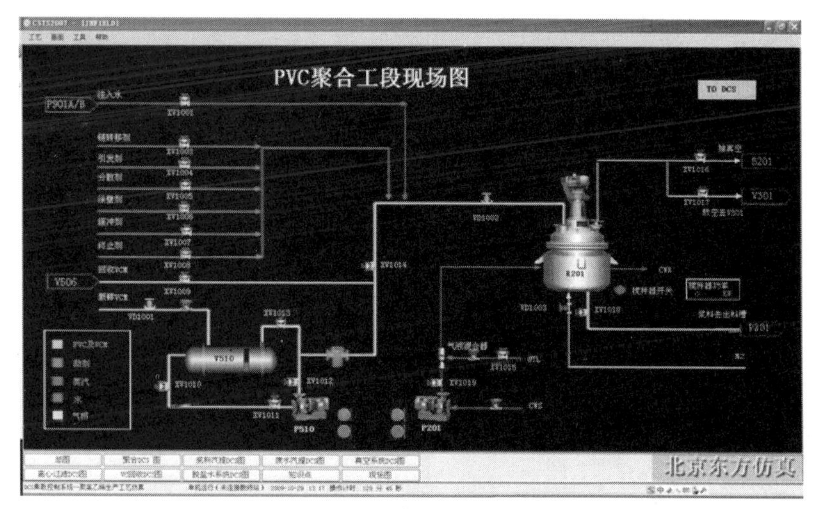

图 28-10　聚合工段仿现场图

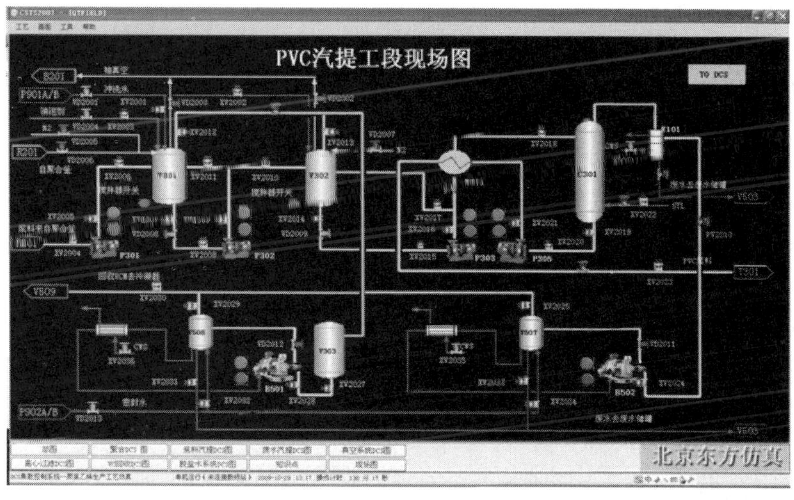

图 28-11　浆料汽提工段仿现场图

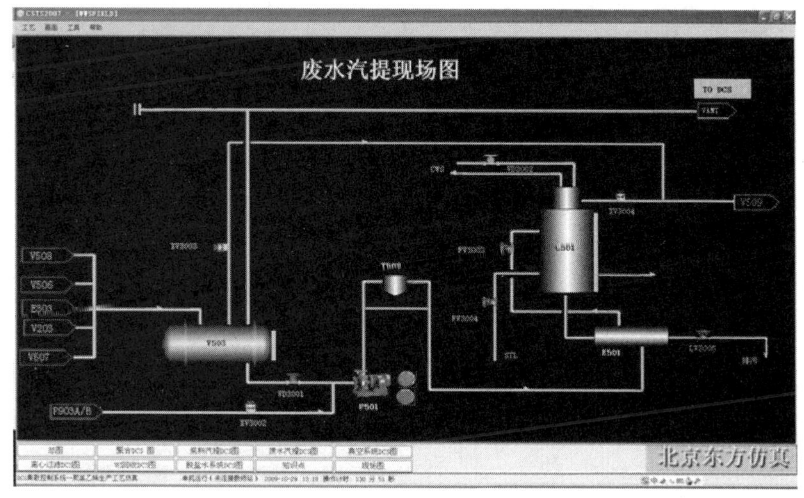

图 28-12　废水汽提仿现场图

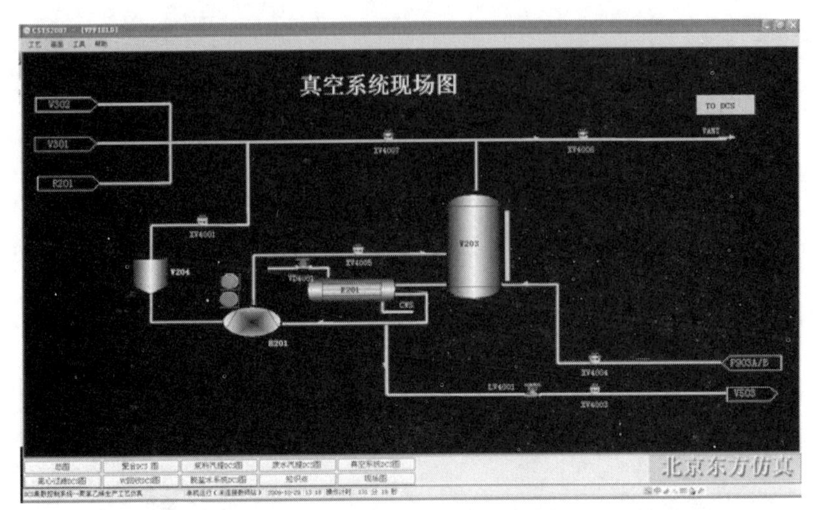

图 28-13　真空系统仿现场图

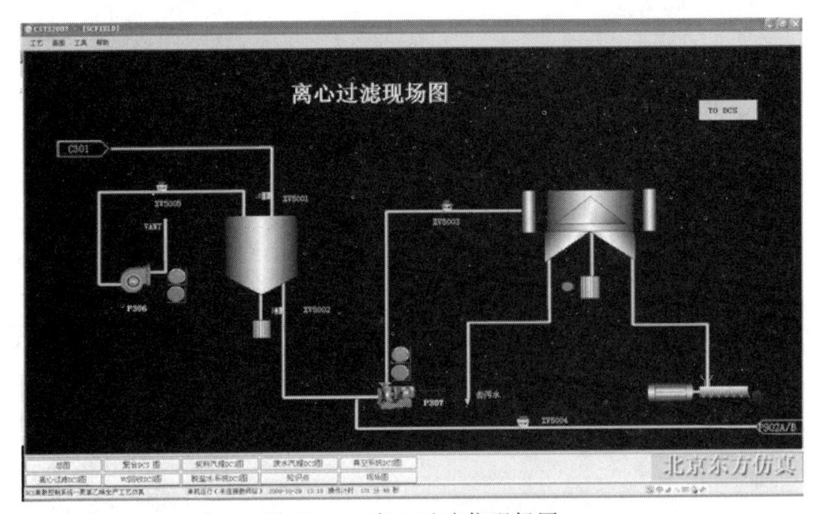

图 28-14　离心过滤仿现场图

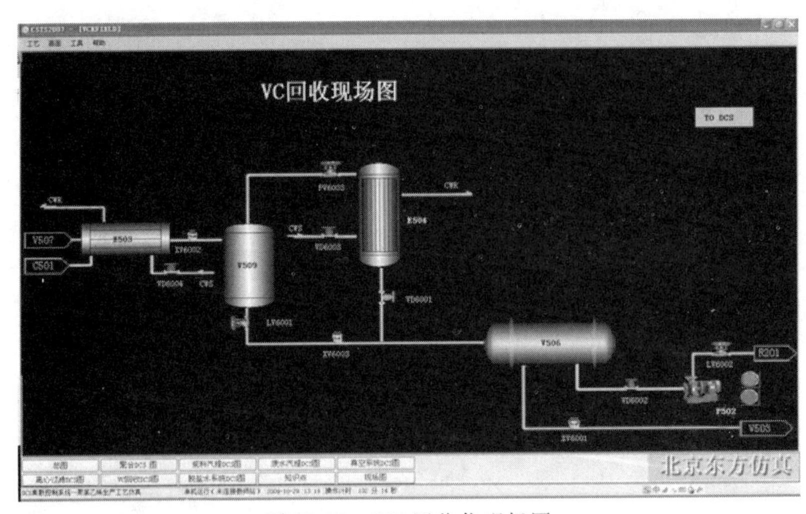

图 28-15　VC 回收仿现场图

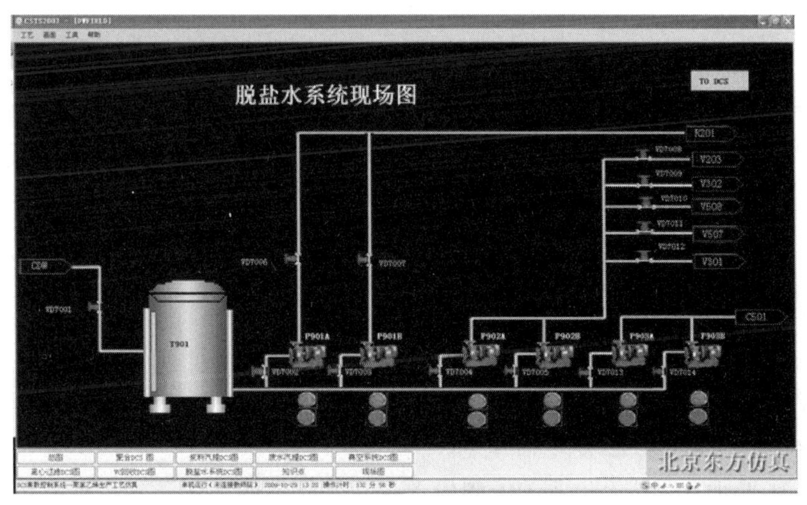

图 28-16 脱盐水系统仿现场图

28.8 操作规程

(1) 脱盐水的准备

① 打开 T901 进水阀 VD7001。

② 待液位达到 70%后，关闭阀门 VD7001。

③ T901 液位控制在 70%左右。

(2) 真空系统的准备

① 打开阀门 XV4004，给 V203 加水。

② 打开 P902A 泵前阀 VA7004。

③ 打开 P902A 泵。

④ 打开 P902A 泵去往 V203 后阀 VA7008。

⑤ 待液位为 40 后，关闭 XV4004。

⑥ 关闭 VA7008。

⑦ 停 P902A 泵。

⑧ 打开阀门 VD4001，给 E201 换热。

⑨ 控制 V203 液位为 40%，若液位过高，可通过液调阀 LV4001 排去 V503。

(3) 反应器的准备

① 打开 VA1003，给反应器 R201 吹 N_2 气。

② 当 R201 压力达到 0.5MPa 后，关闭 N_2 气阀门 VA1003。

③ 打开阀门 XV1016。

④ 启动真空泵 B201，给反应器抽真空。

⑤ 当 R201 的压力处于真空状态后，关闭阀门 XV1016，停止抽真空。

⑥ 关闭真空泵 B201。

⑦ 打开阀门 XV1006，给反应器涂壁。

⑧ 待涂壁剂进料量满足要求后，关闭阀门 XV1006，停止涂壁。

⑨ N_2 吹扫 R201 压力达到 0.5MPa。

⑩ R201 抽真空至－0.03MPa 左右。

⑪ 涂壁剂进料量符合要求。

（4）V301/2 的准备

① 打开 VA2005，给出料槽 V301 吹 N_2 气。

② 打开 VA2007，给汽提塔进料槽 V302 吹 N_2 气。

③ V301 压力达到 0.2MPa 后，关闭 VA2005。

④ V302 压力达到 0.2MPa 后，关闭 VA2007。

⑤ 启动真空泵 B201。

⑥ 打开阀门 VA2003 给 V301 抽真空。

⑦ 打开阀门 VA2002 给 V302 抽真空。

⑧ 当 V301 处于真空状态后，关闭阀门 VA2003 停止抽真空。

⑨ 当 V302 处于真空状态后，关闭阀门 VA2002 停止抽真空。

⑩ 关闭真空泵 B201，停止抽真空。

⑪ N_2 吹扫 V301 压力达到 0.2MPa。

⑫ N_2 吹扫 V302 压力达到 0.2MPa。

⑬ V301 抽真空至－0.03MPa 左右。

⑭ V302 抽真空至－0.03MPa 左右。

（5）反应器加料

① 打开阀门 XV1001，给反应器加水。

② 打开 P901A 前阀 VA7002。

③ 启动 P901A 泵。

④ 打开 P901A 泵后阀 VA7006。

⑤ 启动搅拌器开关，开始搅拌，功率在 150kW 左右。

⑥ 打开 XV1004，给反应器加引发剂。

⑦ 打开阀门 XV1005，给反应器加分散剂。

⑧ 打开阀门 XV1007，给反应器加缓冲剂。

⑨ LIC1001 设为自动，给新鲜 VCM 罐加料。

⑩ LIC1001 目标值设为 40%。

⑪ 打开 VCM 入口管线阀门 XV1014。

⑫ 打开 V510 出口阀门 XV1010。

⑬ 打开泵 P510 前阀门 VA1004。

⑭ 打开 P510 泵给反应器加 VCM 单体。

⑮ 打开 P510 泵后阀门 VA1005。

⑯ 按照建议进料量，水进料结束后，关闭 XV1001。

⑰ 关闭 P901A 泵后阀 VA7006。

⑱ 停 P901A 泵。

⑲ 关闭 P901A 泵前阀 VA7002。

⑳ 按照建议进料量，引发剂进料结束后，关闭 XV1004。

㉑ 按照建议进料量，分散剂进料结束后，关闭 VA1005。

㉒ 按照建议进料量，缓冲剂进料结束后，关闭 XV1007。

㉓ 进料结束后，关闭阀门 XV1012。

㉔ 进料结束后，关闭 P510 泵。

㉕ 关闭阀门 VA1004。

㉖ 控制新鲜 VCM 罐液位在 40%。

㉗ 控制水的进料量在 49507.52kg 左右。

㉘ 控制 VCM 的进料量在 23935kg 左右。

㉙ 分散剂进料量符合要求。

㉚ 缓冲剂进料量符合要求。

㉛ 引发剂进料量符合要求。

(6) 反应温度控制

① 启动加热泵 P201。

② 打开泵后阀 VA1006。

③ 打开蒸汽入口阀 XV1015。

④ 当反应器温度接近 64℃时，TIC1002 投自动。

⑤ 设定反应器控制温度为 64℃。

⑥ TIC1003 投串级。

⑦ 待反应器出现约 0.5MPa 的压力降后，打开终止剂阀门 XV1008。

⑧ 按照建议进料量，终止剂进料结束后，关闭 XV1008。

⑨ 打开 R201 出料阀 XV1018。

⑩ 打开 V301 入口阀 XV2006。

⑪ 打开 P301 泵前阀 VA2014。

⑫ 打开 P301，泄料。

⑬ 打开泵后阀门 VA2015。

⑭ 打开 V301 搅拌器。

⑮ 泄料完毕后关闭 P301 泵后阀 VA2015。

⑯ 泄料完毕后关闭 P301 泵。

⑰ 关闭泵前阀门 VA2014。

⑱ 关闭阀门 XV1018。

⑲ 关闭阀门 XV2006，关 VA1006，关闭 P201。反应器温度控制投手动。

⑳ 关闭反应器温度控制，TIC1003 的 OP 值设定为 50%。

㉑ 控制反应器温度在 64℃左右。

㉒反应器压力不得大于 1.2MPa，若压力过高，打开 XV1017 及相关阀门，向 V301 泄压。

㉓ 终止剂进料量符合要求。

㉔ R201 出液完毕后，可将反应器内气相排去 V301 或通过抽真空排出。

(7) V301/2 操作

① V301 顶部压力调节器投自动。

② 压力控制目标值设定为 0.5MPa。

③ 打开阀门 XV2003，向 V301 注入消泡剂。

④ 1min 后关闭阀门 XV2003，停止 V301 注入消泡剂。

⑤ 经过部分单体回收，待 V301 压力基本不变化时，打开 V301 出料阀 XV2007。

⑥ 打开 V302 进口阀 XV2010。

⑦ 打开 P302 泵前阀 VA2016。

⑧ 启动 P302 泵。

⑨ 打开 P302 泵后阀 VA2017。

⑩ 打开 V302 搅拌器。

⑪ 如果 V301 液位低于 0.1%，关闭 P302 泵后阀 VA2017。

⑫ 关闭 P302 泵。

⑬ 关闭 P302 泵前阀 VA2016。

⑭ 关闭 V301 搅拌器。

⑮ 关闭 V302 入口阀 XV2010。

⑯ 关闭 V301 出料阀 XV2007。

⑰ 打开 V302 出料阀 XV2014。

⑱ 打开 C301 进口阀 XV2018。

⑲ 打开 P303 泵前阀 VA2018。

⑳ 启动 C301 进料泵 P303。

㉑ 打开 P303 泵后阀 VA2019。

㉒ 逐渐打开流量控制阀 FV2001。

㉓ V301 压力控制在 0.5MPa。

㉔ V302 压力控制在 0.5MPa，若压力大于 0.5MPa，可打开 XV2013 向 V303 泄压。

㉕ 控制流量为 51288kg/h。

㉖ V301 出液完毕后，可将罐内气相排去 V303。

(8) C301 的操作

① 逐渐打开 FV2002，蒸汽阀开度在 50%左右。

② PIC2010 投自动。

③ 将 C301 的压力控制在 0.5MPa 左右。

④ 打开 L.P 单体压缩机 B502 前阀 XV2024。

⑤ 启动 L.P 单体压缩机 B502。

⑥ 打开 L.P 单体压缩机 B502h 后阀 VA2011。

⑦ 打开换热器 E503 冷水阀 VD6004。

⑧ 打开换热器 E504 冷水阀 VD6003。

⑨ 打开 C301 出料 XV2019。

⑩ 打开 P305 泵前阀 VA2020。

⑪ 打开 P305 泵，向 T301 泄料。

⑫ 打开 P305 泵后阀 VA2021。

⑬ 打开 C301 液位控制阀 LV2003。

⑭ 待液位稳定在40%左右时，C301液位控制阀LIC2003投自动。

⑮ C301液位控制器设定值为40%。

⑯ 汽提塔冷凝器E303液位控制阀LIC2004投自动。

⑰ E303液位控制在30%左右，冷凝水去废水贮槽。

⑱ 当C301温度稳定在110℃左右时，TIC2005投自动。

⑲ 设定控制温度为110℃。

⑳ FIC2002投串级。

㉑ 打开C301至T301阀门．控制液位稳定在40%。

㉒ C301温度控制为110℃左右。

㉓ 控制E303液位稳定在30%。

(9) 浆料成品的处理

① 当T301内液位达到15%以上时，打开T301出料阀XV5002。

② 启动离心分离系统的进料泵P307。

③ 打开F401入口阀XV5003。

④ 启动离心机，调整离心转速（约100r/min)，向外输送合格产品。

(10) 废水汽提

① 当V503内液位达到15%以上时，打开V503出口阀VA3001。

② 打开P501泵，向设备C501注废水。

③ 逐渐打开流量控制阀FV3003，流量在5t/h左右，注意保持V503液位不要过高。

④ 逐渐打开流量控制阀FV3004，流量在6t/h左右，注意保持C501温度在90℃左右。

⑤ 逐渐打开液位控制阀LV3005。

⑥ 当C501液位稳定在30%左右时，LIC3005投自动。

⑦ C501液位控制在30%左右。

⑧ C501液位控制在30%左右。

⑨ C501压力控制在0.6MPa左右，若压力超高，可打开阀门VA3004向V509泄压。

⑩ 通过调整蒸汽量，使C501温度保持在90℃左右。

⑪ V503压力控制在0.25MPa左右，若压力超高，可打开阀门XV3003向V509泄压。

(11) 氯乙烯回收

① 压力控制阀PIC6001投自动，未冷凝的VC进入换热器E504进行二次冷凝。

② V509压力控制在0.5MPa左右。

③ 液位控制阀LIC6001投自动，冷凝后的VC进入贮罐V506。

④ V509液位控制设定值在30%左右。

⑤ 打开V303出口阀XV2027。

⑥ 打开B501前阀XV2028。

⑦ 启动间歇回收压缩机B501。

⑧ 打开B501后阀VA2012。

⑨ 当B501压力为0时，间歇回收完毕，关闭B后阀VA2012。

⑩ 停B501。

⑪ 关闭B501前阀XV2028。

⑫ V509 液位控制在30%左右。

⑬ V509 压力控制在0.5MPa左右。

思 考 题

1. 固体物料去湿的方法有哪几种?
2. 为什么湿空气经预热后再进入干燥器?
3. PVC树脂产品的质量指标主要有那些?其指标基本控制范围为多少?
4. 简述反应器的结构、特点及性能。
5. 简述流化床干燥器的结构、特点及性能。
6. 氯乙烯聚合反应的原理是什么?
7. 氯乙烯聚合反应过程的影响因素主要有那些?如何影响?
8. 氯乙烯聚合工艺主要包括哪几部分?
9. 简述氯乙烯聚合的工艺过程。
10. 试述聚氯乙烯生产的开、停车操作。

参 考 文 献

［1］ 杨百梅，张淑新，刁香．化工仿真——实训与指导．2版．北京：化学工业出版社，2010.
［2］ 仿真软件．北京：北京东方仿真软件技术有限公司，2019.
［3］ 化工单元工艺设备3D素材库，北京：北京东方仿真软件技术有限公司，2019.
［4］ 陈群．化工仿真操作实训．3版．北京：化学工业出版社，2014.
［5］ 吴重光．化工仿真实习指南．3版．北京：化学工业出版社，2012.
［6］ 赵刚．化工仿真实训指导．3版．北京：化学工业出版社，2013.
［7］ 聂莉莎．化工单元操作仿真实训教程．北京：化学工业出版社，2013.
［8］ 徐宏．化工生产仿真实训．2版．北京：化学工业出版社，2014.
［9］ 梁凤凯，厉明蓉．化工生产技术．天津：天津大学出版社，2008.
［10］ 夏清，贾绍义．化工原理．2版．天津：天津大学出版社，2016.